普通高等学校省级规划教材

人体结构与功能

主　审　钟树志
主　编　王海华
副主编　李　曙　龚　鑫　李　晶　彭彦霄
编　委（以姓氏笔画为序）
丁　见　丁彩云　王　静　王继胜
王建君　孙　丽　伍雪芳　李　敏
赵　健　周萍萍　倪进忠　黄　锐

中国科学技术大学出版社

内 容 简 介

本书主要按照人体的功能系统编写，以淡化学科界限、强调人的整体意识为原则，将组织学、解剖学和生理学的内容融合优化后形成综合性基础医学教材。本书对传统意义上的解剖学与生理学课程进行了融合，使课程内容整体协调，人体结构与功能密切联系，避免了分学科教学内容的重复，有利于建立人体整体观。内容包括细胞结构与功能、运动系统、血液、循环系统、呼吸系统、消化系统、泌尿系统、感觉器官、神经系统、内分泌系统和生殖系统。

本书主要供临床医学、麻醉医学、影像医学、预防医学等专业的学生学习使用，也可供相关专业人员参考。

图书在版编目(CIP)数据

人体结构与功能 / 王海华主编. -- 合肥 ：中国科学技术大学出版社，2025.7. -- ISBN 978-7-312-06216-2

Ⅰ. Q983

中国国家版本馆 CIP 数据核字第 2025F2A120 号

人体结构与功能

RENTI JIEGOU YU GONGNENG

出版 中国科学技术大学出版社
安徽省合肥市金寨路 96 号，230026
http://press.ustc.edu.cn
https://zgkxjsdxcbs.tmall.com

印刷 安徽省瑞隆印务有限公司

发行 中国科学技术大学出版社

开本 787 mm×1092 mm 1/16

印张 18.25

字数 464 千

版次 2025 年 7 月第 1 版

印次 2025 年 7 月第 1 次印刷

定价 58.00 元

前　言

随着时代的发展和医学模式的转变，强调整体观念，淡化专业意识，打破传统学科界限，体现多学科交叉融合的原则，将传统学科整合已成为时代的需要。本书将组织学、解剖学和生理学相关内容有机整合，阐述人体器官的结构与功能，以期符合学生的认知规律。

本书根据医学院校医学本科专业的教学大纲、教学特点和人才培养要求编写。在编写过程中，力求简明扼要、重点突出，并贯彻“少而精”的原则，避免各学科对相近内容的赘述。

在编写过程中，我们也参阅了部分整合教材，有些整合教材是把人体解剖学和生理学整合到一起，分上篇和下篇，将结构和功能分开表述，实际上是将解剖学和生理学进行了微缩，然后放到一本书中，对初学者来说，人体结构、功能之间仍然无法自然融合。本书以系统、器官为基本构架，从大体解剖到显微解剖，然后再到功能作用，以期知识更有系统性、连贯性。

本书的编写人员均为长期工作在教学一线的授课教师，具有丰富的教学经验，对教学大纲、教学内容及授课对象熟悉，在编写过程中，能将多年积累的宝贵经验有机融入教材之中。由于时间仓促，疏漏之处难免，敬请广大师生和读者提出宝贵意见，以便今后修正。

编　者

2025年2月

目　　录

模块一　概　　述

学习目标

掌握：人体组成及各系统主要功能；人体结构与功能研究的对象；生命活动的基本特征；人体结构描述常用术语。

熟悉：人体解剖学的常用术语。

了解：人体的构成；人体生理功能活动的调节。

正常人体结构与功能(structure and function of human body)是研究正常人体器官形态结构、机体生理功能活动以及个体发生发育规律的一门综合性科学。研究内容涵盖传统的人体解剖学、组织学与胚胎学、人体生理学等课程。它是一门综合性基础课程，包括正常人体结构和正常人体功能两部分。

第一节　正常人体结构

正常人体结构是一门研究正常人体形态结构及其发生发展规律的科学。医学名词有1/3以上来源于正常人体结构，只有在掌握人体正常形态结构的基础上，才能正确判断人体的正常与异常，正确理解人体的生理现象和病理变化，从而对疾病做出正确的预防、诊断和治疗，是学习医学各学科不可动摇的基石。

一、正常人体结构研究的内容

正常人体结构研究的内容包括人体解剖学、组织学与胚胎学。

人体解剖学(human anatomy)是研究人体形态结构及其发生发展的科学。其目的在于使学生理解和掌握人体各系统各器官的正常形态结构、位置与毗邻关系、生长发育规律及其功能意义等，为其他医学基础课和临床课奠定坚实的基础。系统解剖学(systematic anatomy)是按人体的器官功能系统(如运动系统、消化系统、呼吸系统、泌尿系统、生殖系统、脉管系统、感觉器、神经系统和内分泌系统等)阐述正常人体器官的形态结构、生理功能及其生长发育规律的科学。

组织学(histology)是研究机体微细结构及其相关功能的科学。组织学与解剖学同属形态科学。解剖学用肉眼观察机体，在系统和器官水平上研究其形态结构；而组织学是在解剖学的基础上，从宏观向微观发展，进一步用光学显微镜(light microscope，简称光镜)及电子显微镜(electron microscope，简称电镜)从组织、细胞、亚细胞和分子水平上对机体进行研究，故又称显微解剖学(microscopical anatomy)。光镜下所见的结构称为光镜结构，电镜下可辨认的结构称为电镜结构或超微结构。

胚胎学(embryologe)是主要研究人体胚胎发育的形态、结构的形成以及变化特点或规律的科学,包括生殖细胞发生、受精、胚胎发育、胚胎与母体的关系以及先天畸形的形成过程及其原因等。

二、人体的构成

细胞(cell)是人体结构和功能的基本单位,是组织和器官的结构基础。一个成人约有 1×10^{15} 个细胞,形态和功能也千差万别。细胞由细胞膜、细胞质和细胞核三部分构成,不同的细胞有各自的亚细胞结构特点。所有的亚细胞结构又是由各种分了构成,其中生物大分子,特别是核酸与蛋白质是决定细胞的形态和功能的因素。关于普通细胞学的内容,在医学细胞生物学中会详细介绍。

组织(tissue)由细胞群和细胞外基质构成。细胞外基质是位于细胞之间的生活物质,是细胞在生命活动过程中分泌产生的,包括纤维、基质及体液成分(组织液、血浆、淋巴液),构成细胞生存的微环境,对细胞具有支持、营养和保护等作用,同时也是维持细胞增殖分化和功能活动的重要场所。根据细胞和细胞外基质的特点,人体组织可归纳为四大类型,即上皮组织、结缔组织、肌组织和神经组织,它们在胚胎时期的发生来源、细胞构成、形态特点及功能等方面各有明显特征,在机体中有一定的分布规律,执行着一定的功能。这四种组织是构成各种器官的基本成分,故又称它们为基本组织。

器官(organ)是由四大基本组织以不同的种类、数量和方式组合形成的相对独立的结构,如心、肝、脾、肺、肾等。每一器官在机体内执行特定的功能。

根据结构的不同,人体器官主要可分中空性器官和实质性器官两大类。中空性器官中央有管腔,管壁分层。腔面衬有上皮,周围有结缔组织及成层排列的肌组织,最外层为外膜。如循环系统的心脏、血管,消化系统的胃、肠等。实质性器官表面通常有致密结缔组织的被膜包裹,器官内的体现功能活动的主要结构形成实质,如肾脏的肾单位、淋巴结的实质等。

系统(system)由一系列功能相关的器官联合在一起构成。如消化系统、呼吸系统、泌尿系统、生殖系统等。每个系统在机体内执行一定的相对独立的生理功能。各个系统密切联系,共同构成一个完整而复杂的机体。

因此,在机体内有系统、器官、组织、细胞、亚细胞及分子等不同水平的各级结构。这些结构彼此相互影响,相互依存,既有一定的独立性,又有严密而完整的统一性。它们在神经内分泌系统的支配和协调下,有条不紊地进行着各种生命活动。

三、人体解剖学的常用术语

为了能正确描述人体各器官的位置与形态结构,必须有统一标准和描述用的术语,这样,才能统一认识,避免混乱。因此确定了轴、面和方位等术语。这些概念和术语既是人为规定的又是国际公认的学习解剖学必须遵循的基本原则。

(一) 解剖学姿势

为了说明人体各部或各结构的位置关系,特规定标准解剖学姿势如下:身体直立,两眼向正前方平视,上肢下垂于躯干两侧,掌心向前,两足并拢,足尖向前。描述人体任何结构时，均应用标准姿势，即使被观察的客体、标本或模型处于不同位置，或只是身体的一个局部，仍然依人体的标准姿势进行描述。

（二）方位术语

根据人体的标准解剖学姿势，规定了一些表示方位的术语：

上（superior）和下（inferior），近颅者为上，近足者为下。也可用颅侧（cranial）和尾侧（caudal）来表示。

前（anterior）或腹侧（ventral）与后（posterior）或背侧（dorsal），距身体腹侧面近者为前，距身体背侧面近者为后。

内侧（medial）和外侧（lateral），距身体正中面近者为内侧，远者为外侧。在上肢，常用尺侧（ulnar）和桡侧（radial），下肢常用胫侧（tibial）和腓侧（fibular），眼球常用鼻侧（nasal）和颞侧（temporal）分别表示内侧和外侧。

内（internal）和外（external），是描述空腔器官相互位置关系的术语，近腔者为内，离内腔远者为外。

浅（superficial）和深（profundal），是描述与皮肤表面相近侧（proximal）和远侧（distal），在四肢，距肢根部较近者为近侧，反之为远侧。

（三）轴

对距离关系的术语，近皮肤者为浅，远离皮肤而距人体内部中心近者为深。

人体可有互相垂直的三条轴，即垂直轴、矢状轴和冠状轴。与关节运动有密切关系。

1. 垂直轴（vertical axis）

上、下方向与水平面垂直的轴。

2. 矢状轴（sagittal axis）

前、后方向与水平面平行的轴。

3. 冠状轴（frontal axis）

左、右方向与水平面平行的轴。

（四）面

按上述三种轴，人体可作三种互相垂直的切面（图 1-1）。

1. 矢状面（sagittal plane）

为前、后方向的垂直切面，将人体分成左、右两部分。经过人体正中的矢状面，将人体分为左、右相等两半则为正中矢状面。

2. 冠状面（frontal plane）

为左、右方向的垂直切面，将人体分为前、后两部分。

3. 水平面（horizontal plane）

又称横切面，是指将人体分为上、下两部的水平切面。

在描述器官切面时，常以器官自身长轴为标准，与其长轴平行的切面称纵切面，与其长轴垂直的切面称横切面。

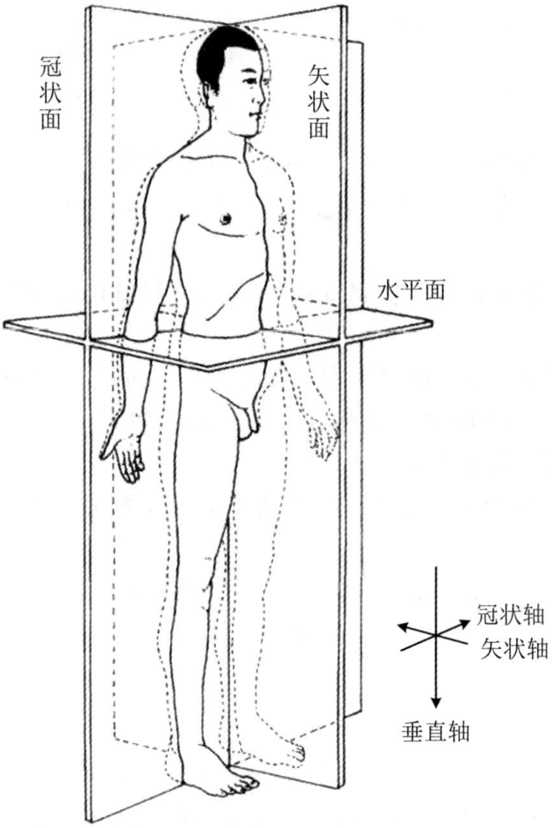

图 1-1　人体的轴和面

四、正常人体结构的学习方法

(一) 形态与功能相结合

在学习时应以掌握形态结构为主,在学习形态结构时,不应忽视它的功能。结构是功能的基础,功能的变化也会对结构产生影响。因此,联系功能才能深入地理解结构的特点及规律,也才能学得灵活、主动。

(二) 理论与实践相结合

理论来源于无数学者的实践研究,一旦理论建立之后,又反过来指导实践。在学习时既要重视理论知识,又要重视实际的操作和观察,二者不可偏废。在课堂上学习理论知识时,应结合图片、模型等,以帮助理解;仔细观察每一张组织切片标本,结合图谱及书本理论,反复思考,将感性认识和课堂理论结合起来。

(三) 局部与整体相结合

人体分为细胞、组织、器官和系统等不同层次。它们是人体不可分割的组成部分。因此，决不可孤立地去理解它们的结构和功能，而应从整体的观念去分析。如心、肝、脾、肺、肾等器官是人体的不同局部，没有这些功能活动多样的局部，难以想象会有复杂而统一的整体。它们之间既有内在的联系，又受整体的调节与控制，明确局部与整体的关系，将两者结合起来，才能避免片面性。

（四）平面与立体相结合

细胞、组织和器官都是立体的，而插图、切片等多是平面图像。因此，在学习时要求观察者发挥自己的想象力，将所看到的二维图像还原为事物本身的三维构象。这样，才能掌握完整的结构并培养空间思维。

（五）横向与纵向相结合

学习基本组织是为掌握器官、系统打基础，而学习器官、系统时，必须联系运用基本组织的知识，从而可巩固和加深基本组织的内容。在学习时找出细胞、组织、器官、系统之间的个性和共性，将纵向知识与横向知识相结合、分析、对比，就能抓住事物的本质，真正做到融会贯通。

第二节 人体生命活动规律

正常人体功能是研究机体的功能活动及其规律的科学，是传统"人体生理学"（human physiology）研究的基本内容。生理功能及机制需从细胞和分子水平、器官和系统水平、整体水平三个层面进行研究。细胞和分子水平的研究，主要阐明细胞是构成机体最基本的结构与功能单位，以细胞及其所含的物质分子为研究对象，主要揭示生命活动的细胞和分子机制。器官和系统水平的研究，着重于阐明器官和系统对于机体的作用，例如，心脏的射血功能对血液循环和生命活动的意义。整体水平的研究，主要阐明器官、系统之间的相互关系、相互作用，以及各种内外环境因素对机体功能活动的影响。

一、人体生命活动的基本特征

通过对原始的单细胞生物体到高等动物乃至人类的长期观察和研究证实，生命活动具有新陈代谢和兴奋性等基本特征。了解这些基本特征，有助于理解机体生命活动的现象及其规律。

（一）新陈代谢

新陈代谢（metabolism）是指生物体与外环境之间不断进行物质和能量交换，从而实现自我更新的过程。它包括合成代谢与分解代谢两个过程。合成代谢（同化作用）是指生物体从外环境中摄取营养物质转变成自身的组成物质，并且储存能量的过程。分解代谢（异化作用）是指生物体分解自身的一部分组成物质，释放能量，并将代谢的终产物排出体外的过程。可见在机体的新陈代谢过程中既有物质的合成，又有物质的分解。通常把物质的合成与分解称为物质代谢。伴随物质代谢中产生的能量释放、储存、转化和利用的过程，称为能量代谢。物质代谢与能量代谢是新陈代谢过程中同时进行、互相依存的两个方面。新陈代谢是一切生物体的最基本特征。一旦新陈代谢停止，生命将会终止。

（二）兴奋性

兴奋性（excitability）是指生物体对刺激所产生反应的能力或特性。在人体的各种组织中，神经、肌肉和腺体的兴奋性最高。例如，神经纤维受刺激兴奋后产生神经冲动，肌肉兴奋后出现收缩，腺体兴奋后出现分泌活动。这些组织被称为“可兴奋组织”（excitable tissue）。

1．刺激

能引起机体或组织细胞发生反应的各种内外环境变化，称为刺激。刺激的性质可以是生物性刺激（如细菌、病毒等）、化学性刺激（如酸、碱、药物等）、物理性刺激（如电、声、光、机械、温度等），也可以是精神性的，称为社会心理性刺激。

2．反应

机体及其组织细胞受刺激后所发生的生理功能改变称为反应。反应有两种基本方式，即兴奋和抑制。兴奋（excitation）是指机体或其组织接受刺激后，某种生理功能活动由安静状态转变为活动状态或生命活动由弱变强。抑制（inhibition）是指机体或其组织接受刺激后，某种生理功能活动由活动状态转变为安静状态或生命活动由强变弱。例如，肾上腺素作用于心脏，使心脏活动增强，产生兴奋作用；乙酰胆碱作用于心脏，使心脏活动减弱，产生抑制作用。兴奋与抑制，两者对立统一，并且可在一定条件下互相转化。此外，刺激与反应之间，还与机体所处功能状态有关。不同的生理功能状态下，同一刺激引起的反应不同，如饥饿和饱食状态时，食物刺激所产生的反应是不同的。

3．衡量兴奋性的指标

使机体或组织细胞发生反应的刺激，通常包括三个参数，即刺激强度、刺激时间和强度-时间变化率。在生理学实验中，常固定刺激时间和强度-时间变化率，通过刺激强度的改变，观察组织细胞发生反应的情况，判断其兴奋性高低。生理学上将能够引起组织发生反应的最小刺激强度，称为阈强度（threshold intensity）或阈值（threshold）。刺激强度等于阈值的刺激，称为阈刺激；刺激强度小于阈值的刺激，称为阈下刺激；而刺激强度大于阈值的刺激，称为阈上刺激。阈值是衡量组织兴奋性的指标。通过改变刺激强度，即用阈值判断组织兴奋性高低时，组织的兴奋性与阈值之间呈倒数关系，即阈值愈小，组织的兴奋性愈高；反之，组织的兴奋性愈低。

（三）生殖

生命依赖生殖活动得以延续。通过雄性和雌性发育成熟的生殖细胞相互结合产生子代个体的功能活动称为生殖（reproduction）。生殖过程一般包括生殖细胞的形成、交配、受精、胚胎发育、分娩等主要环节。任何生物个体的生命有限，在经历幼年期、成熟期和衰老期后，最终都会死亡，但通过生殖活动，可以使生命延续。通过生殖产生子代个体来繁衍后代、延续种族，这是生物体生命活动的基本特征之一。

（四）适应性

适应性（adaptability）是指有生命活动的生物体对其生存的环境具有适应能力。机体必须对环境变化作出相应的反应，才能在多变的环境中保持生命活动的正常进行。

(五) 衰老

生命周期中有一个随着时间的进展而表现出功能活动的不断衰退、衰弱，直至死亡的过程，泛称为衰老(senescence)。在文献中也常以“老化”(ageing)出现。严格意义上讲，老化是衰老的动态过程，是机体从健康老化到处于疾病和功能退化的状态，主要体现在人体结构成分的衰老变化、细胞数量减少、全身器官功能下降、机能改变和对环境的适应能力逐渐下降等方面。

第三节 人体生理功能的调节

当机体内、外环境发生变化时，体内某些器官和组织的功能活动会发生相应的改变，以保持内环境稳态，这种过程称为生理功能的调节。

一、生理功能的调节方式

(一) 神经调节

神经调节(nervous regulation)是指通过神经系统的活动对机体生理功能进行调节。神经调节的特点是反应迅速，调节精确，作用范围局限，作用时间短暂，是起主导作用的调节方式。神经调节的基本方式是反射。反射(reflex)是指在中枢神经系统的参与下，机体对刺激所做出的规律性应答。反射的结构基础是反射弧(reflex arc)，包括五个基本部分：感受器、传入神经、神经中枢、传出神经和效应器。感受器能将感受到的各种刺激转换为电信号，沿着传入神经传向神经中枢，神经中枢对传入的信号加以分析、综合，然后将整合后的信息通过传出神经，传至效应器并改变效应器的活动，完成反射。反射活动的正常进行，有赖于反射弧结构与功能的完整性，反射弧中任何一个部分受到破坏或发生功能障碍，都将使反射消失。

人体反射可分为非条件反射与条件反射两类。非条件反射(non-conditional reflex)是先天遗传的，反射弧和反应方式比较固定的一种初级的神经反射活动。如吸吮反射，吞咽反射、眨眼反射、排尿、排便反射等。条件反射(conditioned reflex)是在非条件反射的基础上，经过后天学习和训练获得的高级神经反射活动，具有灵活性，极大地提高了机体适应环境变化的能力。条件反射弧不固定、复杂，反射容易消退，须强化训练。

(二) 体液调节

体液调节(humoral regulation) 是指体内某些特殊化学物质，通过体液运输至器官或组织细胞后对其生理功能活动进行的调节。如体内一些内分泌细胞分泌的激素，经过血液运输远距离作用到全身各处的靶细胞，产生特定的调节作用，这种方式称为远距分泌，它是体液调节的主要方式。某些组织细胞产生的生物活性物质通过组织液的局部扩散，调节邻近组织细胞的生理功能活动，这种方式称为旁分泌。一些内分泌细胞分泌的激素，扩散至细胞间隙，再反过来作用于分泌细胞自身，这种方式称为自分泌。此外，体内一些神经元可分泌或释放某种神经激素，调节机体的功能活动，这种神经激素的分泌和作用方式称为神经分泌。体液调节的特点是作用较慢，范围广泛，时间持久。体液调节方式示意图如图 1-2 所示。

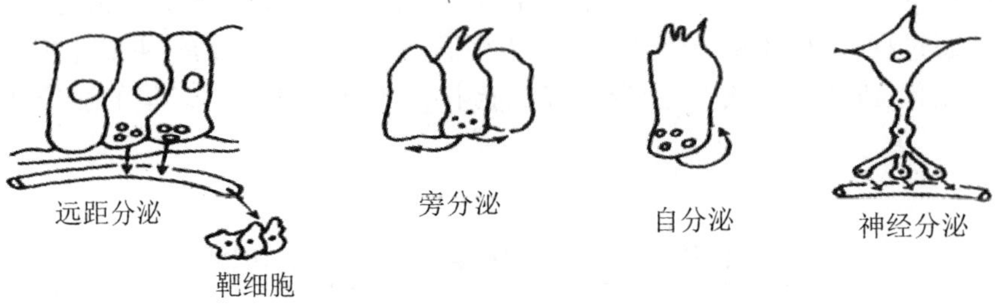

图 1-2 体液调节方式示意图

(三) 自身调节

自身调节(autoregulation)是指机体的一些组织、细胞在不依赖于神经或体液调节的情况下，自身对内、外环境变化产生适应性的反应。例如，心肌或骨骼肌的初长度变化对收缩力量起调节作用，当初长在一定限度内增大时，收缩力量会相应增加，而初长缩短时收缩力量减小。自身调节的特点是作用范围比较局限，调节幅度较小，灵敏度较低。但是对维持某些组织、细胞功能的相对稳定具有一定的意义。

上述三种调节方式相互联系，密切配合，以保证人体生理功能活动的正常进行。

二、机体的控制系统

人体生理功能的调节过程与自动控制系统的工作原理相似，可以运用控制论原理分析人体功能的调节活动。人体内的控制系统包括非自动控制系统、反馈控制系统和前馈控制系统。机体功能活动之所以能得到自我控制，后两种控制系统的功能至关重要。

(一) 反馈控制系统

反馈控制系统的特点是控制部分与受控部分之间存在着双向信息联系，形成一个闭合式环路。一方面，由控制部分发送控制信息，影响受控部分的活动，产生一定的效应；另一方面，受控部分的功能状态经反馈装置监测后以反馈信息的形式输送回控制部分，使其适当调整控制信息，最终使受控部分的活动达到预定的控制目的，这就是反馈(feedback)。在人体，反射中枢或内分泌腺可被看作控制部分，对其所支配的效应器或靶器官可被看作受控部分，机体中的各种感受器，具有反馈装置的作用。根据反馈信息的作用效应不同，可将反馈分为负反馈和正反馈两类。

1. 负反馈(negative feedback)

如果反馈信息对控制部分的作用与原效应作用相反，使受控部分的活动向原效应活动相反的方向变化，称负反馈。例如当血压升高时，反馈信息通过调整心血管中枢(控制部分)的活动，使心脏活动减弱，血管舒张，从而使血压下降；相反，当血压降低时，反馈信息由通过调整心血管中枢的活动，使血压升高。负反馈是体内最普遍的一种反馈控制形式，其生理意义是维持机体的体温、血压、呼吸、激素水平等各种重要生理功能的稳定，从而维持内环境稳态。

2．正反馈(positive feedback)

如果反馈信息对控制部分的作用与原效应作用相同，使受控部分的活动向原效应活动方向进一步加强，称正反馈。正反馈在体内并不多见，例如，血液凝固，排尿、排便反射和分娩过程都是正反馈。这些过程一旦被启动，就会通过正反馈使这些活动进一步加强、加快，直至全部过程完成。因此，正反馈的生理意义在于使机体的某种生理功能逐步增强并尽快完成。

(二) 前馈控制系统

前馈是指控制部分发出控制信息使受控部分进行活动，同时在没有反馈调节之前，又通过另一快捷通路(监测装置)获得前馈信息，提前调整控制信息输出，及时调控受控部分的活动。人体中很多条件反射包含着前馈调节，例如，进食之前，食物的形态、气味及有关的语言等条件刺激就可以引起唾液分泌增加，为食物的消化提前做准备。运动员在运动开始前，通过其视觉、听觉对现场的感受或以往比赛的体验，循环和呼吸等活动开始发生改变，从而使运动员快速进入最佳的竞技状态。前馈控制较之负反馈更具有预见性、快速、准确的特点，它能够弥补负反馈控制的滞后性，使机体尽可能避免因干扰信息导致的生理功能波动。生理功能的反馈控制和前馈控制示意图如图 1-3 所示。

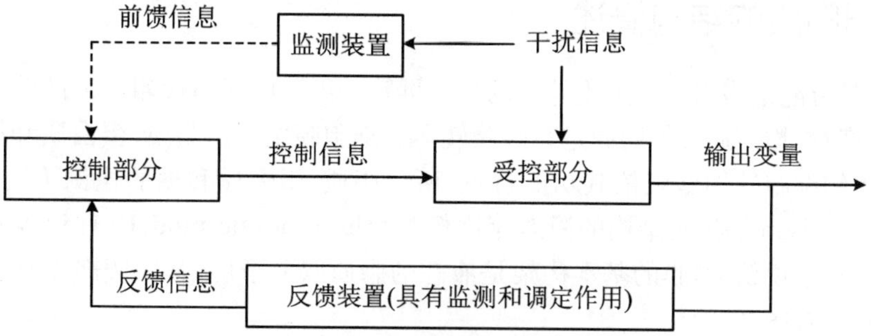

图 1-3 生理功能的反馈控制和前馈控制示意图

复习思考题

1. 名词解释：内环境、稳态、负反馈、正反馈。
2. 机体如何维持稳态，有何生理意义？
3. 简述人体生理功能调节的主要方式及其特点。
4. 负反馈、正反馈有何不同？各有什么生理意义？

（王继胜　李　晶）

模块二　细胞的结构与功能

学习目标

掌握：物质跨膜转运的相关内容；细胞的生物电现象；神经-骨骼肌接头的兴奋传递。
熟悉：细胞膜的基本结构；静息电位、动作电位的概念及特点。
了解：跨膜信号转导的主要方式。

人体是一个复杂的有机体，其基本的结构和功能单位是细胞。尽管细胞的种类不同，但大都具有一些共同的功能特征。因此，了解细胞的基本功能，对于学习人体各个器官、系统的生理功能，理解人体的生命活动有着非常重要的意义。

第一节　细胞膜的结构与物质转运功能

一、细胞膜的结构概述

细胞膜是分隔细胞内液与细胞外液的特殊屏障。细胞内新陈代谢所需的营养物质及其产生的代谢产物，均需通过细胞膜进行跨膜转运。细胞膜主要由脂质、蛋白质和糖类等物质组成，不同组织细胞的细胞膜依其功能特点，所含脂质、蛋白质和糖的比例不同。1972 年，Singer 和 Nicholson 提出膜结构的液态镶嵌模型（fluid mosaic model）理论得到学术界的公认，这一模型学说认为，膜的基本构架是液态的脂质双分子层，其中镶嵌着具有不同结构和功能的蛋白质（图 2-1）。

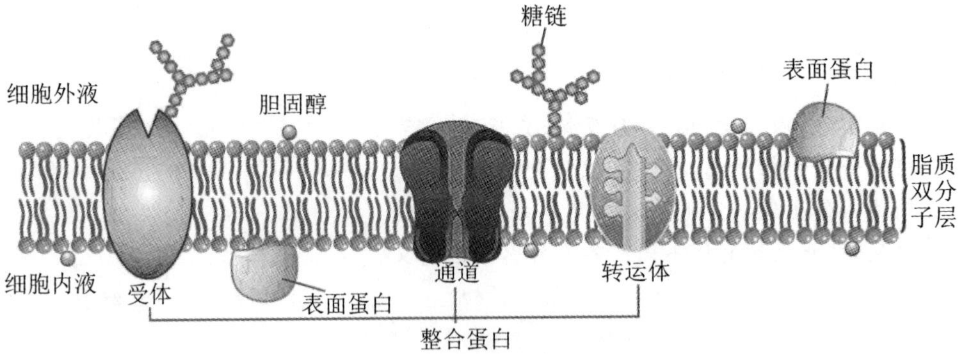

图 2-1　细胞膜的结构和分子组成示意图

(一) 脂质双分子层

膜脂质主要由磷脂(phospholipid)、胆固醇(cholesterol)和少量糖脂(glycolipid)构成。其中,磷脂约占70%。磷脂中含量最多的是磷脂酰胆碱,其次是磷脂酰丝氨酸和磷脂酰乙醇胺,含量最少的是磷脂酰肌醇。磷脂、胆固醇和糖脂都是双嗜性分子。例如,磷脂分子中的磷酸和碱基等构成分子头端的亲水性基团,脂肪酸烃链构成分子尾端的疏水性基团。这种双嗜特性使得脂质分子在膜中呈双层排列,其中亲水性基团朝向细胞外液或胞质,疏水的脂肪酸烃链则彼此相对,形成膜内部的疏水区。膜脂质的熔点较低,在体温条件下呈液态,因而膜具有某种程度的流动性,能承受相当大的张力使外形改变而不致破裂。膜的流动性一般只允许脂质分子在同一分子层内做横向运动。

(二) 细胞膜的蛋白质

细胞膜的功能主要是通过膜蛋白来实现的。根据膜蛋白在细胞膜上的存在形式,可分为表面蛋白 (peripheral protein)和整合蛋白(integral protein)两类。表面蛋白占膜蛋白的20%～30%,它们附着于膜表面,主要是在膜的内表面。例如,红细胞膜内表面的骨架蛋白就属于表面蛋白。整合蛋白占膜蛋白的70%～80%,它们以其肽链一次或反复多次穿越膜的脂质双分子层为特征。肽链也具有双嗜性,即可分为亲水性和疏水性区段。穿越脂质双分子层的肽段主要是疏水性氨基酸,以α螺旋结构形式存在,暴露于膜外表面或内表面的肽段主要是亲水性氨基酸。通常根据肽链中包含的疏水性片段的数目,来推测可能存在的跨膜α螺旋的数目。例如,G蛋白偶联受体蛋白的肽链中包含7个疏水性片段,因而推测它具有7次跨膜的α螺旋。现代研究表明,与物质跨膜转运功能有关的功能蛋白,如载体(carrier,或称转运体 transporter)、通道(channel)和离子泵(ion pump)等,都属于整合蛋白。

(三) 细胞膜的糖类

细胞膜中糖类的含量为2%～10%,主要是一些寡糖和多糖链,它们以共价键的形式与膜脂质或蛋白质结合,形成糖脂或糖蛋白。这些糖链绝大多数都存在于细胞膜的外侧,有些是作为膜受体的"可识别"部分,能特异地与某种递质、激素或其他化学分子相结合。有些糖链可以作为抗原决定簇。例如,人的红细胞ABO血型系统中,红细胞的不同抗原特性就是由细胞膜的糖蛋白和糖脂上的寡糖链所决定的。

二、细胞膜的物质转运

细胞膜是一种特殊的半透膜。理化特性不同的物质,具有不同的转运机制:脂溶性的和少数分子很小的水溶性物质可直接穿越细胞膜;大部分水溶性分子和所有离子的跨膜转运需要由膜蛋白介导完成;大分子物质或物质团块则以复杂的入胞或出胞的方式进出细胞。

(一) 单纯扩散

单纯扩散(simple diffusion)是指脂溶性的和少数分子很小的水溶性物质顺浓度差进行

的跨膜转运，这是简单的物理扩散，没有生物学转运机制参与。例如O_2、CO_2、N_2、水、乙醇、尿素、甘油等以单纯扩散的方式通过细胞膜，不需要消耗能量，属于被动转运。物质扩散的方向和速度取决于该物质在膜两侧的浓度差和膜对该物质的通透性，后者又与物质的脂溶性和分子大小等有关。膜两侧浓度差越大，细胞膜对物质的通透性越高，扩散速度越快。单纯扩散转运的结果是物质浓度在膜两侧达到平衡。

（二）膜蛋白介导的跨膜转运

大部分水溶性分子和所有离子的跨膜转运都是由膜蛋白介导的。由膜蛋白介导的跨膜转运可分为易化扩散和主动转运两类。易化扩散(facilitated diffusion)是指非脂溶性物质在膜蛋白协助下，顺浓度梯度和(或)电位梯度进行的跨膜转运，无需消耗能量，属被动转运；主动转运是指非脂溶性物质在膜蛋白协助下，通过耗能过程，逆浓度梯度和(或)电位梯度的跨膜转运。

1. 易化扩散

(1) 经通道的易化扩散(facilitated diffusion via ion channel)

离子通道是一类贯穿脂质双分子层、中央带有水相孔道的膜蛋白。当某种通道开放时，相应的离子可顺浓度梯度和(或)电位梯度经通道跨膜扩散。离子通道具有以下特征：

① 转运速率快。据测定，离子经通道易化扩散的转运速率可达每秒10^6～10^8个离子，远大于载体的转运速率。

② 离子选择性。通道的离子选择性是指每种通道都对一种或几种离子有较高的通透性，而对其他离子的通透性很小或不通透。例如，钾通道对K^+和Na^+的通透性之比约为100∶1。根据通道对离子的选择性，可将通道分为钠通道、钙通道、钾通道、氯通道和非选择性阳离子通道等。

③ 门控(gating)特性。在通道蛋白分子内通常具有控制通道开、关的“闸门”结构，一般为一些特殊的氨基酸序列。由某种特定条件控制闸门运动，导致通道的开放或关闭过程，称为门控。在静息状态下，大多数通道都处于关闭状态，当受到刺激时发生分子构象变化，引起闸门开放。根据对不同刺激的敏感性，离子通道通常分为受膜电位调控的电压门控通道(voltage-gated ion channel)，受化学物质调控的化学门控通道(chemically-gated ion channel)，以及受机械刺激调控的机械门控通道(mechanically-gated ion channel)等。电压门控通道内具有电位感受区，通常在膜去极化时，引起通道构象变化和闸门开放(图2-2A)，例如神经细胞膜上的电压门控钠通道。化学门控通道，通道本身具有受体功能。例如，骨骼肌终板膜的乙酰胆碱受体阳离子通道，当结合ACh后引起通道构象变化和闸门开放(图2-2B)。机械门控通道通常因细胞膜受到牵张刺激而引起通道开放或关闭。例如，下丘脑内某些对渗透压敏感的神经细胞，当胞外高渗时因细胞皱缩、胞膜张力降低而使机械门控通道开放(图2-2C)。此外，还有少数离子通道是持续开放的，这类通道属于非门控通道，如神经细胞膜上的钾漏通道等。通道的开放和关闭除影响物质的跨膜转运外，还与信号的跨膜转导和细胞电活动有关。

(2) 经载体的易化扩散(facilitated diffusion via carrier)

经载体的易化扩散是指水溶性小分子物质在膜蛋白协助下，顺浓度梯度的跨膜转运。载体是镶嵌在细胞膜上的一类具有特殊转运功能的蛋白质。当被转运物质与载体上的结合位点特异性结合后，引发载体构象变化，使被转运物质从膜的一侧转移到另一侧，并随之与载体解离，例如葡萄糖或氨基酸进入普通细胞的过程（图 2-3）。

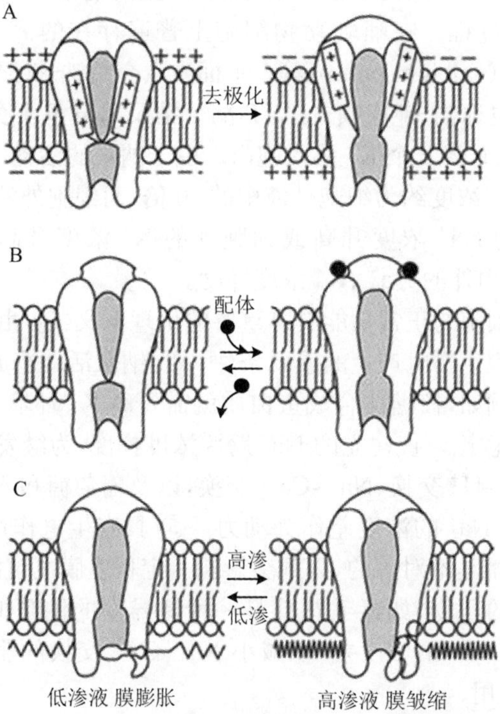

图 2-2　离子通道的门控特性示意图

A. 电压门控通道；　B. 化学门控通道；　C. 机械门控通道

图 2-3　载体介导的易化扩散示意图

经载体的易化扩散具有以下特性：① 特异性。每种载体只能转运相应特定的物质。例如转运右旋葡萄糖的载体通常只能转运右旋葡萄糖分子。② 饱和现象。如果被转运物质浓度增加到一定量时，再增加物质浓度并不能使转运量和转运速率增加，这就是饱和现象。这是由于载体的数量或载体上结合的位点是有限的缘故。③ 竞争性抑制。如果两种结构相似的物质能被同一载体转运，则两种物质会竞争与载体的结合，这种现象称为竞争性抑制。例如，一种载体既能转运 A 物质，又能转运 B 物质，如果 A 物质转运增多，B 物质转运就会减少。

2. 主动转运

根据物质转运过程中是否需要 ATP 直接供能，将主动转运分为原发性和继发性主动转运两种形式。

(1) 原发性主动转运(primary active transport)

原发性主动转运是直接利用离子泵分解 ATP 产生的能量将物质逆浓度梯度和(或)电位梯度进行跨膜转运的过程。在哺乳动物细胞上普遍存在的离子泵有钠-钾泵(sodium potassium pump)和钙泵(calcium pump)等。下面重点介绍钠-钾泵的功能。

钠-钾泵简称钠泵,也称钠-钾依赖式 ATP 酶。钠泵每分解 1 分子 ATP 可逆着浓度差将 3 个 Na^+ 移出胞外,同时将 2 个 K^+ 移入胞内。由于钠泵的活动,使 Na^+、K^+ 在细胞内外不均衡分布,细胞内的 K^+ 浓度约为细胞外液中的 30 倍,而细胞外液中的 Na^+ 浓度约为胞质中的 12 倍。当细胞内的 Na^+ 浓度升高或细胞外的 K^+ 浓度升高时,都可激活钠泵转运 Na^+、K^+,从而维持细胞内外的 Na^+、K^+ 浓度梯度。

钠泵的活动对维持细胞的正常功能具有重要的生理意义:① 由钠泵活动建立和维持的跨膜离子浓度梯度是细胞生物电产生的重要条件。② 钠泵活动造成的胞内高 K^+ 是细胞内许多代谢反应所必需。例如,核糖体合成蛋白质就需要高 K^+ 环境。③ 维持细胞内液正常的渗透压和细胞容积的稳定。④ 建立的 Na^+ 跨膜浓度梯度,为继发性主动转运的物质提供势能储备。例如,在 Na^+-H^+ 交换、Na^+-Ca^{2+} 交换,以及葡萄糖和氨基酸在小肠和肾小管被吸收的过程中,都是利用 Na^+ 的浓度差作为动力。⑤ 具有生电作用,这是由于钠泵向细胞内外转运 Na^+、K^+ 的数量是不对等的,因此会影响一定程度膜电位的变化。

一些治疗心脏疾病的药物,如毒毛花苷是一种特异性的钠泵抑制剂,通过抑制钠泵活动,降低心肌细胞膜两侧 Na^+ 的浓度差,以减小 Na^+-Ca^{2+} 交换的驱动力,使细胞内 Ca^{2+} 浓度增加,从而产生强心作用。

(2) 继发性主动转运(secondary active transport)

继发性主动转运的驱动力不是直接来自 ATP 的分解,而是来自原发性主动转运形成的离子浓度差,从而进行逆浓度梯度和(或)电位梯度的跨膜物质转运。例如,小肠黏膜上皮细胞对葡萄糖的吸收就是典型的继发性主动转运。小肠黏膜上皮细胞基底侧膜钠泵的活动,可维持细胞内 Na^+ 浓度低于胞外。肠腔侧细胞膜上的 Na^+-葡萄糖同向转运体利用膜两侧 Na^+ 的化学驱动力,将肠腔中的 Na^+ 和葡萄糖分子一起转运至细胞内,这一过程中 Na^+ 顺浓度差进入细胞,同时释放出势能用于葡萄糖分子逆浓度差转运(图 2-4)。进入上皮细胞的葡萄糖可经基底侧膜上的相应载体转运至组织液,进而吸收入血。如果钠泵功能被抑制,葡萄糖的继发性主动转运将减弱或消失,表明对钠泵活动的依赖性。此外,小肠黏膜上皮细胞对氨基酸的吸收、肾小管上皮细胞对葡萄糖和氨基酸的重吸收等,均属此类转运。

参与继发性主动转运的转运体蛋白,一般可同时转运两种或两种以上的物质。在不同情况下,如果被转运的分子或离子向相同方向转运,称为同向转运,如 Na^+-葡萄糖同向转运、Na^+-氨基酸同向转运等;如果被转运物质彼此向相反方向转运,称为逆向转运或交换,如 Na^+-H^+ 交换、Na^+-Ca^{2+} 交换等。

(三) 出胞和入胞

出胞和入胞是指大分子物质或物质团块通过膜的运动,实现跨膜转运的过程(图 2-5)。

1. 出胞(exocytosis)

出胞是胞内的大分子物质以分泌囊泡的形式排出细胞的过程。例如,激素、酶类、神经递质等排出细胞的过程。分泌物通常在粗面内质网的核糖体合成,之后在高尔基复合体进行加工,并被包装成分泌囊泡,这些囊泡逐渐向细胞膜移动,并与之融合、破裂,最后将囊泡中的分泌物排出细胞。

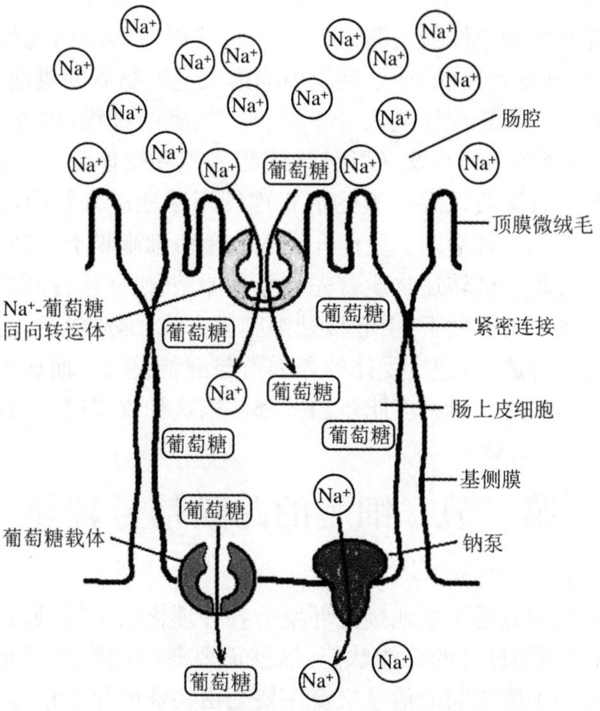

图 2-4　葡萄糖在小肠黏膜上皮细胞的吸收

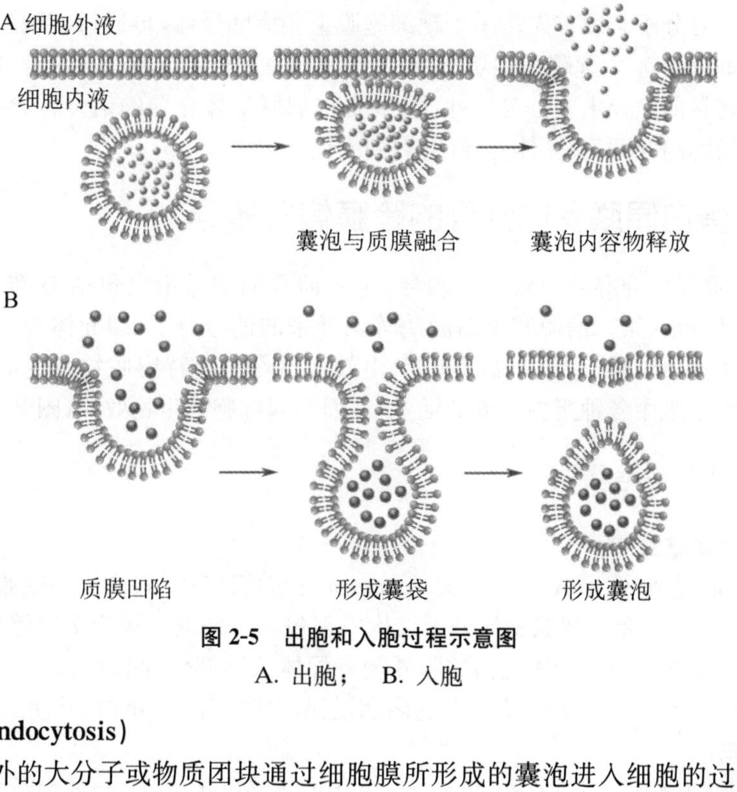

图 2-5　出胞和入胞过程示意图

A. 出胞；　B. 入胞

2．入胞(endocytosis)

入胞是胞外的大分子或物质团块通过细胞膜所形成的囊泡进入细胞的过程。例如，细菌、细胞碎片、液体等进入细胞的过程，都属于入胞。

入胞过程包括吞噬（phagocytosis）和吞饮（pinocytosis）。吞噬仅发生于一些特殊的细胞，如单核细胞、巨噬细胞和中性粒细胞等摄入颗粒状固体物质的过程，形成的吞噬泡直径较大，首先物质团块与细胞膜接触，该处胞膜内陷形成包裹物质的囊泡，囊泡与胞膜分离，在细胞中与溶酶体融合。吞饮是液体或大分子被摄入细胞的过程，可发生于体内几乎所有的细胞，形成的吞饮泡直径较小。吞饮又可分为液相入胞和受体介导入胞两种形式。液相入胞是指细胞外液及其所含溶质以吞饮泡的形式连续不断地进入胞内，这种方式在具有吸收功能的小肠上皮细胞等处非常活跃。受体介导入胞是由细胞膜上的特异性受体介导某些大分子物质进入细胞的过程。被转运物质首先与膜受体结合，并移行到膜上一些被称为“有被小窝”的区域，在网格蛋白的协助下，引起该处细胞膜内陷、形成囊泡，囊泡与胞膜分离，进入细胞中。当被转运物质释放后，包含受体的囊泡再与细胞膜融合而成为细胞膜的组成成分。许多大分子物质，如运铁蛋白、低密度脂蛋白等都是以这种方式进入细胞的。

第二节 细胞的跨膜信号转导

生物体内的各种细胞总是不断地接受环境中各种理化因素的刺激，为适应内、外环境的变化，机体需要不断地调整自身的功能状态，这就需要各种细胞之间通过复杂的信息交流，相互协调工作。细胞与细胞之间的信息交流主要是由特殊的化学信号分子介导的，如激素、神经递质和细胞因子等，也包括一些物理性信号，如电、光和机械刺激等。除了少数脂溶性的信号分子，如类固醇激素、甲状腺激素等可以直接进入细胞，与胞内受体结合后发挥生理效应，大多数信号分子必须首先作用于靶细胞膜上相应的受体，再通过细胞的跨膜信号转导（signal transduction），引起靶细胞功能改变。根据膜受体及其相关联的信号分子种类的不同，跨膜信号转导的途径主要分为三种，即G蛋白偶联受体介导的信号转导、离子通道型受体介导的信号转导和酶联型受体介导的信号转导。

一、G蛋白偶联受体介导的跨膜信号转导

G蛋白偶联受体介导的跨膜信号转导，主要涉及的信号蛋白包括G蛋白偶联受体、G蛋白、G蛋白效应器、第二信使和蛋白激酶等。外来的信号分子，即配体与受体结合后激活G蛋白，激活的G蛋白影响效应器的功能，由效应器作用于特定底物所生成的第二信使分子，进一步影响细胞中各种蛋白激酶的活性，从而引起细胞的生物效应（图2-6）。

（一）主要的信号蛋白

1. G蛋白偶联受体

G蛋白偶联受体（G protein-linked receptor）种类繁多，它们构成细胞膜上最大的受体分子超家族。所有G蛋白偶联受体分子结构中都包含一条以α螺旋7次跨膜的多肽链，其N端在胞外，C端在胞内。受体蛋白的胞外侧有配体结合部位，胞内侧有G蛋白结合部位。当受体与配体结合后，其分子构象发生变化，引起胞内侧结合G蛋白，并使之激活。

2. G蛋白

G蛋白是鸟苷酸结合蛋白（guanine nucleotide binding protein）的简称，是联系膜受体

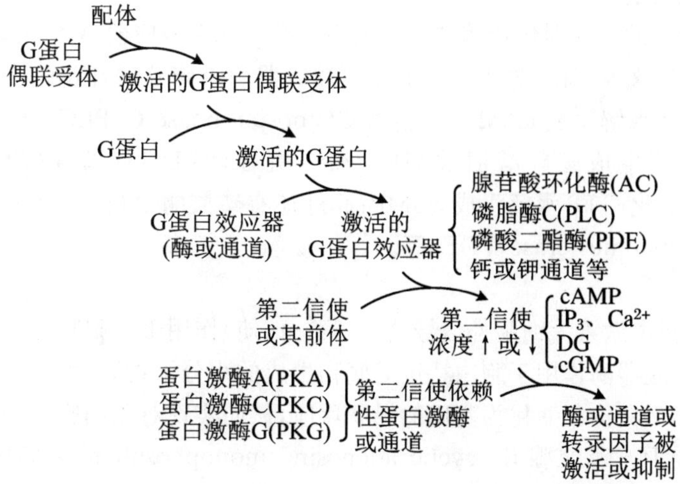

图 2-6　G 蛋白偶联受体介导信号转导的主要信号蛋白

与效应器（酶或离子通道）之间的中介分子。目前已发现的 G 蛋白有 20 多种，它们同属于一个分子家族。大多数 G 蛋白是由 α、β 和 γ 亚单位构成的。α 亚单位具有与 GTP 或 GDP 的结合位点，并具有 GTP 酶活性。在无外来信号作用的情况下，G 蛋白的 α 亚单位与 GDP 结合处于失活状态，当细胞外信号分子与受体结合后，活化的受体与 G 蛋白的 α 亚单位结合并使之变构，随即 α 亚单位与 GDP 解离而与 GTP 结合，形成激活态的 G 蛋白，同时 α 亚单位与受体和 β、γ 亚单位分离，形成 α-GTP 和 βγ 两个基团，它们均可进一步激活下游的效应器（酶或离子通道），将信号转导至细胞内。此后，由于 α 亚单位的 GTP 酶活性，可将 GTP 水解成 GDP。重新与 GDP 结合的 α 亚单位再与 β、γ 亚单位结合，返回到失活状态，从而终止信号转导（图 2-7）。由此可见，G 蛋白的状态转换在信号转导中起着重要的分子开关作用，当其处于激活状态时，信号通路被激活，当其处于失活状态时，信号通路终止。

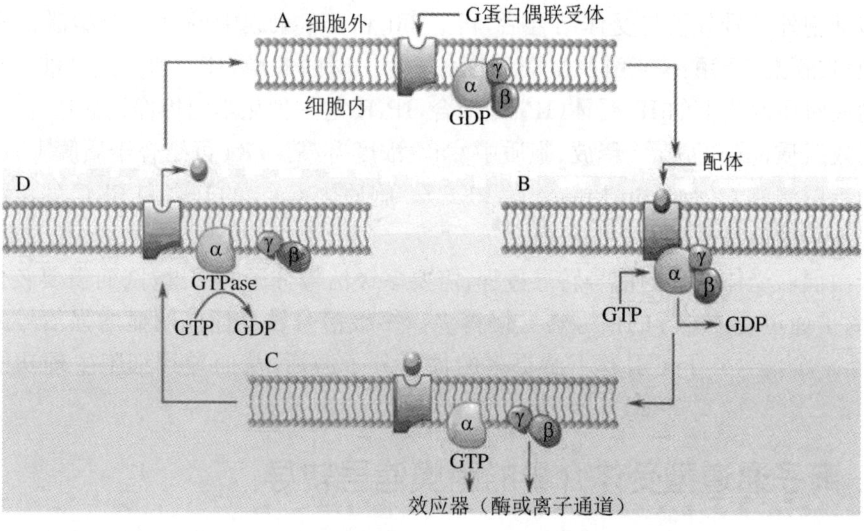

图 2-7　G 蛋白偶联受体介导信号转导的示意图

3. G蛋白效应器

由G蛋白激活的效应器包括酶和离子通道两类。如果效应器是离子通道，则G蛋白通过调控通道的状态，影响细胞的功能。主要的效应器酶有腺苷酸环化酶(adenylyl cyclase，AC)，可催化ATP水解生成cAMP；磷脂酶C(phospholipase C，PLC)，可催化二磷酸磷脂酰肌醇(PIP_2)水解生成三磷酸肌醇(IP_3)和二酰甘油(DG)；鸟苷酸环化酶(guanylyl cyclase，GC)，可催化GTP水解生成cGMP；此外还有磷酸酶A(phospholipase A，PLA)和磷酸二酯酶(phosphodiesterase，PDE)等。

4. 第二信使

第二信使是指由激素等细胞外信号分子(第一信使)作用于细胞膜后产生的细胞内信号分子，通常是由效应器酶作用于胞内特定的底物生成的小分子物质，可进一步影响蛋白激酶的活性，产生以靶蛋白构象变化为基础的级联反应，从而实现对靶细胞功能的调节。比较重要的第二信使有环-磷酸腺苷(cyclic adenosine monophosphate，cAMP)、三磷酸肌醇(inositol triphosphate，IP_3)、二酰甘油(diacylglycerol，DG)、环-磷酸鸟苷(cyclic guanosine monophosphate，cGMP)和Ca^{2+}等。

(二) 主要的G蛋白偶联受体信号传导途径

1. 受体-G蛋白-AC途径

参与该信号转导途径的G蛋白属于Gs和Gi蛋白家族。如果前者被激活，可进一步激活腺苷酸环化酶(AC)，催化胞内的ATP生成cAMP；如果后者被激活则抑制AC的活性。cAMP作为第二信使主要通过激活蛋白激酶A(protein kinase A，PKA)使底物蛋白磷酸化实现信号转导作用。由于PKA磷酸化的底物蛋白不同，因此在不同的靶细胞中产生的效应不相同。例如，PKA可激活肝细胞的磷酸化酶激酶，后者促使肝糖原分解；PKA也可使心肌细胞的钙通道磷酸化，增加Ca^{2+}的扩散通量，从而增强心肌收缩力。

2. 受体-G蛋白-PLC途径

许多细胞外信号分子与受体结合后，可经Gi和Gq家族中的某些亚型激活磷脂酶C(PLC)，使质膜上二磷酸磷脂酰肌醇(PIP_2)水解为三磷酸肌醇(IP_3)和二酰甘油(DG)。IP_3与内质网或肌质网膜上的IP_3受体(IP_3R)结合，IP_3R是一种化学门控性钙通道，激活后可导致内质网或肌质网中的Ca^{2+}释放、胞质中Ca^{2+}浓度升高。DG可结合于质膜上，激活与质膜结合的蛋白激酶C(protein kinase C，PKC)。胞质内Ca^{2+}的升高和PKC的激活可进一步作用于下游的信号蛋白或功能蛋白。

G蛋白偶联受体介导的信号转导过程，需要多级信号分子的中继，因而需要较长的反应时间，比离子通道受体介导的信号转导慢得多。多级信号转导还能明显增强信号的放大作用，即激活一个信号分子可引起下游更多的信号分子激活，从而导致细胞生理功能的明显改变。

二、离子通道型受体介导的跨膜信号转导

离子通道型受体(ion channel receptor)是一种同时兼有受体和离子通道功能的蛋白质。特定的理、化刺激作用于通道结构中具有受体功能的基团时，导致通道构象改变而开放，从而介导离子跨膜流动，引起细胞功能的变化。某些化学物质与这类受体结合后，可引

起细胞膜离子通道的快速开放和离子的跨膜流动，因此，由化学物质调控的离子通道受体又称为化学门控通道。例如，神经-肌肉接头后膜上的 ACh 受体阳离子通道，当结合神经末梢释放的 ACh 时，通道开放引起相应离子的跨膜流动和跨膜电位的改变，最终导致信息的传递并引发肌肉收缩。离子通道受体介导的信号转导方式还包括电压门控通道和机械门控通道受体的转导，这两种通道在接受电信号或机械信号刺激后，通过通道的开放和关闭，形成离子的跨膜流动，从而将信号转导至细胞内。例如，神经细胞膜上的电压门控 Na^+ 通道，在膜电位去极化达阈电位时，Na^+ 通道大量开放，Na^+ 内流，导致神经细胞兴奋。又如，血管壁受到牵张刺激时，可激活血管平滑肌上的机械门控 Ca^{2+} 通道，导致 Ca^{2+} 内流而引发血管平滑肌收缩。

三、酶联型受体介导的跨膜信号转导

酶联型受体也是一种跨膜蛋白，它的胞外区有与配体结合的位点，而胞内区具有酶活性，或者能结合其他酶分子，调控后者的功能而完成信号转导。常见的酶联型受体主要有酪氨酸激酶受体、酪氨酸激酶结合型受体和鸟苷酸环化酶受体。

（一）酪氨酸激酶受体和酪氨酸激酶结合型受体

酪氨酸激酶受体（tyrosine kinase receptor，TKR）的结构中只有一个跨膜 α 螺旋，当配体与受体的胞外区结合后，受体分子构象改变，位于胞内区的酪氨酸激酶被活化，从而发挥生物效应。大部分生长因子，如表皮生长因子、神经生长因子和胰岛素等通过这类受体将外来信号的作用转导至细胞内。酪氨酸激酶结合型受体（tyrosine kinase associated receptor）分子本身没有酶的活性，但当受体与配体结合后，即可与胞质内其他的酪氨酸激酶结合并使之激活，从而使下游相关蛋白质的酪氨酸残基磷酸化，产生生物学效应。一些激素，如促红细胞生成素、生长激素、催乳素等通过这种方式实现信号转导。

（二）鸟苷酸环化酶受体

鸟苷酸环化酶受体（guanylyl cyclase receptor）的分子结构与酪氨酸激酶受体相似。一旦配体与受体结合，将激活受体胞内区鸟苷酸环化酶（GC）的活性，催化胞质内的 GTP 生成 cGMP，后者可激活依赖 cGMP 的蛋白激酶 G（protein kinase G，PKG），通过对底物蛋白的磷酸化实现信号跨膜转导。心房钠尿肽（atrial natriuretic peptide，ANP）就是鸟苷酸环化酶受体的重要配体。

细胞的跨膜信号转导是当今生命科学研究的热点之一。本节内容仅简要地介绍了几种跨膜信号转导的主要通路。实际上，各条转导通路中都存在着很多复杂的相互联系和相互作用，构成一个错综复杂的信号网络。

第三节　细胞的生物电活动

生物电活动普遍存在于机体内，与神经冲动的产生与传导、肌肉收缩、腺体分泌等功能活动都有密切的关系。临床上常通过记录某器官的电活动辅助诊断某些疾病，例如记录大脑皮层电活动的脑电图和记录心脏电活动的心电图等。它们的电活动都是以细胞的生物电现象为基础。细胞生物电活动主要有两种表现形式，即细胞安静状态下的静息电位和受有效刺激后产生的动作电位。

一、静息电位

(一) 静息电位的测量和定义

静息电位(resting potential，RP)是指细胞在安静状态时，存在于细胞膜两侧外正内负的电位差。由于安静状态下，细胞膜对不同离子通透性的明显差异及细胞内外离子的不均衡分布，因此细胞膜两侧存在明显的电位差。当测量静息电位时，将参考电极置于细胞外液并接地维持零电位水平，测量电极采用玻璃微电极。如果把测量电极放置于细胞膜外表面，则膜外任意两点间的电位差为零；如果把测量电极插入细胞内，则膜两侧的电位差显示下降并维持于一个较稳定的电位值，即静息电位。不同细胞的静息电位值有所差异，如神经细胞约 - 70 mV，骨骼肌细胞约 - 90 mV，平滑肌细胞约 - 55 mV，红细胞约 - 10 mV。通常我们把安静时，细胞膜两侧所保持的内负外正的稳定状态称为极化(polarization)；当静息电位增大时称为超极化(hyperpolarization)；当静息电位减小时称为去极化(depolarization)；如果去极化至零电位后，膜电位进一步变为正值，则称为反极化(reverse polarization)，膜电位超过零电位的部分称为超射(overshot)；如果膜电位去极化并反极化后，又向静息电位方向恢复的过程称为复极化(repolarization)。

(二) 静息电位的产生机制

在安静状态时，机体细胞内外离子分布不均衡，例如细胞内 K^+ 浓度约为细胞外的 30 倍，而细胞外 Na^+ 浓度约为细胞内的 10 倍；同时静息状态下，胞膜上的非门控性钾通道持续开放，主要对 K^+ 有较高的通透性，对 Na^+ 通透性很低。因而在浓度差驱动力的作用下，K^+ 向胞外扩散，使胞外正电荷增多，胞内有机负离子不能通过细胞膜而被阻留在细胞膜内侧，这就形成了膜外为正、膜内为负的电位差，该电位差可阻碍 K^+ 向胞外扩散。浓度差和电位差形成的驱动力代数和称为电-化学驱动力，随着 K^+ 外流，推动 K^+ 向胞外扩散的浓度差逐渐减小，阻碍 K^+ 扩散的电位差逐渐增大。当浓度差与电位差形成的电 - 化学驱动力为零时，K^+ 的净移动为零，此时膜两侧的电位差称为 K^+ 平衡电位。根据 Nernst 公式，可以计算出膜两侧不同 K^+ 浓度下的 K^+ 平衡电位，如果改变细胞外的 K^+ 浓度，静息电位变化与 Nernst 公式的理论值相似，说明细胞的静息电位主要由 K^+ 外流形成的 K^+ 平衡电位决定。但实际测量的静息电位数值比 K^+ 平衡电位略低，这是由于在安静状态下，细胞膜对 Na^+ 也有少量的通透性，内流的 Na^+ 使膜电位负值减小。此外，细胞膜上钠泵的生电活动也参与静息电位的形成。钠泵每分解一分子 ATP，可将 3 个 Na^+ 泵出细胞外，2 个 K^+ 泵入细胞内，从而使膜内电位负值增加。

二、动作电位

(一) 动作电位的概念及特点

动作电位(action potential，AP)是指在静息电位基础上，细胞接受有效刺激后产生的一个迅速、可逆、可向远处传播的膜电位波动，动作电位的产生是细胞兴奋的标志。不同细胞的动作电位的波形有所差异。以神经细胞为例，在接受有效刺激后，膜电位由静息时的 －70 mV 逐步去极化达到阈电位水平，而后迅速上升至＋30 mV 达到峰值，形成动作电位的上升支（又称去极相）；随后膜电位迅速复极化，形成动作电位的下降支（又称复极相）。由迅速去极的上升支和迅速复极的下降支共同形成尖锋样电位变化，称之为锋电位（spike potential），锋电位是动作电位的主要成分，也是其特征性标志。在锋电位之后复极化速度减慢，膜电位出现低幅、缓慢的波动，称为后电位。后电位分为两部分，小于静息电位、缓慢的复极化电位称为负后电位；大于静息电位的超极化电位称为正后电位。后电位结束后，膜电位恢复至稳定的静息电位水平（图 2-8）。

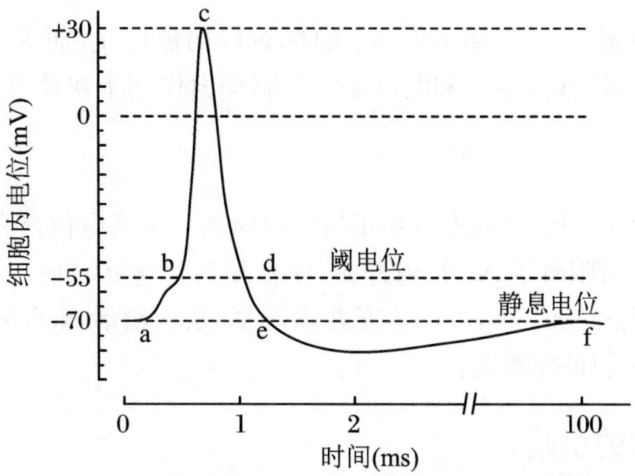

图 2-8　神经细胞动作电位形成过程中膜电位的变化

ab：膜电位逐步去极化达到阈电位水平；　bc：动作电位的快速去极相；
cd：动作电位的快速复极相；　bcd：锋电位；　de：负后电位；　ef：正后电位

动作电位具有三个重要特点：

1．“全或无”特性

要使细胞产生动作电位，刺激必须达到一定的强度。如果刺激未达到一定强度，则动作电位不会发生。对于同一细胞而言，一旦动作电位产生，其波形和幅度不会随刺激强度的变化而变化。这种现象称为动作电位的“全或无”（all or none）特性。

2．不衰减传导

当动作电位产生后，并不局限于受刺激的部位，它会沿细胞膜迅速向周围扩布，使细胞膜各处依次产生动作电位，动作电位传遍整个细胞，其波形和幅度保持不变。

3．脉冲式发放

当细胞连续接受多个刺激时，产生的多个动作电位之间不会发生融合，而是呈现一个个独立的动作电位波形，即脉冲式发放。

（二）动作电位的产生机制

动作电位的产生主要是带电离子跨膜流动的结果。以下介绍神经细胞的动作电位产生机制。

1. 去极化

神经细胞接受有效刺激后，在静息电位基础上逐渐去极化达到阈电位时，细胞膜上的电压门控 Na^+ 通道大量激活开放，膜对 Na^+ 通透性迅速增加，在强大的电化学驱动力作用下，Na^+ 迅速内流，使膜电位快速去极化。膜去极化与 Na^+ 通道开放之间形成正反馈，产生再生性 Na^+ 内流。随着 Na^+ 大量内流，膜内负电位被抵消，进而出现正电位，此时膜内的正电位将阻碍 Na^+ 进一步内流。当 Na^+ 内流的动力（浓度差）和阻力（电位差）相等时，Na^+ 内流停止，膜电位达到 Na^+ 平衡电位，动作电位上升支达顶点。

使用局部麻醉剂，如普鲁卡因或利多卡因等可以阻断动作电位的产生，这是由于局麻药可阻碍 Na^+ 通道的开放，使神经细胞不能产生动作电位，从而发挥麻醉作用。

2. 复极化

细胞在反极化状态时，Na^+ 通道失活、关闭，Na^+ 内流停止，而 K^+ 通道大量开放，膜对 K^+ 通透性迅速增加。K^+ 在浓度差和电位差两种驱动力作用下快速外流，膜电位复极化，形成动作电位的下降支。

3. 后电位

在锋电位之后，先后经历负后电位和正后电位时期。负后电位是在复极化后期，因外流的 K^+ 蓄积在膜外，暂时阻碍了 K^+ 快速外流，使膜复极化速度减慢。正后电位是由于复极化至静息电位时，膜内外 Na^+ 和 K^+ 的浓度并未恢复，从而激活 Na^+ 泵，通过 Na^+ 泵的生电活动，使膜电位出现短暂的超极化。

（三）动作电位的引起

1. 阈刺激

刺激是指细胞所处环境的变化，包括物理、化学和生物等性质的环境变化。若要使细胞产生动作电位，刺激必须达到一定的量。刺激量通常包括三个参数：刺激强度、刺激的持续时间和刺激强度-时间变化率。为便于实际研究，一般将刺激持续时间和刺激强度-时间变化率固定于恰当的数值，观察刺激强度和反应的关系。能够使细胞产生动作电位的最小刺激强度，称为阈强度（threshold intensity）或阈值。阈刺激是指刺激强度等于阈强度的刺激，而大于或小于阈强度的刺激分别称为阈上刺激和阈下刺激。有效刺激通常是指阈刺激和阈上刺激，细胞只有接受有效刺激才能产生动作电位。

2. 阈电位

只有当有效刺激使膜电位去极化到某一临界值时，才能引起电压门控 Na^+ 通道大量激活、开放，导致 Na^+ 快速大量内流而爆发动作电位。因此，这个能触发动作电位产生的膜电位临界值，被称为阈电位（threshold potential）。

一定强度的阈下刺激仅可使部分钠通道开放，引起少量 Na^+ 内流，产生去极化的局部电位，又称局部反应，但是由于膜电位的去极化程度达不到阈电位水平，则不能产生动作电位。与动作电位相比，局部电位具有下列特征：① 等级性，局部电位的幅度随刺激强度增大而增大。② 呈电紧张性扩布，不能远距离传播，易衰减。③ 可以总和，包括时间总和及空间总和。若去极化的局部电位总和达阈电位后，即可触发动作电位的产生。同理，给予细胞超极化刺激，细胞仅能产生超极化的局部电位，因超极化电位远离阈电位水平，因而不能引起细胞产生动作电位，如图 2-9 所示。

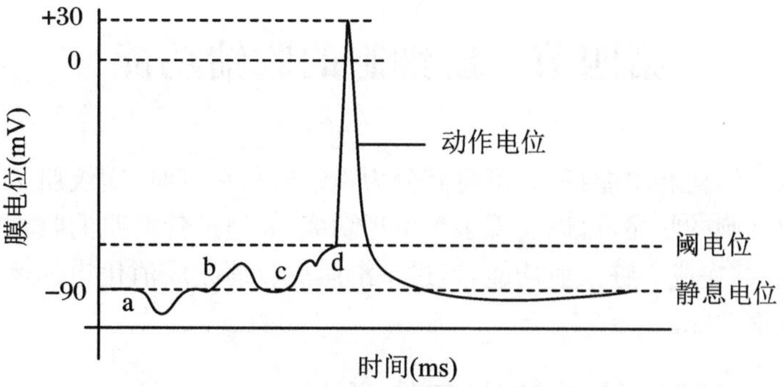

图 2-9　局部电位、阈电位与动作电位的关系

a:超极化局部电位；　b:去极化局部电位；

c、d:去极化局部电位总和达阈电位引发动作电位

(四)动作电位的传导

动作电位的传导是指动作电位在同一细胞上的传播过程。细胞膜上任何一处受刺激兴奋时,动作电位会沿着细胞膜由已兴奋区向未兴奋区传导。在已兴奋区,膜电位呈现内正外负的反极化状态,未兴奋区为内负外正的极化状态,两者之间形成电位差,从而导致电荷的移动产生局部电流。在膜内侧电流方向由已兴奋区传向未兴奋区,膜外侧电流方向由未兴奋区传向已兴奋区。由于局部电流的刺激,可以使未兴奋区去极化到达阈电位,引发动作电位产生,这样的过程沿着膜连续进行下去,从而使整个细胞膜都依次爆发动作电位(图 2-10)。对于有髓神经纤维,髓鞘是由胶质细胞形成的,具有绝缘性,故神经纤维兴奋时,动作电位只能在无髓鞘的郎飞结处产生。因此在有髓神经纤维,局部电流须跨越髓鞘包裹处在两个郎飞结之间传导,此种传递称为跳跃传导。跳跃传导耗能少,而且传导速度比无髓神经纤维快得多。

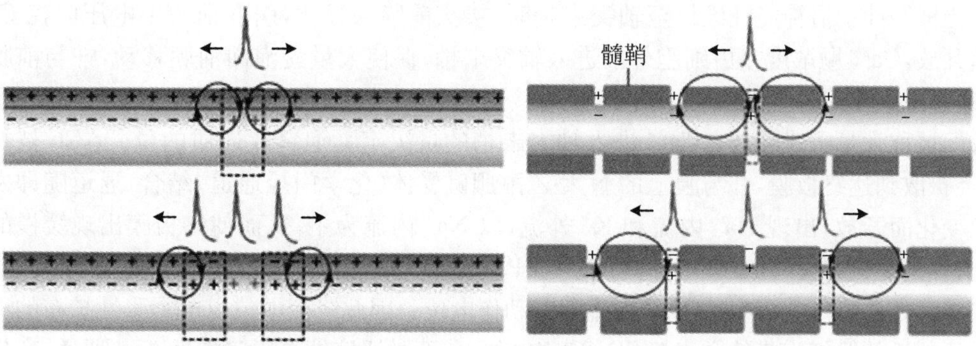

动作电位在无髓神经纤维上传导　　动作电位在有髓神经纤维上传导

图 2-10　动作电位在神经纤维上的传导示意图

第四节 肌细胞的收缩功能

根据肌细胞的结构和功能特点，可将其分为横纹肌和平滑肌，横纹肌又包括骨骼肌和心肌。机体通过肌细胞的收缩，可以实现多种生理功能，如通过骨骼肌的收缩完成躯体运动功能，通过心肌的收缩完成心脏泵血功能，通过平滑肌的收缩完成消化道的运动等。本节主要介绍骨骼肌的收缩功能。

一、神经-骨骼肌接头的兴奋传递

骨骼肌的收缩都是在运动神经元的控制下进行的。当运动神经元产生的兴奋到达神经末梢时，通过神经-肌肉接头将兴奋传递给骨骼肌细胞，再通过兴奋-收缩偶联过程引起骨骼肌细胞的收缩活动。

（一）神经-骨骼肌接头的结构

神经-骨骼肌接头是指由运动神经末梢与骨骼肌细胞相接触部位构成的特殊结构（图 2-11），它包括接头前膜、接头间隙和接头后膜三部分。接头前膜是指运动神经的轴突末梢膜，在轴突末梢内含有许多囊泡，囊泡内有大量的乙酰胆碱分子（acetylcholine，ACh）。接头后膜又称终板膜，是指与接头前膜相对应的肌细胞膜，在终板膜上分布着 N_2 型 ACh 受体阳离子通道，可以和 ACh 发生特异性结合，此外还含有能使 ACh 水解的胆碱酯酶。在接头前膜与接头后膜之间存在 15～50 nm 的接头间隙，其中充满细胞外液（图 2-11）。

（二）神经-骨骼肌接头的兴奋传递过程

兴奋在神经-骨骼肌接头的传递是以化学递质 ACh 作为媒介进行的，具体过程如下：

当神经冲动沿神经纤维传至轴突末梢时，接头前膜去极化，引发前膜中电压门控 Ca^{2+} 通道开放，Ca^{2+} 顺浓度差由细胞外液进入轴突末梢，促使大量囊泡向前膜移动，并与前膜融合，通过出胞作用将囊泡中的 ACh 释放入接头间隙。ACh 的释放是以囊泡为单位的"倾囊释放"，被称为量子式释放。Ca^{2+} 进入轴突末梢的量决定囊泡释放递质的量。ACh 被释放后，经扩散到达终板膜，并与膜上的 N_2 型乙酰胆碱受体（化学门控通道）结合，通道随即发生构象变化而开放，出现 Na^+ 内流和 K^+ 外流，以 Na^+ 内流为主，从而使终板膜出现缓慢的去极化，称为终板电位（end-plate potential，EPP）。由于终板膜上缺乏电压门控性 Na^+ 通道，故终板膜处不能产生再生性 Na^+ 内流引起动作电位。因此终板电位以电紧张性扩布的形式传导至邻近的肌细胞膜使之去极化达到阈电位，从而激活该处电压门控性 Na^+ 通道，产生动作电位并向整个细胞传导。正常情况下，ACh 与受体结合发挥作用后，能迅速地被胆碱酯酶水解而消除，从而使终板电位及时终止，以保证下一次兴奋在接头处的正常传递。

神经-肌肉接头的兴奋传递是一个多环节的复杂过程，许多药物可以通过影响接头兴奋传递的不同阶段，发挥效应。例如，肉毒杆菌毒素可以通过抑制 ACh 的释放，导致肌无力症状出现；美洲箭毒和 α-银环蛇毒可以同 ACh 竞争终板膜上的 ACh 受体，从而阻断接头兴奋传递使骨骼肌失去收缩能力；重症肌无力是由于患者体内自身免疫性抗体破坏了接头后膜

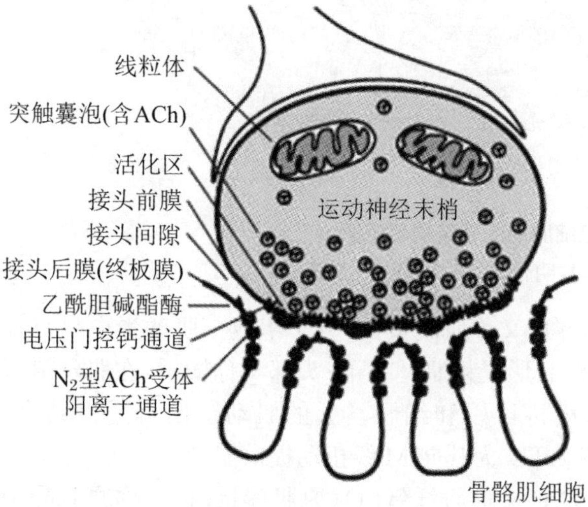

神经-骨骼肌接头的结构

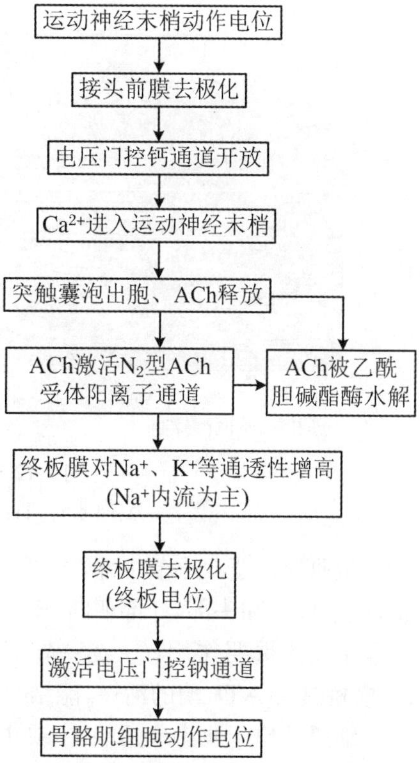

神经-骨骼肌接头兴奋传递示意图

图 2-11　神经-骨骼肌接头的结构及接头处兴奋传递示意图

的 N_2型 ACh 受体，导致骨骼肌松弛；有机磷农药和新斯的明均可抑制胆碱酯酶，使 ACh 在接头间隙大量积聚，从而出现肌细胞挛缩等中毒症状。

二、骨骼肌的收缩活动

骨骼肌细胞又称肌纤维，其胞浆内含有上千条平行排列的肌原纤维，纵贯肌纤维全长。在肌原纤维之间由肌管系统包绕。

（一）骨骼肌细胞的超微结构

1．肌原纤维和肌小节

肌原纤维是由粗肌丝和细肌丝沿肌细胞长轴按照一定的规律排列而成。粗、细肌丝之间特定的排列关系，形成了光镜下所见的明、暗交替的横纹，分别称为明带和暗带。明带中只有细肌丝分布，细肌丝的一端锚定在明带中央的 Z 线上，游离端有一段插入暗带的粗肌丝之间，与粗肌丝处于交错重叠状态。暗带是粗肌丝所在的节段，其中央有一段相对较亮且只有粗肌丝的区域，称为 H 带，在 H 带中央即暗带中央有一条 M 线，是粗肌丝附着的结构。相邻两条 Z 线之间的区域称为一个肌小节，它是肌细胞收缩和舒张的基本结构和功能单位（图 2-12）。一个肌小节由一个完整的暗带和两边相邻各 1/2 的明带组成。

2．粗、细肌丝的分子组成

肌原纤维的收缩功能与粗、细肌丝的分子组成密切相关。

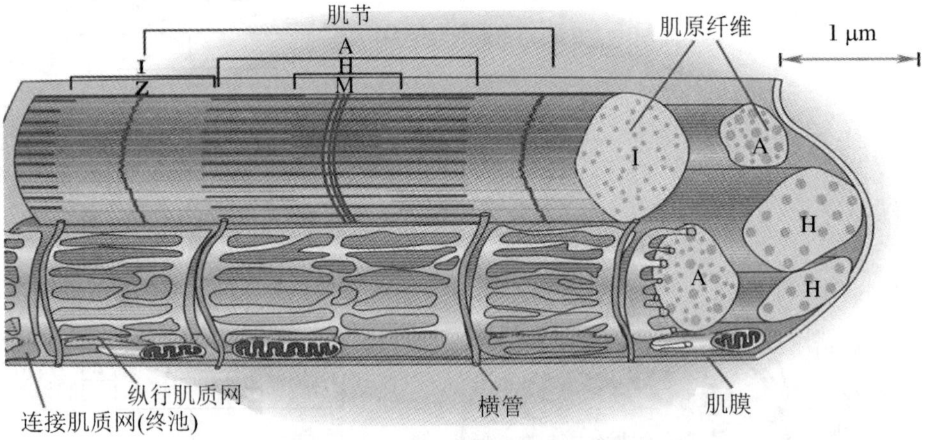

图 2-12 骨骼肌细胞的超微结构示意图

A:暗带； H:H带； I:明带； M:M线； Z:Z线

粗肌丝位于肌小节中部,主要由肌球蛋白(又称肌凝蛋白)分子组成。肌球蛋白呈豆芽状,包括杆部和头部,杆部朝向M线平行排列,形成粗肌丝主干;头部又称横桥,在肌丝滑行过程中发挥重要作用:① 在一定条件下,横桥可以和细肌丝上的肌动蛋白可逆性结合。② 横桥具有ATP酶的活性,能结合并分解ATP,为其向M线扭动提供能量。

细肌丝位于肌小节两端,主要由肌动蛋白(又称肌纤蛋白)、原肌球蛋白(又称原肌凝蛋白)和肌钙蛋白构成。肌动蛋白分子聚合成两条相互缠绕的螺旋状链结构,构成细肌丝的主干,其上含有与横桥结合的位点。原肌球蛋白分子也形成双螺旋结构,与肌动蛋白的双螺旋伴行,在安静时原肌球蛋白遮盖了肌动蛋白与横桥的结合位点。肌钙蛋白既能与Ca^{2+}结合又能与原肌球蛋白结合,当胞质内Ca^{2+}浓度升高时,肌钙蛋白与Ca^{2+}结合而变构,导致原肌球蛋白分子移位,暴露出肌动蛋白的结合位点,于是横桥与肌动蛋白结合,引发肌肉收缩(图2-13)。

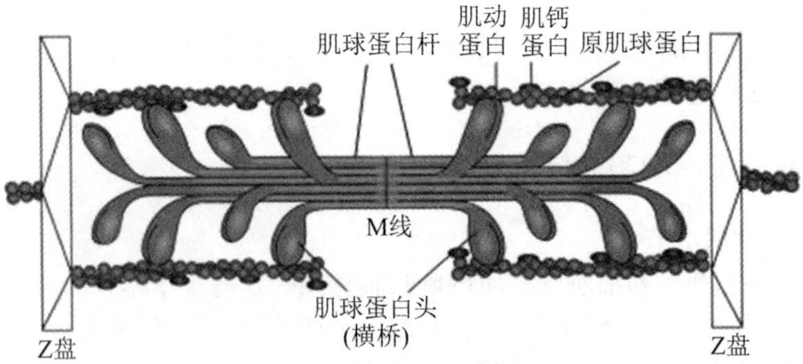

图 2-13 粗、细肌丝的分子结构示意图

3. 肌管系统

骨骼肌细胞中有横管和纵管两套独立的肌管系统(图2-14)。横管位于明带和暗带的交界处,是由肌细胞膜向内凹陷形成,走行方向与肌原纤维垂直,与肌质网的终池靠近。横管的功能是将肌膜上的动作电位迅速传导至肌细胞深部。纵管,即肌质网(sarcoplasmic reticulum,SR),其管道交织成网,包绕在肌原纤维周围,走行方向多与肌原纤维平行,又称纵行肌质网(longitudinal SR,LSR)。SR的末端,靠近横管膜的膨大部分相互连通,称为终池。由于SR膜上存在钙泵和钙释放通道,因此具有贮存、释放和聚积Ca^{2+}的功能。在骨骼肌细胞中,由横管与相邻两侧的终池形成的结构,称为三联管,三联管是骨骼肌发生兴奋-收缩偶联的关键部位。

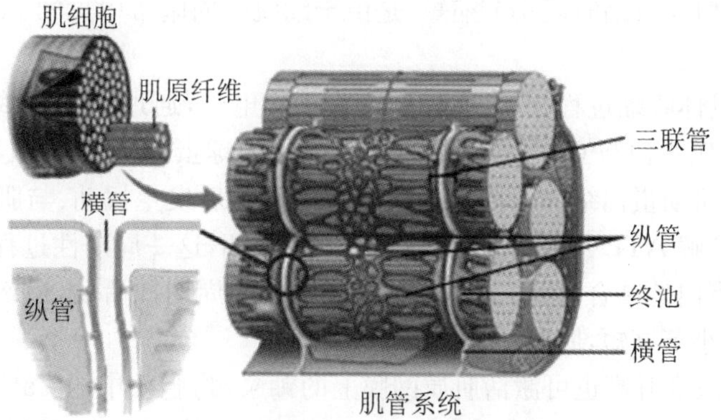

图2-14　骨骼肌细胞的肌管系统

(二)骨骼肌的兴奋-收缩偶联

兴奋-收缩偶联是将肌细胞的电兴奋与其机械收缩活动联系起来的中介过程。兴奋-收缩偶联过程如下:肌细胞膜上的动作电位沿横管膜传向肌细胞深处,激活横管膜和肌膜上的L型钙通道,L型钙通道通过变构作用激活终池膜上的钙释放通道开放,终池内大量Ca^{2+}顺浓度差进入胞质,使胞质中Ca^{2+}浓度升高,随即Ca^{2+}与肌钙蛋白结合,引发肌肉收缩。Ca^{2+}作为兴奋-收缩偶联过程的关键因子,始终控制着肌肉的收缩和舒张过程。

在骨骼肌细胞,L型Ca^{2+}通道主要作为信号分子发挥作用,当L型钙通道被激活时,该分子的构象变化进一步激活终池膜上的钙释放通道开放,使终池内大量Ca^{2+}释放进入胞质,这就是L型Ca^{2+}通道构象变化触发的钙释放(图2-15)。

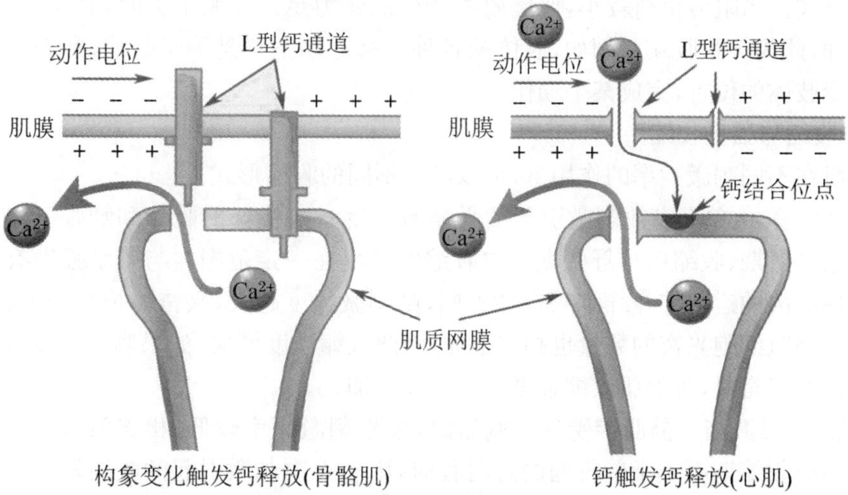

图2-15　横纹肌肌质网钙释放机制

(三) 骨骼肌细胞的收缩机制

有实验证实:肌肉收缩时,肌小节内暗带长度不变,仅发生明带长度的缩短,同时暗带中央的 H 区相应变窄。由此,Huxley 在 1969 年提出了肌丝滑行学说,作为肌肉收缩原理的解释。该学说认为:肌肉收缩时肌小节缩短,是由于细肌丝向暗带中央的 M 线滑行的结果,肌丝本身长度不变。

骨骼肌细胞具体收缩过程如下:肌细胞产生动作电位,通过兴奋-收缩偶联引起胞质中 Ca^{2+} 浓度升高,肌钙蛋白与 Ca^{2+} 结合而变构,导致原肌球蛋白移位,使肌动蛋白上的结合位点暴露,则横桥与肌动蛋白结合。横桥与肌动蛋白结合后发生扭动、与肌动蛋白解离,解离下来的横桥再次分解 ATP 并重新复位,开始下一个周期,这一周期性过程称为横桥循环,即经过横桥与肌动蛋白的结合、扭动、解离、复位所构成的周期性活动,最终使细肌丝向 M 线滑行,从而导致肌小节缩短,肌原纤维也相应缩短。

胞质中 Ca^{2+} 浓度升高也可激活肌质网膜上的钙泵,将胞质中的 Ca^{2+} 泵入肌质网,从而使胞质 Ca^{2+} 浓度降低,Ca^{2+} 与肌钙蛋白解离,原肌球蛋白恢复原位,重新遮盖肌动蛋白的结合位点,致使横桥与肌动蛋白分离,细肌丝滑回原位,肌小节复原,肌肉舒张。

(四) 骨骼肌的收缩形式

1. 等长收缩与等张收缩

从力学角度分析,骨骼肌收缩时可产生相应的张力和缩短改变。根据肌肉收缩时缩短和产生张力的力学特征,将骨骼肌收缩分为等长收缩和等张收缩两种形式。

(1) 等长收缩(isometric contraction):是指肌肉收缩时,其长度保持不变而张力增加的一种收缩形式。当阻力负荷较大,肌肉收缩产生的张力无法克服阻力时,将进行等长收缩。例如,在提起一个很重的物体时,虽然上肢肌肉收缩产生的张力增加,但仍无法克服重力提起重物,此时肌肉缩短速度为零,进行等长收缩。

(2) 等张收缩(isotonic contraction):是指肌肉收缩时,其张力保持不变而长度缩短的一种收缩形式。当阻力负荷较小,肌肉收缩产生的张力足以克服阻力时,肌肉开始缩短,张力不再增加,此为等张收缩。例如,肢体的各种位移运动主要是等张收缩,常表现为骨骼肌缩短以改变肢体的位置,完成某个动作。

2. 单收缩与强直收缩

骨骼肌在不同刺激频率的作用下,可以产生不同的收缩形式。

(1) 单收缩:由单个有效刺激引起的骨骼肌产生一次快速的收缩和舒张,称为单收缩,单收缩包括潜伏期、收缩期和舒张期。单收缩的强度在一定范围内与刺激强度有关。由于支配同一块肌肉的运动神经纤维兴奋性不同,则刺激强度越大,兴奋的神经纤维数量越多,所支配的骨骼肌细胞兴奋的数量也相应增加,因此收缩强度增大;如果刺激强度增大到使所有的肌细胞都兴奋时,骨骼肌收缩强度不再继续增加。

(2) 强直收缩:当骨骼肌接受连续刺激时,如果刺激频率较低,相邻两次刺激间隔大于一次单收缩的收缩期而小于单收缩的总时程时,则后一次刺激引起的收缩发生在前一次收缩活动的舒张期内,将出现不完全强直收缩;如果刺激频率较高,相邻两次刺激间隔小于单收缩的收缩期,使后一次刺激引起的收缩发生在前一次收缩活动的收缩期内,肌肉将出现持续的收缩状态，称为完全强直收缩(图 2-16)。完全强直收缩产生的肌肉张力，可达单收缩的3～4 倍，机体在生理状态下，支配骨骼肌的传出神经总是发放连续冲动，因此骨骼肌的收缩形式通常都是强直收缩。

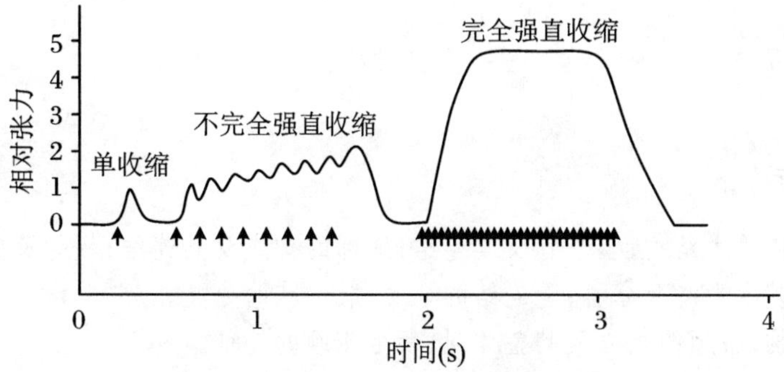

图 2-16　刺激频率对骨骼肌收缩的影响

复习思考题

1. 举例说明细胞膜的各种跨膜物质转运方式。
2. 试举例说明离子通道的门控特性。
3. 载体易化扩散具有哪些特性?
4. 试述神经细胞静息电位产生的原理。
5. 试述神经细胞动作电位产生的机制。
6. 比较局部电位与动作电位的特点。
7. 阈电位与阈强度有何关系?

(李　晶　王海华)

模块三　运 动 系 统

学习目标

掌握:关节的基本结构;躯干骨及其连结;胸廓的构成及其连结;颅骨及其连结。
熟悉:骨的基本形态及分类;骨连结的分类;肌细胞的分类。
了解:肌的构造;颅的组成及其整体观;新生儿颅的特征。

运动系统(locomotor system)由骨、骨连结和骨骼肌组成。骨通过骨连结构成骨骼,对人体起支持体重、保护内脏、维持人体基本形态的作用,并为骨骼肌提供附着点。在运动中,骨骼肌是运动系统的主动部分,在神经系统支配下,以骨连结为枢纽,牵拉骨产生运动。

第一节　骨和骨连结

一、概述

(一) 骨

骨(bone)是由骨组织为主体构成的一种器官,具有一定的形态和功能,有丰富的血管、淋巴管和神经分布,可不断地进行新陈代谢和生长发育,并具有改建、修复和再生的能力。骨也是体内造血和贮存钙、磷的器官。

成人共有 206 块骨(图 3-1),按分布的部位不同,可分为中轴骨和附肢骨。中轴骨包括颅骨和躯干骨,附肢骨包括上肢骨和下肢骨。

1. 骨的基本形态及分类

骨的形态多种多样,大致可以分为长骨、短骨、扁骨和不规则骨 4 种类型(图 3-2)。

(1) **长骨**(long bone):呈长管状,主要分布于四肢,可分为一体两端。长骨的体称**骨干**,内有容纳骨髓的空腔,称**骨髓腔**。体的表面有血管出入的滋养孔。长骨两端膨大称为**骺**,其表面有光滑的关节面,覆有关节软骨。骨干与骺相邻的部分称**干骺端**,幼年时保留软骨成分,称**骺软骨**,使长骨不断加长。成年后,骺软骨骨化,骨干和骺长合,长合后遗留的痕迹称**骺线**。

(2) **短骨**(short bone):一般呈立方体形,多分布于连结牢固且有一定灵活性的部位,如腕骨和跗骨。

(3) **扁骨**(flat bone):呈板状,位于颅盖和体壁等处,主要参与构成体腔的壁,具有保护腔内脏器的作用,如胸骨。

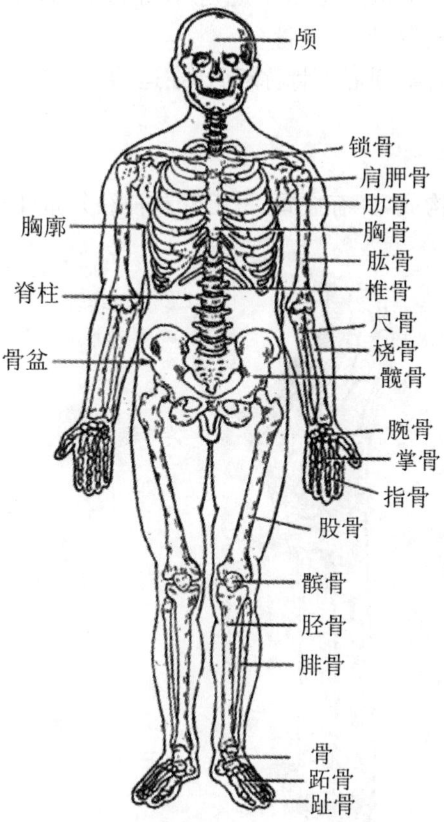

图 3-1　全身骨骼

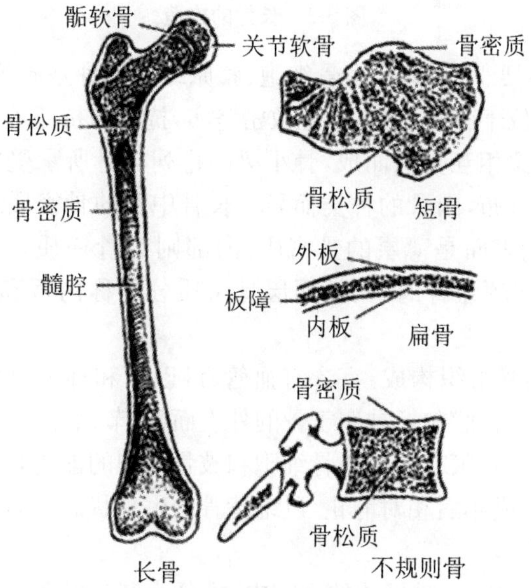

图 3-2　骨的分类和构造

（4）**不规则骨**(irregular bone)：形状不规则，位于颅底、面部和脊柱等处。有些不规则骨内具有含气的空腔，称**含气骨**，如上颌骨。

另外，在某些肌腱内常有扁圆形小骨称**籽骨**，在运动中可起到减少摩擦和改变肌牵引方向的作用，如髌骨。

2. 骨的构造

骨由骨质、骨膜和骨髓构成，并有血管、淋巴管和神经分布(图 3-3)。

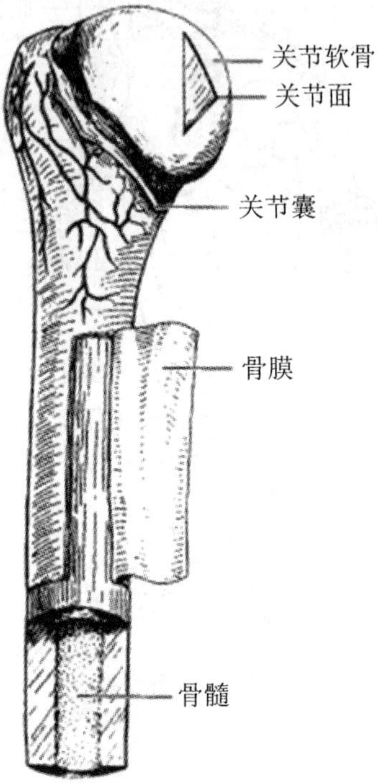

图 3-3 长骨的构造

（1）**骨质**：是骨的主要组成部分，由骨细胞、胶原纤维和骨基质等构成，按结构可分为**骨密质**和**骨松质**。骨密质位于骨的表面，质地致密坚实，抗压和抗扭曲性强。骨松质位于骨的内部，呈海绵状，由**骨小梁**相互交织而成，骨小梁的排列与骨所承受的压力和张力的方向一致。骨密质和骨松质的分布，因骨的种类而异。长骨中部的骨密质最厚，向两端逐渐变薄，而骨松质则相反；短骨的表面是薄层的骨密质，内部则为骨松质。扁骨内、外两层为骨密质，骨松质配布于中间。颅盖骨的内、外两层骨密质分别称**内板**和**外板**，中间的骨松质称**板障**。

（2）**骨膜**：由纤维结缔组织构成，富含有血管、淋巴管和神经，对骨的发生、生长、改造、修复和感觉有重要作用。骨膜包括被覆于骨的外表面(关节面除外)的**骨外膜**和衬于骨髓腔和骨小梁表面的**骨内膜**。骨膜有分化成骨细胞和破骨细胞的能力，幼年时期骨膜功能活跃，以促进骨的发生和生长，成年后相对静止，以维持骨的生理状态。骨发生损伤后骨膜可恢复造骨功能，促进修复愈合。

（3）**骨髓**：充填于骨髓腔和骨松质的间隙内，可分为红骨髓和黄骨髓。**红骨髓**具有造血功能，胎儿及幼儿的骨内全是红骨髓。5～7 岁起长骨骨髓腔内的红骨髓逐渐被脂肪组织代替，呈黄色，失去造血功能，称**黄骨髓**。但在慢性失血过多或重度贫血时，黄骨髓可重新转化为红骨髓,恢复其造血功能。长骨的骺、短骨、扁骨和不规则骨的骨松质内终生存在红骨髓。临床常选择髂嵴或胸骨等处进行骨髓穿刺,检查骨髓。

3. 骨的化学成分和物理性质

骨的化学成分包括有机质和无机质两种成分,有机质主要是骨胶原纤维和黏多糖蛋白,赋予骨韧性和弹性,无机质为无机盐(主要是磷酸钙),赋予骨较高的强度。

骨的化学成分和物理性质因年龄的不同而存在差异,幼儿时期两种成分各占一半,骨的弹性较大,柔软而硬度较小,容易弯曲变形,在外力作用下不易骨折,或折而不断,称青枝骨折。成年人骨的有机质和无机质的比例约为 3∶7,最为合适,骨既坚硬又富有弹性和韧性。老年人骨的无机质所占比例较多,约占 3/4,且胶原纤维老化,脆性较大而韧性较差,故易发生骨折。

(二) 骨连结

骨与骨之间的连结装置称**骨连结**。按连结的方式不同可分为**直接连结**与**间接连结**两大类。

1. 直接连结

相关骨之间以纤维结缔组织、软骨或骨相连,其间无间隙,不活动或仅有少许活动。按连结组织的不同,分为以下三种类型(图 3-4)。

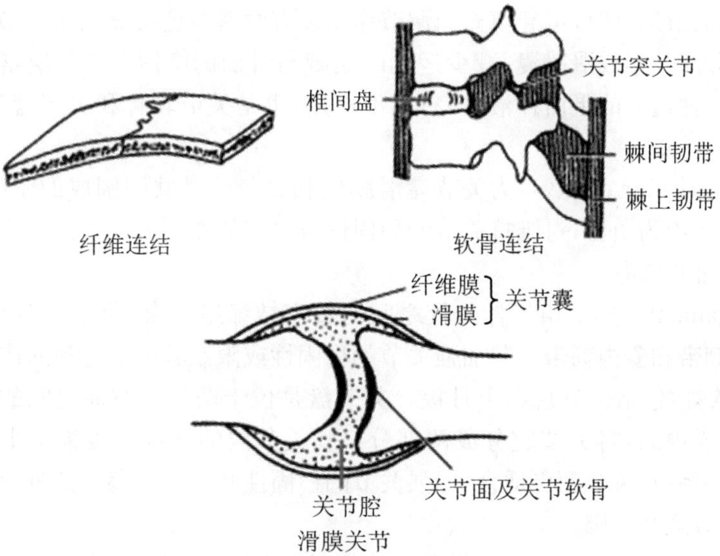

图 3-4　骨连结的分类与构造

(1) 纤维连结

骨与骨之间以结缔组织纤维相连,可分两种类型:

① **韧带连结**:连结骨与骨的纤维结缔组织呈条索状或膜片状,如椎弓间的黄韧带、前臂骨间膜等。

② **缝**:骨与骨之间借薄层的纤维结缔组织相连,如颅的矢状缝、冠状缝等。

(2) 软骨连结

骨与骨之间借软骨相连,可分为两种:

① **透明软骨结合**：如蝶枕结合等。

② **纤维软骨联合**：如椎间盘、耻骨联合等。

(3) 骨性结合

骨与骨之间以骨组织相连，常由纤维连结或透明软骨骨化而成，如骶椎之间的骨性长合、髋骨在髋臼处的骨性长合等。

2. 间接连结

间接连结又称**滑膜关节**(synovial joint)，简称**关节**，相邻骨之间借滑膜和纤维结缔组织囊相连，囊内骨间有含滑液的腔隙，一般具有较大的活动性，是骨连结的最高分化形式。

(1) 关节的基本结构

① **关节面**(articular surface)：是组成关节相关骨的接触面，一般为一凸一凹，凸者为**关节头**，凹者为**关节窝**。表面均覆以**关节软骨**，关节软骨多为透明软骨，表面光滑且富有弹性，可减轻运动时的摩擦和冲击。

② **关节囊**(articular capsule)：由纤维结缔组织构成，附着于关节的周围，并与骨膜相延续。可分为内、外两层。

a. **纤维膜**：为关节囊外层，由致密结缔组织构成，致密而坚韧，起连结和稳定作用。该层的厚薄与关节的功能密切相关。

b. **滑膜**：为关节囊内层，由疏松结缔组织构成，紧贴纤维层的内面，覆盖关节内除关节软骨、关节内软骨和关节唇以外的各种结构。滑膜有时可向关节腔内突入，形成突起或皱襞，称**滑膜襞**，当关节运动时，可起填充和调节作用。有时滑膜还可突出于关节囊纤维层外，伸入肌腱与骨面之间，形成**滑膜囊**，减少运动时肌腱与骨面的摩擦。滑膜层富含血管，可分泌滑液，滑液是一种透明的蛋白样液体，有润滑作用，也是关节软骨和关节盘等进行物质交换的重要媒介。

③ **关节腔**(articular cavity)：为关节囊滑膜层和关节软骨共同围成的密闭腔隙。腔内含有少量滑液。腔内为负压，对维持关节的稳固性有一定的作用。

(2) 关节的辅助结构

① **韧带**(ligament)：连于相邻骨与骨之间的致密结缔组织束，位于关节囊外和关节囊内，分别称**囊外韧带**和**囊内韧带**。起加强关节的稳固性或限制其过度运动的作用。

② **关节内软骨**：包括关节盘和半月板。**关节盘**是位于两骨关节面之间的纤维软骨板，其周缘附于关节囊内面，将关节腔分成两部分。膝关节内的纤维软骨板呈半月形，称**半月板**。关节内软骨可调整关节面更适合，加强关节的稳固性并缓冲震荡。此外，分隔关节腔可增加关节运动的方式和范围。

③ **关节唇**(articular labrum)：为附着于关节窝周缘的纤维软骨环，有加深关节窝，增大关节面，增强关节稳固性的作用。

(3) 关节的运动

关节的运动形式基本上是沿着3个相互垂直的轴进行运动。

① **屈、伸**：是绕冠状轴进行的运动。通常是相关骨前方的角度减少为屈，增大为伸。但下肢自膝关节以下屈、伸情况则相反。

② **收、展**：是绕矢状轴进行的运动。通常是骨向正中矢状面靠拢为(内)收，相反则为(外)展。手指以中指、足趾以第2趾为中轴的靠拢和散开称为收和展。

③ **旋转**：是绕垂直轴进行的运动。通常是肢体的前面转向内侧为**旋内**，相反则为**旋外**。

前臂的旋内称**旋前**,旋外为**旋后**。

④ **环转**:运动骨的近端在原位转动,骨的远端作圆周运动。环转运动实际为屈、展、伸、收的综合运动。能沿两轴以上运动的关节均可作环转运动,

⑤ **滑动**:一个骨关节面在另一个骨关节面上滑动。

二、躯干骨及其连结

躯干骨包括椎骨、肋和胸骨,共 51 块,它们通过骨连结构成脊柱和胸廓。

(一) 脊柱

脊柱(vertebral column)由 24 块椎骨、1 块骶骨和 1 块尾骨借骨连结而构成。

1. 椎骨

椎骨(vertebrae)在幼年时为 33～34 块,包括颈椎 7 块、胸椎 12 块、腰椎 5 块、骶椎 5 块和尾椎 4～5 块。成年后,5 块骶椎和 4～5 块尾椎分别融合成 1 块骶骨和 1 块尾骨。

(1) 椎骨的基本形态

椎骨由前方的椎体和后方的椎弓构成(图 3-5)。**椎体**(vertebral body)呈短圆柱形,是椎骨负重的主要部分。**椎弓**(vertebral arch)呈板状,左右对称,前部与椎体相连的部分较窄称**椎弓根**,根的上、下缘各有一个凹陷,分别称**椎上切迹**和**椎下切迹**,上、下相邻椎骨之间的椎上、下切迹共同围成**椎间孔**(intervertebral foramina),内有脊神经通过。椎弓后部较宽的部分称**椎弓板**,两侧椎弓板在中线结合。从椎弓发出 7 个突起,向后伸出一个突起称**棘突**,向两侧伸出一对突起称**横突**,向上和向下各伸出一对突起,分别称**上关节突**和**下关节突**,相邻椎骨的上、下关节突构成关节突关节。椎体与椎弓之间围成**椎孔**(vertebral foramen),全部椎骨的椎孔连成**椎管**(vertebral canal),容纳脊髓。

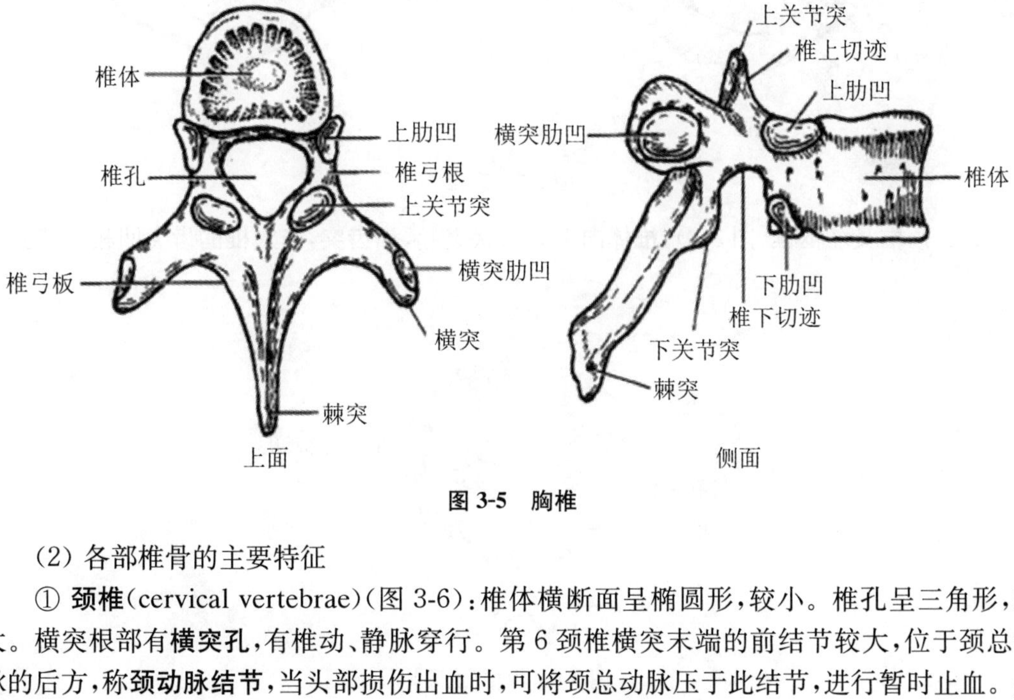

图 3-5　胸椎

(2) 各部椎骨的主要特征

① **颈椎**(cervical vertebrae)(图 3-6):椎体横断面呈椭圆形,较小。椎孔呈三角形,较大。横突根部有**横突孔**,有椎动、静脉穿行。第 6 颈椎横突末端的前结节较大,位于颈总动脉的后方,称**颈动脉结节**,当头部损伤出血时,可将颈总动脉压于此结节,进行暂时止血。关

节突的关节面几乎呈水平位，第 2～6 颈椎的棘突较短，末端分叉。

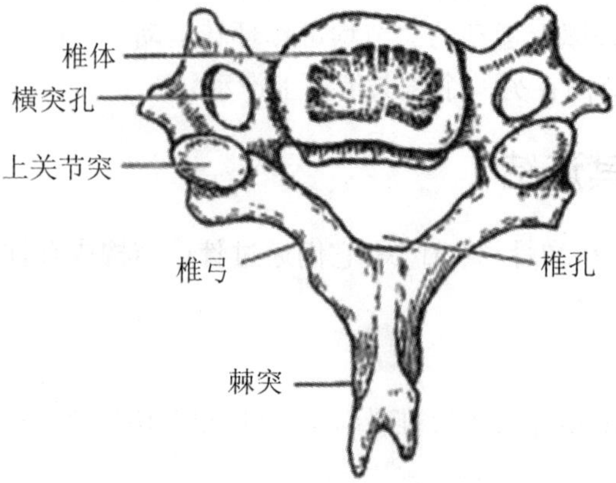

图 3-6　颈椎(上面)

第 1 颈椎又名**寰椎**(图 3-7)，由前弓、后弓和侧块构成，无椎体、棘突和关节突。**前弓**后面正中有一关节面称**齿突凹**，与第 2 颈椎的齿突相关节。**后弓**上面有**椎动脉沟**，内有椎动脉通过。侧块连接前、后弓，上面有椭圆形的上关节凹，与枕骨的枕髁相关节，下面有圆形的下关节面，与第 2 颈椎的上关节面相关节。

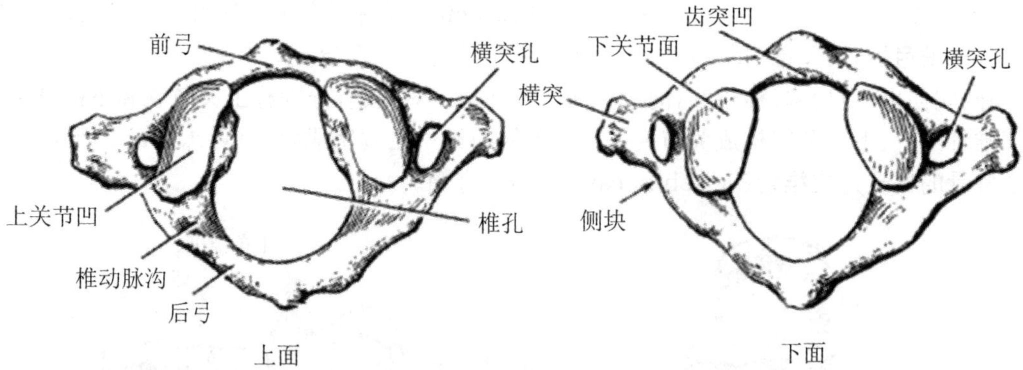

图 3-7　寰椎

第 2 颈椎又名**枢椎**(图 3-8)，椎体向上有指状突起，称**齿突**，与寰椎的齿突凹相关节。

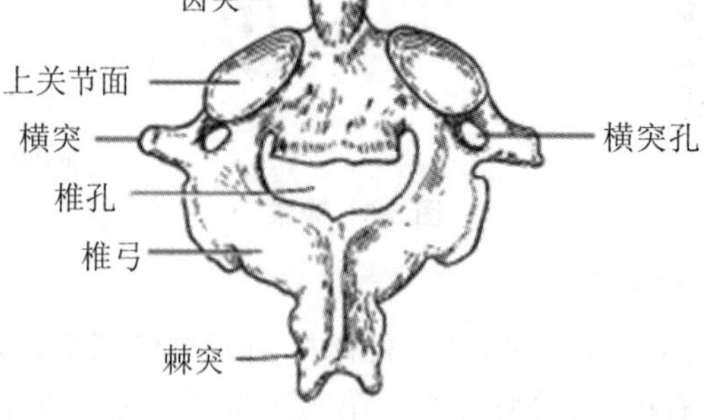

图 3-8　枢椎(上面)

第 7 颈椎又名**隆椎**(图 3-9)，棘突长且末端不分叉，低头时易于触及，常作为计数椎骨的标志。

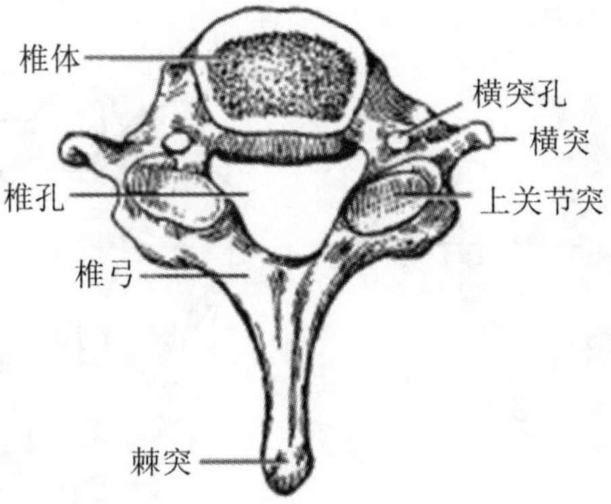

图 3-9　隆椎(上面)

② **胸椎**(thoracic vertebrae)(图 3-5)：椎体横断面呈心形，自上而下逐渐增大。椎体两侧面后份上、下缘各有一个半圆形的**肋凹**，与肋头相关节。横突末端前面有**横突肋凹**，与肋结节相关节。关节突的关节面近似冠状位。棘突较长，斜向后下方，呈叠瓦状排列。

③ **腰椎**(lumbar vertebrae)(图 3-10)：椎体横断面呈肾形。椎孔呈卵圆形或三角形。关节突的关节面呈矢状位。棘突呈短而宽的板状，水平后伸，棘突间隙较大，故临床上常在下位腰椎棘突间作腰椎穿刺术。

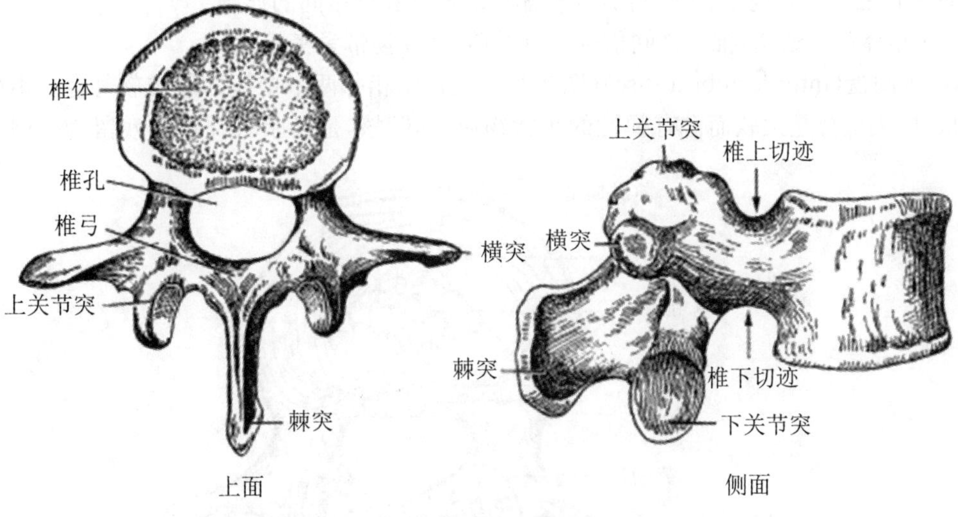

图 3-10　腰椎

④ **骶骨**(sacrum)(图 3-11)：由 5 块骶椎融合而成，呈三角形。分底、尖、盆面、背面和外侧部。底向上，前缘突出，称**岬**，是产科女性骨盆测量的重要标志。尖向下，接尾骨。盆面(前面)光滑凹陷，中部有 4 条横线，是骶椎融合的痕迹，横线两端有 4 对**骶前孔**。背面(后面)粗糙隆凸，中线处有骶椎棘突融合而成的**骶正中嵴**，骶正中嵴的两侧有 4 对**骶后孔**。骶前、后孔与骶骨内的骶管相通，有骶神经前、后支通过。**骶管**为椎管下端的延续，由骶椎的椎孔连合而成，其下端的裂孔称**骶管裂孔**，裂孔两侧向下的突起称**骶角**，为骶管麻醉的标志。

骶骨的外侧部的上份两侧有**耳状面**，与髂骨相关节。

⑤ **尾骨**(coccyx)(图 3-11)：由 4～5 块退化的尾椎融合而成，上接骶骨，下端游离。

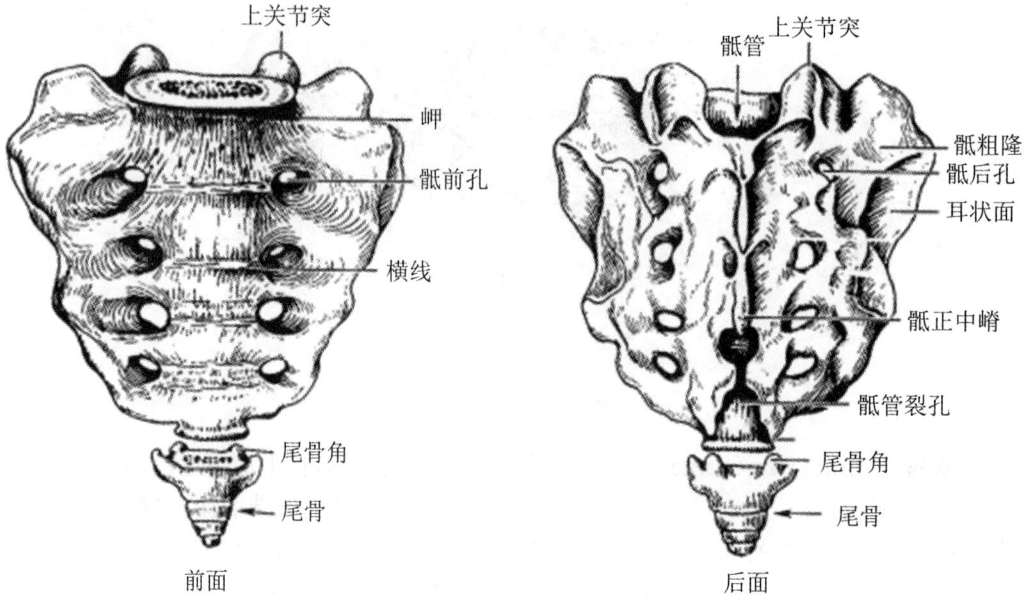

图 3-11 骶骨和尾骨

2．椎骨的连结

各椎骨之间借骨连结相连，可分为椎体间的连结和椎弓间的连结。

(1) **椎体间的连结**：椎体之间借椎间盘及前、后纵韧带紧密相连。

① **椎间盘**(intervertebral disc)(图 3-12)：是连结相邻两个椎体的纤维软骨盘。由两部分构成，中央部分是柔软而富有弹性的胶状物质，称**髓核**，是胚胎时脊索的残留物。周围部

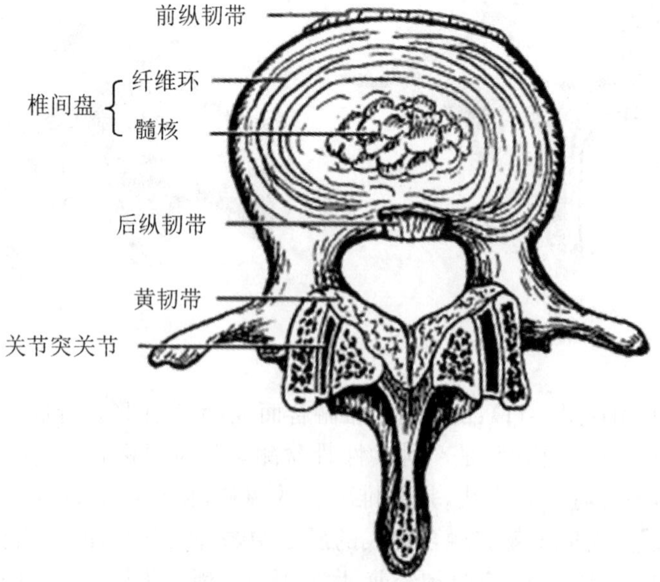

图 3-12 椎间盘和关节突关节

分为**纤维环**,由多层同心圆状排列的纤维软骨环构成,坚韧而富有弹性,紧密连结相邻的椎体并可限制髓核向周围膨出。椎间盘具有“弹性垫”样作用,可缓冲震荡,也可增加脊柱的运动幅度。成人有 23 个椎间盘,脊柱不同部位运动幅度的大小与椎间盘厚薄有关,胸部较薄,活动度较小;颈部较厚,腰部最厚,颈、腰部活动度较大。颈、腰部椎间盘前厚后薄,纤维环后份容易破裂,髓核从后方或后外侧脱出,可压迫脊髓或脊神经根,出现临床症状,称为**椎间盘脱出症**。

② **前纵韧带**(图 3-13):附着于椎体和椎间盘的前面,起自枕骨,止于第 1 或第 2 骶椎体。具有限制脊柱过度后伸和防止椎间盘向前脱出的作用。

③ **后纵韧带**(图 3-13):附着于椎管内椎体和椎间盘的后面,起自枢椎,下达骶骨。具有限制脊柱过度前屈和防止椎间盘向后脱出的作用。

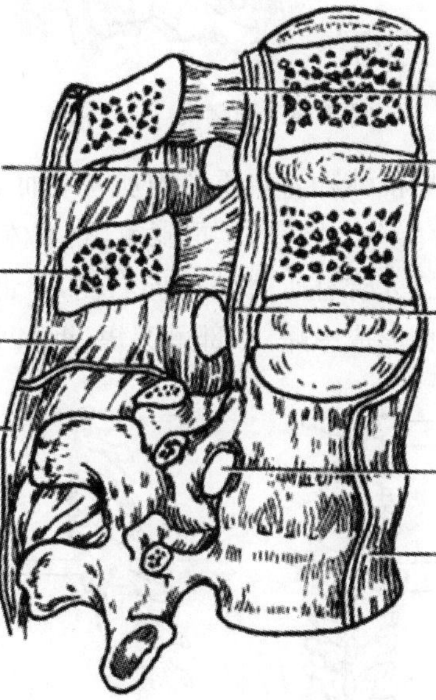

图 3-13　椎骨间的连结

(2) **椎弓间的连结**:包括椎弓板、棘突、横突间的韧带连结和相邻关节突间的关节。

① **黄韧带**(图 3-13):连结相邻两个椎弓板之间的韧带,协助围成椎管,并有限制脊柱过度前屈的作用。

② **棘间韧带**(图 3-13):连结相邻棘突之间的薄层纤维,向前与黄韧带愈合,向后移行于棘上韧带。

③ **棘上韧带**(图 3-13):连结各棘突尖的纵行韧带,前方与棘间韧带愈合,在项部扩展为矢状位的三角形的项韧带(图 3-14)。棘上韧带和棘间韧带均可限制脊柱过度前屈。

④ **横突间韧带**:连结相邻椎骨的横突之间,有限制脊柱过度侧屈的作用。

⑤ **关节突关节**(图 3-12):由相邻椎骨的上、下关节突构成,属于平面关节,只能作轻微的滑动。

3. 脊柱的整体观和运动

成年男性脊柱长约 70 cm,女性长约 65 cm,老年人略微缩短。其长度可因姿势不同而略有差异,如长时间静卧与长时间站立相比,可有 2～3 cm 之差,这是由于站立时椎间盘被压缩所致。

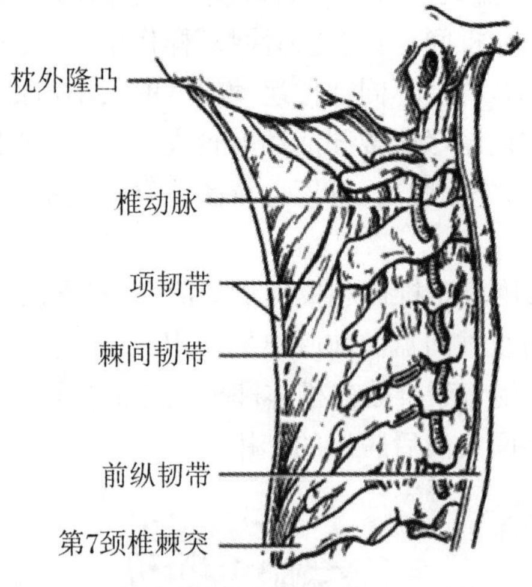

图 3-14 项韧带

从脊柱前面(图 3-15)观察,可见椎体随着负重的增加自上而下逐渐增大,到第 2 骶椎最宽,骶骨耳状面以下,因重力经髂骨传至下肢骨,承重骤减,故椎体的体积也急剧缩小。正常人的脊柱有轻度的侧屈,惯用右手的人脊柱上部略凸向右侧,下部则代偿性地略凸向左侧。从脊柱后面(图 3-15)观察,棘突全长形成纵嵴,颈部棘突短,近水平位。胸部棘突长,斜向后

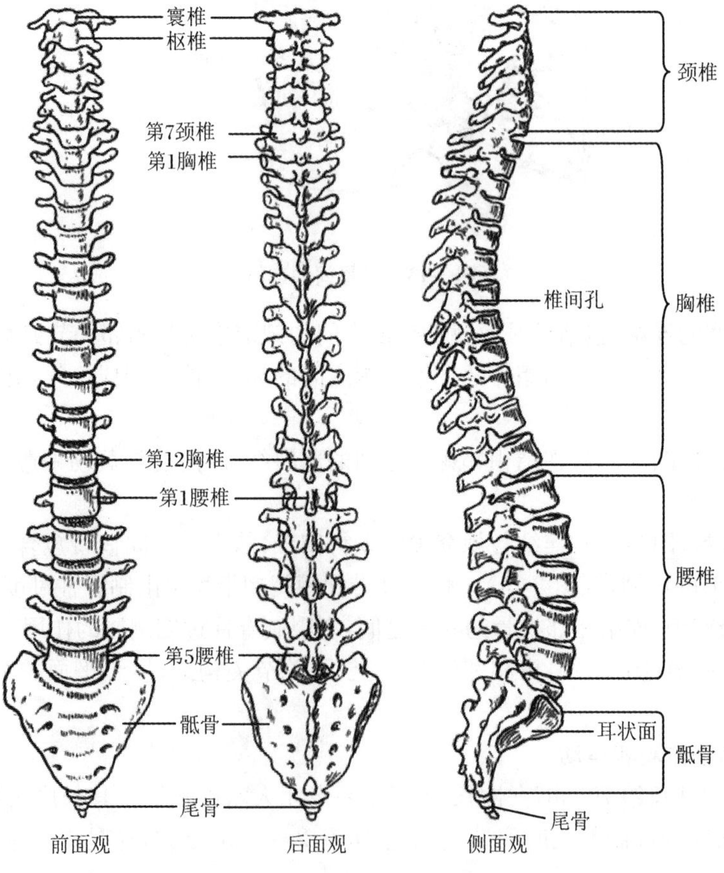

图 3-15 脊柱

下方，呈叠瓦状。腰部棘突呈板状，水平伸向后方。从脊柱侧面（图 3-15）观察，可见成人脊柱有颈、胸、腰、骶 4 个生理性弯曲。其中，**颈曲**和**腰曲**凸向前，**胸曲**和**骶曲**凸向后。在胚胎时，脊柱只有一个凸向后的弯曲，婴儿出生后开始抬头时，显现颈曲，幼儿开始坐起及站立行走时出现腰曲，留下来的弯曲即为胸曲和骶曲。脊柱的弯曲增加了脊柱的弹性，对维持人体的重心稳定和减轻震荡具有重要意义。

脊柱还具有运动的功能，相邻两椎骨之间的运动幅度是有限，但整个脊柱的活动范围则较大，可作屈、伸、侧屈、旋转和环转运动。

（二）胸廓

胸廓（thorax）由 12 块胸椎、12 对肋、1 块胸骨借骨连结而构成。主要包括肋椎关节和胸肋关节。

1. 肋椎关节

（1）**肋头关节**：由肋头关节面与相应胸椎体的肋凹构成。

（2）**肋横突关节**：由肋结节关节面与相应胸椎的横突肋凹构成。

这两个关节均属于平面关节，在功能上是联合关节，运动时以肋头至肋结节的连线为轴进行旋转，使肋的前部上升或下降，并伴肋骨下缘外翻或内翻，以增加或缩小胸廓的前后径和横径，改变胸腔的容积。

2. 肋与胸骨的连结

第 1 肋软骨与胸骨柄之间为软骨结合，第 2～7 肋软骨与胸骨相应的肋切迹构成微动的**胸肋关节**，第 8～10 肋软骨的前端依次与上位肋软骨相连，形成**肋弓**（图 3-16）。

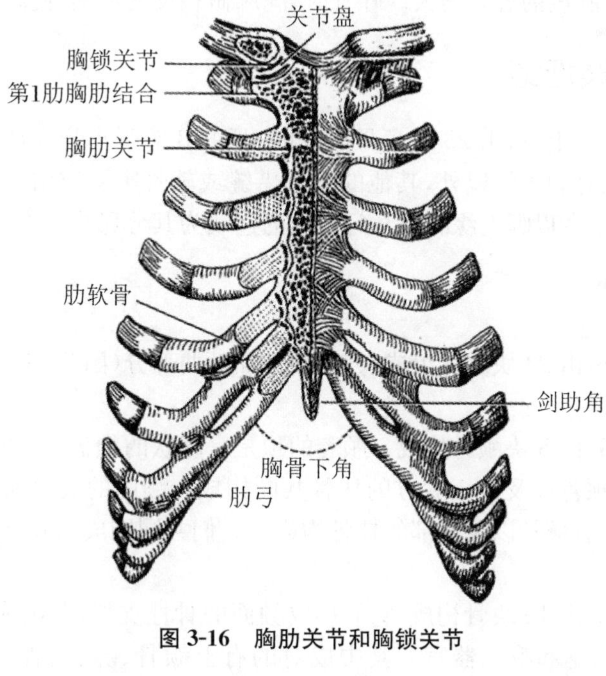

图 3-16 胸肋关节和胸锁关节

3. 胸廓的整体观及其运动

成人胸廓（图 3-17）上窄下宽，呈前后略扁的圆锥形。胸廓具有上、下两口和前、后、外侧壁。**胸廓上口**较小，向前下方倾斜，由胸骨柄上缘、第 1 对肋和第 1 胸椎体围成，是胸腔与颈部的通道。**胸廓下口**较大，不在一个平面上，由第 12 胸椎、第 12 对肋、第 11 对肋的前端、肋弓和剑突围成。两侧肋弓在中线构成向下开放的**胸骨下角**，角间夹有剑突，剑突将胸骨下角分成左、右**剑肋角**。相邻两肋之间的间隙称**肋间隙**。胸廓前壁最短，后壁较长，外侧壁最长。

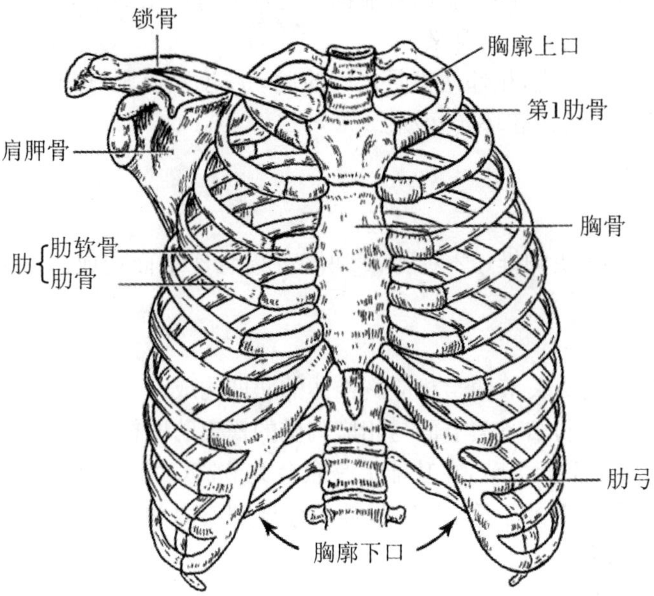

图 3-17 胸廓

胸廓除有保护和支持功能外，主要参与呼吸运动。吸气时，肋的前份抬高并伴以胸骨上升，肋体向外扩展，使胸腔的容积增大。呼气时，胸廓做相反的运动，使胸腔的容积缩小。

三、颅骨及其连结

颅(skull)位于脊柱上方，由 23 块颅骨围成（中耳的 3 对听小骨未计入），颅骨多为扁骨或不规则骨。除下颌骨和舌骨以外，其他的颅骨借缝或软骨牢固连结。颅分为后上部的脑颅和前下部的面颅，二者以眶上缘和外耳门上缘的连线为其分界线。

（一）颅的组成

颅位于脊柱上方，由 23 块颅骨组成，分脑颅和面颅两部分（图 3-18、图 3-19）。

1. 脑颅

位于颅的后上部，由 8 块颅骨构成。颅腔的顶是穹隆状的颅盖，由位于前部的额骨和位于中线两侧的左、右顶骨以及位于后方的枕骨共同构成。颅腔的底由前方的筛骨、额骨，中部的蝶骨，两侧的左、右颞骨以及后部的枕骨构成。它们共同围成颅腔，封闭并保护脑。

2. 面颅

位于颅的前下部，由 15 块骨构成，它们形成颜面的骨性支架，并围成眶、骨性鼻腔和骨性口腔，容纳视觉、味觉和嗅觉器官。其中成对的有上颌骨、鼻骨、骨 、颧骨、聘骨和下鼻甲，不成对的有犁骨、下颌骨和舌骨。下颌骨借关节与颅相连，下颌骨的下后方是游离的舌骨。

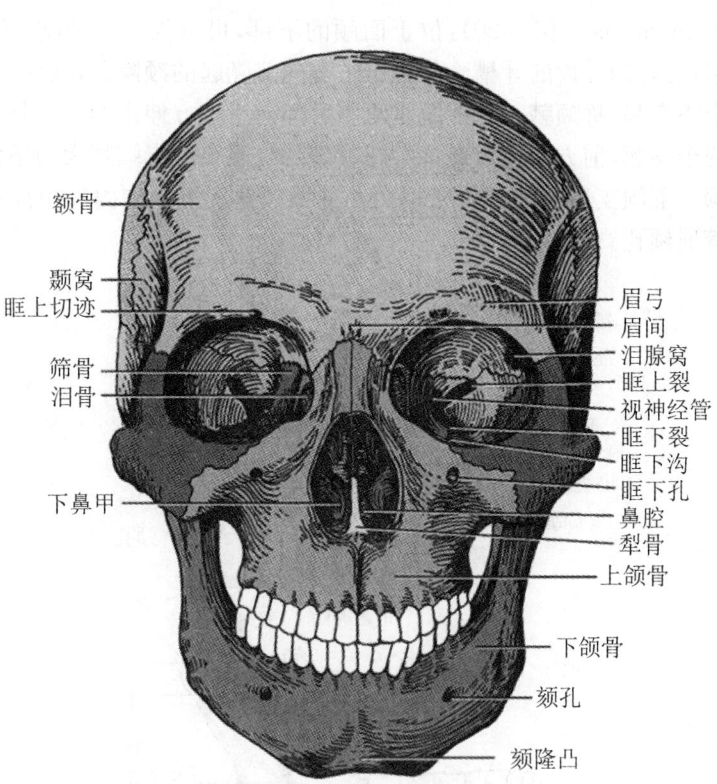

图 3-18　颅(前面)

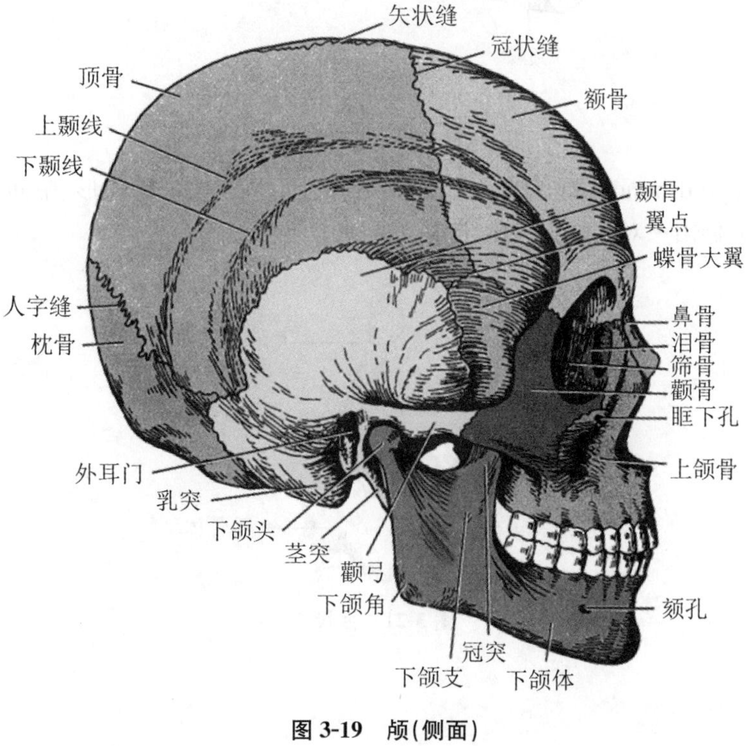

图 3-19　颅(侧面)

(1) **下颌骨**(mandible)(图 3-20):位于面颅的下部,可分为一体两支。**下颌体**呈弓状,上缘构成**牙槽弓**,有容纳牙齿的牙槽。前面正中有向前隆起的**颏隆凸**,两侧有**颏孔**。下颌体内面正中有两个小突起,称**颏棘**。由下颌体两侧后部向后上方伸出的方形骨板为**下颌支**,下颌支的上端有两个突起,前方的称**冠突**,后方的称**髁突**,髁突的末端膨大为**下颌头**,头稍下方较细处为**下颌颈**。下颌支后缘与下颌底相交处称**下颌角**。下颌支内面中部有**下颌孔**,此孔向前下经**下颌管**通颏孔。

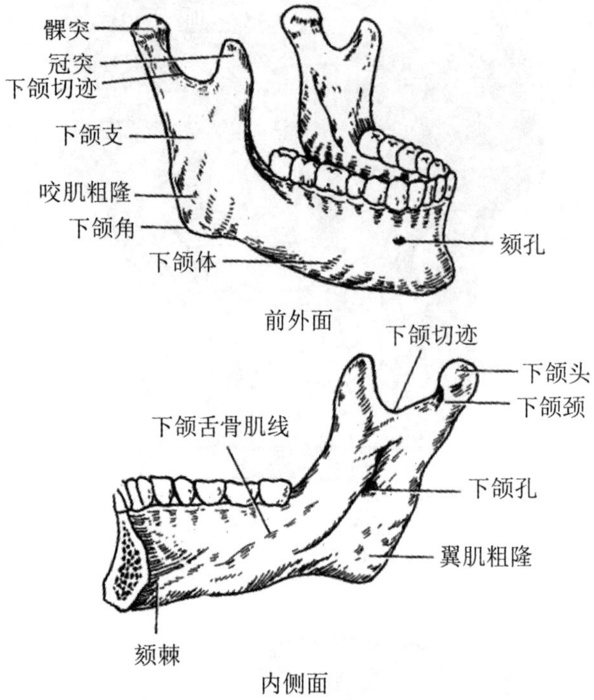

图 3-20 下颌骨

(2) **舌骨**(hyoid bone)(图 3-21):位于下颌骨的后下方,呈马蹄铁形,中间部为**舌骨体**,体的两端向后方伸出一对长突为**大角**,向后上伸出一对短突为**小角**。

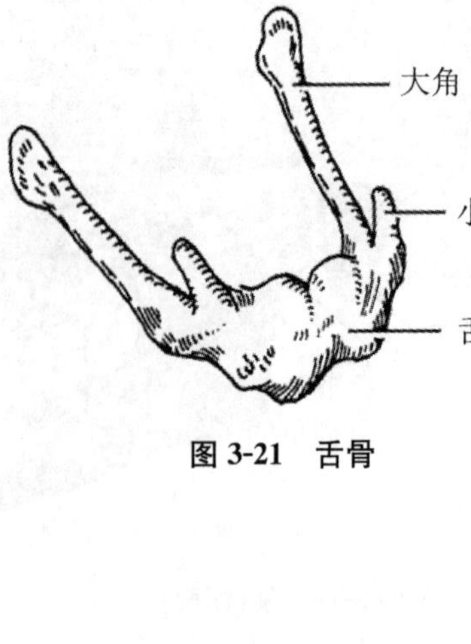

图 3-21 舌骨

(二) 颅的整体观

1. 颅盖

颅盖呈卵圆形，前窄后宽，可分内、外两面。

(1) **颅盖外面**：各骨之间有缝相连，前方额骨与顶骨之间的称**冠状缝**，两侧顶骨之间的缝称**矢状缝**，后方顶骨与枕骨之间的缝称**人字缝**。

(2) **颅盖内面**：沿正中线有一纵行浅沟，称**上矢状窦沟**，沟的两侧有许多**颗粒小凹**。颅顶内面两侧有**脑膜中动脉沟**。

2. 颅底

颅底由额骨、筛骨、蝶骨、颞骨、枕骨、腭骨、上颌骨、犁骨等构成，分内、外两面。

(1) **颅底内面**(图 3-22)：内面凹凸不平，自前向后形成前高后低的三个阶梯状的陷窝，分别称颅前、中、后窝。各窝中有诸多孔、裂、管、沟，大多与颅外相通，是颅内、外血管和神经进出的通道。

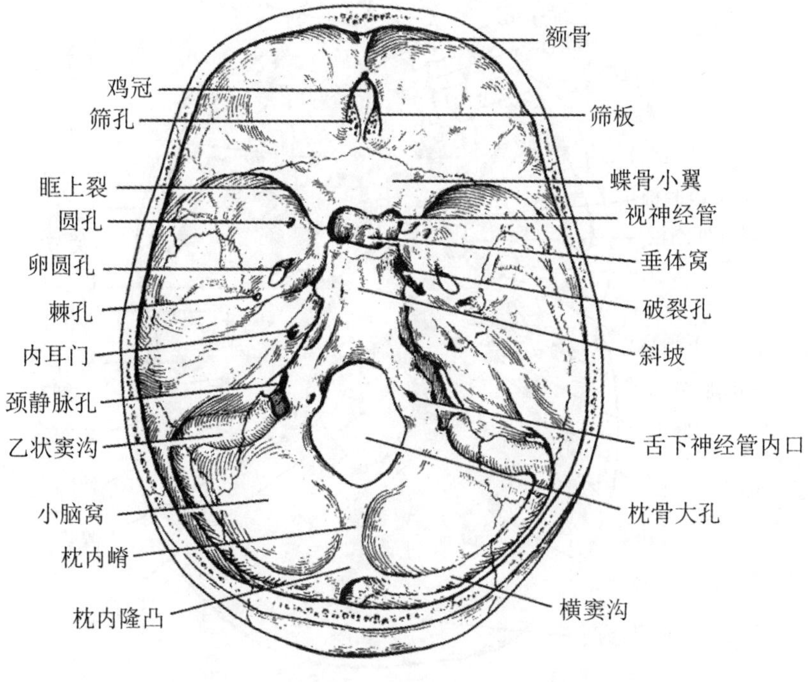

图 3-22　颅底内面观

① **颅前窝**(anterior cranial fossa)：由额骨眶部、筛骨筛板和蝶骨小翼构成。正中线上有鸡冠，两侧的筛板上有许多筛孔通鼻腔。

② **颅中窝**(middle cranial fossa)：由蝶骨体及大翼、颞骨岩部等构成。窝的中央是蝶骨体，体上面的凹陷为**垂体窝**，此窝的前方有横行的**交叉前沟**，沟的两端为**视神经管**，可通眶，管口外侧有突向后方的**前床突**，其外侧在蝶骨大、小翼之间有**眶上裂**通眶。垂体窝的后方有横位的隆起为**鞍背**，鞍背的两侧向上突起称**后床突**。垂体窝和鞍背统称**蝶鞍**，蝶鞍两侧纵行浅沟称**颈动脉沟**，沟后端有**破裂孔**，颈动脉沟在此处续于**颈动脉管内口**。在蝶骨大翼根部，由前内向后外，依次有**圆孔**、**卵圆孔**和**棘孔**。在颞骨岩部前面近尖端处有**三叉神经压迹**，其

后外侧有**弓状隆起**,弓状隆起与颞鳞之间的薄骨板称**鼓室盖**。

③ **颅后窝**(posterior cranial fossa):主要由枕骨和颞骨岩部后面构成。窝的中央有**枕骨大孔**,孔的前外缘有**舌下神经管内口**,孔的前上方有斜向上的**斜坡**,孔的后上方有**枕内隆凸**,由此向上延伸为**上矢状窦沟**,向两侧续于**横窦沟**,横窦沟再转向内前下方称**乙状窦沟**,末端终于**颈静脉孔**。颞骨岩部后面的中央有**内耳门**,通**内耳道**。

(2) **颅底外面**(图 3-23):此面高低不平,前缘处有两侧上颌骨牙槽突合成的**牙槽弓**,其后内侧为两侧上颌骨腭突和腭骨水平板构成的**骨腭**。骨腭前端正中有**切牙孔**,后外侧有**腭大孔**。骨腭后缘上方有**鼻后孔**,鼻后孔后方的颅底中央可见**枕骨大孔**,孔的两侧有椭圆形的**枕髁**,其前外侧上方有**舌下神经管外口**,枕髁的外侧有不规则的**颈静脉孔**,其前方有圆形的**颈动脉管外口**,此口的前内侧,在蝶骨体、枕骨和颞骨岩部会合处围成**破裂孔**。破裂孔的外侧,蝶骨大翼根部有**卵圆孔**和**棘孔**。颈静脉孔的后外侧有细长突起,称**茎突**,其后外侧有隆起的**乳突**,两者之间有**茎乳孔**。在颅底的前外侧,颞骨的颧突和颧骨的颞突相连构成**颧弓**,在颧弓根部后方有**下颌窝**,窝的前缘隆起称**关节结节**。

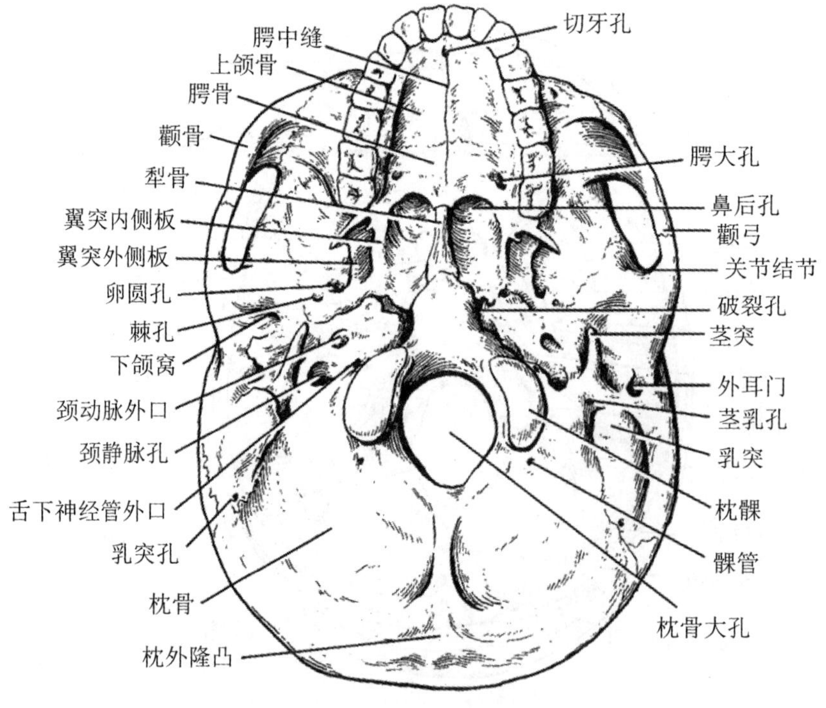

图 3-23 颅底外面观

3. 颅的前面观

可见额骨和面颅诸骨,包括眶、骨性鼻腔和骨性口腔等。

(1) **眶**(orbit)(图 3-24):为尖向后内,底朝前外的四棱锥形腔隙,容纳眼球及其附属结构,分 1 尖、1 底和 4 壁。① 尖朝向后内,尖端有**视神经管**通颅中窝。② 底(眶口)略呈四边形,朝向前外。眶上缘内侧份有**眶上切迹**或**眶上孔**,眶下缘中份稍下方有**眶下孔**。③ 上壁由额骨眶部和蝶骨小翼构成,前外侧份有**泪腺窝**,容纳泪腺。④ 下壁由上颌骨、颧骨及腭骨构成。下壁和外侧壁交界处的后份有**眶上裂**,裂中份有向前行的**眶下沟**,此沟向前经**眶下管**出眶下孔。⑤ 内侧壁由上颌骨额突、筛骨、泪骨和蝶骨构成。前下份有**泪囊窝**,向下经**鼻泪**

管开口于鼻腔下鼻道。⑥ 外侧壁主要由颧骨和蝶骨大翼构成，与上壁交界处的后份有**眶上裂**通颅中窝。

(2) **骨性鼻腔**(图 3-18、图 3-24)：位于面颅的中央。顶为筛板，借筛孔通颅前窝。底以骨腭与骨性口腔分界。前方开口于**梨状孔**，后方开口于**鼻后孔**。骨性鼻腔被筛骨垂直板和犁骨所构成**骨性鼻中隔**分为左、右两个腔。鼻腔外侧壁由上而下有 3 个卷曲的骨片，分别称为**上鼻甲**、**中鼻甲**和**下鼻甲**。每个鼻甲下方的腔隙分别称**上鼻道**、**中鼻道**和**下鼻道**。上鼻甲后上方与蝶骨之间的间隙，称**蝶筛隐窝**。

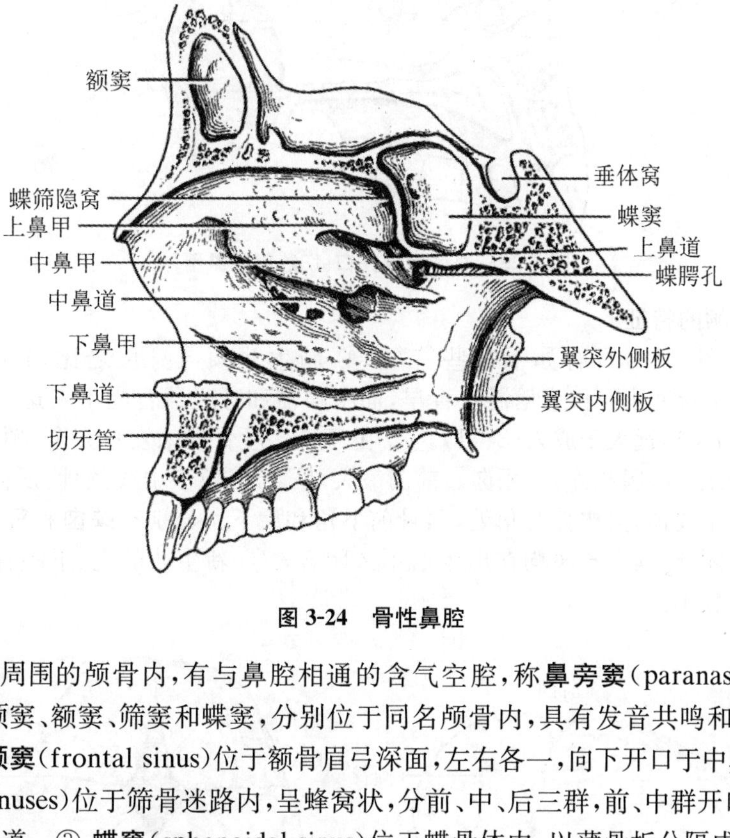

图 3-24　骨性鼻腔

位于鼻腔周围的颅骨内，有与鼻腔相通的含气空腔，称**鼻旁窦**(paranasal sinuses)(图 3-25)包括上颌窦、额窦、筛窦和蝶窦，分别位于同名颅骨内，具有发音共鸣和减轻颅骨重量的作用。① **额窦**(frontal sinus)位于额骨眉弓深面，左右各一，向下开口于中鼻道。② **筛窦**(ethmoidal sinuses)位于筛骨迷路内，呈蜂窝状，分前、中、后三群，前、中群开口于中鼻道，后群开口于上鼻道。③ **蝶窦**(sphenoidal sinus)位于蝶骨体内，以薄骨板分隔成左、右两腔，向前开口于蝶筛隐窝。④ **上颌窦**(maxillary sinus)位于上颌骨体内，最大，开口于中鼻道，由于窦口高于窦底，窦内积液时不易引流。

(3) **骨性口腔**：由上颌骨、腭骨和下颌骨构成。上壁为骨腭，前壁及外侧壁为上、下颌骨的牙槽弓及牙，向后通咽，下壁缺如，由软组织封闭。

4. 颅的侧面观

主要由额骨、蝶骨、顶骨、颞骨、枕骨、颧骨及上、下颌骨构成(图 3-18)。侧面中部有**外耳门**，其前上方为**颧弓**，颧弓上方为**颞窝**，下方为**颞下窝**。颞窝内侧壁的前下部较薄，在额、顶、颞、蝶 4 骨汇合处形成“H”形缝的小环形区称**翼点**，内面有脑膜中动脉前支通过，此处最为薄弱，骨折时易损伤该动脉。**颞下窝**位于上颌骨体和颧骨后方的不规则间隙，向上通颞窝，并经卵圆孔、棘孔通颅中窝，向前内侧经翼上颌裂通翼腭窝。**翼腭窝**是上颌骨体、蝶骨翼突和腭骨之间窄隙，与颅腔、口腔、鼻腔、眶及颞下窝之间均有交通。

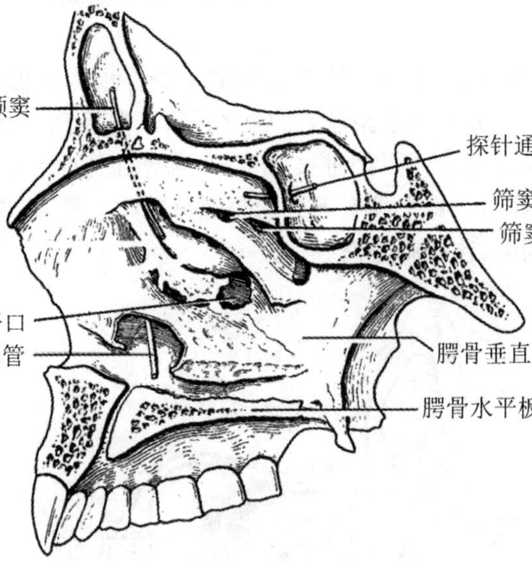

图 3-25 鼻旁窦及开口(切除部分鼻甲)

5. 新生儿颅的特征

新生儿颅(图 3-26)具有如下一些特征:① 新生儿颅与身长之比(1∶4)大于成人(1∶8)。② 由于新生儿脑和感觉器发育早,而咀嚼器和呼吸器官尚不发达,故新生儿的脑颅与面颅之比(7∶1)远大于成人(3∶1)。③ 由于许多颅骨尚未发育完全,颅盖各骨之间的间隙较大,以纤维组织膜相连,称**颅囟**。**前囟**最大,呈菱形,位于中线额骨、顶骨交角处,**后囟**呈三角形,位于中线顶骨、枕骨交角处,顶骨前下角和后下角分别有**蝶囟**和**乳突囟**。前囟在生后 1~2 岁时闭合,其余各囟均在出生后不久闭合。④ 新生儿的上、下颌骨不发达,鼻旁窦未发育,口鼻较小。

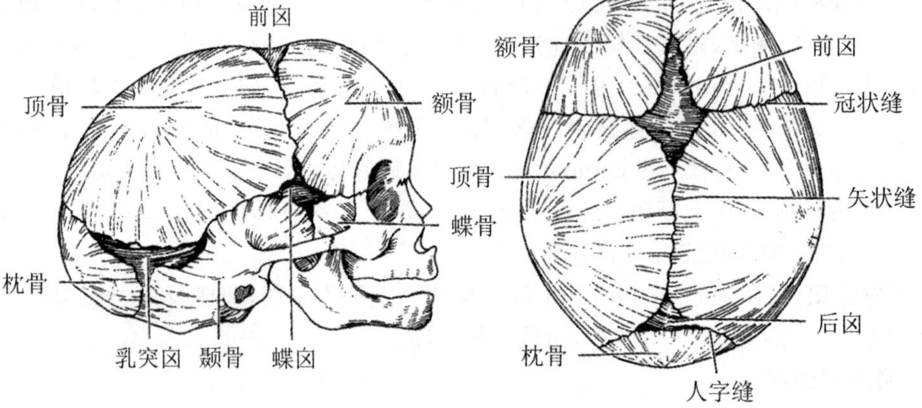

图 3-26 新生儿颅

(三) 颅骨的连结

1. 直接连结

各颅骨之间,大多以缝、软骨或骨直接连结,彼此之间结合较为牢固。

2. 颞下颌关节

颞下颌关节(temporomandibular joint)(图 3-27)又称**下颌关节**,由下颌骨的下颌头和颞骨的下颌窝及关节结节构成。关节面表面覆盖的是纤维软骨,关节囊松弛,向上附着于下颌窝和关节结节的周缘,向下附着于下颌颈,囊外有外侧韧带加强。关节囊内有纤维软骨构成的关节盘,关节盘周缘与关节囊相连,将关节腔分为上、下两个腔。

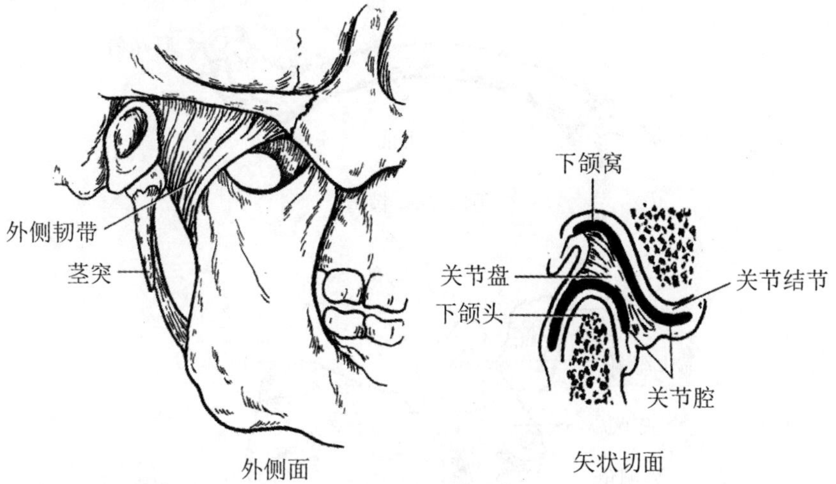

图 3-27 颞下颌关节

左、右下颌关节是联合关节,两侧需同时运动,可使下颌骨作上提、下降、前进、后退及侧方运动。张口时下颌骨下降并伴有下颌头前移的运动,张大口时,下颌骨体降向后下方,下颌头和关节盘前移至关节结节的下方。如果张口过大且关节囊过度松弛时,下颌头可滑至关节结节的前方,不能退回关节窝,造成颞下颌关节脱位。

四、上肢骨及其连结

上肢骨共 64 块,由上肢带骨和自由上肢骨组成。

(一) 上肢带骨

1. 锁骨

锁骨(clavicle)(图 3-28)位于胸廓前上方,呈横位的"S"形弯曲,全长均可在体表扪及,内侧 2/3 凸向前,外侧 1/3 凸向后。锁骨内侧端粗大,称**胸骨端**,与胸骨柄的锁切迹相关节。外侧端扁平,称**肩峰端**,与肩胛骨的肩峰相关节。

2. 肩胛骨

肩胛骨(scapula)(图 3-29、图 3-30)为三角形的扁骨,贴于胸廓的后外侧、第 2 至第 7 肋之间,有两面、三缘和三个角。

前面(肋面)凹陷称**肩胛下窝**;后面的横嵴称**肩胛冈**。肩胛冈上、下方的浅窝分别称**冈上窝**和**冈下窝**。肩胛冈的外侧端扁平突起称**肩峰**,与锁骨的肩峰端相关节。上缘短而薄,外侧份有一凹陷称**肩胛切迹**,切迹外侧有一指状突起,称**喙突**。外侧缘(腋缘)肥厚,内侧缘(脊柱缘)薄而锐利。肩胛骨外侧角肥厚,有稍凹的关节面称**关节盂**,与肱骨头相关节,关节盂的上、下方各有一个粗糙隆起，分别称**盂上结节**和**盂下结节**。上角平对第 2 肋，下角平对第 7 肋或第 7 肋间隙，均可作为计数肋的标志。

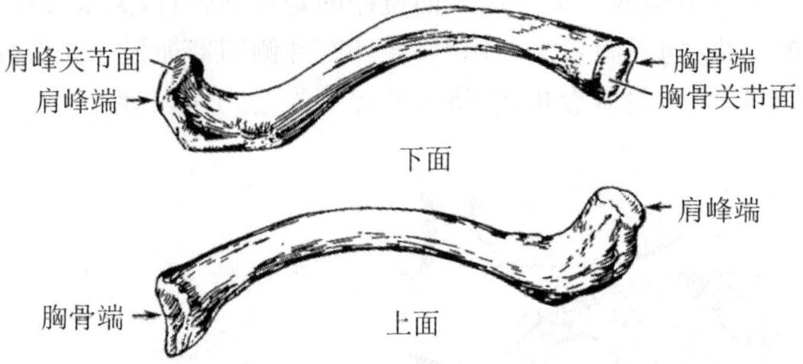

图 3-28 锁骨

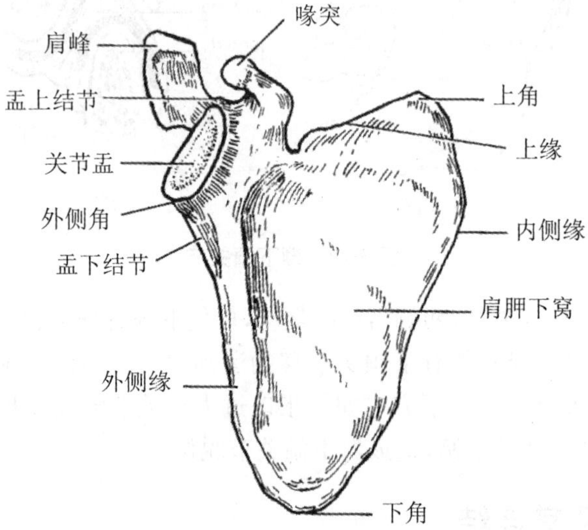

图 3-29 肩胛骨(前面)

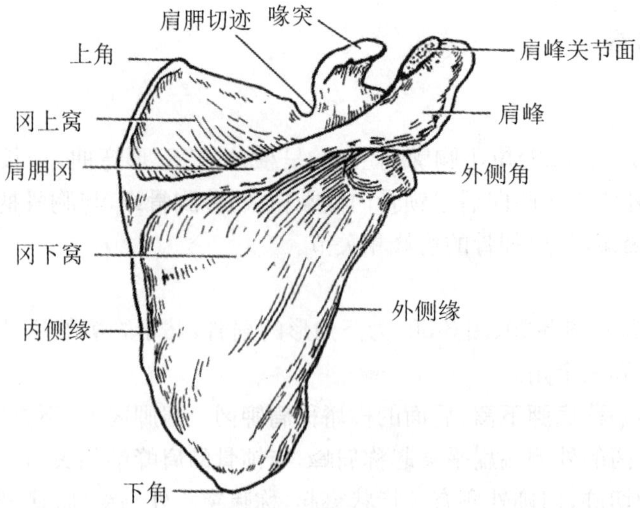

图 3-30 肩胛骨(后面)

(二) 自由上肢骨

1. 肱骨

肱骨(humerus)(图 3-31)是位于臂部的长骨,分一体两端。上端膨大称**肱骨头**,呈半球形,朝向内后上方,与肩胛骨的关节盂相关节。肱骨头的前外侧和前下方各有隆起的**大结节**和**小结节**,它们向下分别延伸为**大结节嵴**和**小结节嵴**。大、小结节之间的纵沟称**结节间沟**。肱骨上端与肱骨体交界处稍细,称**外科颈**,易发生骨折。

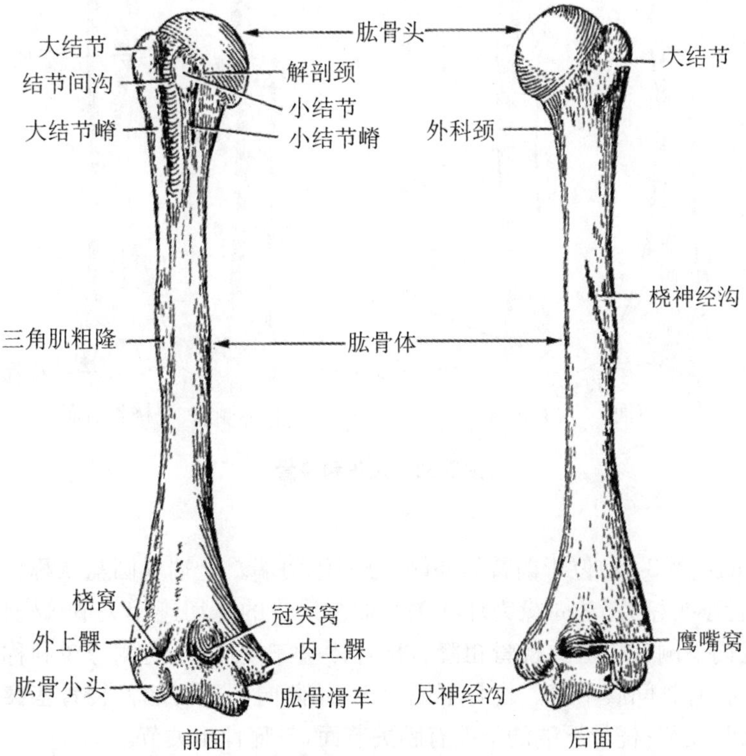

图 3-31　肱骨

肱骨体中部的外侧有粗糙的**三角肌粗隆**。肱骨体后面中部有一由内上斜向外下的浅沟,称桡神经沟。

肱骨下端扁宽,有两个关节面:内侧呈滑车状,称**肱骨滑车**,与尺骨相关节;外侧呈半球形,称**肱骨小头**,与桡骨相关节。肱骨滑车的前上方有**冠突窝**,肱骨小头的前上方有**桡窝**,在屈肘时分别容纳尺骨冠突和桡骨头,肱骨滑车的后上方为**鹰嘴窝**,伸肘时容纳尺骨鹰嘴。肱骨下端两侧各有一突起,分别为**外上髁**和**内上髁**。内上髁后方的浅沟称**尺神经沟**。

2. 尺骨

尺骨(ulna)(图 3-32)位于前臂的内侧,分一体两端。上端膨大,前面有半月形凹陷,称**滑车切迹**,与肱骨滑车相关节。滑车切迹后上方的突起称**鹰嘴**,前下方的突起称**冠突**。冠突外侧面有**桡切迹**,与桡骨头相关节,冠突下方有粗糙的**尺骨粗隆**。尺骨体呈三棱柱形,外侧缘锐利称**骨间缘**,与桡骨的骨间缘相对,有骨间膜附着。尺骨下端称**尺骨头**,其前、后、外侧有环状关节面,与桡骨的尺切迹相关节。尺骨头后内侧向下伸出的突起为**尺骨茎突**。

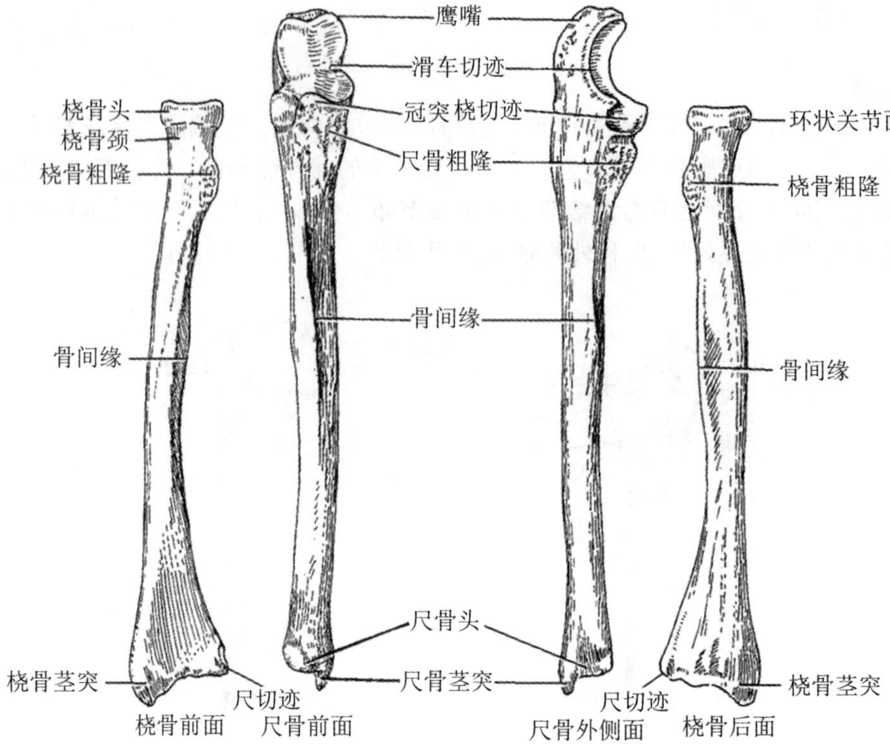

图 3-32 尺骨和桡骨

3. 桡骨

桡骨(radius)(图 3-32)位于前臂的外侧,分一体两端。上端呈圆盘状称桡骨头,其上面有关节凹与肱骨小头相关节,周缘为环状关节面与尺骨的桡切迹相关节。桡骨头下方稍细为**桡骨颈**,颈的内下侧有粗糙的**桡骨粗隆**。桡骨体呈三棱柱形,内侧缘锐利称**骨间缘**,与尺骨的骨间缘相对,有骨间膜附着。桡骨下端粗大,外侧向下的突起称**桡骨茎突**,内侧面有**尺切迹**,与尺骨头相关节;桡骨下端的下面有**腕关节面**,与腕骨相关节。

4. 手骨

包括腕骨、掌骨和指骨。

(1) **腕骨**(carpal bones)(图 3-33):共 8 块,均属于短骨,分近侧和远侧列排列。近侧列从桡侧向尺侧依次为**手舟骨**、**月骨**、**三角骨**和**豌豆骨**。前 3 块骨的近侧面共同组成一椭圆形关节面,参与桡腕关节的组成。远侧列从桡侧向尺侧依次为**大多角骨**、**小多角骨**、**头状骨**和**钩骨**,分别与掌骨相关节。各腕骨相邻的关节面之间形成腕骨间关节。

(2) **掌骨**(metacarpal bones)(图 3-33):共 5 块,均属于长骨,由桡侧向尺侧依次为第 1～5 掌骨。分底、体、头 3 部分。近侧端为底,接腕骨,远侧端为头,接指骨;中间部分为体。

(3) **指骨**(phalanges of fingers)(图 3-33):共 14 块,均属于长骨。拇指 2 节,分别为近节指骨和远节指骨,其余各指均为 3 节,依次为近节指骨、中节指骨和远节指骨。近节和中节指骨分底、体、滑车 3 部分,远节指骨末端掌面粗糙,称远节指骨粗隆。

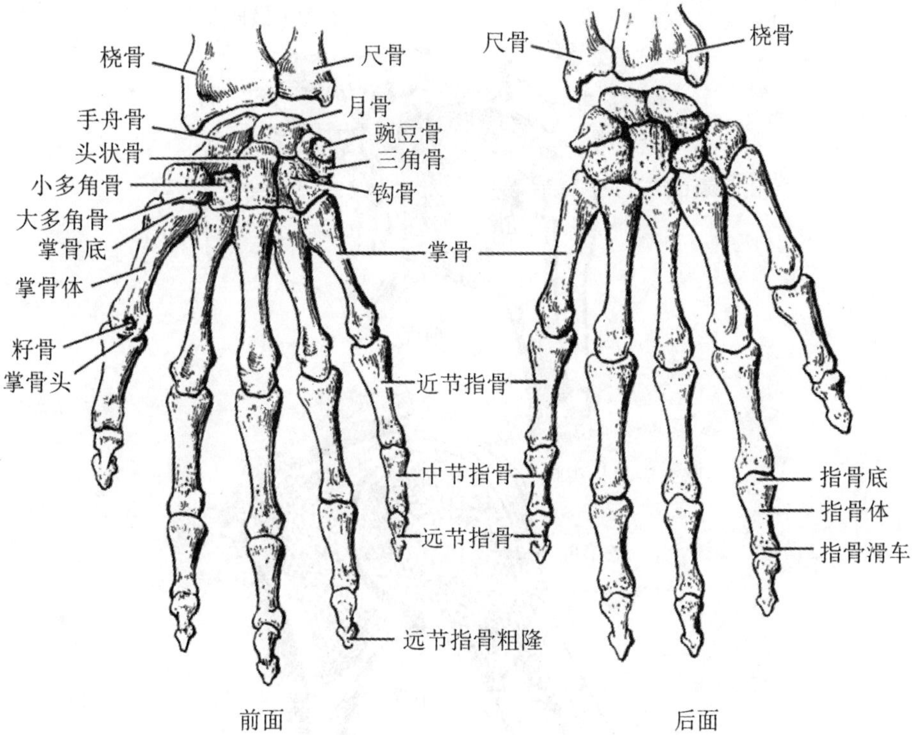

图 3-33　手骨

(三) 上肢骨的连结

上肢骨的连结分为上肢带骨的连结和自由上肢骨的连结。

1. 上肢带骨的连结

(1) **胸锁关节**(sternoclavicular joint):是上肢骨与躯干骨之间连结的唯一关节。由锁骨的胸骨端、胸骨的锁切迹和第 1 肋软骨构成,关节囊坚韧且周围有韧带加强,关节囊内有关节盘,分隔关节腔。胸锁关节能使锁骨外侧端作前、后、上、下和环转运动,并绕冠状轴作微小的旋转运动。

(2) **肩锁关节**(acromioclavicular joint)(图 3-34):由锁骨的肩峰端和肩胛骨的肩峰构成,属于平面关节。

(3) **喙肩韧带**(coracoacromial ligament)(图 3-34):连于肩胛骨的喙突与肩峰之间,其与喙突、肩峰共同构成**喙肩弓**,架于肩关节的上方,可防止肱骨头向上脱位。

2. 自由上肢骨的连结

(1) **肩关节**(shoulder joint)(图 3-34):由肱骨头和肩胛骨的关节盂构成,是典型的球窝关节。肱骨头大,关节盂浅而小,关节盂的周缘有**盂唇**附着,起加深关节窝的作用。关节囊薄而松弛,上方附着于关节盂周缘,下方附着于肱骨解剖颈。囊的上壁有韧带、上方有喙肩弓加强,前壁和后壁有许多肌腱纤维加入,下壁最为薄弱,故肩关节脱位时肱骨头易向前下方脱出。肱二头肌长头腱行于关节囊内,经结节间沟穿出关节囊外。

肩关节是全身最灵活的关节,可作屈、伸、收、展、旋转以及环转运动。

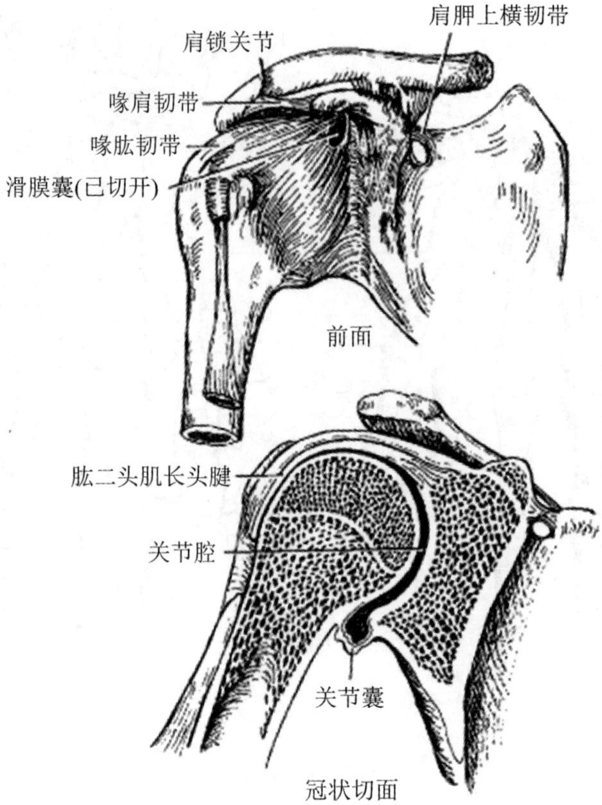

图 3-34 肩关节

(2) **肘关节**(elbow joint)(图 3-35):是由肱骨下端和桡、尺骨上端构成的复关节,包括 3 个关节。

① **肱尺关节**:由肱骨滑车和尺骨滑车切迹构成,属于屈戌关节。

② **肱桡关节**:由肱骨小头和桡骨头关节凹构成,属于球窝关节。

③ **桡尺近侧关节**:由桡骨环状关节面和尺骨桡切迹构成,属于车轴关节。

这 3 个关节包于一个关节囊内,关节囊的前、后壁薄而松弛,内、外侧分别有**尺侧副韧带**和**桡侧副韧带**加强,后壁最为薄弱且尺骨冠突比鹰嘴低小,故桡、尺骨常向后脱位。在桡骨环状关节面的周围有**桡骨环状韧带**,其前后两端附着于尺骨桡切迹的前、后缘,与尺骨桡切迹共同构成一个完整的上口大、下口小的骨纤维环,容纳桡骨头以防止其脱出。

肘关节的运动以肱尺关节为主,作屈、伸运动。此外,桡尺近侧关节与肱桡关节一起参与前臂的旋前和旋后运动。

(3) 前臂骨的连结:包括桡尺近侧关节、桡尺远侧关节和前臂骨间膜(图 3-36)。

① **前臂骨间膜**:连结尺骨和桡骨的骨间缘之间的纤维膜。当前臂处于旋前或旋后位时,骨间膜松弛;前臂处于半旋前位时,前臂两骨之间距离最大,骨间膜最紧张。因此,在前臂骨折时,应在半旋前或半旋后位时固定前臂,以防止骨间膜挛缩,影响前臂的旋转功能。

② **桡尺近侧关节**:见肘关节。

③ **桡尺远侧关节**:由尺骨头环状关节面与桡骨的尺切迹及其下缘至尺骨茎突根部的关节盘构成,属于车轴关节。

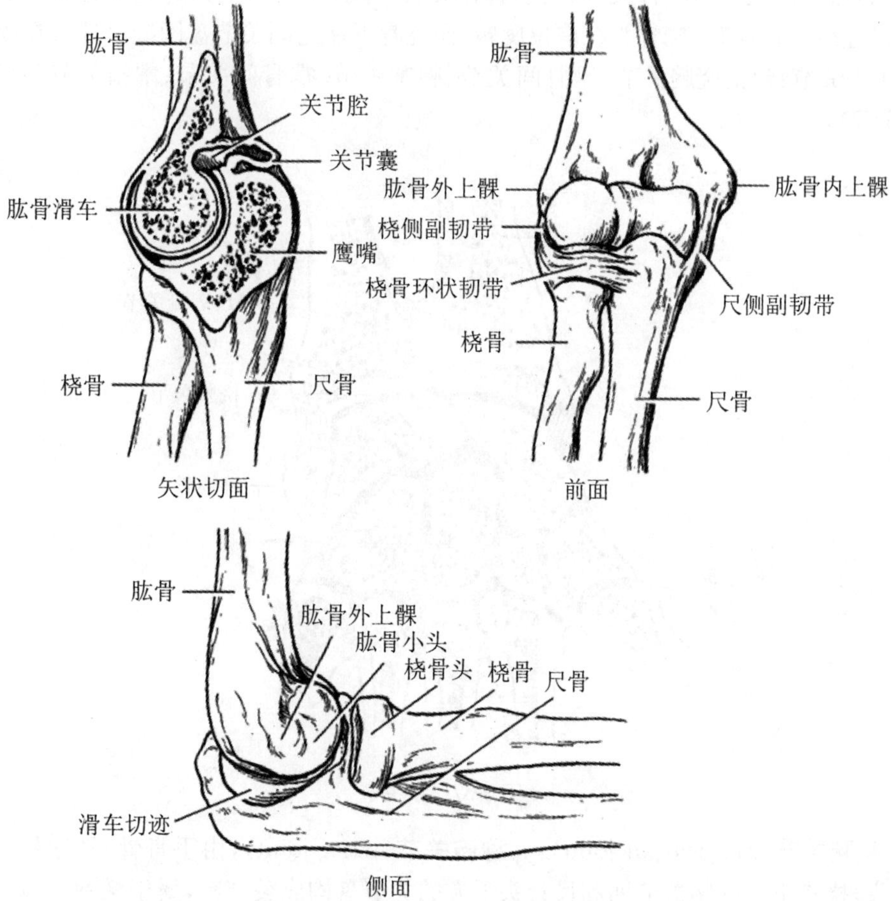

图 3-35　肘关节

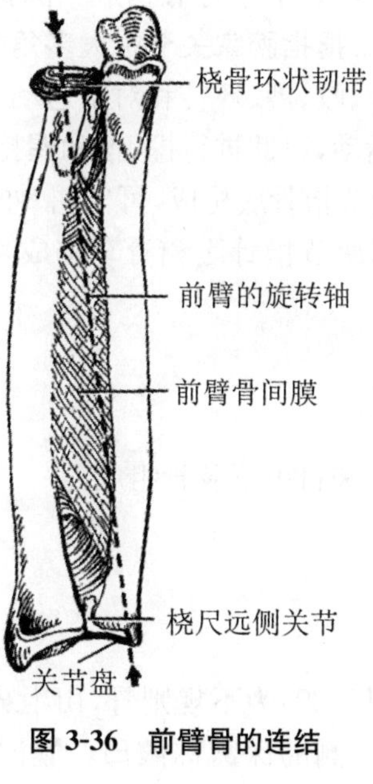

图 3-36　前臂骨的连结

桡尺近、远侧关节为联合关节，使前臂作旋转运动，其运动轴为通过桡骨头中心至尺骨头中心的连线。运动时，桡骨头在原位旋转，而桡骨下端连同关节盘围绕尺骨头旋转。

(4) 手关节：包括桡腕关节、腕骨间关节、腕掌关节、掌骨间关节、掌指关节和指骨间关节(图 3-37)。

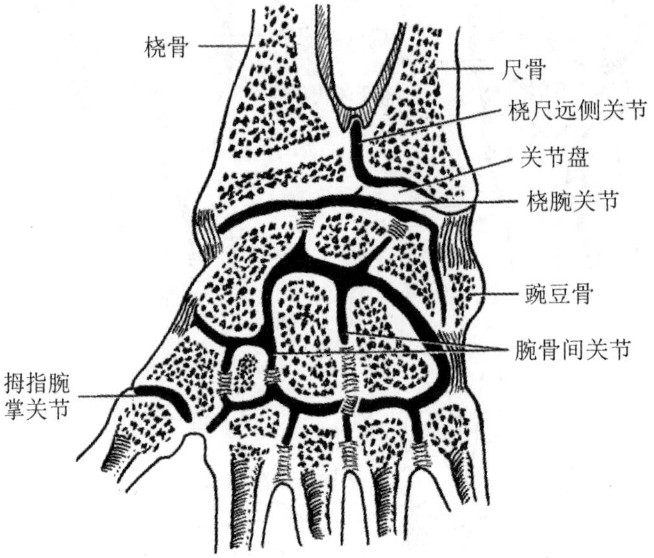

图 3-37 手关节

① **桡腕关节**(radiocarpal joint)：又称**腕关节**(wrist joint)，由手舟骨、月骨和三角骨构成关节头，桡骨下端的腕关节面和尺骨头下方的关节盘构成关节窝，属于椭圆关节。关节囊松弛，周围有韧带加强。桡腕关节可作屈、伸、收、展和环转运动。

② **腕骨间关节**：为相邻各腕骨之间构成的关节，属平面关节，活动度很小。

③ **腕掌关节**：由远侧列腕骨与 5 个掌骨底构成。除拇指腕掌关节外，其余各指的腕掌关节属平面关节，运动范围极小。**拇指腕掌关节**由大多角骨与第 1 掌骨底构成，属于鞍状关节。关节囊厚而松弛，可作屈、伸、收、展、环转和对掌运动。**对掌运动**是拇指向掌心、拇指尖和其余 4 指尖的掌面相接触的运动，以此进行捏、掐和握持等精细操作。

④ **掌指关节**：由掌骨头与近节指骨底构成，可作屈、伸、收、展和环转运动。

⑤ **指骨间关节**：由各指相邻两节指骨底和滑车构成，关节囊松弛，两侧有韧带加强，只能作屈、伸运动。

五、下肢骨及其连结

下肢骨共 62 块，由下肢带骨和自由下肢骨组成。

(一) 下肢带骨

1. 髋骨

髋骨(hip bone)(图 3-38、图 3-39)为不规则骨，由上方的髂骨、前下方的耻骨和后下方的坐骨长合而成。三骨长合处外侧的深窝称**髋臼**。髋臼在幼年时借软骨结合(图 3-40)，

16 岁左右软骨骨化完全长合。

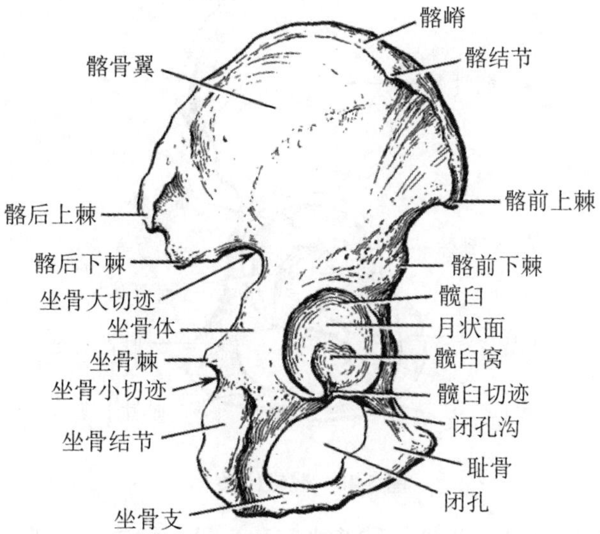

图 3-38　髋骨(外面)

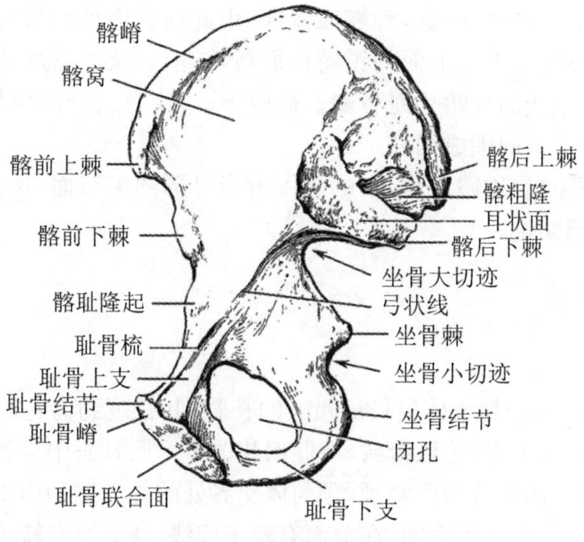

图 3-39　髋骨(内面)

(1) **髂骨**(ilium):分为髂骨体和髂骨翼。**髂骨体**在下,肥厚,构成髋臼的上 2/5。**髂骨翼**在上,扁阔,其上缘肥厚呈弓形,称**髂嵴**。髂嵴前端为**髂前上棘**,后端为**髂后上棘**,两者的下方各有一突起,分别称**髂前下棘**和**髂后下棘**。髂前上棘后方 5～7 cm 处,髂嵴向外突出的结构称**髂结节**。两侧髂嵴最高点的连线约平第 4 腰椎棘突,可作为腰椎穿刺的定位标志。髂骨翼内面的浅窝称**髂窝**,其下界有斜向前下的骨嵴称**弓状线**。髂骨翼内面的后部粗糙不平,有**耳状面**与骶骨同名关节面相关节。

(2) **坐骨**(ischium):分为坐骨体和坐骨支。**坐骨体**构成髋臼的后下 2/5,后缘有三角形突起称**坐骨棘**。坐骨体与坐骨支移行处的后部是粗糙的隆起,称**坐骨结节**。坐骨棘与髂后

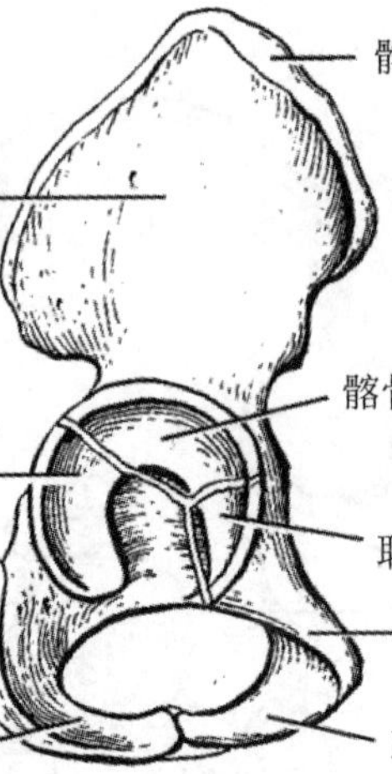

图 3-40 髋骨(6 岁)

下棘之间为**坐骨大切迹**,坐骨棘与坐骨结节之间称**坐骨小切迹**。坐骨结节向前内上方延伸为较细的**坐骨支**,其末端与耻骨下支连结。

(3) **耻骨**(pubis):分为耻骨体、耻骨上支和耻骨下支。**耻骨体**构成髋臼的前下 1/5,其与髂骨体结合处的上面有粗糙隆起,称**髂耻隆起**,由此向前内伸出**耻骨上支**,上支末端折向外后下方,续于**耻骨下支**。上支上面的锐嵴称**耻骨梳**,向后续于髂骨的弓状线,向前止于**耻骨结节**。耻骨结节至中线的骨嵴为**耻骨嵴**。耻骨上、下支移行处内侧的椭圆形粗糙面为**耻骨联合面**。耻骨和坐骨共同围成**闭孔**。

髋臼的中央深而粗糙,称**髋臼窝**,窝的周围有半月形的关节面,称**月状面**。髋臼边缘的下部有一缺口,称**髋臼切迹**。

(二) 自由下肢骨

1. 股骨

股骨(femur)(图 3-41)是人体最长最粗大的长骨,其长度约为身高的 1/4,分一体两端。上端呈球形膨大,朝向内上方,称**股骨头**,与髋臼相关节。股骨头中央稍下有一小凹,称**股骨头凹**。头向外下方较细的部分为**股骨颈**,颈与体交界处的外上侧和内下侧各有一隆起,分别为**大转子**和**小转子**。大、小转子之间,在前面有**转子间线**,在后面有**转子间嵴**。

股骨体呈圆柱形,略弓向前。体的后面有纵行的骨嵴,称**粗线**,其上端分叉,向上外侧延续为**臀肌粗隆**,向上内侧延续为**耻骨肌线**。粗线下端也分两线,两线间的骨面称**腘面**。

股骨下端有两个膨大,分别称**内侧髁**和**外侧髁**。两髁的前、下和后面都是关节面。两髁前方的关节面彼此相连,形成**髌面**,与髌骨相连接。两髁之间后面的深窝称**髁间窝**。两髁的侧面最突出部分,分别为**内上髁**和**外上髁**。内上髁上方的小突起,称**收肌结节**。

2. 髌骨

髌骨(patella)(图 3-42)为人体最大的籽骨。在股四头肌腱内,上宽下窄,前面粗糙,后面有关节面,与股骨的髌面相关节。

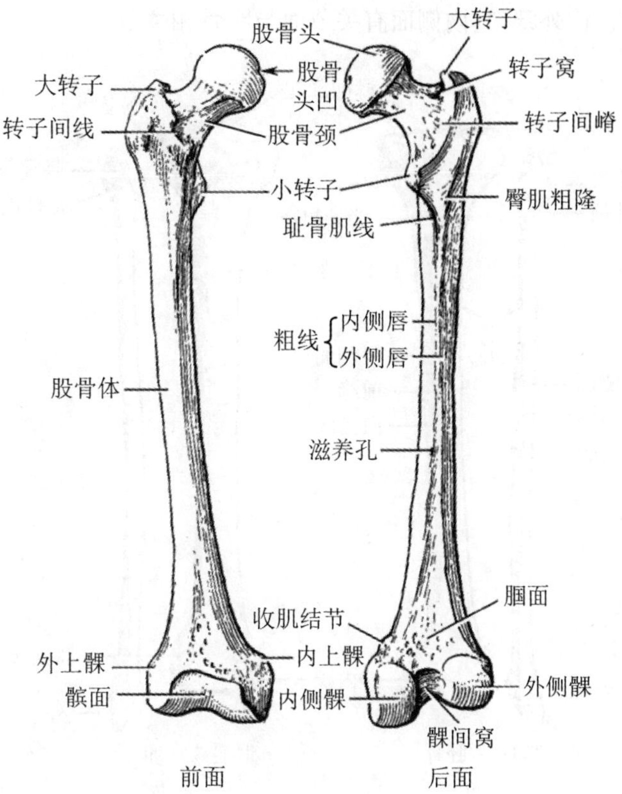

图 3-41　股骨

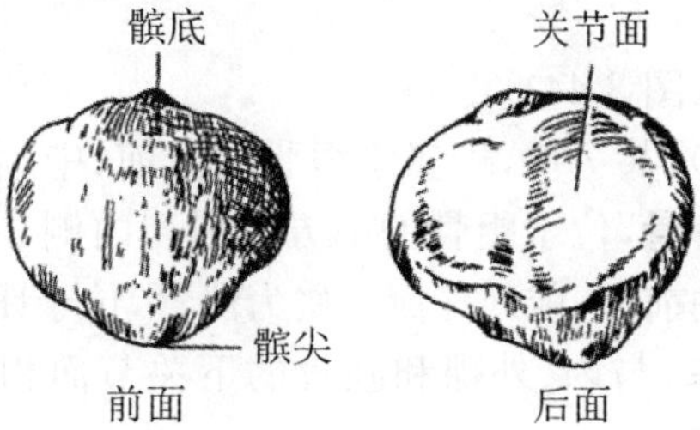

图 3-42　髌骨

3．胫骨

胫骨(tibia)(图 3-43)位于小腿内侧，粗大，分一体两端。上端粗大并向两侧突出，形成**内侧髁**和**外侧髁**。两髁的上面各有上关节面，与股骨内、外侧髁相关节。两髁上关节面之间有粗糙的隆起，称**髁间隆起**。外侧髁的后下面有**腓关节面**，与腓骨头相关节。胫骨上端前面与体相接处的粗糙隆起称**胫骨粗隆**。胫骨体呈三棱柱形，其前缘和内侧面直接位于皮下，易于触及。外侧缘为**骨间缘**，有小腿骨间膜附着。胫骨下端内侧有向下的突起，称**内踝**。胫骨下端的下面与内踝的外侧面均为关节面，与距骨相关节。胫骨下端的外侧面有腓切迹，与腓骨相接。

4．腓骨

腓骨(fibula)(图 3-43)位于小腿外侧，细长，分一体两端。上端稍膨大，称**腓骨头**，有关节面与胫骨的腓关节面相关节。头下方缩细，称**腓骨颈**。腓骨体内侧缘为**骨间缘**，有小腿骨间膜附着。下端膨大，称**外踝**，其内侧面有关节面与距骨相关节。

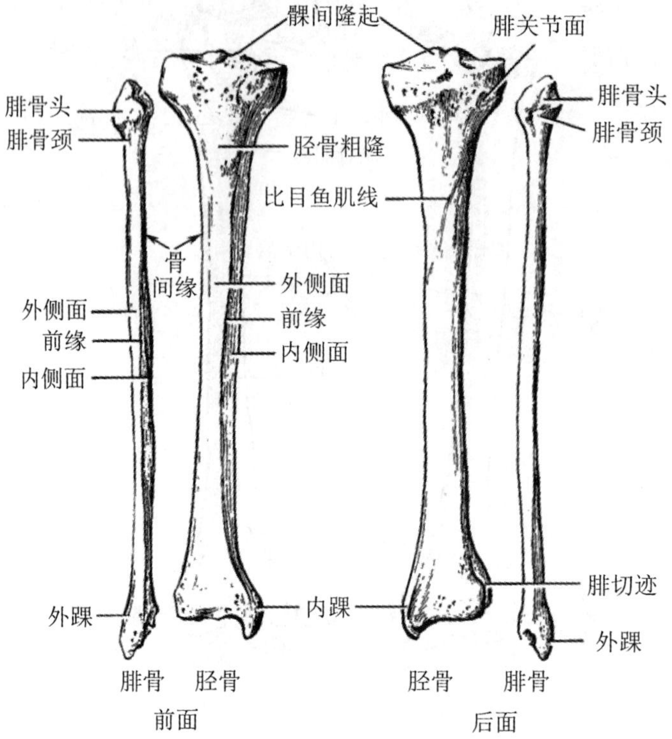

图 3-43 胫骨和腓骨

5. 足骨

包括跗骨、跖骨和趾骨(图 3-44)。

(1) **跗骨**(tarsal bones)：共 7 块，均属于短骨。分前、中、后 3 列，后列有上方的**距骨**和下方的**跟骨**。中间列为**足舟骨**，位于距骨的前方。前列内侧 3 块，分别为**内侧楔骨**、**中间楔骨**、**外侧楔骨**，位于足舟骨的前方，前列外侧 1 块为**骰骨**，位于跟骨的前方。距骨上面有关节面，前宽而后窄，称**距骨滑车**，与内、外踝和胫骨的下关节面相关节。距骨下方与跟骨相关节，跟骨后端膨大称**跟骨结节**。

(2) **跖骨**(metatarsal bones)：共 5 块，从内侧向外侧依次为第 1～5 跖骨。分底、体、头 3 部分。底分别与楔骨和骰骨相关节，头与相应的趾骨相关节。

(3) **趾骨**(phalanges of toes)：共 14 块，䠀趾为 2 节，其余各趾均为 3 节。趾骨的形态和命名与指骨相同。

(三) 下肢骨的连结

下肢骨的连结可分为下肢带骨的连结和自由下肢骨的连结。

1. 下肢带骨的连结

(1) **耻骨联合**(pubic symphysis)(图 3-45)：由两侧耻骨联合面借纤维软骨构成的**耻骨间盘**连结构成。耻骨间盘内常有一纵行的裂隙，女性耻骨间盘较厚，裂隙亦较大。耻骨联合上、下方均有韧带加强，活动甚微。孕妇分娩时耻骨间盘内的裂隙增宽，便于胎儿娩出。

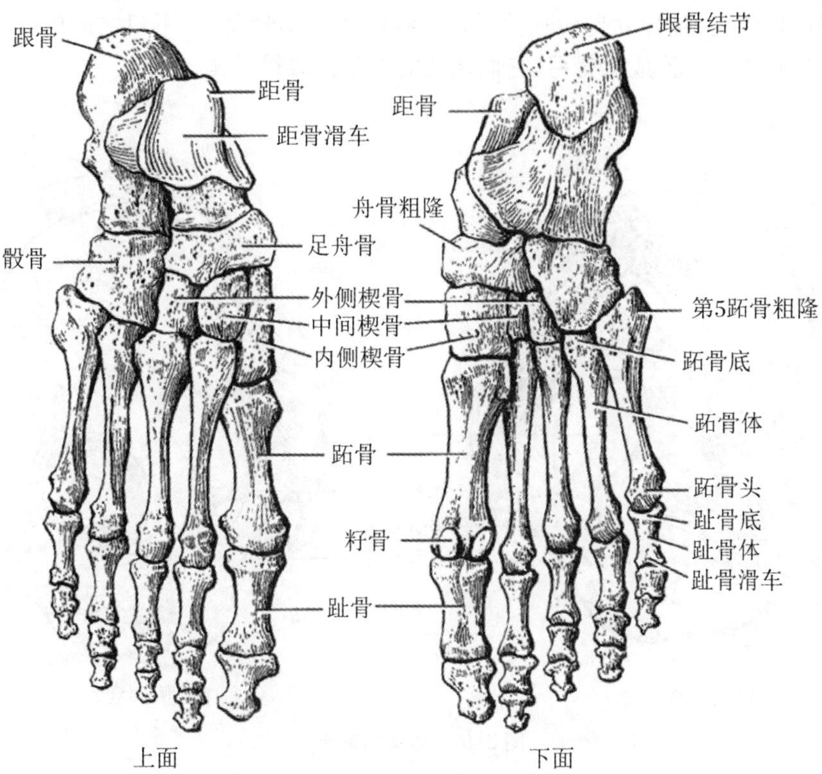

图 3-44 足骨

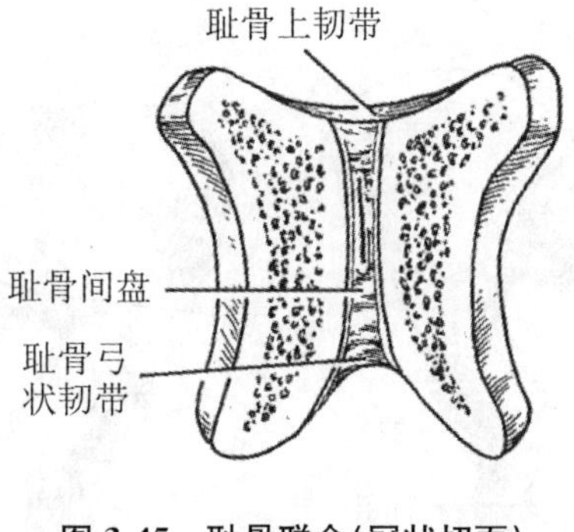

图 3-45 耻骨联合(冠状切面)

(2) **骶髂关节**(sacroiliac joint)(图 3-46):由髂骨和骶骨的耳状面构成。关节面粗糙不平,对合非常紧密。关节囊紧张,周围有韧带加强,连结牢固,活动性很小,以适应支持体重的功能。

(3) 骶结节韧带和骶棘韧带:**骶结节韧带**起于髂骨翼后缘和骶、尾骨的侧缘,止于坐骨结节。**骶棘韧带**起于骶、尾骨的侧缘,止于坐骨棘。这两条韧带与坐骨大、小切迹共同围成**坐骨大孔**和**坐骨小孔**,孔内有肌肉、血管和神经通过(图 3-46)。

(4) **骨盆**(pelvis)(图 3-47):是由左、右髋骨、骶骨和尾骨连结构成。骨盆以界线分为上方的**大骨盆**和下方的**小骨盆**。**界线**由骶骨岬向两侧经弓状线、耻骨梳、耻骨结节至耻骨联合上缘构成的环状线。小骨盆有上、下二口，**骨盆上口**即界线；**骨盆下口**由尾骨尖、骶结节韧带、坐骨结节、坐骨支、耻骨下支和耻骨联合下缘围成。小骨盆上、下口之间的腔称**骨盆腔**。两侧坐骨支与耻骨下支连成**耻骨弓**，它们之间的夹角称**耻骨下角**。

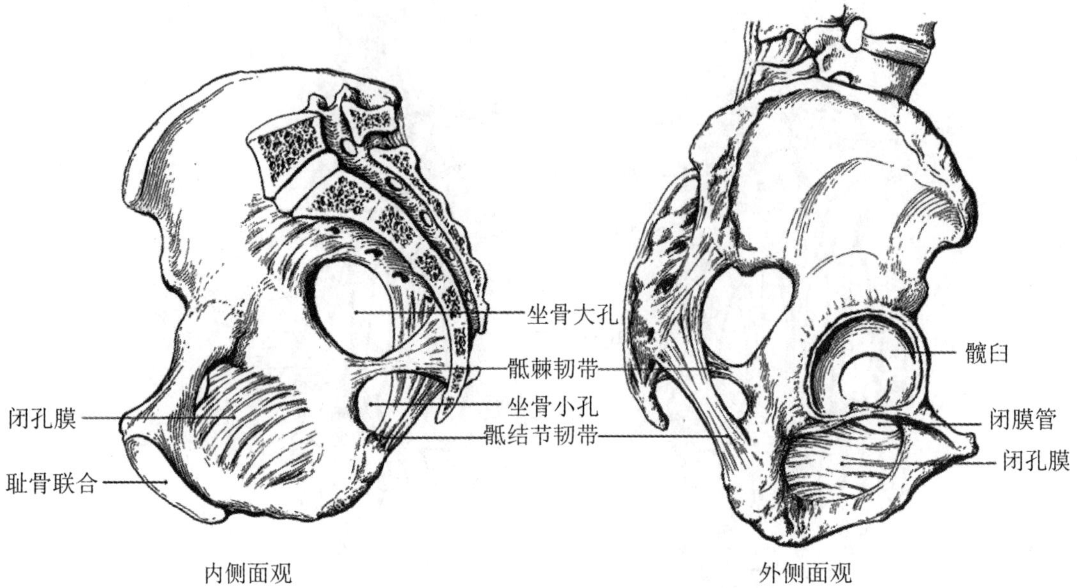

图 3-46　骨盆的韧带

骨盆有性别差异，女性骨盆外形短而宽，骨盆上口近似圆形，较宽大，骨盆下口和耻骨下角较大，耻骨下角女性为 90°～100°，而男性为 70°～75°。

骨盆具有保护盆腔器官及传递重力的作用，女性骨盆还是胎儿分娩的产道。

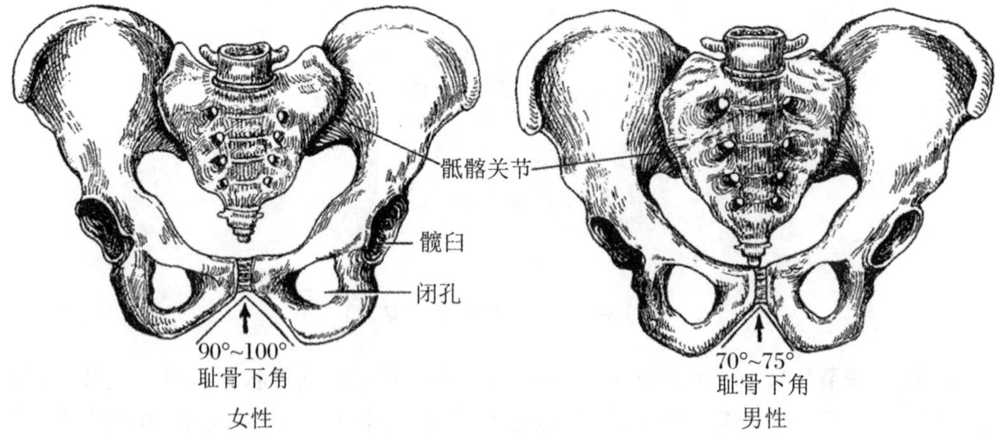

图 3-47　骨盆

2. 自由下肢骨的连结

(1) **髋关节**(hip joint)(图 3-48)：由股骨头与髋骨的髋臼构成。髋臼周缘有**髋臼唇**，以增加关节窝的深度。髋臼切迹被**髋臼横韧带**封闭。股骨头几乎全部纳入髋臼内。关节囊坚韧而紧张，上方附着于髋臼的周缘，下方附着于股骨颈，在前面达转子间线，后面仅包围颈的内侧 2/3,故股骨颈骨折可分为囊内、囊外骨折。关节囊周围有韧带加强,其中以前方呈“人”字形的**髂股韧带**最为强健。髂股韧带上端附着于髂前下棘,下端附着于转子间线,可限制髋关节过度后伸,对维持人体直立姿势有很大作用。关节囊内有**股骨头韧带**,连于股骨头凹和髋臼横韧带之间,内含营养股骨头的血管。关节囊后下壁较薄弱,髋关节脱位时,股骨头易向下方脱出。

髋关节属于杵臼关节,可作屈、伸、收、展、旋转及环转运动,运动幅度远不及肩关节。

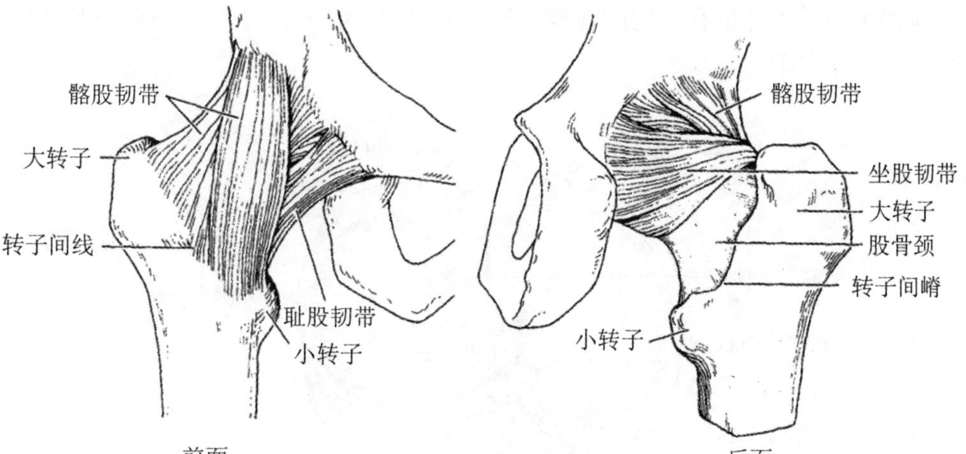

图 3-48 髋关节(冠状切面)

(2) **膝关节**(knee joint)(图 3-49):是人体最大最复杂的关节。由股骨下端、胫骨上端及髌骨构成,髌骨与股骨的髌面相接,股骨的内、外侧髁分别与胫骨的内、外侧髁相对。

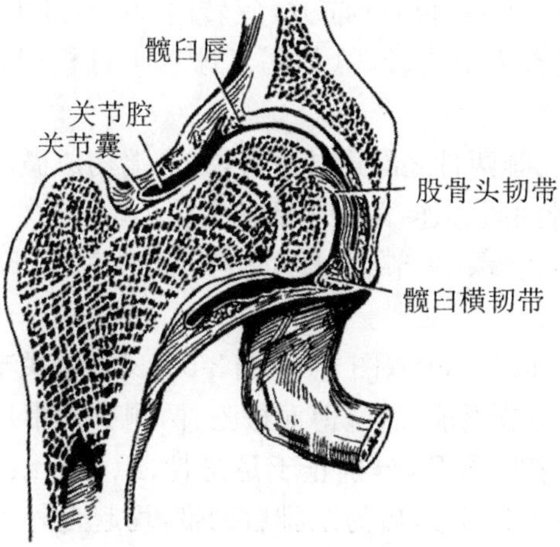

图 3-49 膝关节(已切开)

膝关节囊薄而松弛,附着于各关节面的周缘,周围有韧带加强。囊的前壁有自髌骨向下至胫骨粗隆的**髌韧带**,该韧带为股四头肌腱延续的部分,其两侧为髌内、外侧支持带。囊的内侧有**胫侧副韧带**,起自股骨内上髁,止于胫骨内侧髁及胫骨体的内侧面,与关节囊和内侧半月板紧密结合。囊的外侧有**腓侧副韧带**,连于股骨外上髁和腓骨头之间。

膝关节囊内有**膝交叉韧带**,分前、后两条。**前交叉韧带**下端起自胫骨髁间隆起的前内侧,斜向后外上方,止于股骨外侧髁的内侧面。**后交叉韧带**下端起自胫骨髁间隆起的后方,斜向前内上方,止于股骨内侧髁的外侧面。前交叉韧带于伸膝时最紧张,能限制胫骨过度前移,后交叉韧带于屈膝时最紧张,能限制胫骨过度后移。

半月板(图 3-50)是位于股骨与胫骨之间的两块纤维软骨板,分别称内侧半月板和外侧半月板,每块半月板上面微凹,下面平坦,周缘厚,内缘薄。**内侧半月板**较大,呈"C"形,前窄后宽,其外缘与关节囊及胫侧副韧带紧密相连,因而内侧半月板损伤机会较多。**外侧半月板**较小,近似"O"形。半月板有一定的弹性,可缓冲和保护关节面,半月板使两关节面更为适合,增加关节的稳固性。

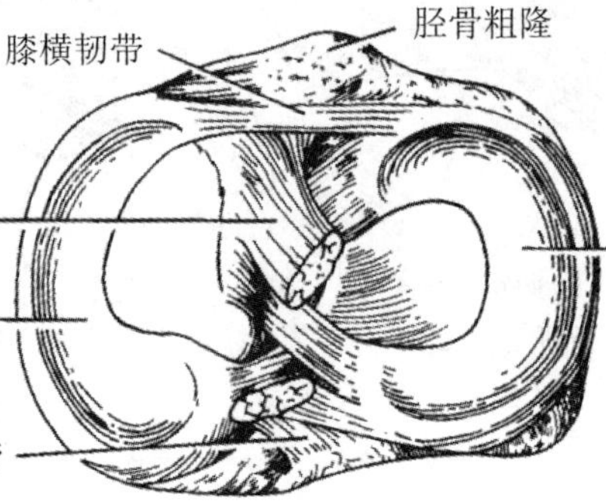

图 3-50 膝关节半月板(上面)

膝关节囊的滑膜层宽阔,向上突至髌骨以上、股四头肌腱深面,形成**髌上囊**。在髌骨下方,部分滑膜层被覆脂肪突入关节腔内,形成**翼状襞**,以充填关节腔内的空隙。

膝关节主要作屈、伸运动。在半屈膝时,两侧副韧带最松弛,还可作轻度的旋转运动。半月板在屈膝时滑向后方,伸膝时滑向前方,旋转时,一半月板滑向前,另一半月板滑向后。当急骤地伸小腿并强有力地旋转时(如踢足球),半月板退让不及,易发生损伤,甚至破裂。

(3) 小腿骨的连结:胫、腓两骨之间连结紧密,其上端构成微动的胫腓关节,下端为韧带连结,两骨体之间借小腿骨间膜相连,两骨间活动度甚小。

(4) 足关节:包括距小腿(踝)关节、跗骨间关节、跗跖关节、跖骨间关节、跖趾关节和趾骨间关节(图 3-51)。

① **距小腿关节**(talocrural joint)(图 3-52、图 3-53)又称**踝关节**(ankle joint),由胫、腓骨的下端和距骨滑车构成。关节囊前、后壁薄而松弛,两侧有韧带加强。内侧有内侧韧带(三角韧带),从内踝尖向下呈扇形展开,分别止于足舟骨、距骨和跟骨。外侧有 3 条独立的韧带,前为距腓前韧带,中为跟腓韧带,后为距腓后韧带,均起自外踝,分别向前、下、后内止于距骨和跟骨。

踝关节属于屈戌关节,能作屈(跖屈)和伸(背屈)运动。由于距骨滑车前宽后窄,当背屈时,较宽的滑车前部进入关节窝内,关节较稳定。当跖屈时,较窄的滑车后部进入关节窝内,此时可作轻微的侧方运动,关节不够稳固,故踝关节扭伤多发生在跖屈(如下楼梯、下坡)的情况下。

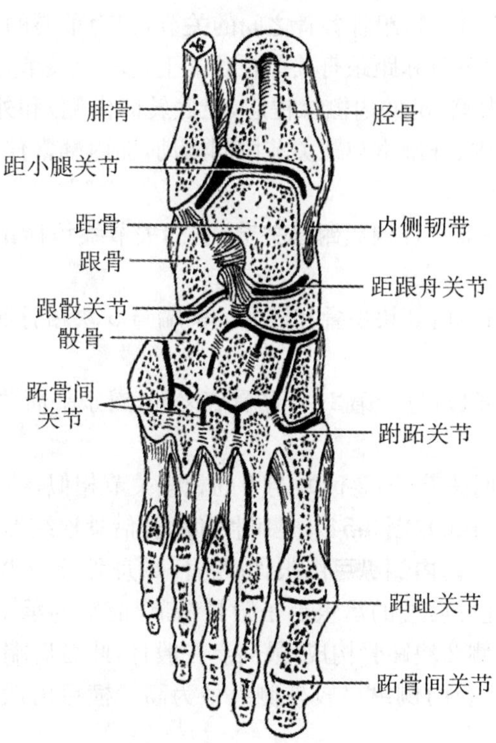

图 3-51　足关节

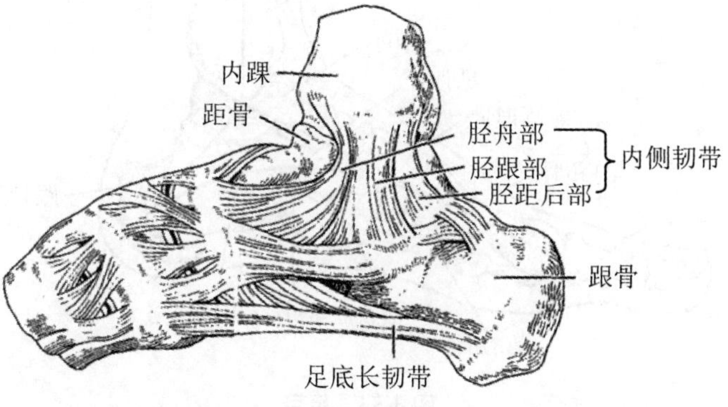

图 3-52　距小腿关节周围韧带(内侧面)

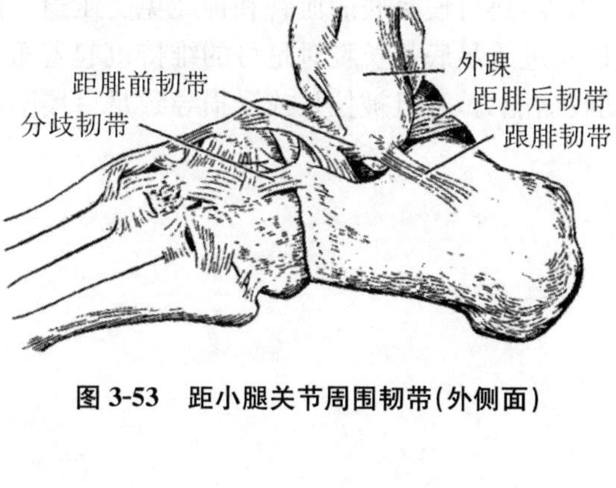

图 3-53　距小腿关节周围韧带(外侧面)

② **跗骨间关节**(图 3-51):是跗骨各骨之间的关节,较为重要的有**距跟(距下)关节**、**距跟舟关节**和**跟骰关节**。距跟关节和距跟舟关节在功能上是联合关节,运动时,跟骨和足舟骨连同其余的足骨对距骨作**内翻**(足的内侧缘提起,足底转向内侧)和**外翻**(足的外侧缘提起,足底转向外侧)运动。足的内、外翻常与踝关节协同运动,即内翻常伴以足的跖屈,外翻常伴以足的背屈。

跟骰关节和距跟舟关节联合构成**跗横关节**,它的关节线呈横位的"S"形,临床上可沿此线进行足的离断术。

③ **跗跖关节**(图 3-51):由 3 块楔骨和骰骨的前端与 5 块跖骨底构成,属于平面关节,可作轻微滑动。

④ **跖骨间关节**(图 3-51):位于第 2～5 跖骨底之间,属于平面关节,活动甚微。第 1、2 跖骨底之间并未相连。

⑤ **跖趾关节**和**趾骨间关节**(图 3-51):与手的相应关节相似,结构更稳固。

(5) **足弓**(arches of foot)(图 3-54):是跗骨和跖骨借骨连结形成凸向上方的弓形结构。可分为内、外侧纵弓和横弓。**内侧纵弓**由跟骨、距骨、足舟骨、3 块楔骨和内侧 3 块跖骨连结构成,最高点在距骨头,此弓后端的承重点是跟骨结节,前端的承重部位是第 1 跖骨头。**外侧纵弓**由跟骨、骰骨和外侧 2 块跖骨构成,最高点在骰骨,此弓后端的承重点是跟骨结节,前端的承重点是第 5 跖骨头。内侧纵弓较外侧纵弓为高。**横弓**由骰骨、3 块楔骨和跖骨底构成,最高点在中间楔骨。

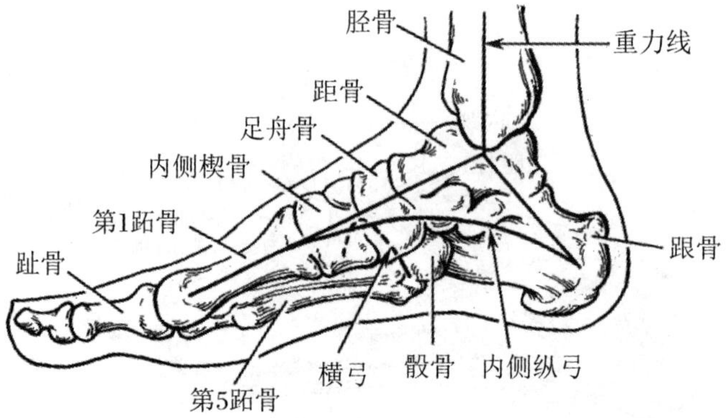

图 3-54 足弓

足弓使足站立时以第 1、5 跖骨头和跟结节三点着地,稳定而有弹性,有利于行走、奔跑和跳跃,并可缓冲震荡。另外,还可使足底的血管和神经免受压迫。除了依靠各骨的连结以外,足底的韧带、足底肌以及进入足底的长腱对足弓的维持也起着重要的作用。足底的韧带虽然很坚韧,但缺乏主动收缩能力,一旦被拉长或受损导致足弓塌陷,称扁平足。

第二节　骨　骼　肌

一、概述

肌(muscle)根据组织结构和功能可分为骨骼肌、心肌和平滑肌三类。运动系统所描述的肌为骨骼肌，多数附着于骨骼，可随人的意志而收缩，又称随意肌。骨骼肌在人体分布极为广泛，有600多块，约占体重的40%。每块肌都具有一定的形态、结构、位置和辅助装置，并有丰富的血管、淋巴管和神经分布，所以每块肌都可视为一个器官。

(一) 肌的构造

骨骼肌由肌质和腱质构成。**肌质**主要由肌纤维(肌细胞)构成，色红、柔软、有收缩功能。**腱质**(**肌腱**)主要由平行致密的胶原纤维束构成，色白、强韧、无收缩功能，但有很强的抗张性。腱质多位于肌质的两端，有的插入肌质之中。肌质与腱质相连续，并借腱质附着于骨、筋膜或关节囊。

(二) 肌的形态和分类

骨骼肌的形态多种多样，按其外形大致可分为长肌、短肌、扁肌和轮匝肌4种(图3-55)。长肌多见于四肢，其肌质部称肌腹，肌束通常与肌的长轴平行，收缩时肌显著缩短，可引起大幅度的运动；短肌多见于躯干深层，小而短，具有明显的节段性，收缩幅度较小；扁肌多见于胸腹壁，扁薄宽大，除运动功能外，还有保护内脏的功能；轮匝肌主要由环形肌纤维构成，位于孔裂周围，收缩时可关闭孔裂。

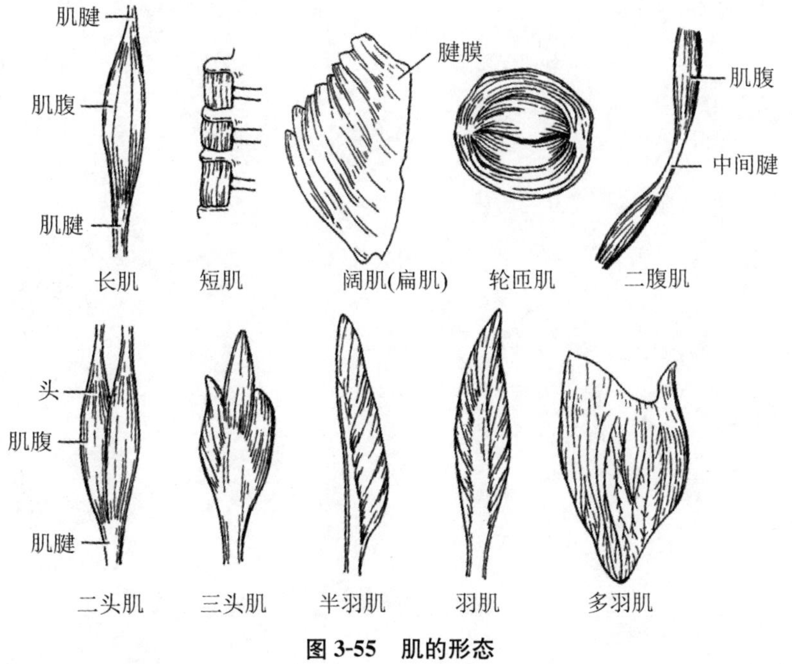

图3-55　肌的形态

(三) 肌的起点和止点

骨骼肌通常以两端附着于两块或两块以上的骨,中间跨过一个或多个关节。肌收缩时使两骨彼此位置移动而产生运动,其中一块骨的位置相对固定,另一块骨相对移动。肌在固定骨上的附着点称为**起点**或**定点**;在移动骨上的附着点称为**止点**或**动点**(图 3-56)。通常把接近身体正中面或四肢部靠近近侧端的附着点看作是起点,反之为止点。肌的定点和动点在一定的条件下,可以互换。

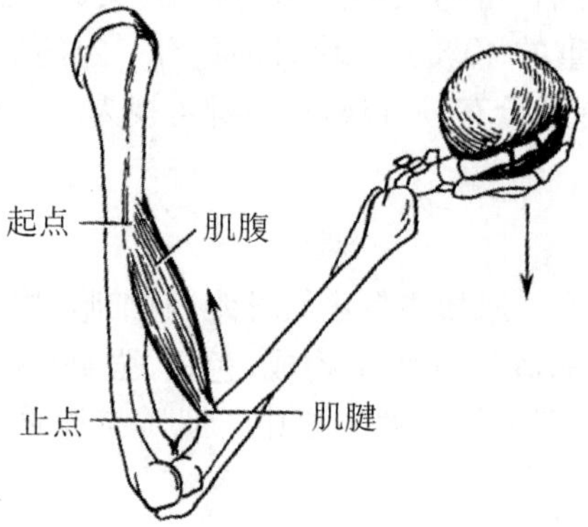

图 3-56 肌的起、止点

(丁 见 王继胜)

模块四　血　　液

学习目标

掌握：红细胞的生理特性；血液凝固的概念及基本过程；ABO 血型系统；输血原则。

熟悉：血小板生理特性及其功能；生理性止血的概念及其基本过程。

了解：血液的组成和理化特性；白细胞的分类及其功能；抗凝血系统与纤维蛋白溶解系统；Rh 血型系统。

血液(blood)和淋巴(lymph)分别是在心血管和淋巴管内流动的液态组织。血液由血浆和血细胞组成的流体组织，在心血管系统内循环流动，物质运输是血液的基本功能。血液含有多种缓冲物质，可缓冲进入血液的酸性或碱性物质引起的血浆 pH 变化。血液中的水分有较高的比热，有利于体温的相对恒定。因此，血液在维持机体内环境稳态中起着非常重要的作用。此外，血液还具有重要的防御和保护功能，参与机体的生理性止血，抵御细菌和病毒等微生物引起的感染和各种免疫反应。

第一节　血液的组成和理化特性

一、血液的组成

血液由**血浆**(plasma)和悬浮于其中的**血细胞**(blood cell)组成。

(一) 血浆

血浆为液体，相当于细胞外基质，各种血细胞悬浮于血浆中。血浆呈淡黄色，其中 90% 左右是水，其余为血浆蛋白(白蛋白、球蛋白、纤维蛋白原)、脂蛋白、酶、激素、糖、维生素、无机盐和代谢产物等。血液流出血管后，血浆中的纤维蛋白原转变为不溶解的纤维蛋白，并网络血液有形成分凝固成血块，同时析出淡黄色透明液体，称血清(serum)。血细胞由红细胞、白细胞和血小板组成，约占血液容积的 45%，其中红细胞占 44%。白细胞和血小板占 1%。

(二) 血细胞

血细胞主要在骨髓生成，血液中的血细胞陆续衰老死亡，骨髓则源源不断地输出新生细胞，形成动态平衡。血细胞的形态、数量、百分比和血红蛋白含量的测定值称为血象。患病时，血象有显著变化，故临床上常将其作为某些疾病的诊断和治疗的重要依据。

血细胞可分为红细胞、白细胞和血小板三类，取一定量的血液与抗凝剂混匀后，置刻度管(如比容管)中,以3000 r/min的离心速度离心30 min,使血细胞下沉压紧而分层。上层浅黄色的液体为血浆,下层是深红色不透明的红细胞,中间是一薄层白色不透明的白细胞和血小板(二者共约占血液总量的1%,在计算容积时常可忽略不计)。血细胞在血液中所占的容积百分比,称为血细胞比容。正常人的血细胞比容值是:成年男性为40%～50%,成年女性为37%～48%,新生儿约为55%。

二、血液的理化特性

(一) 血液的比重

正常人全血的比重为1.050～1.060。血液中红细胞数量越多,全血比重就越大。血浆的比重为1.025～1.030,其高低主要取决于血浆蛋白的含量。红细胞的比重为1.090～1.092,与红细胞内血红蛋白的含量呈正相关。利用红细胞和血浆比重的差异,可以进行血细胞比容、红细胞沉降率的测定,也可以将红细胞与血浆分离。

(二) 血液的黏度

液体的黏度来源于液体内部分子或颗粒间的摩擦,即内摩擦。如果以水的黏度为1,则全血的相对黏度为4～5,血浆的相对黏度为1.6～2.4(温度为37 ℃时)。当温度不变时,全血的黏度主要决定于血细胞比容的高低,血浆的黏度主要决定于血浆蛋白的含量。血浆蛋白浓度越高,血浆的黏滞性就越高,相反则黏滞性降低。血液的黏度是形成血流阻力的重要因素之一。血液的流速也会影响血液的黏滞性,当某些疾病使微循环处的血流速度显著减慢时,红细胞可发生叠连和聚集,血液黏度升高,使血流阻力明显增大,从而影响循环的正常进行。

(三) 血浆渗透压

溶液渗透压的高低取决于溶液中溶质颗粒(分子或离子)数目的多少,而与溶质的种类和颗粒的大小无关。血浆渗透浓度约为300 mOsm/(kg・H_2O),相当于770 kPa或5790 mmHg。

血浆的渗透压包括晶体渗透压和胶体渗透压。由血浆晶体物质所形成的渗透压称为血浆晶体渗透压,它的80%来自Na^+和Cl^-。由血浆蛋白质所形成的渗透压称为血浆胶体渗透压。胶体渗透压一般为1.3 mOsm/(kg・H_2O),约相当于3.3 kPa(25 mmHg)。血浆胶体渗透压的75%～80%来自白蛋白。

水及晶体物质可自由通过毛细血管壁,血浆与组织液中晶体物质的浓度几乎相等,它们所形成的晶体渗透压也基本相等。细胞外液中的晶体物质大部分不易通过细胞膜,而且细胞外液的晶体渗透压保持相对稳定,这对保持细胞内、外水的平衡和细胞的正常体积极为重要。血浆蛋白不易通过毛细血管壁,所以虽然血浆胶体渗透压较低,但在调节血管内、外水的平衡和维持正常的血浆容量中起重要的作用。

(四) 血浆的pH

正常人血浆的pH为7.35～7.45。血浆pH主要决定于血浆中主要的缓冲对,即

$NaHCO_3/H_2CO_3$的比值。血液中除$NaHCO_3/H_2CO_3$外，尚有其他缓冲对，如在血浆中有蛋白质钠盐/蛋白质、Na_2HPO_4/NaH_2PO_4；在红细胞内尚有血红蛋白钾盐/血红蛋白、氧合血红蛋白钾盐/氧合血红蛋白、K_2HPO_4/KH_2PO_4、$KHCO_3/H_2CO_3$等缓冲对，都是很有效的缓冲系统。一般酸性或碱性物质进入血液时，由于有这些缓冲系统的作用，对血浆 pH 的影响很小，特别是在肺和肾不断排出体内过多的酸或碱的情况下，通常血浆 pH 的波动范围极小。

第二节 血浆和血细胞

一、血细胞生成的部位和一般过程

血细胞包括红细胞、白细胞和血小板三类细胞。血细胞主要在骨髓生成，血液中的血细胞陆续衰老死亡，骨髓则源源不断地输出新生细胞，形成动态平衡。血细胞的形态、数量、百分比和血红蛋白含量的测定值称为血象。患病时，血象有显著变化，故临床上常将其作为某些疾病的诊断和治疗的重要依据(图 4-1)。

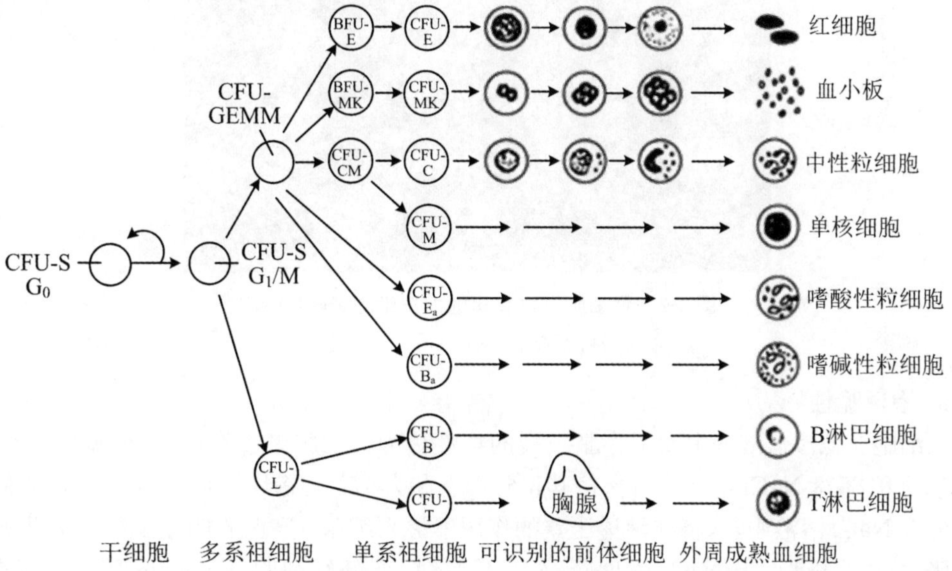

图 4-1 血细胞生存模式图

二、红细胞生理

(一) 红细胞的数量和形态

红细胞(erythrocyte，red blood cell，RBC)呈双凹圆盘状，直径约 7.5 μm，中央较薄，约 1 μm，周边较厚，约 2 μm，故在血涂片中，红细胞中央部分呈浅红色，侧面观呈哑铃形。

我国成年男性红细胞的数量为(4.5～5.5)×10^{12}/L，女性为(3.8～4.6)×10^{12}/L。红细

胞内的蛋白质主要是血红蛋白(hemoglobin,Hb)。我国成年男性血红蛋白浓度为120～160 g/L,成年女性为110～150 g/L。正常人的红细胞数量和血红蛋白浓度不仅有性别差异,还可因年龄、生活环境和机体功能状态不同而有差异。若血液中红细胞数量、血红蛋白浓度低于正常,称为贫血。

红细胞的主要功能是运输O_2和CO_2。此外,红细胞含有多种缓冲对,对血液中的酸、碱物质有一定的缓冲作用。

(二)红细胞的生理特性

1. 可塑变形性

正常红细胞在外力作用下具有变形的能力。红细胞的这种特性称为可塑变形性。红细胞在全身血管中循环运行时,必须经过变形才能通过口径比它小的毛细血管和血窦孔隙(图4-2)。正常的双凹圆碟形使红细胞具有较大的表面积与体积比,这使得红细胞在受到外力时易于发生变形。

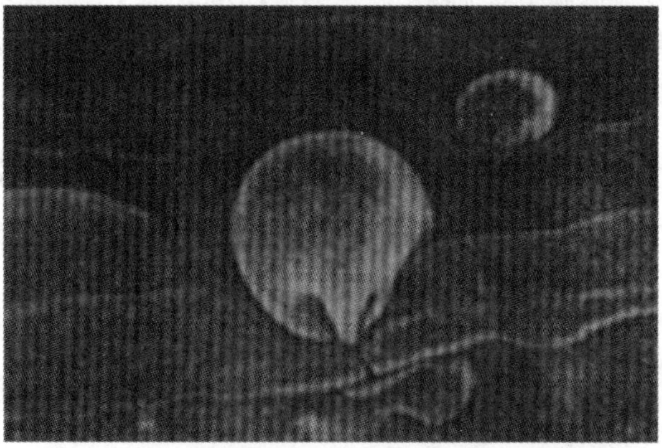

图4-2 红细胞挤过脾窦的内皮细胞裂隙(大鼠)

(引自 Greger R,1996,1655页)

2. 渗透脆性

红细胞在低渗盐溶液中发生膨胀破裂的特性称为红细胞渗透脆性,简称脆性。红细胞在等渗的0.85% NaCl溶液中可保持其正常形态和大小。若将红细胞悬浮于一系列浓度递减的低渗NaCl溶液中,水将在渗透压差的作用下渗入细胞,于是红细胞由正常双凹圆碟形逐渐胀大,成为球形;当NaCl浓度降至0.42%时,部分红细胞开始破裂而发生溶血;当NaCl浓度降至0.35%时,全部红细胞发生溶血。这一现象表明红细胞对低渗盐溶液具有一定的抵抗力,且同一个体的红细胞对低渗盐溶液的抵抗力并不相同。生理情况下,衰老红细胞对低渗盐溶液的抵抗力降低,即脆性高;而初成熟的红细胞的抵抗力高,即脆性低。有些疾病可影响红细胞的脆性,如遗传性球形红细胞增多症患者的红细胞脆性变大,故测定红细胞的渗透脆性有助于一些疾病的临床诊断。

3. 悬浮稳定性

将盛有抗凝血的血沉管垂直静置,尽管红细胞的比重大于血浆,但正常时红细胞下沉缓慢,表明红细胞能相对稳定地悬浮于血浆中。红细胞的这一特性称为悬浮稳定性。通常以红细胞在第一小时末下沉的距离来表示红细胞的沉降速度,称为红细胞沉降率(erythrocyte sedimentation rate,ESR)。正常成年男性红细胞沉降率为 0～15 mm/h,成年女性为 0～20 mm/h。血浆中红细胞叠连,球蛋白、纤维蛋白原和胆固醇浓度增加,ESR 加速。白蛋白、卵磷脂增加,ESR 减慢。沉降愈快,表示红细胞的悬浮稳定性愈小。某些疾病,如结核病、风湿病等可能导致血沉加快。

(三) 红细胞的生成与破坏

1. 红细胞的生成

在成人,骨髓是生成红细胞的唯一场所。红骨髓内的造血干细胞首先分化成为红系定向祖细胞,再经过原红细胞、早幼红细胞、中幼红细胞、晚幼红细胞及网织红细胞的阶段,成为成熟的红细胞。从原红细胞到中幼红细胞阶段,经历 3～5 次有丝分裂,每次有丝分裂约持续一天。一个原红细胞可产生 8～32 个晚幼红细胞。晚幼红细胞不再分裂,细胞内血红蛋白的含量已达到正常,细胞核逐渐消失,成为网织红细胞。网织红细胞在骨髓中停留约 2 天。因此,由原红细胞发育至网织红细胞并释放入血,约历时 6～7 天。

在红细胞生成过程中,需要有足够的蛋白质、铁、叶酸及维生素 B_{12}的供应。蛋白质和铁是合成血红蛋白的重要原料,而叶酸及维生素 B_{12}是红细胞成熟所必需的物质。此外,红细胞生成还需要氨基酸、维生素 B_6、B_2、C、E 和微量元素铜、锰、钴、锌等。

红细胞在生长发育过程中,受促红细胞生成素(erythropoietin,EPO)的调节。EPO 主要由肾组织产生,切除双肾后,血浆中 EPO 的浓度急剧降低。此外,肾外组织缺 O_2亦可促进肾分泌 EPO。EPO 的主要作用是促进红系祖细胞的增殖和分化,促进幼红细胞的增殖、Hb 的合成和网织红细胞的释放。甲状腺素、生长激素和雄性激素也可促进红细胞的生成。EPO 缺乏或红细胞上 EPO 受体缺陷,可致再生障碍性贫血,这可能是男性的红细胞数和血红蛋白量高于女性的原因之一。

2. 红细胞的破坏

正常人红细胞的平均寿命约为 120 天。每天约有 0.8%的衰老红细胞被破坏。90%的衰老红细胞被巨噬细胞吞噬。由于衰老红细胞的变形能力减退,脆性增高,难以通过微小的孔隙,因此容易滞留于脾和骨髓中而被巨噬细胞所吞噬(称为血管外破坏)。巨噬细胞吞噬红细胞后,将血红蛋白消化,释放出铁、氨基酸和脱铁血红素,其中铁和氨基酸可被重新利用,而脱铁血红素则经肝脏处理排入胆汁,最后排出体外。此外,还有 10%的衰老红细胞在血管中受机械冲击而破损(称为血管内破坏),所释放的血红蛋白立即与血浆中的触珠蛋白(一种血浆 α_2-球蛋白)结合,进而被肝脏摄取。若血管内的红细胞大量破坏,血浆中血红蛋白浓度过高(达每 100 mL 血浆中有 100 mg 血红蛋白)而超出触珠蛋白的结合能力时,未能与触珠蛋白结合的血红蛋白将经肾排出,出现血红蛋白尿。

三、白细胞生理

(一) 白细胞的分类与计数

白细胞(leukocyte,或 white blood cell,WBC)是一类有核的血细胞。正常成年人白细胞数是(4.0～10)$\times 10^9$/L。白细胞是一个不均一的细胞群,根据其形态、功能和来源可分为粒细胞、单核细胞和淋巴细胞三大类。根据粒细胞胞浆颗粒的嗜色性质不同,又分为中性粒细胞、嗜酸性粒细胞和嗜碱性粒细胞。

(二) 白细胞的功能

除淋巴细胞外，所有的白细胞都能伸出伪足作变形运动，凭借这种运动白细胞得以穿过毛细血管壁，这一过程称为白细胞渗出。渗出到血管外的白细胞也可借助变形运动在组织内游走，在某些化学物质吸引下，可迁移到炎症区发挥其生理作用。白细胞朝向某些化学物质运动的特性，称为趋化性。能吸引白细胞发生定向运动的化学物质，称为趋化因子。人体细胞的降解产物、抗原－抗体复合物、细菌和细菌毒素等都具有趋化活性。白细胞按照这些物质的浓度梯度游走到炎症部位，将细菌等异物吞噬、杀灭。

1. 中性粒细胞

中性粒细胞是血液中主要的吞噬细胞，其变形游走能力和吞噬活性都很强。当细菌入侵时，中性粒细胞在炎症区域产生的趋化性物质作用下，从毛细血管渗出而被吸引到病变部位，吞噬细菌。中性粒细胞内含有大量溶酶体酶，能将吞噬入细胞的细菌和组织碎片分解，使入侵的细菌被包围在组织局部，防止病原微生物在体内扩散。当中性粒细胞吞噬数十个细菌后，其本身即解体，释放的各种溶酶体酶又可溶解周围组织而形成脓液。炎症时，由于炎症产物的作用，可使骨髓内贮存的中性粒细胞大量释放而使外周血液的中性粒细胞数目显著增高，有利于更多的中性粒细胞进入炎症区域。当血液中的中性粒细胞数减少到 $1\times 10^9/L$ 时，机体的抵抗力就会降低，容易发生感染。此外，中性粒细胞还可吞噬和清除衰老的红细胞及抗原-抗体复合物等。

2. 单核细胞

从骨髓进入血液的单核细胞仍然是尚未成熟的细胞。单核细胞在血液中停留 2～3 天后迁移入组织中，继续发育成巨噬细胞，细胞的体积增大，直径可达 60～80 μm，细胞内溶酶体颗粒和线粒体的数目增多，具有比中性粒细胞更强的吞噬能力，可吞噬更多的细菌(约 5 倍于中性粒细胞)、更大的细菌和颗粒。此外，巨噬细胞的溶酶体还含有大量的酯酶，可以消化某些细菌(如结核杆菌)的脂膜。由于单核细胞的趋化迁移速度较中性粒细胞慢，外周血和骨髓中贮存的单核细胞数目较少，因而炎症局部只在较晚期才能见到单核细胞。激活了的单核-巨噬细胞也能合成、释放多种细胞因子，如集落刺激因子、白介素、肿瘤坏死因子等，参与其他细胞生长的调控；单核-巨噬细胞还在特异性免疫应答的诱导和调节中起关键作用。

3. 嗜酸性粒细胞

血液中嗜酸性粒细胞的数目有明显的昼夜周期性波动，清晨细胞数减少，午夜时细胞数增多。这种周期性波动可能与血液中肾上腺皮质激素含量的昼夜波动有关。嗜酸性粒细胞的主要作用是：① 限制嗜碱性粒细胞和肥大细胞在速发型过敏反应中的作用。嗜酸性粒细胞一方面通过产生前列腺素 E 抑制嗜碱性粒细胞合成和释放生物活性物质，另一方面又通过吞噬嗜碱性粒细胞、肥大细胞所排出的颗粒，及释放组胺酶等酶类，而破坏嗜碱性粒细胞所释放的生物活性物质。② 参与对蠕虫的免疫反应。在特异性免疫球蛋白 IgE 抗体和补体 C_3 的作用下，嗜酸性粒细胞可借助细胞表面的 Fc 受体和 C_3 受体黏着于蠕虫上，释放颗粒内所含有的碱性蛋白和过氧化物酶等酶类，损伤蠕虫虫体。当机体发生过敏反应及寄生虫感染时，常伴有嗜酸性粒细胞增多。

4. 嗜碱性粒细胞

嗜碱性粒细胞在血管内停留约12 h，其胞质中存在较大的碱性染色颗粒，颗粒内含有肝素、组胺、嗜酸性粒细胞趋化因子A和过敏性慢反应物质等多种生物活性物质。嗜碱性粒细胞释放的肝素具有抗凝血作用，有利于保持血管的通畅，使吞噬细胞能够到达抗原入侵部位而将其破坏。肝素还可作为酯酶的辅基，加快脂肪分解为游离脂肪酸的过程。组胺和过敏性慢反应物质可使毛细血管壁通透性增加，局部充血水肿，并可使支气管平滑肌收缩，从而引起荨麻疹、哮喘等过敏反应症状。此外，嗜碱性粒细胞被激活时释放的嗜酸性粒细胞趋化因子A，可吸引嗜酸性粒细胞，使之聚集于局部，以限制嗜碱性粒细胞在过敏反应中的作用。

5. 淋巴细胞

淋巴细胞在免疫应答反应过程中起核心作用。根据细胞生长发育的过程、细胞表面标志和功能的不同，可将淋巴细胞分成T淋巴细胞和B淋巴细胞两大类。T细胞主要与细胞免疫有关，B细胞主要与体液免疫有关。

四、血小板生理

（一）血小板的形态结构与数量

血小板是从骨髓中成熟的巨核细胞胞浆裂解脱落下来的具有生物活性的小块胞质。正常成年人的血小板数量是$(100\sim300)\times10^9/L$。血小板计数可有6%～10%的变化，通常午后较清晨时多；冬季较春季多；静脉血较毛细血管血多；剧烈运动后及妊娠中、晚期增多。

正常的血小板呈两面微凸的圆盘状，其平均直径2～4 μm，平均容积8 μm^3。在电子显微镜下可以见到相当复杂的超微结构，如α-颗粒、致密体、溶酶体、过氧化物酶体、开放管道系统、致密管道系统及微管等。α-颗粒是血小板中数量最多的细胞器，其中含有生长调节物、黏附蛋白、凝血因子及其他蛋白质；致密体（又称δ颗粒）含有ADP、ATP、5-羟色胺、Ca^{2+}及肾上腺素。

（二）血小板的功能

血小板有维护血管壁完整性的功能，可能是由于血小板能随时沉着于血管壁以填补内皮细胞脱落留下的空隙。用同位素标记血小板进行示踪和电子显微镜观察，也发现血小板可以融合人血管内皮细胞，表明血小板对血管内皮细胞的修复具有重要作用。如血小板过少，这些功能就难以完成而产生出血倾向。如当血小板减少到$50\times10^9/L$以下时，微小的创伤或仅血压增高也能使皮肤和黏膜下出现瘀点，甚至出现大块瘀斑或紫癜。循环血液中的血小板一般处于“静止”状态，但当血管受损伤时，通过表面接触和某些凝血因子的作用，血小板即转入激活状态。激活了的血小板在生理性止血过程中起重要作用。

第三节　生理性止血

正常情况下，小血管受损后引起的出血，在几分钟内就会自行停止，这种现象称为生理性止血(hemostasis)。生理性止血是机体重要的保护机制之一。一方面要求迅速形成止血栓以避免血液的流失；另一方面要使止血反应限制在损伤局部，保持全身血管内血液的流体状态。因此，生理性止血是多种因子和机制相互作用，维持精确平衡的结果。临床上常用小针刺破耳垂或指尖，使血液自行流出，然后测定出血延续的时间，这段时间称为出血时间（bleeding time），正常人不超过 9 min（模板法）。出血时间的长短可反映生理性止血功能的状态。生理性止血功能减退时，可有出血倾向；而生理性止血功能过度激活，则可导致血栓形成。

一、生理性止血的基本过程

生理性止血主要包括血管收缩、血小板血栓形成和血液凝固三个过程（图 4-3）。

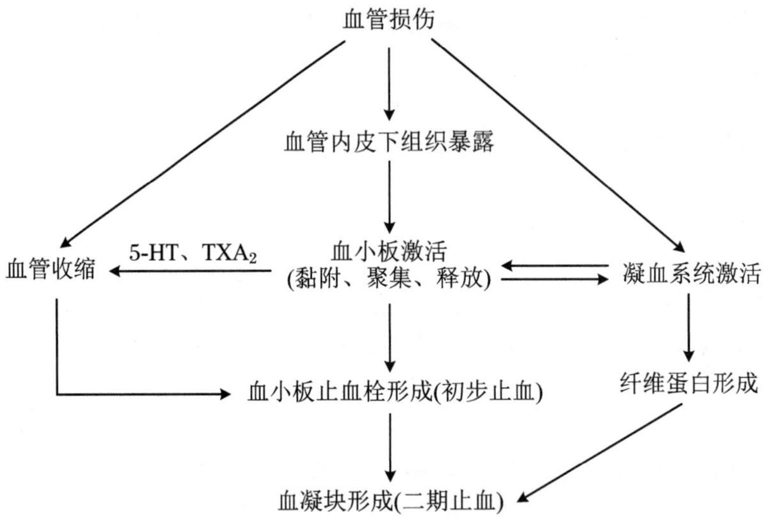

图 4-3 生理性止血过程示意图

5-HT：5-羟色胺； TXA_2：血栓烷 A_2

1．血管收缩

生理性止血首先表现为受损血管局部和附近的小血管收缩，使局部血流减少。若血管破损不大，可使血管破口封闭，从而制止出血。引起血管收缩的原因有以下三方面：① 损伤性刺激反射性使血管收缩。② 血管壁的损伤引起局部血管肌源性收缩。③ 黏附于损伤处的血小板释放 5-HT、TXA_2 等缩血管物质，引起血管收缩。

2．血小板止血栓的形成

血管损伤后，由于内皮下胶原的暴露，1～2 s 内即有少量的血小板黏附于内皮下的胶原上，这是形成止血栓的第一步。通过血小板的黏附，可“识别”损伤部位，使止血栓能正确定位。局部受损红细胞释放的 ADP 和局部凝血过程中生成的凝血酶均可使血小板活化而释放内源性 ADP 和 TXA_2，进而促使血小板发生不可逆聚集，使血流中的血小板不断地聚集、黏着在已黏附固定于内皮下胶原的血小板上，形成血小板止血栓，从而将伤口堵塞，达到初步的止血作用。此外，受损血管内皮的 PGI_2 生成减少，也有利于血小板的聚集。

3．血液凝固

血管损伤后可启动凝血系统，在局部迅速发生血液凝固，使血浆中可溶性的纤维蛋白原转变成不溶性的纤维蛋白，并交织成网，以加固止血栓，称为二期止血（图 4-3）。最后，局部纤维组织增生,并长入血凝块,达到永久性止血。

生理性止血虽然分为血管收缩、血小板血栓形成和血液凝固三个过程,但这三个过程相继发生并相互重叠,彼此密切相关。只有在血管收缩使血流减慢时,血小板黏附才易于实现;血小板激活后释放5-HT、TXA_2又可促使血管收缩。活化的血小板可为血液凝固过程中凝血因子的激活提供磷脂表面,血小板表面结合有多种凝血因子,血小板还可释放纤维蛋白原等凝血因子,从而大大加速凝血过程;而血液凝固过程中产生的凝血酶又可加强血小板的活化。此外,血凝块中血小板的收缩,挤出其中的血清,而使血凝块变得更为坚实,牢固封住血管的破口。因此,生理性止血的三个过程彼此相互促进,使生理性止血能及时而快速地进行。由于血小板与生理性止血过程的三个环节均有密切关系,因此,血小板在生理性止血过程中居于中心地位。当血小板减少或功能降低时,出血时间就会延长。

二、血液凝固

血液凝固是指血液由流动的液体状态变成不能流动的凝胶状态的过程。其实质就是血浆中的可溶性纤维蛋白原转变成不溶性的纤维蛋白的过程。纤维蛋白交织成网,把血细胞及血液的其他成分网罗在内,从而形成血凝块。血液凝固是一系列复杂的酶促反应过程,需要多种凝血因子的参与。

(一) 凝血因子

血浆与组织中直接参与血液凝固的物质,统称为凝血因子。目前已知的凝血因子主要有14种,其中已按国际命名法依发现先后顺序用罗马数字编号的有12种(表4-1),即凝血因子Ⅰ～ⅩⅢ(简称FⅠ～FⅩⅢ,其中FⅥ是血清中活化的FⅤa,已不再视为一个独立的凝血因子)。此外还有前激肽释放酶、高分子激肽原等。

表4-1 血浆凝血因子

编 号	同义名	编 号	同义名
因子Ⅰ	纤维蛋白原	因子Ⅷ	抗血友病因子
因子Ⅱ	凝血酶原	因子Ⅸ	血浆凝血活酶
因子Ⅲ	组织因子	因子Ⅹ	斯图亚特因子
因子Ⅳ	钙离子	因子Ⅺ	血浆凝血激酶前质
因子Ⅴ	前加速易素变因子	因子Ⅻ	接触因子
因子Ⅶ	前转变素稳定因子	因子ⅩⅢ	纤维蛋白稳定因子

在这些凝血因子中,除FⅣ是Ca^{2+}外,其余的凝血因子均为蛋白质,而且FⅡ、FⅦ、FⅨ、FⅩ、FⅪ、FⅫ、FⅩⅢ和前激肽释放酶都是丝氨酸蛋白酶,能对特定的肽链进行有限水解;但正常情况下这些蛋白酶是以无活性的酶原形式存在的,必须通过其他酶的有限水解而暴露或形成活性中心后,才具有酶的活性,这一过程称为凝血因子的激活。习惯上在凝血因子代号的右下角加一个"a"(指activated)表示其"活化型",如FⅡ被激活为FⅡa。FⅢ、Ca^{2+}、FⅤ、FⅧ和高分子激肽原在凝血反应中起辅因子的作用。除FⅢ外,其他凝血因子均存在于新鲜血浆中,且多数在肝内合成,其中FⅡ、FⅦ、FⅨ、FⅩ的生成需要维生素K的参

与，故它们又称依赖维生素 K 的凝血因子。当肝脏病变时，可出现凝血功能障碍。

(二) 血液凝固的过程

血液凝固是由凝血因子按一定顺序相继激活而生成的凝血酶最终使纤维蛋白原变为纤维蛋自的过程。因此，凝血过程可分为凝血酶原酶复合物(也称凝血酶原酶激活复合物)的形成、凝血酶原的激活和纤维蛋白生成三个基本步骤(图 4-4)。

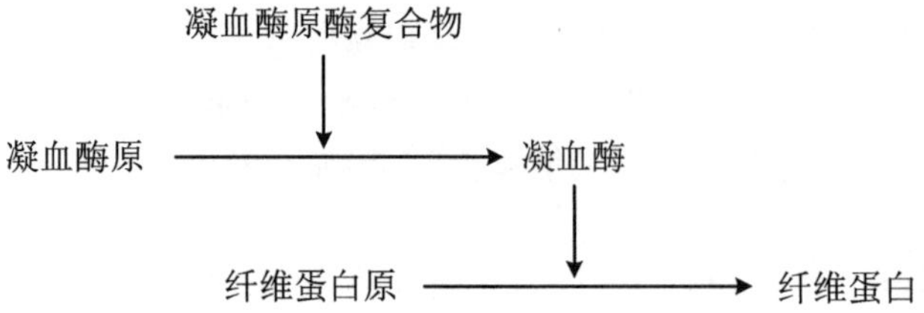

图 4-4 血液凝固过程的三个基本步骤

1. 凝血酶原酶复合物的形成

凝血酶原酶复合物可通过内源性凝血途径和外源性凝血途径生成。两条参与途径的主要区别在于启动方式和参与的凝血因子不相同。但两条途径中的某些凝血因子可以相互激活，故两者间相互密切联系，并不各自完全独立。

(1) 内源性凝血途径：内源性凝血途径是指参与凝血的因子全部来自血液，通常因血液与带负电荷的异物表面(如玻璃、白陶土、胶原等)接触而启动。当血液与带负电荷的异物表面接触时，首先是 FⅫ结合到异物表面，并被激活为 FⅫa。FⅫa 的主要功能是激活 FⅪ，成为 FⅪa，从而启动内源性凝血途径。FⅫa 还能使前激肽释放酶激活，成为激肽释放酶；后者可反过来激活 FⅫ，生成更多的 FⅫa，因此形成表面激活的正反馈效应。从 FⅫ结合于异物表面到 FⅪa 的形成的过程称为表面激活。表面激活还需要高分子量激肽原的参与。高分子量激肽原既能与异物表面结合，又能与 FⅪ及前激肽释放酶结合，从而将前激肽释放酶和 FⅪ带到异物表面，作为辅因子加速激肽酶对 FⅫ的激活，促进 FⅫa 对前激肽释放酶和 FⅪ的激活(图 4-5)。

表面激活所生成的 FⅪa 在 Ca^{2+} 存在的情况下可激活 FⅨ，生成 FⅨa。FⅨa 在 Ca^{2+} 的作用下与 FⅧa 在活化的血小板的膜磷脂表面结合成复合物(因子 X 酶复合物)，可进一步激活 FⅩ，生成 FⅩa。在此过程中，FⅧa 作为辅因子，使 FⅨa 对 FⅩ的激活速度提高 20 万倍。

缺乏 FⅧ、FⅨ和 FⅪ的病人，凝血过程缓慢，轻微外伤常可引起出血不止，分别称为甲型、乙型和丙型血友病。

(2) 外源性凝血途径：由来自血液之外的组织因子暴露于血液而启动的凝血过程，称外源性凝血途径，又称组织因子途径。在生理情况下，直接与循环血液接触的血细胞和内皮细胞不表达组织因子。当血管损伤时，暴露出组织因子，后者与 FⅦ相结合。与组织因子结合的 FⅦ，通过尚未阐明的机制迅速转变为 FⅦa，成为 FⅦa-组织因子复合物，后者在磷脂和 Ca^{2+} 存在的情况下迅速激活 FⅩ，生成 FⅩa，在此过程中，组织因子是辅因子，它能使 FⅦa 催化 FⅩ激活的效力增加 1000 倍。生成的 FⅩa 又能反过来激活 FⅦ，进而可使更多 FⅩ激活，形成外源性凝血途径的正反馈效应。此外，FⅦa-组织因子复合物在 Ca^{2+} 的参与下还能

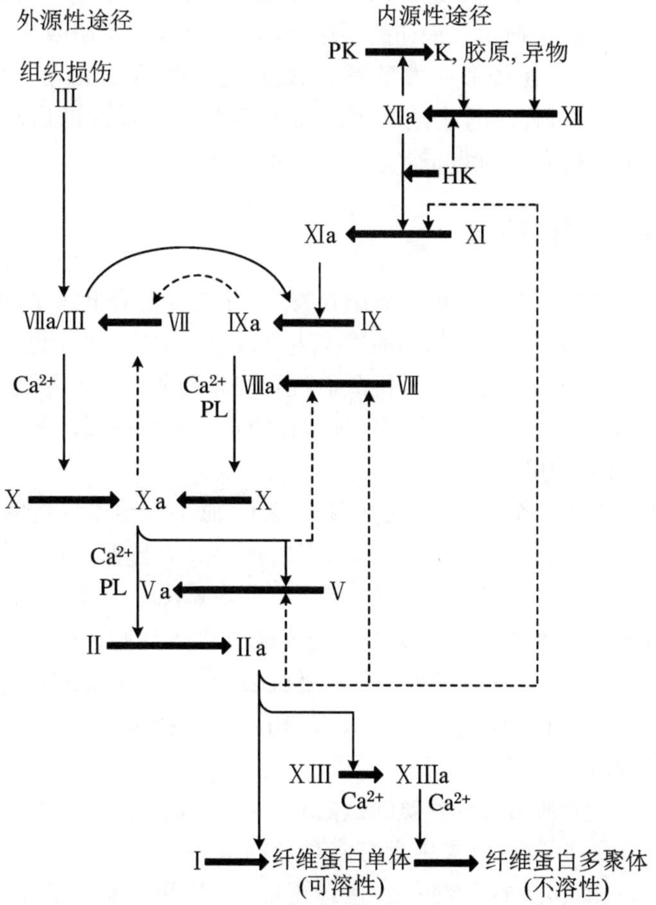

图 4-5　血液凝固过程示意图

激活 FⅨ，生成 FⅨa。FⅨa 除能与 FⅧa 结合而激活 FⅩ外，也能反馈激活 FⅦ。因此，通过 FⅦa-组织因子复合物的形成，使内源性凝血途径和外源性凝血途径相互联系，相互促进，共同完成凝血过程。值得指出的是，在病理状态下，细菌内毒素、补体 C5a、免疫复合物、肿瘤坏死因子等均可刺激血管内皮细胞和单核细胞表达组织因子，从而启动凝血过程，引起弥散性血管内凝血。

由内源性和外源性凝血途径所生成的 FⅩa，在 Ca^{2+} 存在的情况下可与 FⅤa 在磷脂膜表面形成 FⅩa-FⅤa-Ca^{2+}-磷脂复合物，即凝血酶原酶复合物，进而激活凝血酶原。

2．凝血酶原的激活和纤维蛋白的生成

凝血酶原在凝血酶原酶复合物的作用下激活成为凝血酶。凝血酶原酶复合物中的FⅤa为辅因子，可使 FⅩa 激活凝血酶原的速度提高 10000 倍。凝血酶是一种多功能凝血因子，其主要作用是使纤维蛋白原(四聚体)从 N 端脱下四段小肽，即两个 A 肽和两个 B 肽，转变为纤维蛋白单体。凝血酶也能激活 FⅩⅢ，生成 FⅩⅢa。FⅩⅢa 在 Ca^{2+} 的作用下使纤维蛋白单体相互聚合，形成不溶于水的交联纤维蛋白多聚体凝块。此外，凝血酶还可激活 FⅤ、FⅧ、FⅪ，成为凝血过程中的正反馈机制；凝血酶又可使血小板活化，从而为因子 X 酶复合物和凝血酶原酶复合物的形成提供有效的磷脂表面，也可加速凝血过程。

目前认为，外源性凝血途径在体内生理性凝血反应的启动中起关键性作用，组织因子是生理性凝血反应过程的启动物。当组织因子与FⅦa结合成复合物后，可激活FⅩ，生成对FⅩa，从而启动凝血反应，进而生成最初的凝血酶，凝血酶可正反馈激活FⅤ、FⅧ、FⅪ和血小板，通过"截短的"内源性途径形成大量因子X酶复合物，从而激活足量的FⅩa和凝血酶，完成纤维蛋白的形成过程。因此，组织因子是生理性凝血反应的启动物，而内源性途径对凝血反应开始后的维持和巩固起非常重要的作用。

(三) 血液凝固的影响因素

正常人在日常活动中常有轻微的血管损伤发生，体内也常有低水平的凝血系统的激活，但循环血液并不凝固。即使当组织损伤而发生生理性止血时，止血栓也只局限于病变部位，并不延及未损部位。这表明体内的生理性凝血过程在时间和空间上受到严格的控制。这是一个多因素综合作用的结果，其中血管内皮细胞在防止血液凝固反应的蔓延中起重要作用。

1. 血管内皮的抗凝作用

正常的血管内皮作为一个屏障，可防止凝血因子、血小板与内皮下的成分接触，从而避免凝血系统的激活和血小板的活化。另外，血管内皮还具有抗血小板和抗凝血的功能。血管内皮细胞可以合成、释放前列环素(PGI_2)和一氧化氮(NO)，从而抑制血小板的聚集。血管内皮细胞能合成硫酸乙酰肝素蛋白多糖，使之覆盖在内皮细胞表面，血液中的抗凝血酶Ⅲ与之结合后，可灭活FⅡa、FⅩa等多种活化的凝血因子。内皮细胞也能合成、分泌组织因子途径抑制物(tissue factor pathway inhibitor，TFPI)和抗凝血酶等抗凝物质。

2. 生理性抗凝物质

体内的生理性抗凝物质可分为丝氨酸蛋白酶抑制物、蛋白质C系统和肝素三类。

(1) 丝氨酸蛋白酶抑制物：血浆中含有多种丝氨酸蛋白酶抑制物，主要有抗凝血酶Ⅲ、C_1抑制物、α_1抗胰蛋白酶、α_1-抗纤溶酶、α_2-巨球蛋白，以及肝素辅因子Ⅱ等。其中最重要的是抗凝血酶Ⅲ。抗凝血酶Ⅲ由肝脏和血管内皮细胞产生，通过与凝血酶及凝血因子FⅨa、FⅩa、FⅪa、FⅫa等分子活性中心的丝氨酸残基结合而抑制其活性。抗凝血酶Ⅲ占血浆凝血酶抑制活性的75%。在缺乏肝素的情况下，抗凝血酶Ⅲ的直接抗凝作用慢而弱，但它与肝素结合后，其抗凝作用可增强2000倍。但正常情况下，循环血液的血浆中几乎无肝素存在，抗凝血酶Ⅲ主要通过与内皮细胞表面的硫酸乙酰肝素结合而增强血管内皮的抗凝功能。

(2) 蛋白质C系统：蛋白质C系统主要包括蛋白质C(protein C，PC)、凝血酶调节蛋白、蛋白质S和蛋白质C的抑制物。蛋白质C由肝脏合成，其合成需要维生素K的参与。蛋白质C以酶原形式存在于血浆中。当凝血酶与血管内皮细胞上的凝血酶调节蛋白结合后，可以激活蛋白质C，后者可水解灭活FⅧa和FⅤa，抑制FⅩ及凝血酶原的激活。此外，活化的蛋白质C还有促进纤维蛋白溶解的作用。血浆中的蛋白质S是蛋白质C的辅因子，可使激活的蛋白质C的作用大大增强。

(3) 肝素：肝素是一种酸性黏多糖，主要由肥大细胞和嗜碱性粒细胞产生。肺、心、肝、肌肉等组织中含量丰富，生理情况下血浆中含量甚微。肝素具有较强的抗凝作用。肝素主要通过增强抗凝血酶Ⅲ的活性而发挥间接抗凝作用。

三、纤维蛋白溶解

纤维蛋白溶解(简称纤溶)，是指生理止血过程中所产生的局部的或一过性的纤维蛋白凝块适时溶解，从而防止血栓形成，保证血管内血流通畅；此外，纤溶系统还具有组织修复、血管再生等多种功能。血浆纤溶系统由纤维蛋白溶解酶原（简称纤溶酶原）、纤溶酶（又称血浆素）、纤溶酶原激活物与纤溶抑制物所组成（图4-6）。纤溶的基本过程分为两个阶段，即纤溶酶原的激活与纤维蛋白（或纤维蛋白原）的降解。

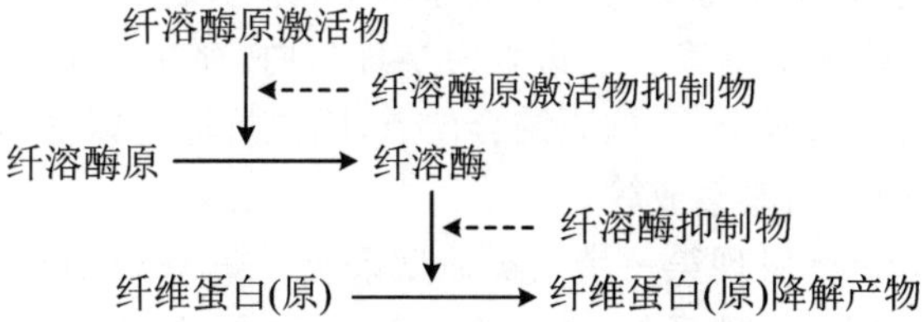

图4-6　纤维蛋白溶解系统示意图

1. 纤溶酶原的激活

纤溶酶原主要在肝、骨髓、嗜酸性粒细胞与肾脏中合成。正常人血浆中的浓度约为100～200 mg/L。纤溶酶原的激活也是有限的水解过程。在激活物的作用下，纤溶酶原脱下一段肽链，成为纤溶酶。有两条途径可使纤溶酶原激活：一是通过内源性凝血系统的有关凝血因子，如FⅫa、FⅪa、前激肽释放酶、高分子量激肽原、激肽释放酶等使纤溶酶原转变为纤溶酶，这一途径即所谓内源性激活途径；二是通过来自各种组织和血管内皮细胞合成的组织型纤溶酶原激活物（tissue-type plasminogen activator，tPA）和由肾脏合成的尿激酶（urokinase，uPA），使纤溶酶原转变为纤溶酶，即所谓外源性激活途径。

2. 纤维蛋白与纤维蛋白原的降解

纤维蛋白原除可被凝血酶水解外，还可被纤溶酶降解。但二者的作用机制不同。凝血酶只在纤维蛋白原两对肽链的N端各脱下一个小肽，使纤维蛋白原变成纤维蛋白单体；而纤溶酶可使纤维蛋白或纤维蛋白原肽链分子中的赖氨酸-精氨酸键裂解，使纤维蛋白或纤维蛋白原整个分子被分割为许多可溶性的小肽，称为纤维蛋白降解产物。纤维蛋白降解产物通常不再发生凝固，而且其中一部分还有抗凝血作用。

纤溶酶是血浆中活性最强的蛋白酶，特异性小，除能水解纤维蛋白或纤维蛋白原外，还能水解凝血酶、FⅤa、FⅧa、FⅨa、FⅫa、血小板的糖蛋白，促使血小板聚集和释放5-羟色胺、ADP等，激活血浆中的补体系统；但它的主要作用是水解纤维蛋白或纤维蛋白原。血管内出现血栓时，纤溶主要发生于血栓局部，这可能是由于血浆中有大量的抗纤溶物（即抑制物）存在，而血栓中的纤维蛋白可吸附较多的纤溶酶原及其激活物所致。在正常情况下，血管内皮表面经常有低水平的纤溶活动，很可能血管内也经常有低水平的凝血过程，两者处于平衡状态。

第四节　血型和输血原则

一、血型

血型通常是指红细胞膜上特异性抗原的类型。若将血型不相容的两个人的血液滴加在玻片上并使之混合，则红细胞可凝集成簇，这个现象称为红细胞凝集。在补体的作用下，可引起凝集的红细胞破裂，发生溶血。当给人体输入血型不相容的血液时，在血管内可发生红细胞凝集和溶血反应，甚至危及生命。因此，血型鉴定是安全输血的前提。由于血型是由遗传决定的，血型鉴定对法医学和人类学的研究也具有重要的价值。

红细胞凝集的本质是抗原-抗体反应。凝集原的特异性取决于镶嵌于红细胞膜上的一些特异蛋白质或糖脂，它们在凝血反应中起抗原作用，称为凝集原。能与红细胞膜上的凝集原起反应的特异抗体则称为凝集素。凝集素为γ-球蛋白，存在于血浆中。发生抗原-抗体反应时，由于每个抗体上具有2～10个抗原结合位点，因此抗体可以在若干个带有相应抗原的红细胞之间形成桥梁，使它们聚集成簇。

自1901年Landsteiner发现第一个人类血型系统——ABO血型系统以来，至今已经发现了25个不同的红细胞血型系统。医学上较重要的血型系统是ABO、Rh、MNSs、Lutheran、Kell、Lewis、Duff及Kidd等，将这些血型的血液输入血型不相容的受血者，都可引起溶血性输血反应，其中，与临床关系最为密切的是ABO血型系统和Rh血型系统。

（一）ABO血型系统

1．ABO血型的分型

ABO血型是根据红细胞膜上是否存在A抗原和B抗原而将血液分为四型：红细胞膜上只含A抗原者为A型；只含B抗原者为B型；含有A与B两种抗原者为AB型；A和B两种抗原都没有者为O型。不同血型的人的血清中含有不同的抗体，但不会含有与自身红细胞抗原相对应的抗体。在A型血者的血清中，只含有抗B抗体；B型血者的血清中只含有抗A抗体；AB型血的血清中没有抗A和抗B抗体；而O型血的血清中则含有抗A和抗B两种抗体（表4-2）。

表4-2 ABO血型系统的抗原和抗体

血型	红细胞上的抗原	血清中的抗体
A	A	抗B
B	B	抗A
AB	AB	无
O	无A、B	抗A、抗B

2．ABO血型系统的抗原

ABO血型系统各种抗原的特异性决定于红细胞膜上的糖蛋白或糖脂上所含的糖链。这些糖链都是由暴露在红细胞表面的少数糖基所组成的寡糖链。A和B抗原的特异性就决定于这些寡糖链的组成与连接顺序（图4-7）。

3．ABO血型系统的抗体

血型抗体有天然抗体和免疫性抗体两类。ABO血型系统存在天然抗体。新生儿的血液尚无ABO血型系统的抗体，出生后2～8个月开始产生，8～10岁时达高峰。天然抗体多属IgM，分子量大，不能通过胎盘。

4．ABO血型的鉴定

正确鉴定血型是保证输血安全的基础。如图4-8所示方法测定ABO血型。若待测红细胞与抗B和抗A-抗B血清发生凝集反应，为B型；待测红细胞与抗A和抗A-抗B血清发生凝集反应，为 A 型；待测红细胞与抗 A、抗 B 和抗 A-抗 B 血清均发生凝集反应，为 AB 型；待测红细胞与抗 A、抗 B 和抗 A-抗 B 血清均不发生凝集反应，为 O 型。

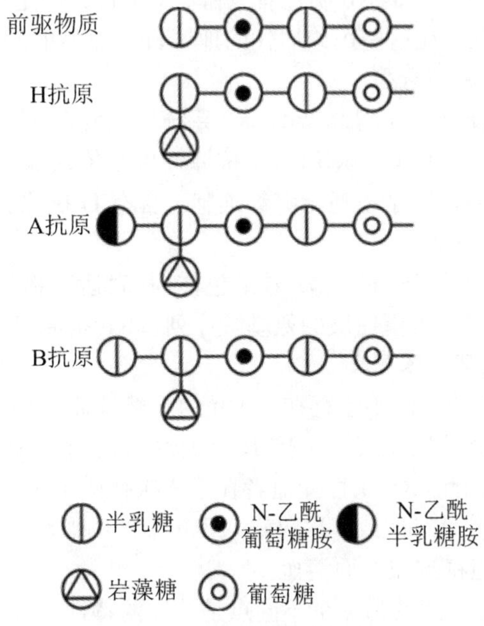

图 4-7　ABO 血型的抗原

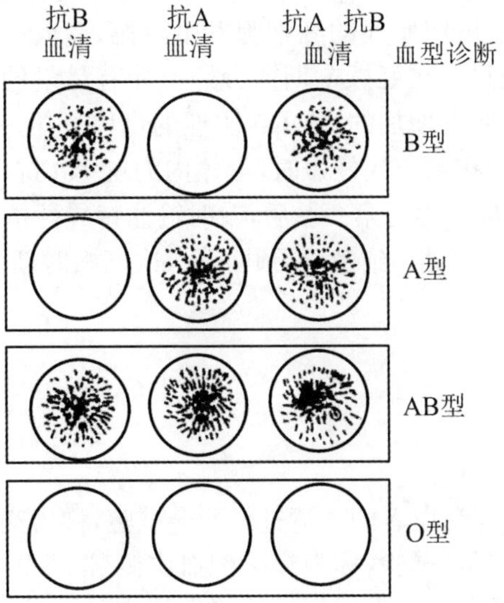

图 4-8　ABO 血型鉴定

(二) Rh 血型系统

1. Rh 血型的发现和分布

1940 年，Landsteiner 和 Wiener 用恒河猴(Rhesus monkey)的红细胞重复注射入家兔体内，引起家兔血清中产生抗恒河猴红细胞的抗体，再用含这种抗体的血清与人的红细胞混合，发现在白种人中，约有 85%的人其红细胞可被这种血清凝集，表明这些人的红细胞上具有与恒河猴同样的抗原，故称为 Rh 阳性血型；另有约 15%的人红细胞不被这种血清凝集，称为 Rh 阴性血型。这一血型系统称为 Rh 血型系统。在我国各族人群中，汉族和其他大部分民族的人 Rh 阳性者约占 99%，Rh 阴性者只占 1%左右。但是在某些少数民族中，Rh 阴性的人较多，可达 5%左右。在这些民族居住的地区，Rh 血型的问题应该受到重视。

2. Rh 血型系统的抗原与分型

Rh 血型系统是红细胞血型中最复杂的一个系统。已发现 40 多种 Rh 抗原（也称 Rh 因子），与临床关系密切的是 D、E、C、c、e5 种，其抗原性也是依次减弱的。因 D 抗原的抗原性最强，故临床意义最为重要。医学上通常将红细胞上含有 D 抗原者称为 Rh 阳性；而红细胞上缺乏 D 抗原者称为 Rh 阴性。

产生 Rh 血型抗原的等位基因位于 1 号染色体，其表达产物是分子量为 30000～32000 的蛋白质，抗原的特异性取决于蛋白质的氨基酸序列。Rh 抗原只存在于红细胞上。

3. Rh 血型的特点及其临床意义

与 ABO 系统不同，人的血清中不存在抗 Rh 的天然抗体，只有当 Rh 阴性者在接受 Rh 阳性的血液后，才会通过体液性免疫产生抗 Rh 的免疫性抗体，输血后 2～4 个月血清中抗 Rh 抗体的水平达高峰。因此，Rh 阴性受血者在第一次接受 Rh 阳性血液的输血后，一般不产生明显的输血反应，但在第二次或多次再输入 Rh 阳性的血液时，即可发生抗原－抗体反应，输入的 Rh 阳性红细胞将被破坏而溶血。

Rh 系统与 ABO 系统之间的另一个不同点是抗体的特性。Rh 系统的抗体主要是 IgG，因其分子较小，能透过胎盘。当 Rh 阴性的孕妇怀有 Rh 阳性的胎儿时，Rh 阳性胎儿的少量红细胞及 D 抗原可以进入母体，使母体产生免疫性抗体，主要是抗 D 抗体。这种抗体可以透过胎盘进入胎儿的血液，可使胎儿的红细胞发生溶血，造成新生儿溶血性贫血，严重时可导致胎儿死亡。由于一般只有在妊娠末期或分娩时才有足量的胎儿红细胞进入母体，而母体血液中的抗体的浓度是缓慢增加的，故 Rh 阴性的母体怀第一胎 Rh 阳性的胎儿时，很少出现新生儿溶血的情况；但在第二次妊娠时，母体内的抗 Rh 抗体可进入胎儿体内而引起新生儿溶血。若在 Rh 阴性母亲生育第一胎后，及时输注特异性抗 D 免疫球蛋白，中和进入母体的 D 抗原，避免 Rh 阴性的母亲致敏，可预防第二次妊娠时新生儿溶血的发生。

二、输血原则

（一）交叉配血试验

即把供血者的红细胞与受血者的血清进行配合试验，称为交叉配血主侧；再将受血者的红细胞与供血者的血清作配合试验，称为交叉配血次侧（图 4-9）。这样，既可检验血型鉴定是否有误，又能发现供血者和受血者的红细胞或血清中是否还存在其他不相容的血型抗原或血型抗体。如果交叉配血试验的两侧都没有发生凝集反应，即为配血相合，可以进行输血；如果主侧发生凝集反应，则为配血不合，受血者不能接受该供血者的血液；如果主侧不发生凝集反应，而次侧发生凝集反应，则只能在紧急情况下进行少量输血，输血速度也不宜太快，并在输血过程中密切观察受血者的情况，如发生输血反应，必须立即停止输注。

（二）输血的原则

在准备输血时，首先必须鉴定血型，同型之间输血为首选原则，输血前还必须进行交叉

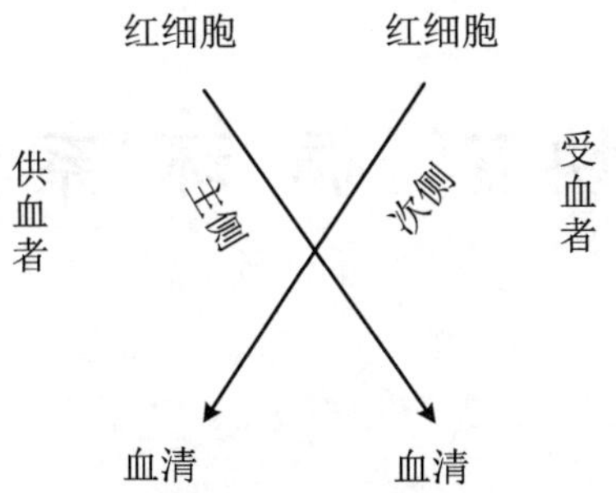

图 4-9 交叉配血试验

配血试验。异型之间输血要谨慎,同时要密切观察,及时采取必要的措施。

过去曾把O型血的人称为"万能供血者",认为他们的血液可以输给其他任何ABO血型的人,这种说法是不可取的。因为O型血的红细胞上虽然没有A和B抗原,不会被受血者的血浆凝集,但O型血的血浆中的抗A和抗B抗体能与其他血型受血者的红细胞发生凝集反应。当输入的血量较大时,供血者血浆中的抗体未被受血者的血浆足够稀释时,受血者的红细胞会被广泛凝集。此外,也曾把AB血型的人称为"万能受血者",认为AB血型的人可以接受其他任何ABO血型供血者的血液,这种说法同样也是不可取的。

复习思考题

1. 简述血液凝固的基本过程。
2. 简述生理性止血的基本过程。
3. 简述红细胞的生理特征及功能。
4. ABO血型系统分型的依据是什么?
5. 何谓血浆晶体渗透压和血浆胶体渗透压?各有何生理意义?
6. 输血的原则是什么?

(丁彩云 王 静 王海华)

模块五　循 环 系 统

学习目标

掌握：心脏的泵血过程和机制；心脏工作细胞、自律细胞的跨膜电位及其形成机制；心脏泵血功能的调节；动脉血压的概念、形成和影响因素；压力感受性反射的过程及其特点；冠脉循环、肺循环、脑循环解剖及其功能特点。

熟悉：循环系统的组成与功能；心脏、动脉、静脉的形态结构和特点；淋巴系统的形态结构和特点；心肌细胞的生理特性。

了解：血液循环的途径；影响淋巴回流的因素；各类血管的功能特点；血流量、血流阻力和血压。

循环系统(circulatory system)是封闭的连续管道系统，包括心血管系统和淋巴系统，血液和淋巴液在管道内循环流动，不断将消化吸收的营养物质和肺吸收的氧送到全身器官的组织和细胞，同时将组织和细胞的代谢产物、多余的水和二氧化碳分别运送到肺、肾、皮肤等排出体外，以保证身体持续不断的新陈代谢。

第一节　循环系统的组成与功能

一、心血管系的组成

心血管系统由心、动脉、毛细血管和静脉组成。心是一个肌性器官，是血液循环的枢纽，有四个腔：左、右心房和左、右心室。动脉是将心室射出的血液送往全身各处的血管，在行程中不断分支，越分越细，最后移行为毛细血管。毛细血管是连接动、静脉末梢间的管道，管壁薄，通透性大，是血液与组织液进行物质交换的场所。静脉是运送血液回心的血管，起于毛细血管静脉端，在向心回流过程中逐渐汇合成小、中、大静脉，最后注入心房。

二、血液循环的途径

在神经体液调节下，血液沿心血管系统循环不息。血液循环可分为体循环和肺循环。

(一) 体循环

血液由左心室泵出，经主动脉及其分支到达全身毛细血管，血液在此与周围的组织、细胞进行物质和气体交换，再经各级静脉汇入上、下腔静脉及冠状窦返回右心房，这一循环途径称为体循环(大循环)。体循环流经范围广，以动脉血滋养全身各部，并将全身各部的代谢产物和二氧化碳运回心。

(二) 肺循环

血液由右心室搏出,经肺动脉干及其各级分支到达肺泡毛细血管进行气体交换,再经肺静脉注入左心房,这一循环途径称为肺循环(小循环)。肺循环流经范围小,只通过肺,主要使含二氧化碳较多的静脉血转变成含氧丰富的动脉血。

第二节　心血管系统

一、心脏

心(heart)位于胸腔的中纵隔内,外裹以心包。心约 2/3 位于正中线的左侧,1/3 位于右侧,两侧与纵隔胸膜和肺相邻,上方连接出入心的大血管,下方邻膈(图 5-1)。

心尖(cardiac apex)朝向左前下方,由左心室构成。活体在左侧第 5 肋间隙锁骨中线内侧 1～2 cm 处可触及心尖搏动。

心底(cardiac base)朝向右后上方,大部分由左心房,小部分由右心房构成。并与数根大血管干相连。

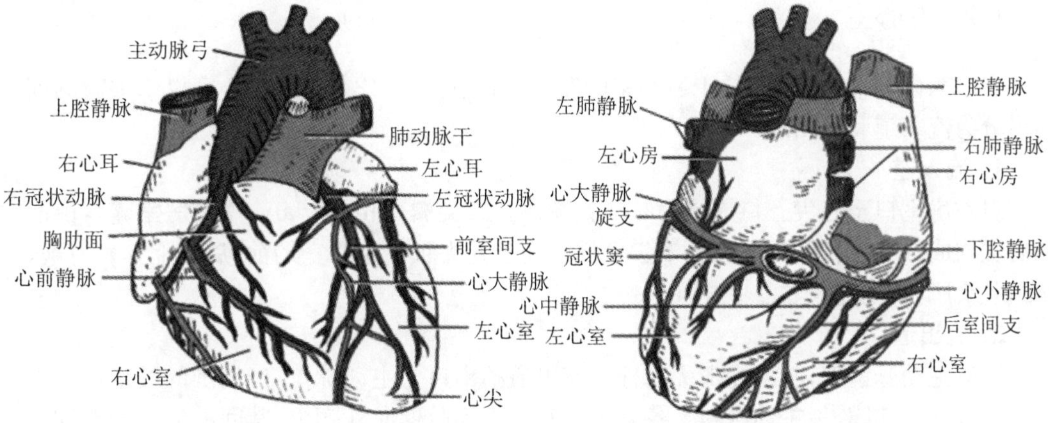

图 5-1　心前面(左)、心后面(右)

心被心间隔分为互不相通的左右两半,左、右半心各分成左、右心房和左、右心室四个腔,同侧心房和心室借房室口相通。

(一) 右心房

右心房(right atrium)位于心的右上部,壁较薄,约 2 mm。上、下方分别有上腔静脉口和下腔静脉口。下腔静脉口的前缘有下腔静脉瓣。在下腔静脉口与右房室口之间有冠状窦口,口的后缘有冠状窦瓣。右心房的后内侧壁主要由房间隔组成。其下部有一浅凹,称**卵圆窝**(fossa ovalis)是胎儿时期卵圆孔闭合后的遗迹。此处最薄,是房间隔缺损的好发部位。

（二）右心室

右心室(right ventricle)位于右心房的前下方，壁厚 3～4 mm。右心室被一弓形的肌性隆起，即室上嵴分成流入道和流出道两部分。

1．流入道

从右房室口至心尖。右房室口周缘附有三尖瓣环。**三尖瓣**(tricuspid valve)(**右房室瓣**)是由三片呈三角形的前尖、后尖和隔侧尖组成，瓣底附着于三尖瓣环，瓣尖游离缘借腱索连于乳头肌。**乳头肌**是从室壁突入室腔的锥体形肌隆起，有前、后、隔侧三组，每个乳头肌尖端所发的腱索连于相邻的两个瓣尖。当心室收缩时，血液推动瓣膜对合，封闭房室口，同时由于乳头肌的收缩，腱索的牵拉，使瓣膜不致翻向心房，可防止血液反流回右心房。

2．流出道

又称**动脉圆锥**，位于右心室前上方，内壁光滑无肉柱，借肺动脉口通肺动脉干。口周围的纤维环上附有三个半月形的**肺动脉瓣**(pulmonary valve)。当心室收缩时，血液冲开肺动脉瓣进入肺动脉干；心室舒张时，瓣膜关闭，防止血液反流。

（三）左心房

左心房(left atrium)位于右心房的左后方，其后部较大，腔面光滑，两侧有肺静脉的开口。左心房前下部有左房室口通左心室。

（四）左心室

左心室(left ventricle)位于右心室的左后方，壁厚 9～12 mm。左心室以二尖瓣的前尖为界分为流入道和流出道。

1．流入道

自左房室口至心尖。口周缘附有二尖瓣环。**二尖瓣**(mitral valve)(**左房室瓣**)，由前尖和后尖构成，瓣底附于二尖瓣环，瓣尖借腱索连于乳头肌。左心室的前、后壁上分别有前、后两组乳头肌，其功能与右心室相同。

2．流出道

又称**主动脉前庭**，腔面光滑无肉柱。流出道的出口为主动脉口，口周围的纤维环上附有三个半月形的瓣膜，称**主动脉瓣**。各瓣膜相对的主动脉壁向外膨出，其间的袋状间隙称**主动脉窦**。在左、右窦的动脉壁上分别有左、右冠状动脉的开口。

（五）心传导系

心传导系由特殊分化的心肌细胞构成，包括窦房结、结间束、房室结、房室束及其分支，其主要功能是产生并传导兴奋，控制心的节律性活动(图 5-2)。

窦房结(sinuatrial node)是心的正常起搏点。位于上腔静脉和右心房交界处、界沟上 1/3 的心外膜深面。窦房结产生的兴奋传至心房肌，使心房收缩，同时经结间束传至房室结。有研究表明，心房具有一些特殊电生理性能的心肌细胞，构成前、中、后 3 条结间束，将窦房结的兴奋传至房室结。**房室结**(atrioventricular node)将来自窦房结的兴奋延搁下传至心室，使心房和心室肌依次顺序收缩。**房室束**又称 **His 束**，起自房室结，经室间隔膜部后下缘前行，在室间隔肌部顶端分为左、右束支。左、右束支分别沿室间隔左、右侧心内膜深面下行，分支到达乳头肌根部，最后分成许多细支形成浦肯野纤维网，分布于心室肌。

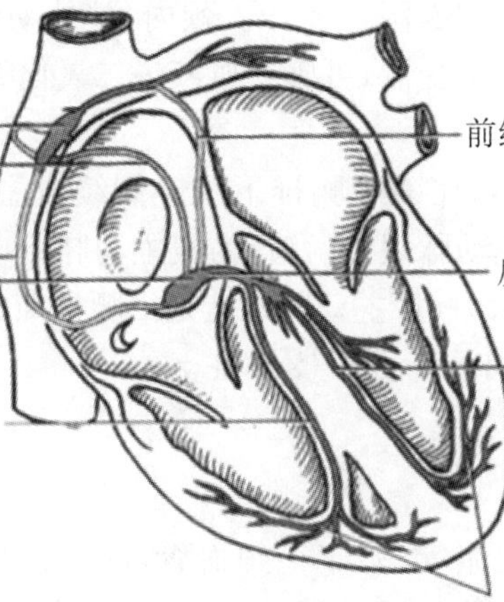

图 5-2 心的传导系

二、动脉

引导血液离开心脏的血管称为**动脉**(artery)，由左心室发出的主动脉及各级分支运送动脉血；而由右心室发出的肺动脉干及其分支则输送静脉血。

(一) 肺循环的动脉

肺动脉干(pulmonary trunk)起自右心室，在主动脉弓的下方分为左、右肺动脉。在肺动脉干分叉处与主动脉弓下缘之间，连有一纤维性结缔组织索，称**动脉韧带**，是胚胎时期动脉导管的遗迹。该导管如在出生后 6 个月还未闭锁，称**动脉导管未闭**。

(二) 体循环的动脉

体循环的动脉主干为**主动脉**(aorta)，可分为升主动脉、主动脉弓和降主动脉三部分。降主动脉又以膈的主动脉裂孔为界分为胸主动脉和腹主动脉。

升主动脉(ascending aorta)起自左心室，达右侧第 2 胸肋关节高度移行为主动脉弓，其起始部发出左、右冠状动脉。

主动脉弓(arch of aorta)呈弓形弯向左后方，至第 4 胸椎体下缘移行为降主动脉。在主动脉弓的凸侧自右向左发出头臂干、左颈总动脉和左锁骨下动脉。头臂干粗而短，至右胸锁关节的后方分为右颈总动脉和右锁骨下动脉。

主动脉弓壁外膜下有丰富的神经末梢，为压力感受器，可感受血压的变化。主动脉弓下方近动脉韧带处有 2～3 个粟粒状小体，称主动脉小球，属化学感受器，可感受血液中二氧化碳浓度的变化。

颈总动脉(common carotid artery)是头颈部的动脉主干。左侧起自主动脉弓，右侧起自头臂干。两侧颈总动脉均经胸锁关节的后方，沿食管、气管和喉的外侧上行，至甲状软骨上缘高度分为颈内动脉和颈外动脉。

颈总动脉末端和颈内动脉起始部的膨大部分，称**颈动脉窦**，窦壁的外膜下有游离神经末梢，为压力感受器。当血压升高时，可刺激窦壁处的压力感受器，通过神经系统的调节，反射性地引起心跳减慢，末梢血管扩张，降低血压。颈内、颈外动脉分叉处的后方有一个扁椭圆形小体，称颈动脉小球，属化学感受器，可感受血液中二氧化碳浓度升高的刺激，反射性地促进呼吸加深、加快。

胸主动脉(thoracic aorta)，在第 4 胸椎下缘左侧续自主动脉弓，向下逐渐转至脊柱前方，达第 12 胸椎高度穿膈的主动脉裂孔，移行为腹主动脉。

腹主动脉(abdominal aorta)，自主动脉裂孔处沿腰椎前方下降，至第 4 腰椎体下缘处分为左、右髂总动脉。腹主动脉亦可分为壁支和脏支。

三、静脉

静脉(vein)是导血回心的血管，始于毛细血管，向心汇集并不断接受属支，终于心房。静脉在结构配布上具有若干特点：① 静脉管腔大、管壁薄、数量多，总容积超过动脉一倍。② 有深、浅静脉之分，两者相互交通，**深静脉**常与同名动脉伴行，**浅静脉**位于皮下，是注射、输液或取血的常用部位。③ 吻合多。浅静脉一般吻合成网，深静脉则在某些脏器的周围或壁内吻合成丛。深、浅静脉之间的吻合亦丰富。④ 静脉壁内有**静脉瓣**，可防止血液逆流或改变血流方向，在受重力影响较大的部位瓣膜多而发达，故下肢静脉瓣膜较头颈及胸部为多。

全身的静脉分为肺循环的静脉和体循环的静脉。

(一) 肺循环的静脉

肺静脉(pulmonary vein)左、右各有两条，分别称为**左上、下肺静脉**和**右上、下肺静脉**，均起自肺门，注入左心房。肺静脉将富含氧气的动脉血从肺输送至左心房。

(二) 体循环的静脉

体循环静脉包括三部分：**心静脉系**、**上腔静脉系**和**下腔静脉系**(包括肝门静脉系)。

上腔静脉系由收集头颈部、上肢和胸部(心、肺除外)等上半身区域血液回流的静脉构成。

上腔静脉(superior vena cava)为一粗短静脉干，由左、右头臂静脉在右第 1 胸肋结合处后方汇合而成，在平右侧第 3 胸肋关节的下缘处注入右心房。在其入心之前尚接纳奇静脉。

下腔静脉系由收集腹、盆部及下肢等下半身区域血液回流的静脉所组成。

下腔静脉(inferior vena cava)是人体最大的静脉，在第 4～5 腰椎体的右前方由左、右髂总静脉汇合而成，经肝的腔静脉沟，穿膈的腔静脉孔到达胸腔，注入右心房。

第三节　淋 巴 系 统

淋巴系统由**淋巴管道**、**淋巴器官**和**淋巴组织**组成，淋巴管道内流动着无色透明的淋巴液，简称为**淋巴**。淋巴管能协助静脉进行体液回流，当血液经动脉流到毛细血管时，部分体液从毛细血管渗出，进入组织间隙，形成组织液，与组织进行物质交换后，其中大部分被毛细血管的静脉端吸收进入静脉，另一部分（水和大分子物质）经毛细淋巴管吸收，成为淋巴而向心流动。此外，淋巴器官和淋巴组织还有过滤淋巴液、产生淋巴细胞以及进行免疫应答功能。

一、淋巴系统的形态结构和特点

（一）淋巴管道

可分为毛细淋巴管、淋巴管、淋巴干及淋巴导管等。毛细淋巴管以稍膨大的盲端起始于组织间隙，彼此吻合成网，管壁仅有一层内皮细胞，故薄而通透性大，大分子蛋白质、脂类和外来的异物（如癌细胞）等易进入。除脑、软骨、角膜、晶状体等处外，毛细淋巴管遍布全身。淋巴管是由毛细淋巴管汇合而成，具有较多瓣膜，以利回流。淋巴管汇合成淋巴干，如收集头颈部的颈干；收集上肢淋巴的锁骨下干；收集胸部淋巴的支气管纵隔干；收集下肢、盆部及腹后部淋巴的腰干以及收集腹腔内不成对脏器淋巴的肠干。淋巴干分别汇入淋巴导管，右颈干、右锁骨下干和右支气管纵隔干归入右淋巴导管，其余的淋巴干均归入胸导管。

淋巴管间有丰富的吻合支相连，当淋巴管因肿瘤、炎症阻塞时或淋巴结摘除后而淋巴管被切断时，不仅侧支吻合管扩大形成新的通路，同时被切断的淋巴管迅速再生，建立淋巴侧支循环，这也是癌肿转移和扩散的通道。

（二）淋巴器官

1．淋巴结(lymph nodes)

为大小不一的圆形或肾形灰红色小体，病变状态下体积可增大。一侧向内凹陷为淋巴结门，为输出管发出处，另一侧为凸面，为输入管进入处，一淋巴结的输出管可成为另一淋巴结的输入管。浅、深淋巴管在向心流动过程中，都经过一系列的淋巴结，淋巴流经淋巴结时，淋巴结所产生的淋巴细胞进入淋巴液中，共同形成淋巴液。

人体各器官或局部的淋巴管都引流至一定的淋巴结群，引流某一器官或部位淋巴的第一级淋巴结称为该器官的**局部淋巴结**，当某器官或部位发生病变时，如炎症、异物、癌细胞即可沿淋巴管蔓延或转移到该局部淋巴结，该淋巴结阻截异物，加以消灭，对机体起到重要的保护作用，如不能阻截和消灭，则病变可继续蔓延，所以局部淋巴结对诊断治疗疾病有重大意义。

2．脾(spleen)

位于左季肋区，呈椭圆形，质地软而脆，暗红色，其长轴与第 10 肋一致，与第 9～11 肋相对。可分前、后两端，上、下两缘，上缘有 2～3 个切迹称脾切迹，可作为触诊脾的标志。外面为膈面，内面为脏面，脏面中央有一纵形沟，为神经、血管出入的脾门。脾是腹膜内位器官，有韧带支持固定，正常在左肋弓下缘不能触及。

脾是重要的淋巴器官，主要功能是储存血液，产生淋巴细胞，胎儿时可产生各种血细胞。并产生抗体参与体内免疫作用。有吞噬衰老和死亡的红细胞，以及其他异物如细菌等作用。

（三）淋巴组织

淋巴组织是含有大量淋巴细胞的网状组织。除淋巴器官外，消化、呼吸、泌尿和生殖管道以及皮肤等处含有丰富的淋巴组织，起着防御屏障的作用。

二、淋巴回流的因素

淋巴管内的淋巴流动主要是由于不断生成新的淋巴推动前进。毛细淋巴管的排空对新的淋巴生成有促进作用；另外使淋巴管受挤压的因素，如动脉搏动、运动器官的运动、胸腔的负压、直接或间接对淋巴管的挤压、淋巴管本身的平滑肌的收缩等，都可推动淋巴的回流，管内瓣膜可防止淋巴逆流，对回流亦起重要作用。

胸导管（thoracic duct）是全身最长最粗的淋巴导管，长 30～40 cm，下端起于呈梭形膨大的乳糜池。**乳糜池**（cisterna chyli）在第 11 胸椎和第 2 腰椎之间，右膈脚的后方，由左、右腰干和肠干合成。胸导管自乳糜池向上经膈的主动脉裂孔进入胸腔的后纵隔内，在食管的后方，胸主动脉与奇静脉之间，沿脊柱前面上行，达第 4、5 胸椎处，经主动脉弓后方向上，在颈根部弓形向外上方，注入左静脉角。胸导管的末端有左支气管纵隔干、左颈干和左锁骨下干的注入。收集两下肢、腹盆部、左半胸、左头颈和左上肢，即全身 3/4 部位的淋巴回流。

右淋巴导管（right lymphatic duct）为一短干，长约 1.5 cm，由右锁骨下干、右颈干和右支气管纵隔干合成，注入右静脉角。

（倪进忠）

第四节　心脏的泵血功能

心脏的主要功能是泵血。心脏的泵血依靠心脏的收缩和舒张的交替活动而得以完成。心脏收缩时将血液射入动脉，并通过动脉系统将血液分配到全身组织；心脏舒张时则通过静脉系统使血液回流到心脏，为下一次射血做准备。

一、心脏的泵血过程和机制

（一）心动周期

心脏的每一次收缩和舒张，构成一个机械活动周期，称为心动周期（cardiac cycle）。每分钟心动周期的次数称为心跳频率，即心率。正常成人安静状态时心率为 60～100 次/min，平均 75 次/min。在每一个心动周期中，心房和心室的活动都可分为收缩期和舒张期，并按一定顺序交替进行。

以成人平均心率 75 次/min 计算，则每一心动周期为 0.8 s。其中心房收缩期占 0.1 s，心房舒张期占 0.7 s,心室收缩期占 0.3 s,心室舒张期占 0.5 s。从心室开始舒张到心房开始收缩之前的 0.4 s 期间,心房和心室均处于舒张阶段称全心舒张期(图 5-3)。由此可以看出,不论心房还是心室其舒张期均长于收缩期。这一特点既保证有足够的时间,使静脉血回流充盈心脏,又能使心肌得到充分的休息而不易疲劳,从而使心脏能更有效地完成射血功能。心动周期的长短与心率的快慢成反比。心率减慢时,心动周期延长;相反,心率加快时,心动周期缩短,收缩期和舒张期均缩短,但以舒张期缩短更显著。所以当心率过快时,心脏的充盈和休息时间均相对减少,既不利于心脏射血,也不利于心脏持久活动。

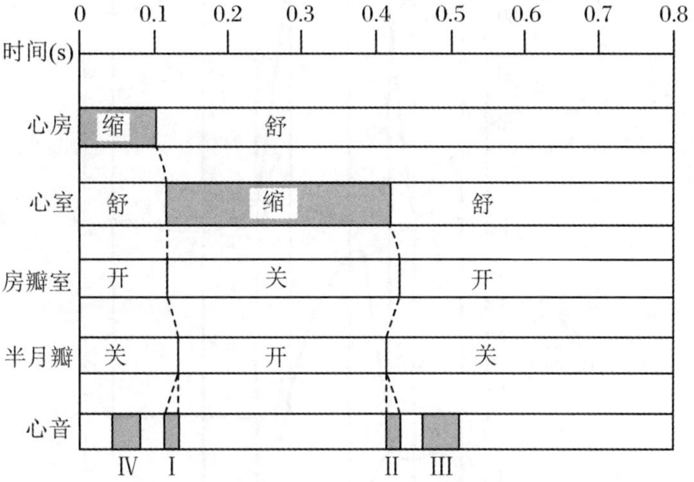

图 5-3 心动周期中心房和心室活动的顺序和时间关系

(二) 心脏的泵血过程

在心脏的泵血过程中,心室起主导作用,在一个心动周期中,随着心室的规律性收缩、舒张引起室内压的周期性变化,心脏瓣膜呈现规律性开放、关闭,从而完成其泵血功能。因左、右心脏的活动基本相同,现以左心室为例说明在一个心动周期中心脏的射血和充盈过程。

1. 心室收缩期

(1) 等容收缩期:心房开始舒张之时,心室即开始收缩。随着心室的收缩,室内压迅速升高,当其压力超过心房内压时,心室内血液推动房室瓣使之关闭。此时心室内压仍低于动脉压,故动脉瓣仍处于关闭状态。由于心室在这段收缩时间内室内压逐渐升高,但房室瓣、动脉瓣均处于关闭状态,既无血液流入心室,亦无血液射入动脉,心室容积不变。所以,此期称为等容收缩期(period of isovolumic contraction),持续时间约 0.05 s。等容收缩期的长短取决于心肌收缩力的强弱及动脉血压的高低。在心肌收缩力减弱或动脉血压升高时,等容收缩期将延长。

(2) 快速射血期:随着心室肌的继续收缩,心室内压继续上升,可达心动周期中最高值。当室内压一旦超过动脉压时,心室内的血液迅速将动脉瓣推开,血液被射入动脉。随着心室的射血,心室容积明显缩小。此期射血速度较快,射入动脉的量较多,约占总射血量的 2/3,故称为快速射血期(period of rapid ejection)。此期约占 0.1 s。

(3) 减慢射血期:快速射血后,心室收缩减弱,室内压开始下降,同时由于心室血液量减少,射血速度逐渐减慢,射血量逐渐减少,称为减慢射血期(period of slow ejection)。此期持续 0.15 s。

通过精确测量，已知在快速射血期的中期或稍后至减慢射血期结束，室内压已低于主动脉压（图 5-4），但此时心室内血液因具有较高的动量，故仍能逆压力梯度继续向主动脉射血。

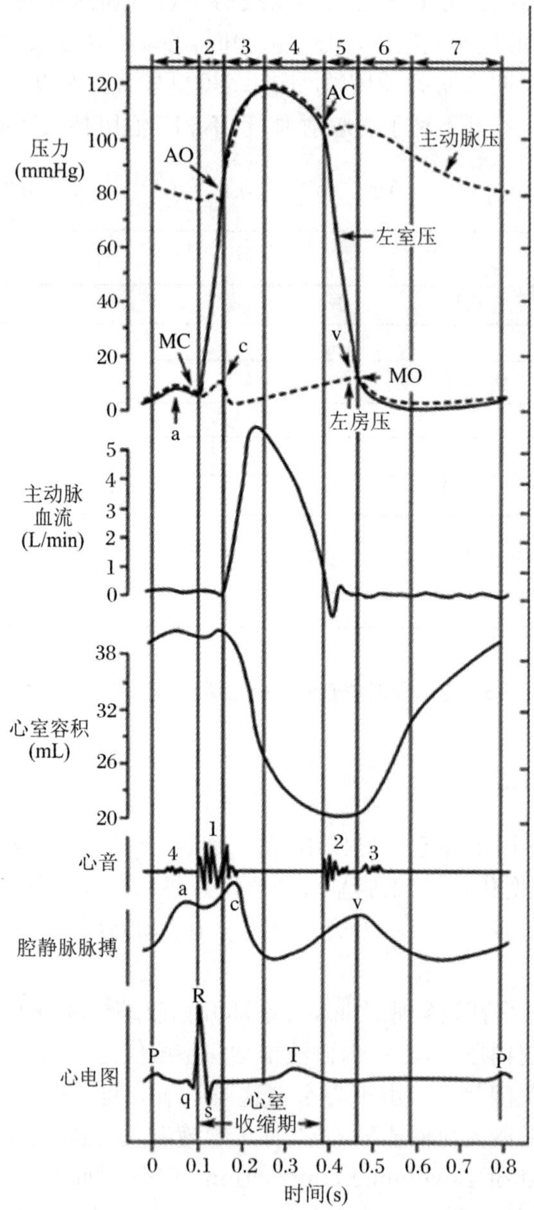

图 5-4　心动周期各时相中，心脏（左心）内压力、容积和瓣膜等变化

2. 心室舒张期

（1）等容舒张期：收缩期结束后，心室开始舒张，室内压迅速降低，当室内压低于动脉压时，主动脉内血液向心室方向反流，推动动脉瓣关闭。由于此时心室内压仍高于心房内压，房室瓣仍处于关闭状态，无血液进出心室，心室容积不变。故此期称等容舒张期（period of isovolumic relaxation）。此期历时 0.06～0.08 s，在此期中心室容积达最小。

（2）快速充盈期：当室内压下降到低于房内压时，房室瓣自动打开，心房和大静脉内血液被抽吸入心室，心室容积增大。开始时血液流入速度快、量多，称为快速充盈期(period of rapid filling)。此期约为 0.11 s。

(3) 减慢充盈期：随着心室充盈血量的增多，心房、心室间的压力差逐渐减小，血液流入心室的速度逐渐减慢，称为减慢充盈期(period of slow filling)。此期持续 0.1 s。

在充盈期内由于心室舒张，室内压远较静脉中的压力为低，且此时处于全心舒张期，因此，心室依靠静脉-心室之间的压力差，抽吸血液从静脉，通过心房快速回流至心室。由"抽吸"作用所形成的充盈量约占整个回心血量的 70%～90%。

3. 心房收缩期

在心室舒张期的最后 0.1 s，下一心动周期的心房开始收缩，随着心房收缩，心房容积缩小，房内压升高，进一步将心房内血液"挤入"心室，使心室在收缩之前充盈饱满，利于心室射血。此期进入心室的血液约占心室充盈的 10%～30%。

由上可以看出，在整个心脏的射血、充盈过程中，心房的作用较弱，而心室活动起主要作用，因此，临床上心房发生纤维性颤动时，不至于严重影响心脏功能，而一旦发生心室纤维性颤动，短时内即可发生血液循环障碍，甚至危及生命。

第五节　心脏的生物电活动和生理特性

心脏实现其泵血功能是以心肌的收缩和舒张为基础的；但心房和心室之所以能不停地进行有序的、协调的、收缩与舒张交替的活动，归根结底都是由心肌细胞动作电位的规律性发生与扩布而引起的。因此，需要进一步学习心脏的生物电活动规律。

与神经细胞和骨骼肌细胞相比，心肌细胞的生物电活动要复杂得多，各类心肌细胞的跨膜电位存在较大差异(图 5-5)，其形成机制也各不相同。根据组织学和电生理学特点，可将心肌细胞分为两类：一类是具有收缩能力的普通心肌细胞，又称工作细胞(cardiac working cell)或非自律细胞，它们是构成心房壁和心室壁的细胞。这类细胞不具有产生自律性的能力。另一类是特殊分化的、不具有收缩能力的心肌细胞，这类细胞能自动产生节律性兴奋，称自律细胞(autorhythmic cell)，它们构成心内特殊传导系统(specialized conduction system)。包括窦房结、心房优势传导通路、房室交界区、房室束和浦肯野纤维。不同类型心肌细胞生物电现象不完全相同。现以心室肌细胞、窦房结细胞和浦肯野细胞为例说明心肌细胞的生物电现象。

一、心肌细胞的跨膜电位及其形成机制

(一) 工作细胞的跨膜电位及其形成机制

属于工作细胞的心房肌和心室肌细胞跨膜电位及其形成机制基本相同，所以，以下着重介绍心室肌细胞的跨膜电位及其形成机制。

1. 静息电位

人和哺乳动物心室肌细胞的静息电位为 $-90\sim-80$ mV。其产生原理基本上与神经细胞和骨骼肌细胞相似，即与静息时细胞膜对不同离子通透性和离子的跨膜浓度差有关。心

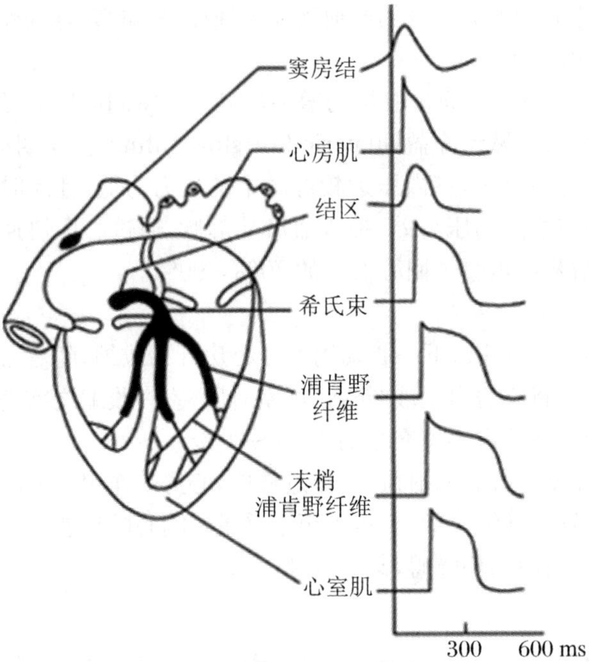

图 5-5 心脏各部分心肌细胞的跨膜电位

室肌细胞膜上存在丰富的内向(入)整流 I_{K1} 通道，是**内向整流钾通道**(inward rectifier K^+ channel, K_{ir} channel)中最常见的一种通道。这种通道属于非门控通道，它不受电压或化学信号的控制，但其开放程度可受膜电位的影响。在安静状态下，I_{K1} 通道处于开放状态，其通透性远大于其他离子通道的通透性，因此，由 I_{K1} 电流引起的 K^+ 平衡电位是构成静息电位的主要成分。

此外，心肌细胞在静息时对 Na^+ 也有一定的通透性，这是一种钠背景电流(Na^+ background current)，这种由少量 Na^+ 内流可部分抵消细胞内的负电位。因此，心肌静息电位总是稍微小于 K^+ 平衡电位。另外，钠泵的生电性活动也参与了静息电位的形成。

2. 动作电位

心室肌细胞的动作电位与神经、骨骼肌细胞的动作电位从形态上比较，有明显不同，其特征是去极化和复极化不对称，复极化时间长，有明显的平台期。心室肌细胞动作电位去极化和复极化过程可以分为五个时期，即 0、1、2、3、4 期(图 5-6)。各期产生的机制如下。

(1) 0 期(去极化过程)：当心室肌细胞受刺激时，细胞膜上 Na^+ 通道少量开放，Na^+ 少量内流使膜产生去极化，当去极化达到阈电位(−70 mV)水平时，细胞膜上快 Na^+ 通道(fast sodium channel)被大量激活，膜对 Na^+ 通透性急剧增加，Na^+ 快速大量内流使膜内电位上升至 +30 mV 左右，接近于 Na^+ 的平衡电位，形成动作电位的上升相。该期历时 1～2 ms。

由于工作细胞膜上存在快钠通道，这种通道激活快，失活快，因而工作细胞属于**快反应细胞**(fast response cell)。由快钠通道介导产生的动作电位，称为**快反应动作电位**(fast response action potential)。与神经细胞和肌细胞钠通道比较而言，心室肌快钠通道对河豚毒的阻断效应相对不敏感。

(2) 1 期(快速复极初期)：0 期去极化后心室肌细胞膜上 Na^+ 通道关闭，Na^+ 内流停止，一种在去极化至 −30 mV 时被激活的瞬间外向电流(transient outward current, I_{to})产生，该电流由 K^+ 所负载，使膜早期快速复极至 0 mV 左右，此期历时 10 ms。

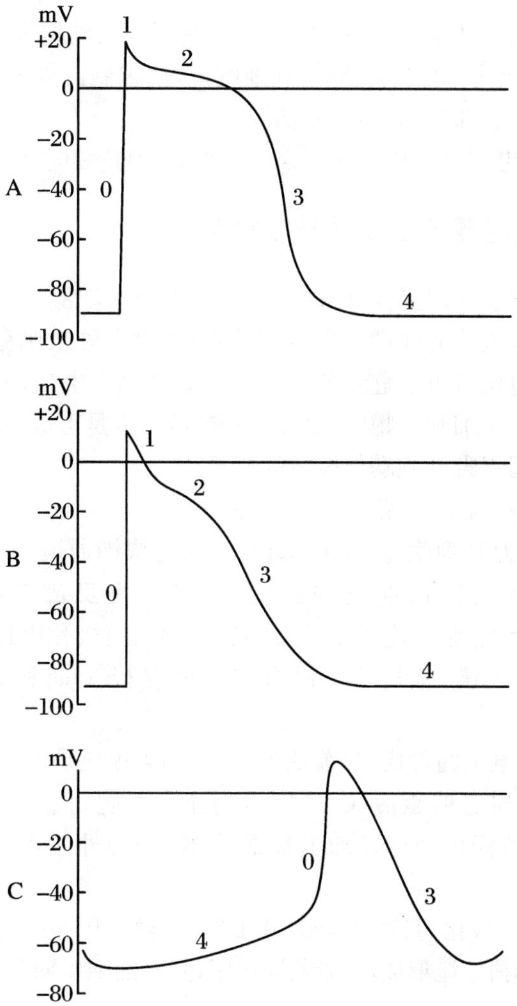

图 5-6　各类心肌细胞动作电位模式图

(3) 2 期(平台期):当膜电位达 0 mV 左右时,心室肌细胞膜上出现两种电流方向相反的电流,一种是膜电位 0 期去极化至 − 40 mV 时所激活的一种**慢钙通道**(slow calcium channel),又称 **L-型钙通道**(Long-lasting type calcium channel),使 Ca^{2+} 缓慢内流并逐渐减弱;另一种是 0 期(− 40 mV)被激活的钾通道,使 K^+ 向膜外扩散并逐渐增强形成的一种**延迟性整流钾电流**(delayed rectifier potassium current,I_K)。由于两种带正电荷的离子流动方向相反,在电位上相互抵消,使复极化速度缓慢,形成一个较长时间的平台期。平台期是心室肌细胞动作电位的主要特征。此期历时约 100～150 ms。

此外,膜电位 0 期去极化过程中产生的 I_{K1} 通道的内入性整流效应,抑制了外向的 I_{K1},是平台期形成并得以延长的重要因素。若这种内入性整流作用减弱,平台期将会缩短。

(4) 3 期(快速复极末期):此期膜上慢 Ca^{2+} 通道关闭,Ca^{2+} 内流停止。此外,内入性整流效应逐渐消除,K^+(I_K 和 I_{K1})外流随膜的复极化过程而增强,使膜电位迅速降至 − 90 mV。此期历时 100～150 ms。

(5) 4 期(静息期):此期膜电位基本恢复并稳定于静息电位水平,故称静息期。但由于在形成动作电位的过程中，有一定量的 Na^+、Ca^{2+} 内流和 K^+ 外流，造成细胞内、外原有的离子浓度发生改变，致使膜上钠泵、钙泵和 Na^+-Ca^{2+} 转运体活动增强，在此期内逆浓度梯度将 Na^+、Ca^{2+} 排出到细胞外，同时将 K^+ 摄回到细胞内，使细胞内外的离子分布逐渐恢复到未受刺激前的状态，保持心肌细胞的正常兴奋能力。

心房肌细胞的动作电位及形成机制与心室肌相似，但持续时间短，历时 100～150 ms。

（二）自律细胞的跨膜电位及其形成机制

心室肌等非自律细胞，在未受到外来刺激时，4 期膜电位始终稳定在静息电位水平。而自律细胞的特点是：动作电位的 4 期膜电位不稳定；在没有外来刺激情况下，可自动缓慢去极化，当去极化达到阈电位时可引起细胞产生一个新的动作电位。自律细胞的 4 期自动去极化，是自律细胞与非自律细胞生物电现象的主要区别，也是形成自动节律性的基础。下面主要讨论窦房结细胞、浦肯野细胞动作电位的特征：

1. 窦房结自律细胞

窦房结自律细胞称为**P 细胞**（pacemaker），其缺乏快钠通道和 I_{K1} 通道，很少表达 I_{to} 通道。0 期去极化主要依赖慢钙通道的激活，故属于**慢反应自律细胞**（slow response autorhythmic cell）。P 细胞动作电位的主要特征是最大复极化电位值较小，约 −60 mV 左右。0 期去极化的速率较慢、幅度小。没有明显的复极 1 期和 2 期，只有复极化 3 期（图 5-6）。

窦房结 P 细胞动作电位的形成，目前认为：① 0 期去极化是由于膜电位自动去极化至 −40 mv 时，膜上慢 Ca^{2+} 通道被激活，Ca^{2+} 缓慢内流所引起。② 复极期是由于 0 期后，慢 Ca^{2+} 通道失活，Ca^{2+} 内流停止，而 K^+ 通道被激活，K^+（I_K）外流逐渐增加，使膜逐渐复极至最大复极化电位。

P 细胞 4 期可自动去极化，且速率最快（0.1 V/s），这是因为膜电位在产生最大复极化电位过程中，至少有三种起搏电流形成，三者共同作用，使 P 细胞 4 期产生快速去极化（图 5-7）。

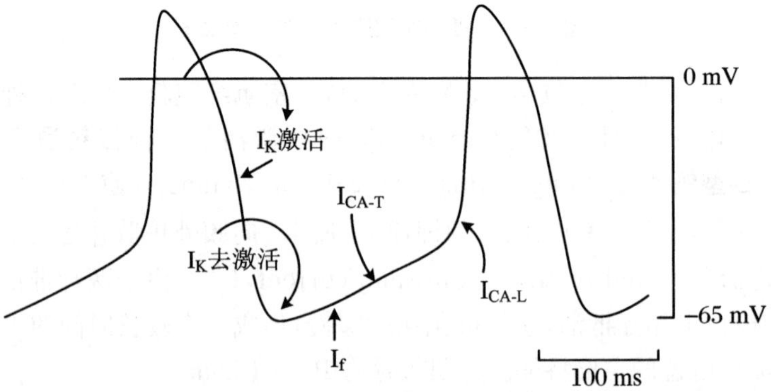

图 5-7 窦房结 P 细胞 4 期去极化和动作电位发生原理示意图

（1）延迟整流钾流（I_K）的进行性衰减：这是窦房结细胞 4 期自动除极的重要离子基础之一。I_K 通道在动作电位复极化到 −50 mV 左右时逐步失活，降低了 P 细胞的复极化速率，使膜内电位趋于去极化，提示它是 P 细胞主要起搏离子电流之一。I_K 通道阻断剂 E-4032 可以减慢窦房结起搏频率。

(2) I_f电流：I_f电流是膜电位在超极化状态下所激活的一种非特异性内向离子电流。此电流由 Na^+ 负载，可被 Cs^+ 所阻断。I_f通道在复极化 − 60 mV 时被激活开放，− 100 mV 时被最大激活，4 其自动去极化至 − 50 mV 时失活。由于 P 细胞最大复极化电位不超过 − 70 mV，因此，I_f在窦房结细胞起搏活动中，不是主要起搏离子流。

(3) T 型钙电流($I_{Ca\text{-}T}$)：P 细胞存在着 **T 型钙通道**(transient calcium channel)，在 4 期自动去极化达 − 50 mV 时被激活开放，Ca^{2+} 内流形成 $I_{Ca\text{-}T}$，在 4 期自动去极化后期使膜进一步去极化，达到能使 L 型钙通道激活的阈电位，后者的激活产生动作电位的上升支。T 型钙通道可被镍($NiCl_2$)所阻断。

2. 浦肯野细胞

浦肯野细胞最大复极化电位可达 − 90 mV，其动作电位的形态和产生机制与心室肌细胞相似，故属于快反应自律细胞，所不同的是复极化至 4 期时膜电位不稳定，可缓慢自动去极化。目前认为浦肯野细胞 4 期自动去极化主要是由于 I_f增强和 I_K进行性衰减所致，以前者为主。

二、心肌细胞的生理特性

心肌细胞的生理特性包括自动节律性、兴奋性、传导性和收缩性四种。前三种特性是在细胞生物电活动的基础上产生的，通常称为电生理特性。收缩性属心脏的机械特性。

(一) 兴奋性

心肌细胞在受刺激时可产生动作电位的能力或特性称为心肌的兴奋性。心肌的兴奋性可用其引起兴奋的阈值来衡量。

1. 兴奋性的周期性变化

心肌细胞每一次兴奋后，其兴奋性的周期性变化可分为(图 5-8)：

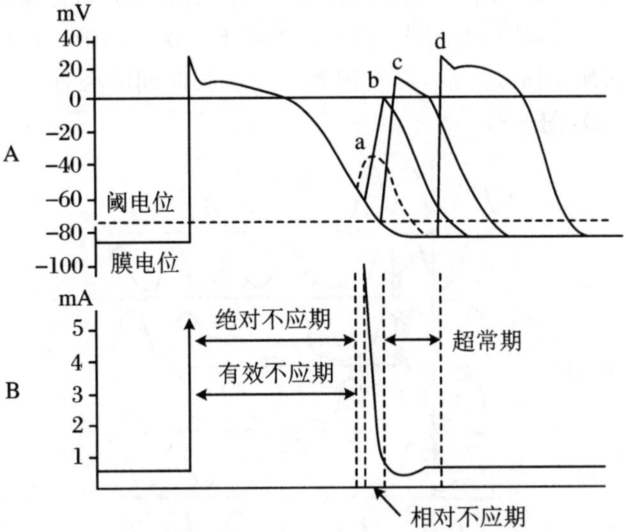

图 5-8　心室肌细胞的动作电位、机械收缩曲线与兴奋性变化的关系

(1) 有效不应期：心肌细胞每次兴奋后，从 0 期去极化开始到复极化 3 期至 − 55 mV 期间，心肌兴奋性等于零，对任何强度的刺激均不发生反应，此期称**绝对不应期**(absolute

refractory period)。这是因为心肌在去极化过程中，钠通道全部处于失活状态，刺激不能激活钠通道引起细胞产生兴奋。

从复极化－60～－55 mV 的时间内，心肌兴奋性开始恢复，给予特别强的刺激，可以产生局部兴奋(局部去极化)，但不能产生扩布性兴奋，此期称**局部反应期**(local refractory period)。该期仅有极少量的钠通道复活，刺激只能产生局部电位，不足以引起动作电位。

(2) 相对不应期：从复极化－80～－60 mV 的时间内，心肌兴奋性逐渐恢复，但仍低于正常，用阈上刺激心肌可产生再次兴奋，此期称**相对不应期**(relative refractory period)。其原因是此间有相当数量的钠通道已经恢复至备用状态，但若用阈值刺激不足以引发动作电位，故需要高于阈值的刺激才能引起兴奋。

(3) 超常期：在复极化结束前，即膜电位复极化由－90～－80 mV 这段时间内，心肌细胞兴奋性较正常为高，阈下刺激即可产生再次兴奋，故称**超常期**(superanormal period)。超常期后心肌兴奋性恢复正常。此期兴奋性较正常高的原因，一是失活的钠通道已完全恢复，二是膜电位负值小于静息电位，与阈电位水平距离较近，故给予阈下刺激便可引发动作电位的产生。

从心肌细胞兴奋性的周期性变化中可以看出：心肌细胞兴奋性的特点是每次兴奋后有效不应期特别长，相当于整个收缩期和舒张期的早期阶段。也就是说，心肌在整个收缩期至舒张早期，任何强度的刺激都不能引起再次兴奋和收缩，只有在相对不应期后，才能接受刺激，产生再次兴奋和收缩。这一特性使心肌在正常情况下，不会像骨骼肌那样产生强直收缩，从而使心脏始终保持收缩与舒张交替活动，有利于心脏的充盈和射血过程。

2. 期前收缩与代偿间歇

正常情况下，心房和心室的活动都是按窦房结节律性而进行的。但在某些特殊情况下，在心肌兴奋的有效不应期之后到下一次窦房结兴奋传来之前，若受到人工刺激或异位起搏点传来的刺激，心脏可提前产生一次兴奋和收缩，称为**期前兴奋**(premature excitation)和**期前收缩**(premature systole)。期前收缩以后，当下一次窦房结兴奋传来时，恰好落在心肌期前收缩的有效不应期内，不能引起再次兴奋，必须等下一次窦房结兴奋传来，才能引起心肌的兴奋和收缩。故每次期前收缩后，都会出现一个较长时间的心脏舒张期，称为**代偿间歇**(compensatory pause)(图 5-9)。

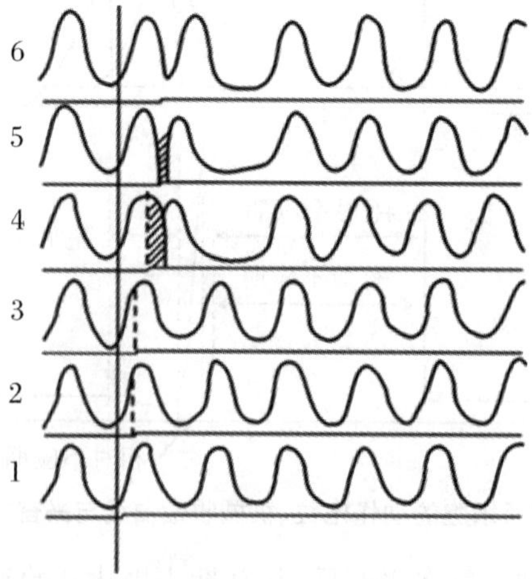

图 5-9 期前收缩与代偿间歇

3．影响兴奋性的因素

(1) 静息电位或最大复极化电位水平：若阈电位水平不变，静息电位或最大复极化电位负值增大(超极化)，则后两者与阈电位之间距离加大，引起兴奋所需的刺激强度增大，兴奋性降低，反之，兴奋性升高。

(2) 阈电位水平：若静息电位或最大复极化电位水平不变，阈电位水平上移，则细胞兴奋性降低，反之兴奋性升高。

(3) 快钠通道和慢钙通道的性状：引起快、慢反应动作电位0期去极化的快钠通道和L型钙通道，都具有关闭、激活和失活三种状态。如钠通道在静息状态下，处于关闭状态，但可被激活，当膜去极化至阈电位时，钠通道被大量激活开放引发兴奋，随后便迅速失活关闭。处于失活状态的钠通道不能被再次激活，须待膜电位复极化至－60 mV后，才能逐步复活至关闭状态。由此可见，快反应细胞的兴奋性与钠通道的性状有关。L型钙通道也具有类似的性状，但激活、失活和恢复相对较慢。

(二) 自动节律性

心肌细胞在没有外来刺激的情况下能够自动地发生节律性兴奋的特性，称为**自动节律性**(autorhythmicity)，简称自律性。心肌的自律性与自律细胞的4期自动去极化过程有关。

1．心脏的起搏

不同自律细胞自律性的高低不同。在正常情况下，窦房结自律性最高，约100次/min，房室交界次之，约50次/min，浦肯野细胞最低，20～40次/min。由于窦房结自律性最高，并能将其他自律细胞的活动控制在自身活动之下，所以窦房结是主导整个心脏兴奋和收缩的正常部位，称为心脏的**正常起搏点**(normal pacemaker)。由窦房结为起搏点的心跳节律，称为窦性心律。其他自律细胞由于自律性低且在正常情况下受窦房结控制不能表现自身的自律性，称为**潜在起搏点**(latent pacemaker)。某些特殊情况下，潜在起搏点的自律性升高、窦房结自律性过低或兴奋发生传导阻滞时，潜在起搏点的兴奋可引起心脏的活动，导致心律失常。此时的潜在起搏点又称异位起搏点。由异位起搏点引起的心跳节律，称为异位节律。

窦房结之所以成为心脏的起搏点控制着潜在起搏点的活动，主要通过两种机制实现的：

(1) 抢先捕获：由于窦房结自律性高于其他潜在起搏点，当潜在起搏点尚未兴奋之前，窦房结的兴奋已经抵达这些细胞，并以自己的节律**超速驱动**(overdrive)潜在起搏点的兴奋，产生**抢先捕获**(preemptive capture)或抢先占领效应。使潜在起搏点的自律性不能表现出来。

(2) 超速驱动压抑：自律细胞的自律性由于超速驱动而受到压抑的现象，称为**超速驱动压抑**(overdrive suppression)。窦房结超速驱动潜在起搏点兴奋活动，可压抑潜在起搏点本身的节律，使后者产生动作电位的频率增加，导致进入胞内的Na^+增加，流出胞外K^+增加，结果刺激膜上的钠泵使其活动增强，产生生电性活动，使潜在起搏点膜电位超极化，降低其细胞的兴奋性和自律性，产生超速驱动压抑现象。超速驱动压抑的程度与两个起搏点的自律性差别呈平行关系，差别越大压抑越深。

2．影响自律性的因素

凡能影响自律细胞4期自动去极化的因素均可影响自律性(图5-10)。

(1) 自律细胞最大复极化电位与阈电位之间的差距：最大复极化电位负值减小，或阈电位下移，两者间距离减小，4期自动去极化所需时间缩短，自律性增高，反之自律性降低。

(2) 4 期自动去极化的速率:4 期自动去极化速率加快,4 期自动去极化所需时间缩短,自律性增高,反之自律性降低。如心交感神经兴奋,可增强 I_f 电流,加快自律细胞 4 期自动去极化速率,提高自律细胞的自律性。

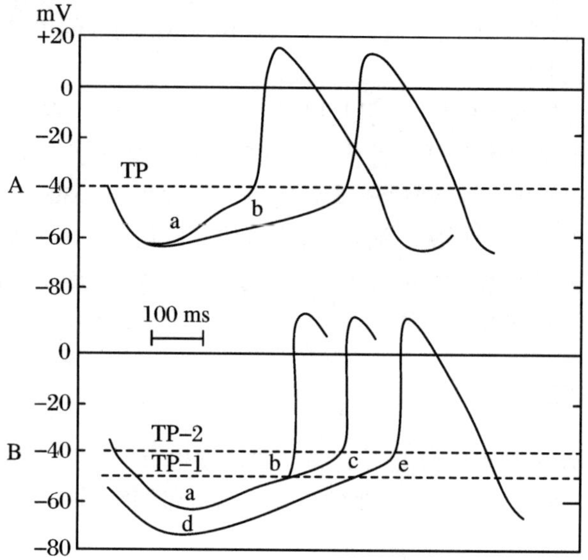

图 5-10 影响自律性的因素

(三) 传导性

1. 心内兴奋传导的途径和特点

心肌细胞传导兴奋的能力称为传导性。正常情况心脏的兴奋由窦房结产生以后,一方面经优势传导通路传至左右心房,另一方面经优势传导通路传至房室交界区,再经房室束、左、右束支和浦肯野纤维传至左右心室。

不同传导纤维的传导速度是不相同的。普通心房肌细胞传导速度较慢,约为 0.4 m/s,而心房优势传导通路的传导速度较快,可达 1.0~1.2 m/s;心室肌细胞传导速度约为 1 m/s,而心室内传导组织的传导速度较快,如浦肯野纤维传导速度可达 4 m/s。因此,窦房结的兴奋和房室交界的兴奋可分别通过心房优势传导通路和浦肯野纤维,迅速传遍两个心房和心室,从而保证左、右心房和心室同步收缩和舒张。

由于心房肌与心室肌在解剖上有心肌纤维环阻隔,兴奋不能直接由心房肌传向心室肌,须经过房室交界区特殊传导纤维的传导,此部位兴奋传导速度缓慢,其中结区传导速度最慢,仅 0.02 m/s,因此,兴奋经心房传至心室常有一时间延搁,称为**房室延搁**(atrioventricular delay)。其具有重要生理意义,它使窦房结的兴奋先传至心房,使心房兴奋和收缩结束后才引起心室兴奋和收缩,从而有利于心室在收缩射血前得到充分的血液充盈,保证足够的射血量。

2. 影响传导的因素

(1) 解剖因素

细胞直径越大,内阻越小,兴奋传导速度越快,反之传导速度越慢。窦房结细胞直径为 5~10 μm,房室交界细胞直径约为 3 μm,因此兴奋传导速度较慢;末梢浦肯野细胞直径较大，某些可达 70 μm，兴奋传导速度最快。此外，细胞间缝隙连接的数量和功能状态也影响传导速度。

(2) 生理因素

① 0 期去极化的速度和幅度：心肌细胞 0 期去极化的速度和幅度是影响心肌传导速度最重要的因素。0 期去极化速度越快，局部电流及其电紧张电位的形成就越快，邻近未兴奋部位去极化达阈电位水平的时间就越短，兴奋的传导越快；0 期去极化幅度越大，形成的局部电流强度就越大，对未兴奋部位的刺激就越大，作用部位也更远，因而使兴奋的传导速度越快。

② 邻近未兴奋部位膜的兴奋性：兴奋传导依靠局部电流刺激邻近未兴奋部位依次产生动作电位，若邻近部位决定 0 期去极化的离子通道处于失活状态，如有效不应期内，则局部电流不能使其兴奋，兴奋的传导将会阻滞。此外，邻近未兴奋部位膜电位水平和阈电位水平之间的差距，决定着邻近未兴奋部位的兴奋性，从而影响其动作电位产生的能力和兴奋的传导。

(四) 收缩性

心脏工作细胞在接受刺激兴奋时，通过兴奋-收缩偶联过程，产生收缩的特性，称为收缩性(contractivity)。心肌收缩原理与骨骼肌收缩原理基本类似，但具有下列特点：

1. 对细胞外液中的 Ca^{2+} 有较大的依赖性

心肌细胞的肌质网终池不发达，储 Ca^{2+} 量少，所以心肌收缩时所需的 Ca^{2+} 依赖于细胞外液 Ca^{2+} 的内流。一定范围内，细胞外液中 Ca^{2+} 浓度增加，可使心肌收缩力增强；反之，心肌收缩力减弱。

2. "全或无"式收缩

由于心肌细胞间的闰盘区缝隙连接电阻很小，兴奋容易通过，并且心脏内还有特殊传导系统作用。所以，正常情况下当心房或心室某处一旦兴奋时，兴奋可迅速传至所有心房肌或心室肌细胞，引起同步收缩，而未兴奋时则表现为全部舒张。因此，心脏从收缩角度来看，相当于一个功能性合胞体结构。

3. 不产生强直收缩

由于心肌兴奋不应期长的特点，决定了心肌在整个收缩期至舒张早期内不能接受任何刺激产生兴奋和收缩，因而在正常状态下心肌细胞不会发生强直收缩。

第六节　血 管 生 理

血液通过各类血管实现物质运输和与组织、细胞物质交换等重要的生理功能。由图 5-11 可知，全部血液都流经肺(肺循环)，而体循环则由许多相互并联的血管环路组成，在这样的结构中，即使局部血流有较大幅度的变动，对整个体循环也不会产生很大影响。本节主要介绍血管的功能。

一、各类血管的功能特点

体循环和肺循环的血管系统都由动脉、毛细血管和静脉所组成，动脉、毛细血管和静脉之间呈串联关系，体循环和肺循环之间也呈串联关系，从生理功能上可将血管分为以下几类。

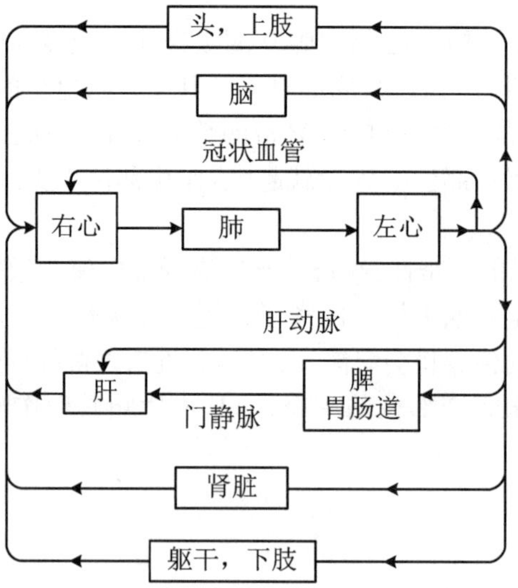

图 5-11　体循环各器官血管床并联关系示意图

1. 弹性储器血管

主、肺动脉主干及其发出的最大分支，其管壁厚，富含弹性纤维，有明显的可扩张性和弹性，故称为**弹性储器血管**(windkessel vessel)。大动脉的弹性储器作用使心脏间断的射血变成为血管系统连续的血流，并能减少每个心动周期中血压的波动幅度。

2. 分配血管

从弹性储器血管以后到分支为小动脉前的动脉管道，其功能是将血液运输至各器官组织，故称为**分配血管**(distribution vessel)。

3. 毛细血管前阻力血管

小动脉和**微动脉**(arteriole)的管径小，血流阻力大，因而称为**毛细血管前阻力血管**(precapillary resistance vessel)。微动脉的管壁富含平滑肌，其舒缩活动可使血管口径发生明显变化，从而改变对血流的阻力和所在器官、组织的血流量。

4. 毛细血管前括约肌

在真毛细血管的起始部常有平滑肌环绕，称为**毛细血管前括约肌**(precapillary sphincter)。其舒缩活动可控制毛细血管的启闭，因此可决定某一时间内毛细血管开放和关闭的数量。

5. 交换血管

真毛细血管(true capillary)的管壁仅由单层内皮细胞构成，外面有一薄层基膜，故通透性很高，成为血管内血液和血管外组织液进行物质交换的场所，故称为**交换血管**(exchange vessel)。

6. 毛细血管后阻力血管

微静脉因口径小，对血流也产生一定的阻力，故称为**毛细血管后阻力血管**(postcapillary vessel)。其舒缩活动可影响毛细血管前阻力和毛细血管后阻力的比值，从而改变毛细血管血压以及体液在血管内和组织间隙内的分配。

7. 容量血管

静脉和相应的动脉相比，数量多，口径较粗，管壁较薄，故容量较大，而且可扩张性较大，即较小的压力改变就可使其容积发生较大的变化。在安静状态下，循环血量的 60%～70% 容纳在静脉中。静脉在血管系统中起着血液储存库的作用，因而称为**容量血管**(capacitance vessel)。

8. 短路血管

一些血管床中的小动脉和小静脉之间存在直接联系的血管，称为**短路血管**(arteriovenous shunt)。短路血管可使小动脉内的血液不经过毛细血管而直接流入小静脉。在手指、足趾、耳郭等处的皮肤中存在许多短路血管，它们在功能上与体温调节有关。

二、血流量、血流阻力和血压

(一) 血流量和血流速度

单位时间内流过血管某一横截面的血量称为**血流量**(blood flow)，也称为容积速度，其计算单位通常以 mL/min 或 L/min 表示。血液中一个质点在血管内移动的线速度，称为**血流速度**(velocity of blood flow)。在血流量相同的情况下，血流速度与各类血管的总横截面积成反比。动脉系统总横截面积最小，血流速度最快，其次是静脉系统，因毛细血管分支较多，总横截面积最大，故血流速度最慢。

(二) 血流阻力

血液在血管内流动时所遇到的阻力，称为**血流阻力**(resistance of blood flow)。血流阻力来源于血液流动过程中血液各物质之间的摩擦力及血液与血管壁之间的摩擦力，并转变为热能，故血液在血管内流动时压力逐渐降低。

在生理情况下，血流的阻力主要取决于血管口径和血液的黏滞度。在完整机体内，由于受神经和体液因素的影响，血管的口径经常发生变化，血流阻力也随之发生改变而影响器官血流量。此外，血液黏滞度也是决定血流阻力的一个重要因素。影响血液黏滞度的因素有：

1. 红细胞比容

红细胞比容越大，血液黏滞度越高。反之血液黏滞度降低。

2. 血流的切率

相邻两层血流速度差和液层厚度的比值称为血流的**切率**(shear rate)。切率的方向由管周指向轴心。当血液以层流方式流动时，血中的红细胞有向轴心移动的趋势，这种现象称为**轴流**(axial flow)。当血液切率增高时，轴流现象明显，红细胞集中在中轴，红细胞之间的碰撞和红细胞与管壁之间的摩擦力减少，血液黏滞度降低，反之血液黏滞度增高。

3. 血管的口径

研究表明，血液在流经直径小于 0.2～0.3 mm 的微动脉时，只要切率足够高，则在一定范围内血液黏滞度将随血管口径的变小而降低，这一现象称为 Fahraeus-Lindqvist 效应。

4. 温度

血液的黏滞度可随温度的降低而升高。人体体表温度较深部温度为低，故血液流经体表部分时黏滞度会升高。如果将手指放入冰水之中，局部血液中的黏滞度会增高 2 倍。

（三）血压

血管内的血液对单位面积血管壁的侧压力称**血压**(blood pressure)。血压的测量单位通常是用毫米汞柱(mmHg)或千帕(kPa)表示(1 mmHg = 0.133 kPa)。血压是推动血液循环的直接动力，而血压的形成主要是由于心脏射血时释放的能量而产生，血液在从大动脉经过不同的血管系统流回心脏的过程中，由于要不断地克服阻力推动血流前进，因此能量不断被消耗，使血压逐渐降低，到胸腔大静脉时已接近于零。故不同血管系统的血压值不同。通常临床测量的血压，一般是指动脉血压。

（四）动脉血压

1. 动脉血压的形成

动脉血压是指血液对单位面积动脉管壁的侧压力(压强)，一般是指主动脉内的血压。临床上常用上臂所测的肱动脉血压代替主动脉血压。动脉血压的形成依赖于下列因素：

(1) 循环系统内的血液充盈：血管内有足够的血液充盈是形成动脉血压的前提。血液充盈程度可用循环系统平均充盈压来表示。用电刺激造成心室颤动使心脏暂停射血，血液暂时停止流动，此时循环系统中各处压力很快就相等，所测的血管中压力值，即为**循环系统的平均充盈压**(mean circulatory filling pressure)，约 0.93 kPa(7 mmHg)，它反映循环血量和血管容量的比例关系。

(2) 心脏的射血：心室收缩做功释放的能量一部分用于推动血液流动，成为推动血液先前流动的动能，另一部分则形成对血管壁的侧压力，即压强能，并使动脉血管扩张，后者将压强能以势能形式储存起来。心室舒张时，半月瓣关闭，射血停止，被扩张的弹性贮器血管管壁发生弹性回缩，将在心缩期贮存的那部分势能又转化为压强能，以维持心舒期动脉中的最低压力。

(3) 外周阻力：如果没有外周阻力，血液即迅速向外周流失，不能保持对大动脉管壁的侧压力。心室一次收缩所射出的血液，由于外周阻力的存在，在心缩期内大约只有三分之一流至外周，其余约三分之二被暂时贮存在主动脉和大动脉内，从而使主动脉和大动脉保持一定的血压。循环系统的外周阻力，主要是指小动脉和微动脉处的血流阻力

(4) 主动脉和大动脉的弹性储器作用：心室收缩期，心室快速射血，主动脉中血压迅速升高，此时主动脉扩张，可使主动脉压力得以缓冲；心室舒张期，心室停止射血，主动脉借弹性回缩，将储存的势能释放出来转化为压强能，维持主动脉中的最低压力。由于主动脉和大动脉的弹性贮器作用，动脉血压的波动幅度明显小于心室内压的波动幅度。使收缩压不致升得过高，舒张压不致降得过低。

2. 动脉血压的概念及正常值

在每一心动周期中，动脉血压随心脏的活动而发生周期性变化。心室收缩中期动脉血压升高所达到的最高值，称为**收缩压**(systolic pressure)。心室舒张末期动脉血压降低所达到的最低值，称为**舒张压**(diastolic pressure)。我国成人安静时收缩压为 100～120 mmHg。舒张压为 60～80 mmHg。收缩压与舒张压之差称为**脉搏压**(pulse pressure)。一般为 30～40 mmHg。脉压可反映动脉血压波动的幅度。一个心动周期中，动脉血压的平均值称为**平均动脉压**(mean arterial pressure)。平均动脉压等于舒张压加 1/3 脉压。主动脉和外周动

脉的脉搏压、平均动脉压和血流的变化如图 5-12 所示。

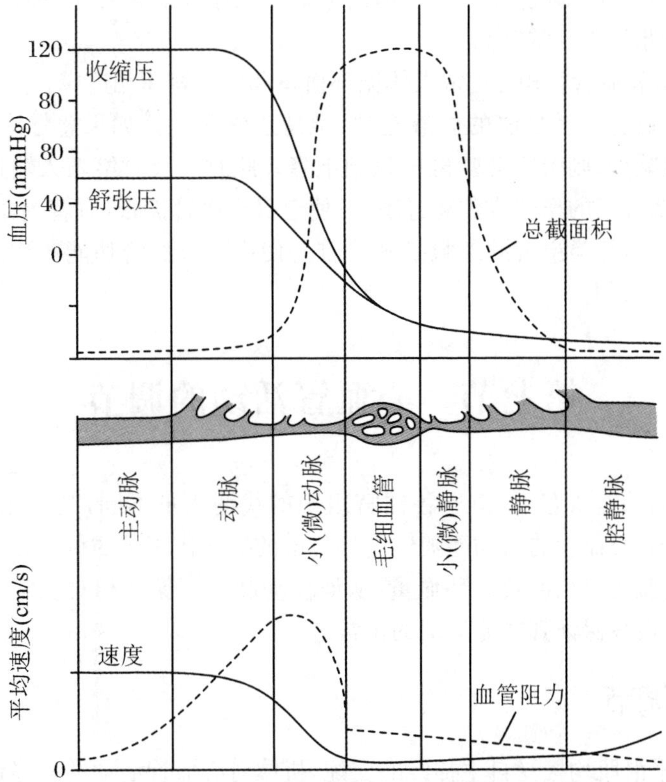

图 5-12 主动脉和外周动脉的脉搏压、平均动脉压和血流的变化

正常人动脉血压随年龄、性别及功能状态不同有一定的生理差异。一般来说,40 岁以后随年龄增长,收缩压相应升高;男性比女性略高,且女性在更年期前后有一定波动;运动或情绪激动时血压暂时升高。根据 1999 年 WHO/ISH 提出新的高血压分类标准:若舒张压持续性达到或超过 90 mmHg,和(或)收缩压持续性达到或超过 140 mmHg,称为高血压。收缩压持续性低于 90 mmHg(12.0 kPa),称为低血压。

3. 影响动脉血压的因素

(1) 每搏输出量:如果其他因素不变,每搏输出量增多,主要使收缩压升高。原因是心室收缩增强时,搏出量增加,对血管壁施加的侧压力增强,收缩压升高,但同时由于收缩压升高使血流速度加快,流向外周的血量增多,心室舒张末期大动脉内存血增加不明显。故舒张压升高不明显。因此,收缩压主要反映心室射血能力。

(2) 心率:其他因素不变,若心率加快,心室舒张期缩短,血液向外周流出减少,心舒末期时大动脉中存血量增多,使舒张压升高。心率加快对收缩压的影响没有舒张压明显。

(3) 外周阻力:主要指小动脉、微动脉的血管阻力。若其他因素不变,外周阻力增加时,收缩压和舒张压都升高,但因外周阻力加大使动脉血流速度减慢,外流血液量减少,心室舒张末期存留在大动脉中血液量增多,使舒张压升高较为明显。由于心率加快,外周阻力增加均可使舒张压升高,但临床上心率变化没有外周阻力改变对血压的影响明显,故舒张压的高低主要反映外周阻力的大小。

(4) 大动脉管壁的弹性:大动脉管壁的弹性对缓冲收缩压、维持舒张压具有重要作用。

40岁以上的人，随年龄增长，大动脉管壁的弹性逐渐降低，对血压的缓冲能力逐渐减弱，导致收缩压升高，舒张压降低，脉压增大。但由于老年人小动脉常伴不同程度硬化，以致外周阻力增大，因而舒张压也常常升高。

(5) 循环血量和血管容积：正常人体循环血量和血管容积相适应，并且循环血量稍多于血管容积，以保持血管内有足够的血液充盈，维持正常血压。如果急性大失血或严重脱水时，循环血量明显减少，则引起动脉血压急剧下降。此时应及时给病人输血、输液以补充循环血量。若因细菌毒素的作用或药物过敏，可使全身小血管扩张，血管内血液充盈度降低导致血压急剧下降。对此类患者的急救措施是首先使用调节血管功能药物进行治疗，以减小血管容积，促使血压回升。

第七节　心血管活动的调节

人体在不同的功能状态下，由于各器官组织的代谢水平不同，其对血流量的需要也不同。在一定范围内，心血管的活动能随体内外环境的变化作相应的调整，通过神经和体液调节心输出量、阻力血管口径以及循环血量，从而使动脉血压保持相对稳定，满足各器官当时状态下的血流量，最终保证其功能活动的正常进行。

一、神经调节

心肌和血管平滑肌均接受自主神经的支配，机体对心血管活动的神经调节，是通过各种心血管反射实现的。

(一) 心脏和血管的神经支配

心脏接受交感神经和副交感神经的双重支配。前者对心脏具有兴奋作用，后者对心脏具有抑制作用，两者的作用相互拮抗，共同完成对心脏功能活动的调节。

1. 心脏的神经支配

(1) 心交感神经及其作用：支配心脏的交感神经节前纤维起自脊髓1～5胸段的中间外侧柱神经元，与星状神经节或颈交感神经节内的神经元形成突触联系。由节后神经元发出的轴突组成心脏神经丛，支配心脏的窦房结、房室交界、房室束、心房肌和心室肌。两侧心交感神经对心脏不同部位的支配不同，右侧以支配窦房结为主，兴奋时出现心率加快；左侧对房室交界和心室肌的作用为主，兴奋时房室传导加快和心室收缩能力增强。

心交感神经节后纤维末梢释放的递质是去甲肾上腺素。当心交感中枢紧张性增高时，通过心交感神经传出冲动增多，节后纤维末梢释放的去甲肾上腺素与心肌细胞膜的β_1肾上腺素受体(β_1受体)结合，结果引起心率加快，房室交界传导加速，心房肌和心室肌收缩力增强，即所谓的**正性变时作用**(positive chronotropic action)、**正性变传导作用**(positive dromotropic action)和**正性变力作用**(positive inotropic action)。这种兴奋作用可被β_1受体阻断剂如普萘洛尔等药物所阻断。

(2) 心迷走神经及其作用：迷走神经的节前神经元胞体位于延髓迷走神经的背核和疑核。支配心脏的副交感节前纤维行走于迷走神经干中，下行至胸腔后，与心交感神经组成心脏神经丛。心迷走节后纤维支配窦房结、心房肌、房室交界、房室束及其分支，也支配心室肌，但其纤维末梢的数量远较心房肌中的少。两侧迷走神经对心脏不同部位的支配存在差异，右侧以支配窦房结为主，兴奋时心率减慢；左侧主要支配房室交界，兴奋时出现房室传导减慢。迷走神经纤维末梢释放的递质是乙酰胆碱。当心迷走中枢紧张性增高时，沿着心迷走神经传出的冲动增多，其节后纤维末梢释放的乙酰胆碱与心肌细胞膜上的 M 型胆碱能受体结合，可使心率减慢，房室传导速度减慢，心房肌收缩力减弱，即所谓的**负性变时作用**（negative chronotropic action）、**负性变传导作用**（negative dromotropic action）和**负性变力作用**（negative inotropic action）。这种作用可被 M 型胆碱能受体阻断剂如阿托品等药物所阻断。

（3）支配心脏的肽能神经元：心脏中还存在多种肽能神经纤维，其所含的神经肽有神经肽、血管活性肠肽、降钙素基因相关肽和阿片肽等。目前对这部分肽能神经元的生理功能尚不完全清楚。

2. 血管的神经支配

除真毛细血管外，其他所有血管的血管壁均有平滑肌分布。绝大多数血管平滑肌都接受自主神经的支配。支配血管平滑肌的神经纤维统称为**血管运动神经纤维**（vasomotor nerve fiber），可分为**缩血管神经纤维**（vasoconstrictor nerve fiber）和**舒血管神经纤维**（vasodilator nerve fiber）两大类。

（1）缩血管神经纤维：缩血管神经纤维均为交感神经纤维，故一般称为**交感缩血管神经纤维**（sympathetic vasoconstrictor nerve fiber）。其节前神经元位于脊髓胸、腰段的中间外侧柱，末梢释放乙酰胆碱，节后神经元位于椎旁和椎前神经节内，末梢释放去甲肾上腺素。它所支配的血管平滑肌上有 α 和 β_2 两类肾上腺素能受体。去甲肾上腺素与 α 受体结合使血管平滑肌收缩，而与 β_2 受体结合使血管平滑肌舒张。去甲肾上腺素与 α 受体亲和力较强，而与 β_2 受体亲和力较弱。因此，缩血管神经兴奋时，主要产生缩血管效应。

除真毛细血管外，体内几乎所有血管都接受交感缩血管纤维的支配，且机体内多数血管只接受交感缩血管纤维单一神经支配。在安静状态下，交感缩血管纤维持续发放低频冲动（1～3 次/s），称为**交感缩血管紧张**（sympathetic vasoconstrictor tone），这种紧张性活动可使血管平滑肌保持一定程度的收缩状态。

在不同部位的血管中，缩血管纤维分布的密度不同。皮肤血管的缩血管纤维分布最密，骨骼肌、内脏血管的分布次之，冠状血管和脑血管的分布最少。同一器官动脉的缩血管纤维分布的密度高于静脉；不同管径的血管相比，管径小的血管分布密度高，故小动脉尤其是微动脉中的分布密度最高，而毛细血管前括约肌中一般无神经纤维分布，其舒缩活动主要受局部代谢产物的调节。

（2）舒血管神经纤维：体内有一部分血管除受缩血管神经纤维的支配外，还受舒血管神经纤维的支配。舒血管神经纤维主要有以下几种。

① 交感舒血管神经纤维：交感舒血管纤维末梢释放乙酰胆碱。平时无紧张性活动，只有在激动或剧烈运动时才发放冲动，使骨骼肌血管舒张，血流量增多。此时，体内其他器官的血管则因交感缩血管神经纤维的活动加强而发生收缩，血液重新分配，适应机体需要。

② 副交感舒血管神经纤维：脑膜、唾液腺、胃肠外分泌腺及外生殖器等少数器官的血管平滑肌，除受交感缩血管神经纤维的支配外，还受副交感舒血管神经纤维的支配。这些神经纤维末梢释放 Ach，与血管平滑肌细胞膜上的 M 受体结合，引起血管舒张。副交感舒血管

神经纤维只对局部器官血流的调节起作用，对循环系统总的外周阻力影响较小。

③ 脊髓背根舒血管神经纤维：皮肤受到伤害刺激时，感觉冲动一方面沿伤害性感觉传入纤维传向中枢，另一方面在其末梢分支处沿其他分支到达受刺激部位邻近的微动脉，使微动脉舒张，局部皮肤出现红晕。这种仅通过轴突外周部位完成的反应，称为**轴突反射**（axon reflex）。这类纤维称脊髓背根舒血管神经纤维，其递质尚不清楚。

④ 血管活性肠肽神经元：支配汗腺的交感神经和支配颌下腺的副交感神经元等自主神经元内有血管活性肠肽和乙酰胆碱共存。这些神经元兴奋时，其末梢一方面释放乙酰胆碱，引起腺细胞分泌；另一方面释放血管活性肠肽，引起舒血管效应，使局部组织血流增加。

（二）心血管中枢

心血管中枢（cardiovascular center）是指控制心血管活动有关的神经元胞体在中枢神经内相对集中的部位。控制心血管活动的神经元分布在中枢神经系统的各级水平。它们虽然功能不同，但互相密切联系，使整个心血管系统的活动与整体功能协调一致。

1. 延髓心血管中枢

延髓是调节心血管活动的基本中枢。延髓心血管中枢的神经元位于延髓内的心迷走神经元和控制心交感神经及交感缩血管神经活动的神经元。延髓心血管中枢包括四个功能部位。

（1）缩血管区：该区的神经元细胞体位于**延髓头端腹外侧部**（rostral ventrolateral medulla，RVLM），其轴突下行到脊髓灰质的中间外侧细胞柱。这些神经元平时都有紧张性活动。

（2）舒血管区：其神经元细胞体位于**延髓尾端腹外侧部**（caudal ventrolateral medulla，CVLM）的尾端，该部位的神经元兴奋可抑制 RVLM 神经元的活动，使血管舒张。

（3）传入神经接替站：**延髓孤束核**（nucleus of the tractus solitaries，NTS）的神经元一方面接受来自颈动脉窦、主动脉弓和心肺感受器经舌咽神经和迷走神经传入的信息；另一方面，信息整合后，发出纤维至延髓和中枢神经系统其他部位的神经元，从而影响心血管活动。

（4）心抑制区：心迷走神经元的细胞体位于延髓的迷走神经背核和疑核，平时亦有紧张性活动。

2. 延髓以上的心血管中枢

在脑干、大脑和小脑中都存在与心血管活动有关的神经元。它们在心血管活动调节中，主要产生一种复杂的**整合**（integration）作用。如下丘脑在机体的体温调节、摄食、水平衡和情绪反应等功能活动整合中起重要作用，而这些反应都包含有相应的心血管活动的变化。又如在应激反应过程中，机体处于一种紧张和恐惧状态，通过各级中枢的整合作用，出现心率加快、心肌收缩能力增强，血压升高、呼吸加快以及其他内脏活动的变化，进而使各种功能在整体水平上相互协调。

（三）心血管反射

心血管系统的活动能随机体所处的状态或环境变化而发生相应的变化，主要通过各种**心血管反射**（cardiovascular reflex）来实现的，其生理意义在于使循环功能适应于当时机体所处的状态或环境的变化，满足各种生命活动的需要。

压力感受性反射(baroreceptor reflex)是指机体动脉血压升高时,通过对压力感受器的刺激,反射性地引起心输出量减少和外周阻力减小,使血压迅速回落到正常范围的过程,也称**减压反射**(depressor reflex)。压力感受性反射是通过颈动脉窦和主动脉弓压力感受器的刺激而引起的。其中,颈动脉窦压力感受器的作用比主动脉弓压力感受器的作用更为重要。

(1) 颈动脉窦和主动脉弓压力感受器:颈动脉窦和主动脉弓压力感受器是分别位于颈动脉窦和主动脉弓的血管壁外膜下的感觉神经末梢,能感受血管壁的机械牵张程度(图5-13)。其适宜刺激是血管壁的机械牵张程度,而非血压本身。

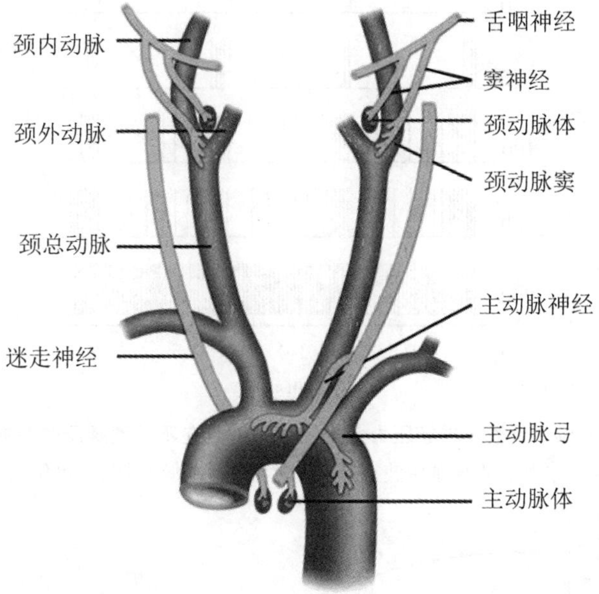

图 5-13 颈动脉窦和主动脉弓压力感受器示意图

(2) 传入神经和中枢联系:颈动脉窦压力感受器的传入神经是窦神经,窦神经汇入舌咽神经;主动脉弓压力感受器的传入神经是迷走神经,传入神经进入延髓后,与孤束核的神经元发生突触联系,换元后,再与心血管中枢发生广泛的联系。

(3) 反射效应:正常情况下,血压变化对血管壁已具有一定的牵张作用,因此,颈动脉窦和主动脉弓压力感受器经常发放一定数量的冲动传入延髓,使心血管中枢保持一定的紧张性活动。当动脉血压突然升高时,压力感受器受到牵张程度增大,其传入冲动增多(图5-14),经窦神经和迷走神经传入延髓,经中枢整合作用,心迷走中枢紧张增高,心迷走神经传出冲动增多,而心交感中枢和心缩血管中枢紧张性降低,心交感神经和缩血管神经传出冲动减少,其反射效应是:心率减慢,心肌收缩力减弱,心输出量减少;血管舒张,外周阻力降低,故使升高的动脉血压回落到正常范围。反之,当动脉血压突然降低时,动脉管壁所受的牵张程度减小,压力感受器传入冲动减少,使迷走神经紧张性减弱,交感神经紧张性增加,则出现与上述降压反射相反的变化,使血压回升。

在20世纪30年代,我国著名生理学家林可胜和徐丰彦等开展对颈动脉窦压力感受器反射的研究,在动物实验中,分离颈动脉窦区,保留窦神经与中枢的联系。发现人为改变颈动脉窦区的灌注压,可引起体循环平均动脉血压的改变。据此绘制的反映颈动脉窦内压与主动脉血压之间变化的关系曲线，称为压力感受性反射功能曲线。由图 5-15 可知，曲线的中部较陡，向两端渐趋平坦。这说明当窦内压在正常平均动脉血压水平 60～150 mmHg(平均 100 mmHg)范围内变化时，压力感受性反射最敏感，反射调节作用最强。动脉血压偏离正常水平越远，压力感受性反射纠正异常血压的能力越低。

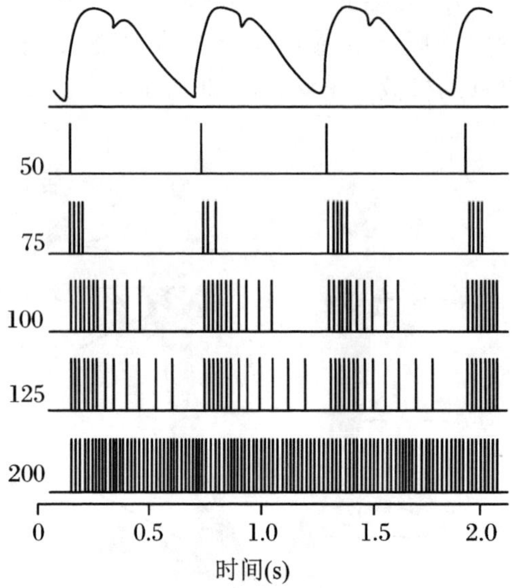

图 5-14　单根窦神经压力感受器传入纤维在不同动脉压时的放电

图中最上方为主动脉血压波；左侧的数字为主动脉平均压，单位为 mmHg

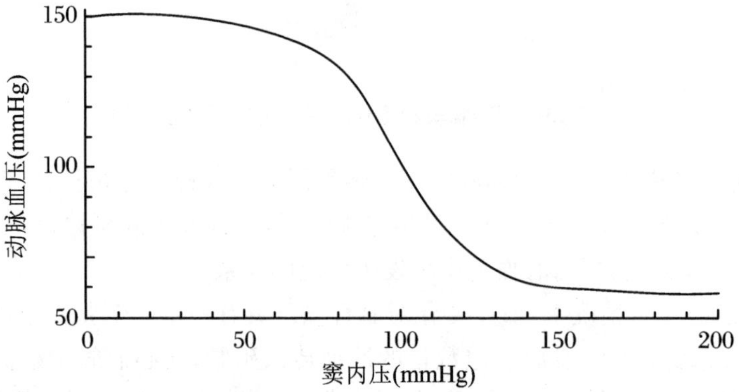

图 5-15　压力感受性反射功能曲线

(4) 压力感受性反射的生理意义：压力感受性反射是一种典型的具有双向调节能力的负反馈调节机制。当机体循环血量、心输出量和外周阻力血管等发生突然变化造成动脉血压大幅度波动时，压力感受性反射可进行快速调节，使动脉血压不至于发生过大的波动，从而维持动脉血压的相对稳定，以保证重要脏器(心、脑等)的正常血供。因此生理学中将动脉压力感受器的传入神经称为**缓冲神经**(buffer nerves)。但该反射对动脉血压的长期调节作用不大。

压力感受性反射对动脉血压的调节是通过设定的**调定点**(set point)作为参照来实现的。如图 5-15 所示，压力感受性反射的调定点位于压力感受性反射两坐标轴上数值相等的位置(100 mmHg 处),即平均动脉压和窦内压处于相同水平。该调定点代表正常情况下的平均动脉压水平。在慢性高血压或实验性高血压动物中,压力感受性反射功能曲线向右移位,提示压力感受性反射在高于正常的血压水平进行工作,即工作范围发生了改变。这种现象称为压力感受性反射的**重调定**(resetting)。其重调定机制复杂,既可发生在感受器水平,也可发生在中枢部分。

第八节　器官循环

体内每一器官的血流量取决于主动脉压和中心静脉压之间的压力差,还取决于该器官阻力血管的舒缩状态。由于各器官的结构和功能都不相同,器官内部的血管分布又各有特征,因此其血流量的调节除遵循前面叙述的一般规律外,还有其本身的特点。本节叙述心、肺、脑几个主要器官的血液循环特征。关于肾脏的血液循环特征,将在第八章叙述。

一、冠脉循环

(一) 冠脉循环的解剖特点

冠脉循环(coronary circulation)是指心脏的血液循环。心脏的血液供应来自左、右冠状动脉。冠状动脉的主干走行于心脏的表面,其小分支常以垂直于心脏表面的方向穿入心肌,并在心内膜下层分支成网。这种分支方式使冠脉血管容易在心肌收缩时受到压迫。左、右冠状动脉及其分支的走向可有多种变异。在多数人中,左冠状动脉主要供应左心室的前部,右冠状动脉主要供应左心室的后部和右心室。左冠状动脉的血液流经毛细血管和静脉后,主要经由冠状窦回流入右心房,而右冠状动脉的血液则主要经较细的心前静脉直接回流入右心房。另外还有一小部分冠脉血液可通过心最小静脉直接流入左、右心房和心室腔内。

心肌的毛细血管网分布极为丰富。毛细血管数和心肌纤维数的比例为1∶1。在心肌横截面上,每平方毫米面积内有2500～3000根毛细血管。因此心肌和冠脉血液之间的物质交换可很快地进行。冠状动脉之间有侧支互相吻合。在人类,这种吻合支在心内膜下较多。正常心脏的冠脉侧支较细小,血流量很少。因此当冠状动脉突然阻塞时,不易很快建立侧支循环,常可导致心肌梗死。但如果冠脉阻塞是缓慢地形成的,则侧支可逐渐扩张,并可建立新的侧支循环,起代偿作用。

(二) 冠脉血流的特点

在安静状态下,人冠脉血流量(coronary blood flow)为每百克心肌每分钟60～80 mL。中等体重的人,总的冠脉血流量为225 mL/min,占心输出量的4%～5%。冠脉血流量的多少主要取决于心肌的活动,故左心室单位克重心肌组织的血流量大于右心室。当心肌活动加强,冠脉达到最大舒张状态时,冠脉血流量可增加到每百克心肌每分钟300～400 mL。

由于冠脉血管的大部分分支深埋于心肌内,心脏在每次收缩时对埋于其内的血管产生压迫,从而影响冠脉血流。图5-16显示的是狗的左、右冠状动脉血流在一个心动周期中的变化。在左心室等容收缩期,由于心肌收缩的强烈压迫,左冠状动脉血流急剧减少,甚至发生倒流。在左心室射血期，主动脉压升高，冠状动脉血压也随之升高，冠脉血流量增加。到慢速射血期，冠脉血流量有所下降。心肌舒张时，对冠脉血管的压迫解除，故冠脉血流的阻力显著减小，血流量增加。在等容舒张期，冠脉血流量突然增加，在舒张期的早期达到最高峰，然后逐渐回降。在左心室深层，心肌收缩对冠脉血流的影响更为明显。左心房收缩时对冠脉血流也可产生一定的影响，但并不显著。一般说来，左心室在收缩期血流量大约只有舒张期的20%～30%。当心肌收缩加强时，心缩期血流量所占的比例更小。由此可见，动脉舒张压的高低和心舒期的长短是影响冠脉血流量的重要因素。体循环外周阻力增大时，动脉舒张压升高，冠脉血流量增多。心率加快时，由于心动周期的缩短主要是心舒期缩短，故冠脉血流量减少。右心室肌肉比左心室的薄弱，收缩时对血流的影响不如左心室明显。在安静情况下，右心室收缩期的血流量和舒张期的血流量相差不多，甚至多于后者。

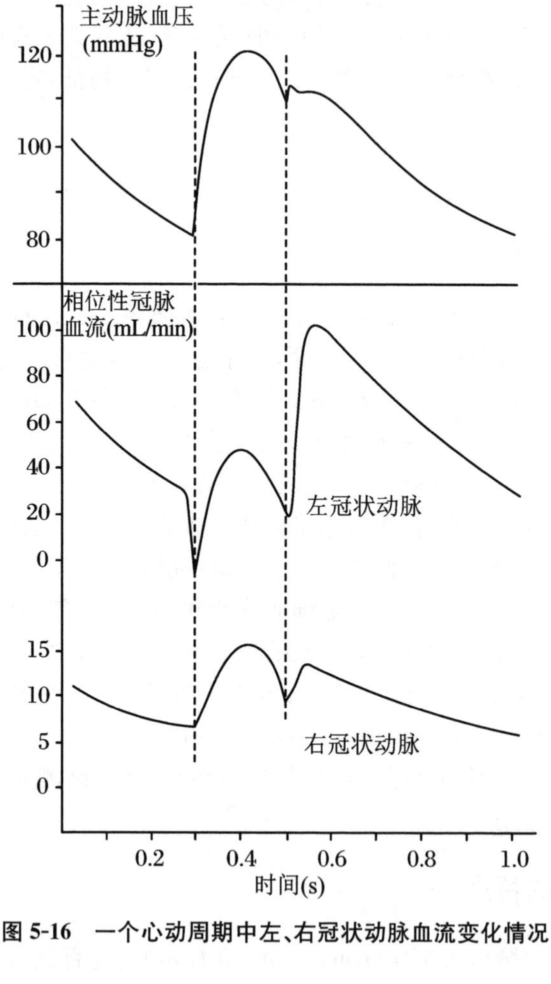

图 5-16 一个心动周期中左、右冠状动脉血流变化情况

(三) 冠脉血流量的调节

对冠脉血流量进行调节的各种因素中，最重要的是心肌本身的代谢水平。交感和副交感神经也支配冠脉血管平滑肌，但它们的调节作用是次要的。

1. 心肌代谢水平对冠脉血流量的影响

心肌收缩的能量来源几乎唯一地依靠有氧代谢。心肌因连续不断地进行收缩和舒张，故耗氧量较大，即使在人体处于安静状态时，动脉血流经心脏后，其中65%～75%的氧被心肌摄取。因此心肌的动脉血和静脉血含氧量相差很大，换句话说，心肌提高从单位血液中摄取氧的潜力较小。在肌肉运动、精神紧张等情况下，心肌代谢活动增强，耗氧量也随之增加。此时，机体主要通过冠脉血管舒张，即增加冠脉血流量来满足心肌对氧的需求。实验证明，冠脉血流量是和心肌代谢水平成正比的。在去除神经支配和循环激素作用的情况下，这种关系仍旧存在。目前认为，心肌代谢增强引起冠脉血管舒张的原因并非低氧本身，而是由于某些心肌代谢产物的增加。在各种代谢产物中，腺苷可能起最重要的作用。当心肌代谢增强而使局部组织中氧分压降低时，心肌细胞中的ATP分解为ADP和AMP。在冠脉血管周围的间质细胞中有5′-核苷酸酶，后者可使AMP分解产生腺苷。腺苷具有强烈的舒张小动脉的作用。腺苷生成后，在几秒钟内即被破坏，因此不会引起其他器官的血管舒张。心肌的其他代谢产物如H^+、CO_2、乳酸等，虽也能使冠脉舒张，但作用较弱。此外，缓激肽和PGE等体液因素也能使冠脉血管舒张。

2. 神经调节

冠状动脉受迷走神经和交感神经支配。迷走神经兴奋对冠状动脉的直接作用是引起舒张。但迷走神经兴奋时又使心率减慢，心肌代谢率降低，这些因素可抵消迷走神经对冠状动脉的直接舒张作用。在动物实验中，如果使心率保持不变，则刺激迷走神经时引起冠脉舒张。刺激心交感神经时，可激活冠脉平滑肌的α肾上腺素能受体，使血管收缩。但交感神经兴奋又同时激活心肌的β肾上腺素能受体，使心率加快，心肌收缩加强，耗氧量增加，从而使冠脉舒张。给予β肾上腺素能受体拮抗剂后，刺激交感神经只表现出直接的冠脉收缩反应。冠脉平滑肌上也有β肾上腺素能受体，后者被激动时引起冠脉舒张。交感神经兴奋对冠脉的β肾上腺素能受体的激动一般不很明显。一些药物如异丙基肾上腺素，对冠脉β肾上腺素能受体的作用较强。

总之，在整体条件下，冠脉血流量主要是由心肌本身的代谢水平来调节的。神经因素对冠脉血流的影响在很短时间内就被心肌代谢改变所引起的血流变化所掩盖。

3. 激素调节

肾上腺素和去甲肾上腺素可通过增强心肌的代谢活动和耗氧量使冠脉血流量增加；也可直接作用于冠脉血管的α或β肾上腺素能受体，引起冠脉血管收缩或舒张。甲状腺素增多时，心肌代谢加强，耗氧量增加，使冠状动脉舒张，血流量增加。大剂量血管升压素可使冠状动脉收缩，冠脉血流量减少。血管紧张素Ⅱ也能使冠状动脉收缩，冠脉血流量减少。

二、肺循环

肺循环(pulmonary circulation)的功能是使血液在流经肺泡时和肺泡气之间进行气体交换。呼吸性小支气管以上的呼吸道组织所需要的营养物质由体循环的支气管动脉供应。肺循环和支气管血管的末梢之间有吻合支沟通。因此，有一部分支气管静脉血液可经过这些吻合支进入肺静脉和左心房，使主动脉血液中掺入1%～2%的静脉血。

(一) 肺循环的生理特点

右心室的每分输出量和左心室的基本相同。肺动脉及其分支都较粗短，管壁较主动脉及其分支薄。肺循环的全部血管都在胸腔内，而胸膜腔内的压力低于大气压。这些因素使肺循环具有与体循环不同的一些特点。

1．血流阻力和血压

肺动脉管壁厚度仅为主动脉的三分之一，其分支短而管径较粗；肺动脉的顺应性较高，对血流的阻力较小。肺循环动脉部分总的阻力和静脉部分总的阻力大致相等，故血流在动脉部分的压力降落和在静脉部分的压力降落相等。肺循环毛细血管压大致在右心室压和左心房压数值的中点。由于肺循环血管对血流的阻力小，所以，虽然右心室的每分输出量和左心室每分输出量基本相同，但肺动脉压较主动脉压低。右心室压和肺动脉压可用插入导管的方法直接测量。在正常人，右心室收缩压平均约为 22 mmHg，舒张压为 0～1 mmHg。肺动脉的收缩压和右心室收缩压也相同，平均为 22 mmHg，舒张压平均为 8 mmHg，平均压约 13 mmHg。用间接方法可测得肺循环毛细血管平均压约 7 mmHg。肺循环的终点，即肺静脉和左心房内压力为 1～4 mmHg，平均约 2 mmHg。

2．肺的血容量

肺部的血容量约为 450 mL，约占全身血量的 9%。由于肺组织和肺血管的顺应性大，故肺部血容量的变动范围较大。在用力呼气时，肺部血容量可减少至约 200 mL；而在深吸气时可增加到约 1000 mL。由于肺的血容量较多，而且变动范围较大，故肺循环血管也起贮血库的作用。当机体失血时，肺循环可将一部分血液转移至体循环，起代偿作用。在每一个呼吸周期中，肺循环的血容量发生周期性的变化，并对左心室输出量和动脉血压产生影响。在吸气时，由腔静脉回流入右心房的血量增多，右心室射出的血量也就增加。由于肺扩张时可将肺循环的血管牵拉扩张，使其容量增大，能容纳较多的血液，因而经由肺静脉回流入左心房的血液则减少。但在几次心搏后，扩张的肺循环血管已被充盈，故由肺静脉回流入左心房的血量逐渐增加，在呼气时则发生相反的过程。因此，在呼气相的前半期动脉血压下降，到吸气相的后半期开始逐渐回升；呼气相的前半期血压继续升高，到呼气相的后半期开始下降。呼吸周期中出现的这种血压波动，称为动脉血压的呼吸波。在一般情况下，呼吸引起的动脉血压波动范围在 4～6 mmHg；在作深呼吸时，血压的波动范围可达 20 mmHg。

3．肺循环毛细血管处的气体交换

如前所述，肺循环毛细血管压平均约 7 mmHg，而血浆胶体渗透压平均为 25 mmHg，故将组织中的液体吸收入毛细血管的力量较大。肺部组织液的压力为负压，这一负压使肺泡膜和毛细血管壁互相紧密相贴，有利于肺泡和血液之间的气体交换。组织液负压还有利于吸收肺泡内的液体，使肺泡内不会有液体积聚。在某些病理情况下，如左心衰竭时，肺静脉压力升高，肺循环毛细血管压也随之升高，就可使液体积聚在肺泡或肺的组织间隙中，形成肺水肿。

(二) 肺循环血流量的调节

1．神经调节

肺循环血管受交感神经和迷走神经支配。刺激交感神经对肺血管的直接作用是引起收缩和血流阻力增大。但在整体情况下，交感神经兴奋时体循环的血管收缩，将一部分血液挤入肺循环，使肺循环内血容量增加。循环血液中的儿茶酚胺也有同样的效应。刺激迷走神经可使肺血管舒张。乙酰胆碱也使肺血管舒张，但在流经肺部后即分解失活。

2．肺泡气的氧分压

肺泡气的氧分压对肺部血管的舒缩活动有明显的影响。急性或慢性的低氧都能使肺部血管收缩，血流阻力增大。引起肺血管收缩的原因是肺泡气的氧分压过低，而不是由于血液的氧张力过低。当一部分肺泡内气体的氧分压降低时，这些肺泡周围的微动脉收缩。在肺泡气的CO_2分压升高时，低氧引起的肺部微动脉收缩更加显著。可见肺循环血管对局部低氧发生的反应与体循环血管不同。肺部血管对低氧发生缩血管反应的机制，目前还不完全清楚。有人推测低氧可能使肺组织产生一种缩血管物质，也有人认为必须有血管内皮存在才能发生这种缩血管反应。肺泡气低氧引起局部缩血管反应，具有一定的生理意义。当一部分肺泡因通气不足而氧分压降低时。这些肺泡周围的血管收缩，血流减少，可使较多的血液流经通气充足、肺泡气氧分压高的肺泡。假如没有这种缩血管反应，血液流经通气不足的肺泡时，血液不能充分氧合，这部分含氧较低的血液回流入左心房，就会使体循环血液的含氧量降低。当吸入气氧分压过低时，可引起肺循环微动脉广泛收缩，血流阻力增大，故肺动脉压显著升高。平时居住在低海拔地区的人，如果以较快的速度登上高海拔地区，常会发生肺动脉高压，甚至发生肺水肿；长期居住在高海拔地区的人，常可因肺动脉高压使右心室负荷长期加重而导致右心室肥厚。

3．血管活性物质对肺血管的影响

肾上腺素、去甲肾上腺素、血管紧张素Ⅱ、血栓素A_2、前列腺素F_{2a}等，都能使肺循环的微动脉收缩。组胺、5-羟色胺能使肺循环的微静脉收缩，但在流经肺循环后即分解失活。

三、脑循环

脑组织的代谢水平高，血流量较多。在安静情况下，每百克脑的血流量为50～60 mL/min。整个脑的血流量约为750 mL/min。可见，脑的重量虽仅占体重的约2%，但血流量却占心输出量的15%左右。脑组织的耗氧量也较大。在安静情况下，每百克脑组织每分钟耗氧3～3.5 mL，整个脑的耗氧量约占全身耗氧量的20%。

（一）脑循环的特点

脑位于颅腔内。颅腔的壁是骨性的，因此颅腔的容积是固定的。颅腔内被脑、脑血管和脑脊液充满，三者容积的总和也是固定的。由于脑组织和脑脊液都是不可压缩的，故脑血管的舒缩程度受到相当的限制，其血流量的变化较其他器官的小。

脑循环的毛细血管壁内皮细胞相互接触紧密，并有一定的重叠，管壁上没有小孔。另外，毛细血管和神经元之间并不直接接触，而为神经胶质细胞所隔开。这一结构特征对于物质在血液和脑组织之间的扩散起着屏障的作用，称为血-脑屏障。

（二）脑血流量的调节

1．脑血管的自身调节

脑血流量取决于脑动、静脉的压力差和脑血管的血流阻力。在正常情况下，颈内静脉压接近于右心房压，且变化不大，故影响脑血流量的主要因素是颈动脉压。正常情况下脑循环的灌注压为80～100 mmHg。平均动脉压降低或颅内压升高都可使脑的灌注压减低。但当平均动脉压在60～140 mmHg的范围内变动时，脑血管可通过自身调节的机制使脑血流量保持恒定。平均动脉压降低到60mmHg以下时，脑血流量就会显著减少，引起脑的功能障碍。反之，当平均动脉压超过脑血管自身调节的上限时，脑血流量显著增加，严重时可因脑毛细血管压过高而引起脑水肿。

2．CO_2和O_2分压对脑血流量的影响

在皮肤、骨骼肌、肾脏等血管床，中等度的低氧和CO_2分压升高对器官血流量的影响并不明显，因为虽然CO_2分压升高和低氧有直接的舒血管效应，但在整体情况下，CO_2和低氧引起的化学感受性反射可引起血管收缩。但由于化学感受性反射对脑血管的缩血管效应很小，所以血液CO_2分压升高和低氧对脑血管的直接舒血管效应非常明显。现在认为，CO_2分压升高时，须通过生成NO的环节再引起脑血管舒张；低氧的舒血管效应则依赖于NO、腺苷的生成和K^+通道的激活。过度通气时，CO_2呼出过多，动脉血CO_2分压过低，脑血流量减少，可引起头晕等症状。

3．脑组织代谢对脑血流的影响

脑各部分的血流量与该部分脑组织的代谢活动程度有关。实验证明，在同一时间内脑的不同部分的血流量是不同的。当脑的某一部分活动加强时，该部分的血流量就增多。例如在一手紧握拳时，对侧大脑皮层运动区的血流量就增加；阅读时脑的许多区域血流量增加，特别是皮层枕叶和颞叶与言语功能有关的部分血流量增加更为明显。代谢活动加强引起局部脑血流量增加的机制，可能是由于代谢产物如H^+、K^+、腺苷。CO_2增加和氧分压降低，引起脑血管舒张。近年来的研究指出，脑的代谢产物可使有些神经元释放NO，后者引起脑血流量增加。

4．一氧化氮

NO是由内皮细胞合成和释放的一种舒血管物质。血液中的一些活性物质，如乙酰胆碱、缓激肽、组胺、ATP等，可以通过使脑血管的内皮产生NO而引起脑血管舒张。

5．神经调节

颈上神经节发出的去甲肾上腺素能节后纤维，其末梢分布至脑的动脉和静脉，并分布至软脑膜的血管，还有少量分布至脑实质的血管。脑实质内的小血管有起自蓝斑去甲肾上腺素神经元的轴突末梢的分布。副交感乙酰胆碱能神经末梢也分布至脑血管。此外，脑血管还有血管活性肠肽等神经肽纤维末梢分布。神经对脑血流的调节作用不很明显。刺激或切除支配脑血管的交感或副交感神经，脑血流量没有明显的变化。在多种心血管反射中，脑血流量一般变化都很小。有人认为，刺激交感神经可使比较大的脑动脉收缩，但这些动脉下游的小动脉则通过自身调节机制而舒张，因此脑组织的血流并未减少。

（三）脑脊液的生成和吸收

脑脊液存在于脑室系统、脑周围的脑池和蛛网膜下隙内，可被视为脑和脊髓的组织液和淋巴。成年人的脑脊液总量约150 mL。每天生成的脑脊液约800 mL，是脑脊液总量的5～6倍，但同时有等量的脑脊液被吸收入血，可见脑脊液的更新率较高。

脑脊液主要由侧脑室、第三脑室和第四脑室的脉络丛分泌。侧脑室内的脑脊液经室间孔流入第三脑室，再经过导水管进入第四脑室，然后进入蛛网膜下隙。除脉络丛外，室管膜细胞也能分泌脑脊液。软脑膜血管和脑的毛细血管滤过的液体，一部分被重吸收，其余的则沿着血管周围间隙进入蛛网膜下隙，成为脑脊液的一部分。

脑脊液主要通过蛛网膜绒毛被吸收入静脉窦的血液内。蛛网膜绒毛有活瓣状的细微管道，其直径为4～12 μm。当蛛网膜下隙的压力高于静脉窦内的压力时，这些管道开放。这时，脑脊液（包括其中所含的蛋白质分子甚至小的颗粒，如红细胞等）可进入静脉窦血液。当蛛网膜下隙的压力低于静脉窦内的压力时，管道关闭，液体不能由静脉窦向蛛网膜下隙倒流。脑脊液压力的高低取决于其生成和吸收之间的平衡关系。正常人在取卧位时，脑脊液压平均为 10 mmHg。当脑脊液的吸收受到阻碍时，脑脊液压就会升高，并影响脑血流和脑的功能。

脑脊液的主要功能是在脑、脊髓和颅腔、椎管之间起缓冲作用，有保护脑和脊髓的意义。脑浸浴于脑脊液中，由于浮力的作用，是使脑的重量减轻到仅 50 g 左右。另外，脑脊液还作为脑和血液之间进行物质交换的中介。脑组织中没有淋巴管，由毛细血管壁漏出的少量蛋白质，主要经血管周围间隙进入蛛网膜下隙的脑脊液中，然后通过蛛网膜绒毛回入血液。

（四）血-脑脊液屏障和血-脑屏障

脑脊液主要是脉络丛分泌的，但其成分和血浆不同。脑脊液中蛋白质的含量极微，葡萄糖含量也较血浆为少，但 Na^+ 和 Mg^{2+} 的浓度较血浆中的高，K^+、HCO_3^- 和 Ca^{2+} 的浓度则较血浆中的低。可见，血液和脑脊液之间物质的交换并不是被动的过程，而是主动转运过程。另外，一些大分子物质较难从血液进入脑脊液，仿佛在血液和脑脊液之间存在着某种特殊的屏障，故称之为血-脑脊液屏障。这种屏障对不同物质的通透性是不同的。O_2、CO_2 等脂溶性物质可很容易地通过屏障，但许多离子的通透性则较低。血-脑脊液屏障的基础是无孔的毛细血管壁和脉络丛细胞中运输各种物质的特殊载体系统。

血液和脑组织之间也存在着类似的屏障，可限制物质在血液和脑组织之间的自由交换，称为血-脑屏障。脂溶性物质如 O_2、CO_2、某些麻醉药以及乙醇等，很容易透过血脑屏障。对于不同的水溶性物质来说，其通透性并不一定和分子的大小相关。例如葡萄糖和氨基酸的通透性较高，而甘露醇、蔗糖和许多离子的通透性则很低，甚至不能通透。这说明脑内毛细血管处的物质交换和身体其他部分的毛细血管是不同的，也是一种主动转运过程。用电子显微镜观察，脑内大多数毛细血管表面都被星状胶质细胞伸出的突起所包围。因此推测，毛细血管内的血液和神经元之间的物质交换可能都要通过胶质细胞作为中介。可以认为，毛细血管内皮、基膜和星状胶质细胞的血管周足等结构可能是血脑屏障的形态学基础。另外，毛细血管壁对各种物质的特殊的通透性也和这种屏障作用有重要的关系。

血-脑脊液屏障和血-脑屏障的存在，对于保持神经元周围稳定的化学环境和防止血液中有害物质侵入脑内有重要的生理意义。例如，脑脊液中 K^+ 浓度较低，即使在实验中使血浆 K^+ 浓度加倍，脑脊液的 K^+ 浓度仍能保持在正常范围内。因此脑内神经元的兴奋性不会因血浆 K^+ 浓度的变化而发生明显的改变。由于血脑屏障的存在，循环血液中的乙酰胆碱、去甲肾上腺素、多巴胺、甘氨酸等物质不易进入脑内，否则，血浆中这些物质浓度的改变将会明显地扰乱脑内神经元的正常功能活动。

需要指出，脑的某些部分，如下丘脑第三脑室周围和延髓后缘区等处的室周器，血脑屏障比较薄弱，毛细血管壁对许多物质的通透性高于脑的其他部分。因此循环血液中的有些物质，如血管紧张素Ⅱ和其他肽类物质，可以在这些部位进入脑内，作用于相应的受体，引起各种效应。另外，当脑组织发生缺氧、损伤等情况以及在脑肿瘤部位，毛细血管壁的通透性增加，故平时不易透过寻屏障的物质此时较易进入受损部位的脑组织。在临床上可以用同位素标记的白蛋白注入体内，这些蛋白质进入正常脑组织的速度很慢，但较易进入脑肿瘤组织，因此可用这种方法来检查脑瘤的位置。另外，在用药物治疗神经系统疾病时，必须明确所用的药物是否容易通过血脑屏障。

在脑室系统，脑脊液和脑组织之间为室管膜所分隔；在脑和脊髓的表面，脑脊液和脑、脊髓组织之间为软脑膜、软脊膜所分隔。室管膜和软脑膜、软脊膜的通透性都很高，脑脊液中的物质很容易通过室管膜或软脑膜、软脊膜进入脑、脊髓组织。因此，在临床上可将不易通过血脑屏障的药物直接注入蛛网膜下隙的脑脊液内，使之能较快地进入脑、脊髓组织。

复习思考题

1. 试述每搏输出量的调节机制。

2. 试述心脏工作细胞动作电位的产生机制。

3. 试述心电图各波和间期的意义。

4. 影响动脉血压的因素有哪些？其机理如何？

5. 电刺激家兔迷走神经向心端，减压神经中枢端，夹闭一侧颈总动脉，动脉血压有何变化？为什么？

6. 论述压力感受性反射的过程及其生理意义。

7. 心血管活动的调节方式有哪些？有何特点？

8. 血管内皮释放哪些血管活性物质？有何生理作用？

（王海华）

模块六　呼吸系统

学习目标

掌握：肺和胸膜的解剖位置；气管和主支气管的解剖结构及其分类；呼吸的概念、过程及其生理意义；肺通气的动力；胸膜腔内负压的形成及其生理意义；氧解离曲线的概念及其影响因素；呼吸的反射性调节。

熟悉：肺和胸膜的结构及其特点；呼吸的三个环节；弹性阻力和顺应性；气体交换的原理和交换过程；影响肺换气的因素；O_2和CO_2在血液中的运输形式；呼吸中枢。

了解：呼吸系统的组成；二氧化碳的运输形式及CO_2解离曲线。

呼吸系统(respiratory system)由呼吸道和肺组成。呼吸道包括鼻、咽、喉、气管及各级支气管。临床上通常把鼻、咽和喉称为**上呼吸道**，把气管和各级支气管称为**下呼吸道**。肺由实质和间质组成，前者包括支气管树和肺泡，后者包括结缔组织、血管、淋巴管和神经等。呼吸系统的主要功能是进行气体交换，即吸入氧气和排出二氧化碳。其中，呼吸道是传送气体的通道，而肺内的肺泡是吸入的空气与血液中的气体进行交换的场所。此外，肺还参与多种生物活性物质的合成和代谢。

第一节　呼吸道

一、鼻腔

鼻是呼吸和嗅觉器官。鼻腔的内表面为黏膜，由上皮和固有层构成；黏膜下方与软骨、骨或骨骼肌相连。根据结构和功能的不同，鼻黏膜可分为前庭部、呼吸部和嗅部。

（一）前庭部

前庭部(vestibular region)是邻近外鼻孔的部分，其上皮为**未角化复层扁平上皮**，与外鼻孔缘的表皮相移行。固有层为致密结缔组织，内含毛囊、皮脂腺与汗腺。鼻毛能阻挡吸入空气中的尘埃等异物。

（二）呼吸部

呼吸部(respiratory region)占鼻黏膜的大部分，因富含血管而呈粉红色。上皮为**假复层纤毛柱状上皮**，**杯状细胞**较多。上皮纤毛向咽部摆动，可将黏附尘埃及细菌等物的黏液推向咽部而被咳出。固有层内含有大量**腺体**、丰富的**静脉丛**与**淋巴组织**。腺体分泌物有利于湿润黏膜,并有吸附和清除灰尘、细菌的作用。丰富的血流可温暖吸入的空气。

(三) 嗅部

嗅部(olfactory region)位于鼻中隔上部、上鼻甲及鼻腔顶部,呈棕黄色。该部上皮为**假复层柱状上皮**,由三种细胞组成(图 6-1)。

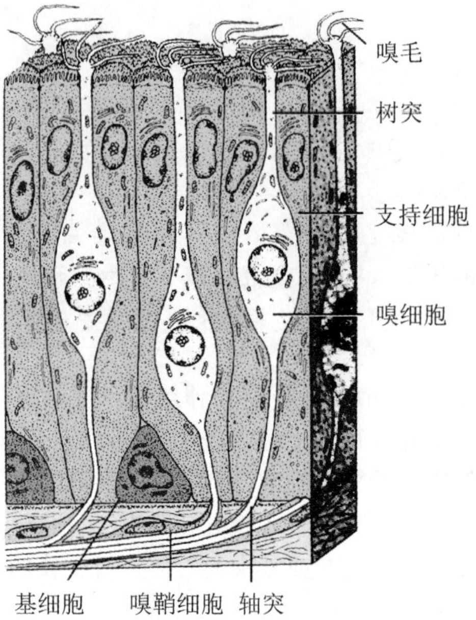

图 6-1 嗅上皮的超微结构模式图

1. 支持细胞

支持细胞呈高柱状,顶部宽大,基部较细,核位于细胞上部,胞质中含有黄色色素颗粒,细胞游离面有许多微绒毛。此细胞起支持和分隔嗅细胞的作用。

2. 嗅细胞(olfactory cell)

嗅细胞为**双极神经元**,是体内唯一存在于上皮内的**感觉神经元**,也是能终身持续更新的神经细胞。细胞呈梭形,胞体位于上皮中部。其树突伸至上皮表面,末端膨大成小泡状,称**嗅泡**(olfactory vesicle)。从嗅泡向表面发出 10～30 根无摆动能力的纤毛,称**嗅毛**(olfactory cilia)。嗅毛常倒向一侧,浸于嗅腺的分泌物中,能感受有气味物质的刺激。其轴突穿过基膜,在固有层内由一种称**嗅鞘细胞**(olfactory ensheathing cell)的神经胶质细胞包裹,构成无髓神经纤维,组成**嗅神经**。

3. 基细胞

基细胞位于上皮深部,细胞小,呈锥形,可增殖分化为支持细胞和嗅细胞。

固有层为薄层结缔组织,内含浆液性**嗅腺**,其分泌物覆盖黏膜表面,可溶解空气中的有气味物质,刺激嗅毛。此外,嗅腺分泌物还能不断清洗上皮表面,保持嗅觉敏锐。

二、气管和主支气管

气管和主支气管的结构基本相似,均由**黏膜**、**黏膜下层**和**外膜**三层组成(图 6-2),但主支气管的三层分界不如气管清楚。

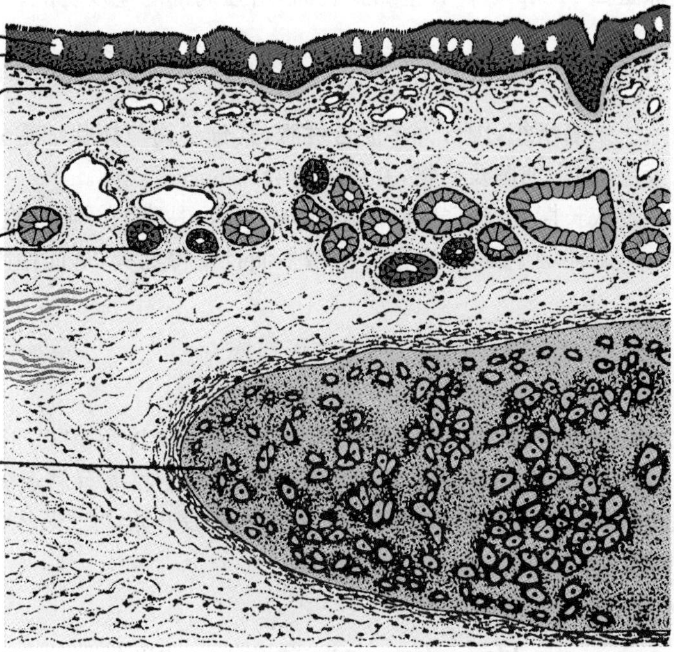

图 6-2　气管仿真图

(一) 黏膜

黏膜可分为上皮和固有层。上皮为**假复层纤毛柱状上皮**,电镜下可见由五种细胞组成(图 6-3)。除**纤毛细胞**、**杯状细胞**和**基细胞**(见上皮组织)外,还有**刷细胞**和**小颗粒细胞**。刷细胞呈柱状,游离面有密集的微绒毛,形如刷状,其功能尚未定论,可能具有感受刺激的作用,也有人认为它是一种幼稚型纤毛细胞。小颗粒细胞数量少,呈锥形,胞质内有许多分泌颗粒,含 5-羟色胺等物质,可调节呼吸道平滑肌的收缩和腺体的分泌。

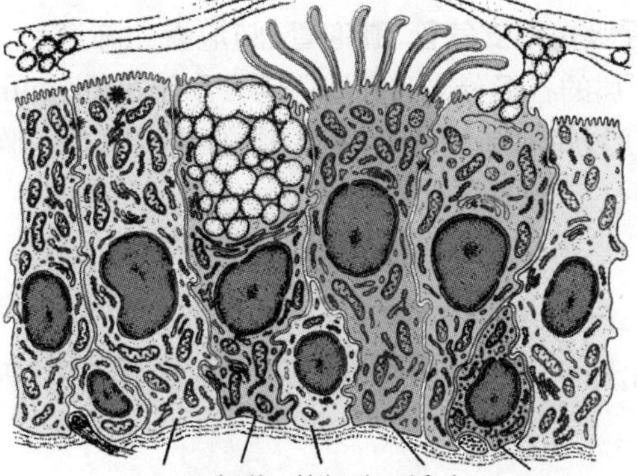

图 6-3　气管和主支气管上皮超微结构模式图

固有层的结缔组织中富含**弹性纤维**，也常见**淋巴组织**。其中的浆细胞与上皮细胞协同产生**分泌性免疫球蛋白** A(slgA)释放至黏膜表面，增强局部的免疫功能。

(二) 黏膜下层

黏膜下层为疏松结缔组织，内含许多**混合性腺**，其分泌物与杯状细胞分泌的黏液共同在管腔表面形成黏液层，黏附细菌及异物，并可溶解吸入的有害气体。

患慢性支气管炎或长期受有害气体(如吸烟)的刺激，黏膜的纤毛细胞可减少，纤毛运动减弱，杯状细胞增多，腺体增生肥大，黏液分泌增多而且变得黏稠，从而使呼吸道黏膜的防御功能降低。

(三) 外膜

外膜较厚，由 16～20 块**透明软骨环**和**结缔组织**构成。软骨环呈"C"形，缺口处为气管后壁，内有弹性纤维组成的韧带和平滑肌束。咳嗽时平滑肌的收缩有利于分泌物的排出。软骨环之间以弹性纤维组成的膜状韧带相连。从主支气下段开始，"C"形软骨环逐渐变为不规则的软骨片，平滑肌纤维逐渐增多。

第二节 肺 和 胸 膜

一、肺

肺(lung)表面覆以浆膜(胸膜脏层)，光滑湿润，有利于呼吸运动。肺组织分**实质**和**间质**两部分。肺实质即肺内**支气管树**和**肺泡**。肺间质为结缔组织及血管、淋巴管和神经等。

主支气管经肺门入肺后，反复分支呈树枝状，称**支气管树**。它首先分出**叶支气管**，叶支气管继续分支为**段支气管**，段支气管以下的多次分支统称为**小支气管**。小支气管分支到管道内径约 1 mm 以下称**细支气管**。细支气管的末端分支称**终末细支气管**。从叶支气管经 15 级分支到终末细支气管构成**肺导气部**。终末细支气管以下各段均有肺泡开口，可进行气体交换，为肺呼吸部，包括**呼吸性细支气管**、**肺泡管**、**肺泡囊**和**肺泡**。

每个细支气管及其所属的各级分支和肺泡称为一个**肺小叶**(pulmonary lobule)(图 6-4)。肺小叶呈锥体形，尖朝肺门，底向肺表面，它们是肺的结构单位。临床上称仅累及若干肺小叶的炎症为小叶性肺炎。

(一) 肺导气部

肺导气部是气体进出肺的通道。随着支气管的反复分支，其管径变小，管壁变薄，三层分界渐不明显。

1. 肺内支气管

肺内支气管指叶支气管、段支气管及小支气管。其管壁结构与主支气管相似，但**假复层纤毛柱状上皮**逐渐变薄；**杯状细胞**、**腺体**和**软骨**片都逐渐减少；而固有层外侧的**平滑肌**纤维却相对增多，呈现为不成层的环行平滑肌束(图 6-5)。

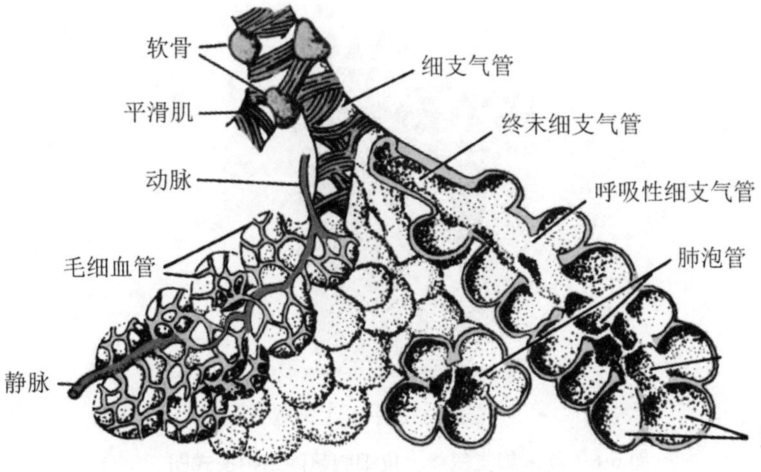

图 6-4　肺小叶立体模式图

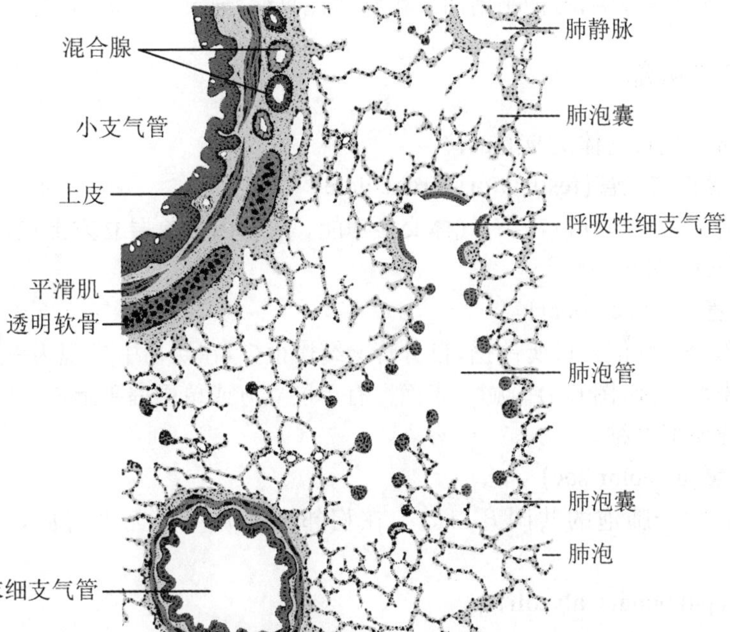

图 6-5　肺仿真图

2．细支气管(bronchiole)

上皮由**假复层纤毛柱状上皮**逐渐变为**单层纤毛柱状上皮**，**杯状细胞**、**腺体**和**软骨片**很少或消失，环行平滑肌更为明显(图 6-5)，黏膜常形成**皱襞**。

3．终末细支气管(terminal bronchiole)

上皮为**单层柱状上皮**，**杯状细胞**、**腺体**和**软骨片**均消失，有完整的环行平滑肌层，黏膜皱襞明显。终末细支气管的上皮除少量纤毛细胞外，大多为**克拉拉细胞**(Clara cell)，细胞呈柱状，游离面呈圆顶状凸向管腔，顶部胞质中含电子密度低的分泌颗粒(图 6-6)。克拉拉细胞可分泌糖蛋白，在上皮表面形成一层保护膜。

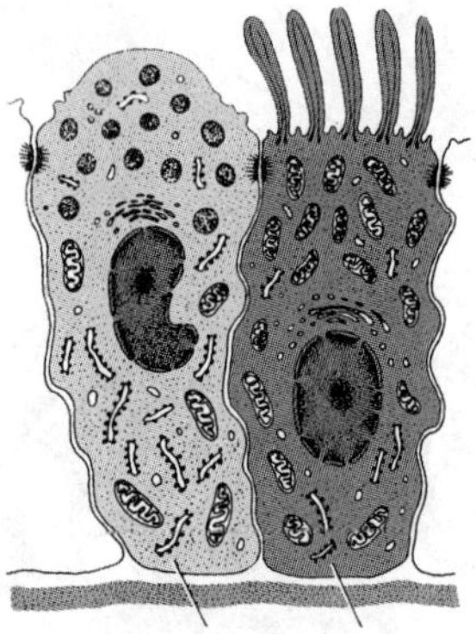

图6-6 终末细支气管上皮细胞超微结构模式图

细支气管和终末细支气管的环行平滑肌，有调节进入肺小叶内气流量的作用。某些过敏性疾病，如支气管哮喘，可使平滑肌发生痉挛性收缩，导致管径狭小，引起呼吸困难。

(二) 肺呼吸部

肺呼吸部是进行气体交换的部位。

1. 呼吸性细支气管(respiratory bronchiole)

管壁上有少量肺泡开口，故有气体交换功能。管壁内衬**单层立方上皮**，外有少量**结缔组织**和**平滑肌**纤维(图6-5)。

2. 肺泡管(alveolar duct)

管壁大部分被肺泡开口所占据，自身管壁结构很少，在切片中呈现为一系列相邻肺泡开口之间的**结节状膨大**(图6-5)。膨大表面覆有单层立方或**单层扁平上皮**，其下方为薄层**结缔组织**及少量**平滑肌**纤维。

3. 肺泡囊(alveolar sac)

肺泡囊是数个肺泡的共同开口处。在相邻肺泡开口处无平滑肌，故无结节状膨大(图6-5)。

4. 肺泡(pulmonary alveoli)

为半球形囊泡，直径约200 μm，是肺进行气体交换的场所。成人肺有3亿～4亿个肺泡，总面积可达70～80 m^2。肺泡壁很薄，由单层肺泡上皮组成。相邻肺泡之间紧密相贴，仅隔以薄层结缔组织，称肺泡隔(图6-5、图6-7)。

(1) 肺泡上皮：由Ⅰ型肺泡细胞和Ⅱ型肺泡细胞组成。

Ⅰ型肺泡细胞(type Ⅰ alveolar cell)：细胞扁平，含核部分略厚，其余部分菲薄，厚约0.2 μm，胞质内细胞器甚少，但吞饮小泡较多(图6-7)。此型细胞虽较Ⅱ型细胞少，但所覆盖的肺泡面积达95%，它主要参与气-血屏障的组成。Ⅰ型肺泡细胞无增殖能力，损伤后由Ⅱ型肺泡细胞增殖分化补充。

Ⅱ型肺泡细胞(type Ⅱ alveolar cell)：细胞嵌于Ⅰ型肺泡细胞之间，覆盖肺泡约5%的表面积。细胞呈立方形或圆形，顶端突入肺泡腔；核圆形；胞质着色浅，呈泡沫状。电镜下，细胞游离面有少量微绒毛，胞质富含线粒体、溶酶体和粗面内质网，高尔基复合体发达，核上方有许多分泌颗粒。颗粒大小不一，内含同心圆或平行排列的板层状结构，称**板层小体**(lamellar body)(图 6-7、图 6-8)。板层小体内多为磷脂(主要是二棕榈酰卵磷脂)，分泌到肺泡上皮表面后形成一层薄膜，称**表面活性物质**(surfactant)，有降低肺泡表面张力，稳定肺泡直径的作用。如果表面活性物质的合成和分泌受到抑制或被破坏时，可引起肺泡塌陷、肺泡和间质水肿，影响气体交换功能。例如在创伤、休克、中毒和感染时，表面活性物质的合成会受到影响，从而导致呼吸困难。胎儿出生后，如表面活性物质产生不足，肺泡扩张困难，可诱发**新生儿呼吸窘迫综合征**。

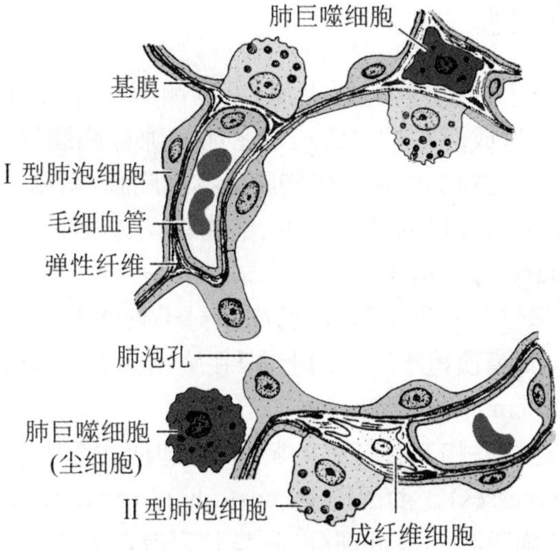

图 6-7　肺泡与肺泡隔模式图

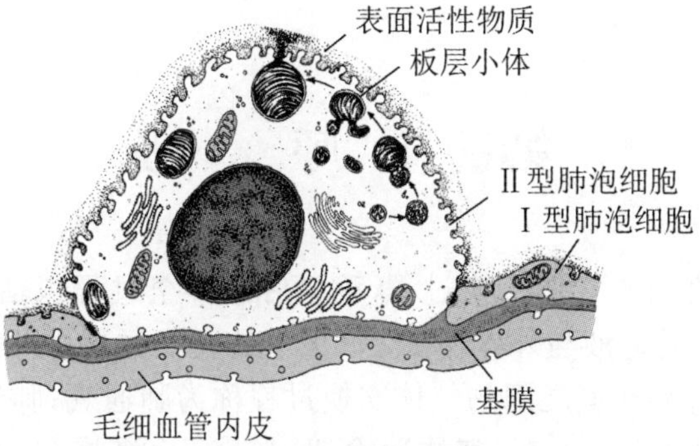

图 6-8　Ⅱ型肺泡细胞超微结构模式图

↑示板层小体形成过程

(2) **肺泡隔**(alveolar septum)：相邻肺泡之间的薄层结缔组织，称**肺泡隔**，其内含有丰富的连续毛细血管、弹性纤维以及成纤维细胞、肺巨噬细胞和肥大细胞等多种细胞(图 6-7)。密集的**毛细血管**有利于血液与肺泡之间的气体交换。**弹性纤维**有助于肺泡扩张后的回缩，若受某种因素影响，弹性纤维退化或受到破坏，肺泡因不能回缩而经常处于扩张状态，即为肺气肿。**肺巨噬细胞**(pulmonary macrophage)由单核细胞分化而来，广泛分布于肺间质，以肺泡隔中最多，也可游走到肺泡腔内。它能吞噬肺内的灰尘、细菌等异物。吞噬了较多尘粒的肺巨噬细胞又称**尘细胞**(dust cell)，常滞留于肺间质和肺门淋巴结内。

(3) **肺泡孔**(alveolar pore):相邻肺泡之间有小孔相通,称肺泡孔(图 6-7)。它是肺泡间的气体通路,可均衡肺泡间气体的含量。当某个终末细支气管或呼吸性细支气管阻塞时,可通过肺泡孔建立侧支通气道;但在肺部感染时,炎症也可经此孔蔓延。

(4) **气-血屏障**(blood-air barrier) 是肺泡与血液之间进行气体交换所通过的结构。它包括**肺泡表面活性物质层**、**Ⅰ型肺泡细胞**与**基膜**、薄层**结缔组织**、**毛细血管基膜**与**连续内皮**。有的部位两层基膜间无结缔组织,两层基膜融合。气-血屏障总厚度为 0.2～0.5 μm,有利于气体迅速通过,其中任何一层发生病理改变均会影响气体交换功能。

二、胸膜与胸膜腔

胸膜(pleura)是衬覆于胸壁内面、膈上面、纵隔侧面和肺表面的浆膜,可分为脏、壁两层。脏胸膜和壁胸膜之间形成潜在性呈负压的密闭间隙称**胸膜腔**(pleural cavity),腔中含有少量浆液,可减少呼吸时胸膜的摩擦。**脏胸膜**又称**肺胸膜**,紧贴于肺的表面,并深入肺裂。**壁胸膜**衬于胸壁内面、膈上面及纵隔侧面。脏、壁胸膜在肺根下方相互移行,形成三角形的皱襞,称**肺韧带**(pulmonary ligament)。

壁胸膜依其衬覆的部位可分为 4 部分:**肋胸膜**衬于胸壁内面;**膈胸膜**覆盖于膈上面;**纵隔胸膜**贴衬于纵隔侧面;**胸膜顶**覆于肺尖的上方,在胸锁关节与锁骨中、内 1/3 交界处之间,胸膜顶高出锁骨上方 2.5 cm。

不同部分的壁胸膜返折并相互移行处的胸膜腔,即使在深吸气时,肺缘也达不到其内,故名**胸膜隐窝**(pleural recesses)。**肋膈隐窝**(costodiaphragmatic recess)左右各一,由肋胸膜和膈胸膜转折而成,是胸膜腔的最低部分,胸膜腔积液首先积聚于此,炎症性粘连常发生于此处。肋纵隔隐窝位于肋胸膜与纵隔胸膜转折处,因左肺前缘有心切迹,所以左侧肋纵隔隐窝较大。

(王建君　伍雪芳)

第三节　呼　　吸

机体与外界环境之间的气体交换过程,称为**呼吸**。全过程包括 3 个相互联系的环节:① **外呼吸**,即肺毛细血管血液与外界环境之间的气体交换过程。外呼吸又包括肺通气和肺换气两个过程。肺与外界环境之间的气体交换过程称为肺通气;肺泡与肺毛细血管血液之间的气体交换过程称为肺换气。② **气体运输**,即由循环血液将 O_2 从肺运输到组织以及将 CO_2 从组织运输到肺的过程,也可看成肺与组织之间的气体交换过程。③ **内呼吸**,即组织毛细血管血液与组织、细胞之间的气体交换过程,也称组织换气。

一、肺通气

(一) 肺通气的动力

大气与肺泡气之间的压力差是肺通气的直接动力,而节律性的呼吸运动则是肺通气的原动力。

1．呼吸运动

呼吸肌的收缩和舒张引起的胸廓节律性扩大和缩小称为呼吸运动。

2．肺内压

肺内压是指肺泡内的压力。

3．胸膜腔内压

胸膜腔内压是指胸膜腔内的压力。在呼吸运动过程中，肺随着胸廓的运动而运动。肺之所以能随着胸廓运动，是因为在肺和胸廓之间存在着一个密闭、潜在的**胸膜腔**，且肺本身具有弹性。胸膜腔由两层胸膜构成，即紧贴于肺表面的脏层和紧贴于胸廓内壁的壁层。胸膜腔有少量的浆液，没有气体，浆液的存在不仅起润滑作用，减轻呼吸运动时两层胸膜的摩擦，而且由于液体分子的内聚力，使胸膜腔的脏层与壁层紧紧相贴，不易分开，从而保证肺能够随胸廓的运动而运动。

（二）肺通气的阻力

1．肺弹性阻力

肺在被扩张时产生回缩力，对抗外力所引起的肺扩张，是吸气的阻力，但也是呼气时的动力。肺的弹性阻力与肺自身的弹力纤维和胶原纤维等弹性成分有关，当肺被扩张时，这些纤维被牵拉而倾向于回缩。肺扩张越大，其牵拉作用越强，肺的回缩力和弹性阻力便越大；反之越小。

肺泡表面活性物质是复杂的脂蛋白混合物，主要由肺泡Ⅱ型细胞产生，主要成分是二棕榈酰卵磷脂和表面活性物质结合蛋白。

2．胸廓的弹性阻力

胸廓弹性阻力来自胸廓的弹性成分，既可能是吸气或呼气的阻力，也可能是吸气或呼气的动力，取决于胸廓所处的位置。

3．肺和胸廓的总弹性阻力

因为肺和胸廓呈串联排列，所以肺和胸廓的总弹性阻力是两者弹性阻力之和。

（三）非弹性阻力

非弹性阻力（nonelastic resistance）包括惯性阻力、黏滞阻力和气道阻力。惯性阻力是气流在发动、变速、换向时因气流和组织的惯性所产生的阻止肺通气的力。平静呼吸时，呼吸频率低、气流速度慢，惯性阻力小，可忽略不计。黏滞阻力来自呼吸时组织相对位移所发生的摩擦，也较小，占非弹性阻力的10%～20%。气道阻力来自气体流经呼吸道时气体分子间和气体分子与气道壁之间的摩擦，是非弹性阻力的主要成分，占80%～90%。一般情况下，呼吸道阻力虽然仅占呼吸总阻力的1/3左右，但是，呼吸道阻力增加却是临床上通气障碍最常见的病因。

二、肺换气和组织换气

（一）气体交换的原理

1．气体的分压差

在混合气体中，每种气体分子运动所产生的压力称为各气体的分压（partial pressure，

P)。气体分压不受混合气体中的其他气体或其分压的影响。混合气的总压力等于各气体分压之和。气体的分压差(ΔP)是气体扩散的动力,分压差越大,则扩散越快,扩散速率越大。

2. 气体的分子量和溶解度

气体扩散速率和气体分子量(MW)的平方根成反比。如果扩散发生于气相和液相之间,则扩散速率还与气体在溶液中的溶解度成正比。溶解度(S)是单位分压下溶解于单位容积溶液中的气体量。一般以一个大气压,38 ℃时,100 mL 液体溶解的气体的毫升数来表示。溶解度与分子量的平方根之比($S/\sqrt{MW}$)称为**扩散系数**(diffusion coefficient),它取决于气体分子本身的特性。因为 CO_2 在血浆中的溶解度(51.5)为 O_2 的(2.14)24 倍,CO_2 的分子量(44)略大于 O_2 的分子量(32),所以 CO_2 的扩散系数是 O_2 的 20 倍。

3. 扩散面积和距离

气体扩散速率与扩散面积(A)成正比,与扩散距离(d)成反比。

4. 温度

气体扩散速率与温度(T)成正比。因正常情况下,人体体温较恒定,故可忽略不计。

(二) 人体不同部位气体的分压

机体中不同部位的气体分压各不相同,血液和组织气体的分压也可用张力来表示,其数值与分压相同。表 6-1 中列出血液和组织中的 PO_2 和 PCO_2。不同组织中的 PO_2 和 PCO_2 不同,在同一组织,它们还受组织活动水平的影响。

表 6-1 血液和组织中气体的分压 kPa(mmHg)

	动脉血	混合静脉血	组织
PO_2	12.9～13.3	5.3	4.0
	(97～100)	(40)	(30)
PCO_2	5.3	6.1	6.7
	(40)	(46)	(50)

(三) 肺换气

1. 肺换气过程

2. 影响肺换气的因素

前已述及,气体分压差、扩散面积、扩散距离、温度和扩散系数等因素均可影响气体的扩散速率,从而影响肺换气。下面进一步讨论扩散距离和扩散面积以及通气/血流比值,对肺换气的影响。

(1) 呼吸膜的厚度和面积。

(2) **通气/血流比值**(ventilation/perfusion ratio)是指每分钟肺泡通气量(V)和每分钟肺血流量(Q)之间的比值(V/Q)。

(四) 组织换气

组织换气的机制和影响因素与肺换气相似,动脉血经毛细血管流向组织时,由于组织内

PO_2 低于动脉血的 PO_2，而 PCO_2 则高于动脉血的 PCO_2，因此，O_2 顺分压差由血液向细胞扩散，CO_2 则由细胞向血液扩散，动脉血变成静脉血，由此而获得 O_2，排出 CO_2。组织换气量与细胞代谢水平和流经组织的血流量有关。

三、气体在血液中的运输

(一) 氧的运输

血液中以物理溶解形式存在的 O_2 量，仅约占血液总 O_2 含量的 1.5%，以化学结合形式存在的占 98.5%左右。O_2 的结合形式是**氧合血红蛋白**（oxyhemoglobin，HbO_2）血红蛋白（hemoglobin，Hb）是血液气体运输中的主要工具。Hb 还参与 CO_2 的运输，所以在血液气体运输方面，Hb 占有极为重要的地位。

1．Hb 的分子结构

每一个 Hb 分子由 1 个珠蛋白和 4 个血红素（又称亚铁原卟啉）组成。每个血红素又由四个吡咯基组成 1 个环，中心为“Fe^{2+}”。每个珠蛋白有 4 条多肽链，每条多肽链与 1 个血红素连接，构成 Hb 的 1 个亚单位，Hb 是 4 个亚单位构成的四聚体。

2．Hb 与 O_2 结合的特征

(1) 反应快，可逆，不需酶的催化，受 PO_2 的影响。当血液流经 PO_2 高的肺部时，Hb 与 O_2 结合，形成 HbO_2；当血液流经 PO_2 低的组织时，HbO_2 迅速解离，释放 O_2，成为去氧 Hb，

(2) Fe^{2+} 与 O_2 结合后仍是二价铁，所以该反应是氧合（oxygenation），而不是氧化（oxidation）。

(3) 1 分子 Hb 可以结合 4 分子 O_2。在 100% O_2 饱和状态下，1 g Hb 可以结合的最大 O_2 量为 1.39 mL。正常时红细胞中含有少量不能结合 O_2 的高铁 Hb。1 g Hb 实际结合的 O_2 量低于 1.39 mL，通常以 1.34 mL 计算。100 mL 血液中，Hb 所能结合的最大 O_2 量称为 Hb 的**氧容量**（oxygen capacity），而 Hb 实际结合的 O_2 量称为 Hb 的**氧含量**（oxygen comtent）。Hb 氧含量与氧容量的百分比为 Hb 的**氧饱和度**（oxygen saturation）。

由于物理溶解的 O_2 极少，通常将 Hb 氧容量，Hb 氧含量和 Hb 氧饱和度分别视为血氧容量、血氧含量和血氧饱和度。HbO_2 呈鲜红色，去氧 Hb 呈蓝紫色。当血液中去氧 Hb 含量达 5 g/100 mL 以上时，皮肤、黏膜呈浅蓝色，这种现象称为**发绀**（cyanosis）。

(4) Hb 的变构效应：目前认为 Hb 有两种构型，去氧 Hb 为**紧密型**（tense form，T 型）；氧合 Hb 为**疏松型**（relaxed form，R 型）。R 型 Hb 对 O_2 的亲和力为 T 型的 500 倍。也就是说，Hb 的 4 个亚单位无论在结合 O_2 或释放 O_2 时，彼此间有协同效应，即 1 个亚单位与 O_2 结合后，由于变构效应，其他亚单位更易与 O_2 结合；反之，当 HbO_2 的 1 个亚单位释出 O_2 后，其他亚单位更易释放 O_2，这是氧曲线呈 S 形的重要原因。

3．氧解离曲线

氧解离曲线（oxygen dissociation curve）可氧合血红蛋白曲线，是表示血液 PO_2 与 Hb 氧饱和度关系的曲线。该曲线表示在不同 PO_2 下 O_2 与 Hb 的解离情况，同样也反映在不同的 PO_2 时 O_2 与 Hb 的结合情况。由于变构的特性，氧解离曲线呈 S 形，具有重要的生理意义。

(1) 氧解离曲线的上段：相当于 PO_2 在 60～100 mmHg，是 Hb 与 O_2 结合的部分。这段

曲线较平坦，表明 PO_2 的变化对 Hb 氧饱和度的影响不大。例如，PO_2 为 13.3 kPa（100 mmHg），（相当于动脉血的 PO_2），Hb 氧饱和度为 97.4%，血液的 O_2 含量约为 19.4 mL/100 mL。如果将吸入气的 PO_2 提高到 20 kPa（150 mmHg），Hb 氧饱和度为 100%，只增加了 2.6 个百分点。这也可以解释为何 V/Q 不匹配时，肺泡通气量的增加几乎无助于 O_2 摄取。反之，当 PO_2 从 13.3 kPa 下降到 9.3 kPa（70 mmHg）时，Hb 氧饱和度为 94%，也仅降低了 3.4 个百分点。因此，即使在高原、高空或某些呼吸系统疾病时，吸入气或肺泡气 PO_2 有所下降，但只要 PO_2 不低于 8 kPa（60 mmHg），Hb 的氧饱和度仍能维持在 90%以上，血液仍可携带足够量的 O_2，不致发生明显的低氧血症。

（2）氧解离曲线的中段：氧解离曲线的中段较陡，相当于 PO_2 在 5.3～8 kPa（40～60 mmHg）之间的 Hb 氧饱和度，是反映 HbO_2 释放 O_2 的部分。PO_2 为 5.3 kPa（40 mmHg），即相当于混合静脉血的 PO_2 时，Hb 氧饱和度约为 75%，血 O_2 含量约 14.4 mL/100 mL 血液，即每 100 mL 血液流经组织时释放了 5 mL O_2。保证安静状态下组织代谢所需 O_2 量。

（3）氧解离曲线的下段：氧解离曲线的下段相当于 PO_2 在 2～5.3 kPa（15～40 mmHg）之间时的 Hb 氧饱和度，也是反映 HbO_2 与 O_2 解离的部分。在组织活动加强时，组织中的 PO_2 可降至 2 kPa（15 mmHg），HbO_2 进一步解离，Hb 氧饱和度降至更低的水平，血氧含量仅约 4.4 mL/100 mL 血液。这样每 100 mL 血液能供给组织 15 mL O_2，是安静时的 3 倍。可见该段曲线反映血液中有较大的 O_2 贮血。

4. 影响氧解离曲线的因素

（1）pH 和 PCO_2 的影响：pH 降低或 PCO_2 升高时，Hb 对 O_2 的亲和力降低，P50 增大，曲线右移；pH 升高或 PCO_2 降低时，Hb 对 O_2 的亲和力增加，P50 降低，曲线左移。酸度对 Hb 氧亲和力的这种影响称为**波尔效应**（Bohr effect）。波尔效应具有重要的生理意义，它既可促进肺毛细血管血液的氧合，又有利于在组织中毛细血管内的血液释放 O_2。

（2）温度的影响：温度升高时，氧解离曲线右移，促进 O_2 的释放；温度降低时，曲线左移，不利于 O_2 释放。因此临床上进行低温麻醉手术时应考虑到这一点。温度对氧解离曲线的影响可能与温度变化会影响 H^+ 的活度有关。温度升高时，H^+ 的活度增加，可降低 Hb 对 O_2 的亲和力。组织代谢活动增强时，局部组织温度的升高、CO_2 和酸性代谢产物的增加，都有利于 HbO_2 解离，因此组织可获得更多的 O_2，能适应代谢增加的需要。

（3）2,3-二磷酸甘油酸（2,3-diphosphoglycerate，2,3-DPG）：是红细胞糖酵解的产物，对调节 Hb 与 O_2 的亲和力起着重要的作用。2,3-DPG 浓度升高时，Hb 对 O_2 的亲和力降低，氧解离曲线右移；2,3-DPG 浓度降低时，Hb 对 O_2 的亲和力增加，曲线左移。在高山缺氧的情况下，糖酵解加强，红细胞 2,3-DPG 增加，氧解离曲线右移，有利于 O_2 的释放，但是在高山低氧的情况下，肺泡 PO_2 也降低，红细胞过多的 2,3-DPG 也妨碍 Hb 与 O_2 的结合。所以缺氧时 2,3-DPG 增加并使氧解离曲线右移对机体是否有利尚无定论。用枸橼酸-葡萄糖液保存三周后的血液，糖酵解停止，因此红细胞 2.3-DPG 含量下降，Hb 不易与 O_2 解离。所以，用大量经过贮存的血液给病人输血时，应考虑到这种血液的运 O_2 功能较差。

（4）其他因素：Hb 与 O_2 的结合还受其自身性质的影响。如果 Hb 分子中的 Fe^{2+} 氧化成 Fe^{3+}，Hb 便失去运 O_2 的能力。胎儿的 Hb 与 O_2 的亲和力较高，有助于胎儿血液流经胎盘时从母体摄取 O_2。异常 Hb 的运 O_2 功能也降低。

CO 可与 Hb 结合，占据了 Hb 分子中 O_2 的结合位点，因此使血液中 HbO_2 的含量减少。

CO 与 Hb 的亲和力是 O_2 的 250 倍，这意味着在极低的 PCO 下，CO 就可以从 HbO_2 中取代 O_2。此外 CO 还有一极为有害的效应，即当 CO 与 Hb 分子中一个血红素结合后，将增加其余 3 个血红素对 O_2 的亲和力，使氧解离曲线左移，妨碍 O_2 解离。所以 CO 中毒既妨碍 Hb 与 O_2 的结合，又妨碍 O_2 的解离，其危害性极大。

（二）二氧化碳的运输

1. CO_2 的运输形式

血液中物理溶解的 CO_2 约占 CO_2 总运输量的 5%，化学结合的占 95%。化学结合的形式主要是碳酸氢盐的氨基甲酸血红蛋白，其中碳酸氢盐形式占 CO_2 总运输量的 88%，氨基甲酰血红蛋白形式占 7%。

（1）碳酸氢盐：从组织扩散进入血液的 CO_2，大部分进入红细胞内与水反应生 H_2CO_3，H_2CO_3 解离成 HCO_3^- 和 H^+，反应极为迅速并且可逆。红细胞内含有较高浓度的**碳酸酐酶**（carbonic anhydrase），在其催化下，上述反应可加快 5000 倍，不到 1s 即达平衡。在此反应过程中，红细胞内 HCO_3^- 的浓度不断增加，HCO_3^- 便顺着浓度梯度通过红细胞膜扩散进入血浆。红细胞内负离子的减少须伴有相应量的正离子向外扩散，才能维持电荷平衡。但是，细胞膜不允许正离子自由通过，小的负离子可以通过，于是 Cl^- 便由血浆扩散进入红细胞，这一现象称为**氯转移**（chloride shift）。在红细胞膜上有特异味的 HCO_3^--Cl^- 载体，运载这两种离子进行跨膜交换。在红细胞内，HCO_3^- 与 K^+ 结合，在血浆中则与 Na^+ 结合，生成碳酸氢盐。上述反应中产生的 H^+，大部分与 Hb 结合而被缓冲。

（2）氨基甲酰血红蛋白。

2. CO_2 解离曲线

CO_2 解离曲线（carbon dioxide dissociation curve）是表示血液中 CO_2 含量与 PCO_2 关系的曲线。血淮中 CO_2 的含量随 PCO_2 的升高而增加。与氧解离曲线不同，CO_2 解离曲线接近线性而不是呈 S 形，而且没有饱和点。因此，CO_2 解离曲线的纵坐标不用饱和度而用浓度表示。血液流经由动脉血（A）转变为静脉血（B）时，每 100 mL 血液释放出 4 mL 的 CO_2。

3. O_2 与 Hb 的结合对 CO_2 运输的影响

O_2 与 Hb 结合可促使 CO_2 释放，这一效应称为何尔登效应。

（周萍萍）

复习思考题

1. 简述呼吸过程的三个环节？
2. 平静呼吸、用力呼吸各有何呼吸肌参与？
3. 简述肺表面活性物质的作用和生理功能。
4. 肺通气量和肺泡通气量的区别？
5. 什么是生理无效腔？当无效腔显著增大时对呼吸有何影响？为什么？
6. 简述胸膜腔内压形成机制及生理意义。
7. 什么是通气/血流比值？通气/血流比值的生理意义？
8. 影响肺换气的因素有哪些？
9. 什么是氧离曲线？试述氧离曲线的功能意义。
10. 试述 CO_2、H^+、低 O_2 是如何调节呼吸的？

模块七　消化系统

学习目标

掌握：消化管壁的一般结构；食管壁、胃、小肠的结构；胃肠的内分泌细胞；消化腺的种类、结构及其功能；肝的基本结构及其功能特点；胃液、胰液、胆汁的性质、成分和作用；胃、小肠的运动形式及其调节。

熟悉：胆囊和胆管的结构与功能；消化道平滑肌的生理特性。

了解：三种大唾液腺的结构特点；消化道平滑肌的电生理特性；消化器官的神经支配及其作用；唾液、小肠液的性质、成分和作用。

消化系统(digestive system)由消化管和消化腺组成。消化管(digestive tract)是一条从口腔至肛门的连续性管道，依次分为口腔、咽、食管、胃、小肠和大肠(图 7-1)。消化腺(digestive gland)可分为两类：① 大消化腺——为实质性器官，如大唾液腺、胰腺和肝脏，其分泌物经导管排入消化管、参与食物消化。② 小消化腺——分布于消化管壁内，不单独构成器官，如小唾液腺、胃腺、肠腺等。消化系统具有消化食物、吸收营养物质和排出食物残渣及部分代谢产物的作用，此外还具有内分泌和免疫等功能。

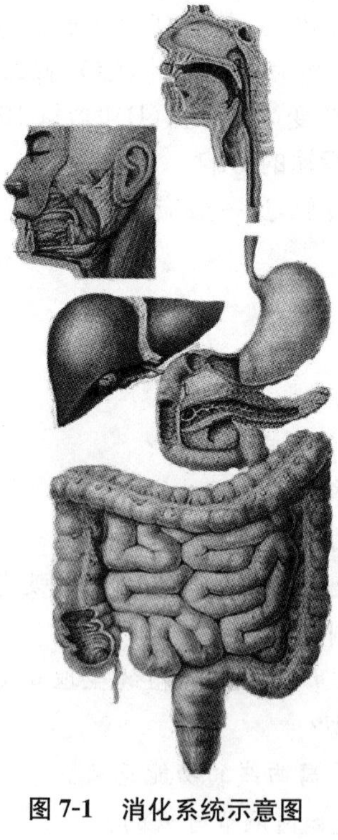

图 7-1　消化系统示意图

第一节 消 化 管

消化管的管壁结构既具有某些共同的分层规律，又有与各自功能相适应的结构特点。

一、消化管壁的一般结构

消化管壁（除口腔与咽外）自内向外依次分为黏膜、黏膜下层、肌层和外膜（图 7-2）。

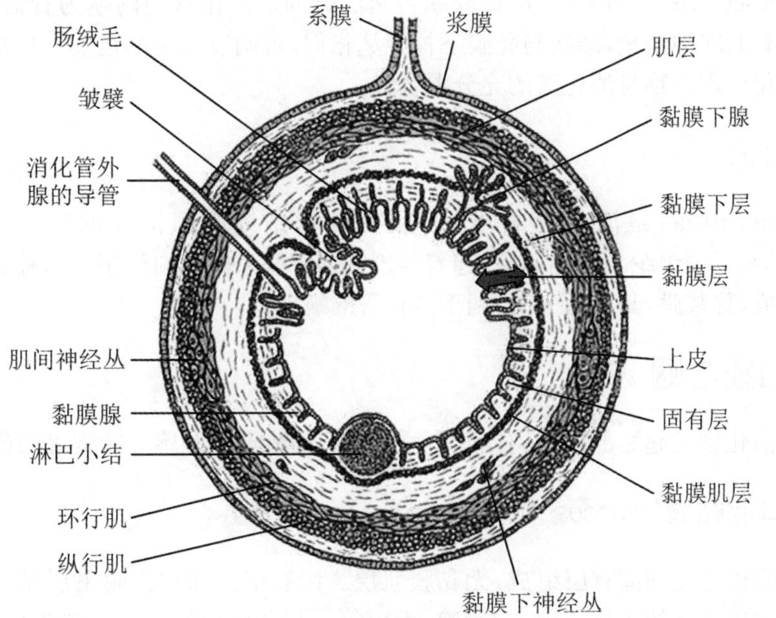

图 7-2 消化管壁一般结构模式图

（一）黏膜

黏膜（mucosa）是消化管完成消化吸收功能的重要结构，也是消化管各段中结构差异最大、功能最重要部分，由上皮、固有层和黏膜肌层组成。

1. 上皮

消化管的两端（口腔、咽、食管及肛门）为复层扁平上皮，可耐受咀嚼、运输和排泄食物残渣等产生的机械摩擦，主要起保护作用；中段（胃、肠）为单层柱状上皮，以消化吸收功能为主。上皮与管壁内的腺体相连续，在上皮细胞的间隙，可有散在分布的淋巴细胞。

2. 固有层（lamina propria）

为疏松结缔组织，纤维较细密，内含丰富的毛细血管和毛细淋巴管，胃肠固有层内富含腺体和淋巴组织。

3. 黏膜肌层（muscularis mucosa）

为薄层平滑肌，其收缩可促进固有层内腺体分泌物的排出和血液、淋巴的流动，有利于营养物质的吸收。

(二) 黏膜下层

黏膜下层(submucosa)是连接黏膜和肌层的较致密的结缔组织,内含小动脉、小静脉、淋巴管和黏膜下神经丛,后者可调节黏膜肌的收缩和腺体分泌。在食管及十二指肠的黏膜下层分别有食管腺和十二指肠腺。黏膜与部分黏膜下层共同向管腔内突出形成的皱褶突起,称为**皱襞**(plica)。

(三) 肌层

肌层(muscularis)一般为内环行、外纵行两层排列。消化管的两端为骨骼肌,中段为平滑肌。其间有肌间神经丛,结构与黏膜下神经丛相似,可调节肌层的运动。肌层的收缩和舒张有利于消化管内食物与消化液的充分混合。

(四) 外膜

外膜(adventitia)是消化管最外层。仅由疏松结缔组织构成的旬外膜,称**纤维膜**(fibrosa),其与周围组织无明确界限,起着与周围器官联系固定的作用。由疏松结缔组织和间皮共同组成,称浆膜,其表面光滑,利于消化管的蠕动。

二、口腔与咽

口腔是消化管的起始部位,具有磨碎食物、进行初步消化和感受味觉等功能。

(一) 口腔黏膜(mucous membrane)

口腔黏膜由上皮和固有层组成,无黏膜肌层。固有层深部和黏膜下层结缔组织中有散在的黏液性和浆液性的小唾液腺,如唇腺、舌腺等。其分泌物涂布于黏膜表面,保持黏膜的湿润,也有一定的消化作用。

(二) 舌

舌(tongue)具有感受味觉、搅拌食物和辅助发音等功能。舌由表面的黏膜和深部的舌肌组成。黏膜由复层扁平上皮与固有层组成。舌背部黏膜形成许多乳头状隆起,称舌乳头(lingual papillae),根据形态结构和分布,主要分为三种(图 7-3、图 7-4)。

图 7-3 舌乳头光镜图(复旦上医图)

1. 丝状乳头; 2. 菌状乳头

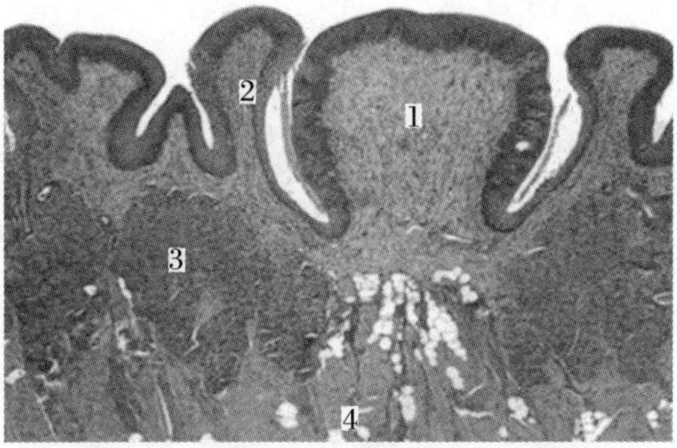

图 7-4　舌轮廓乳头光镜图（邹仲之图）

1．轮廓乳头；　2．菌状乳头；　3．浆液性腺；　4．骨骼肌

1．丝状乳头（filiform papillae）

数量最多，遍布于舌背，上舌尖较多。乳头呈小圆锥形，浅层上皮细胞角化脱落，混合食物残和唾液形成舌表面的舌苔。

2．菌状乳头（fungiform papillae）

数量较少。散在分布于丝状乳头之间，舌尖和舌缘较多。乳头呈蘑菇状，表面为未角化的复层扁平上皮，内有少量**味蕾**。

3．轮廓乳头（circumvallate papillae）

位于舌界沟前方，有 7～12 个，形体较大，其顶端平坦，乳头周围的黏膜凹陷形成深沟环绕，沟两侧上皮内含较多味蕾。导管开口于沟底。味腺位于固有层内，属浆液性腺，分泌稀薄的液体，可不断冲洗味蕾表面的食物残渣，利于感受新鲜味觉的刺激。

4．味蕾（taste bud）

主要分布于菌状乳头和轮廓乳头的上皮内（图 7-5），软腭、会厌及咽等部上皮内也有少量散在分布，成人约有 3000 个。味蕾呈卵圆形，是上皮分化形成的特殊结构，顶端有很小的味孔。每个味蕾由味细胞、支持细胞和基细胞三种细胞构成。味细胞为感觉性上皮细胞，呈梭形，着色较浅，电镜下顶部有微绒毛伸入味孔，胞质含突触小泡样颗粒，基底面有味觉神经末梢包绕形成突触。支持细胞也呈梭形，着色稍深，可分泌无定形物质涂于味孔表面，微绒毛浸于其中。基细胞是未分化细胞，可分化为其他味蕾细胞。味蕾是味觉感受器，舌不同部位的味蕾对甜、咸、酸、苦等味觉的敏锐性各不相同。

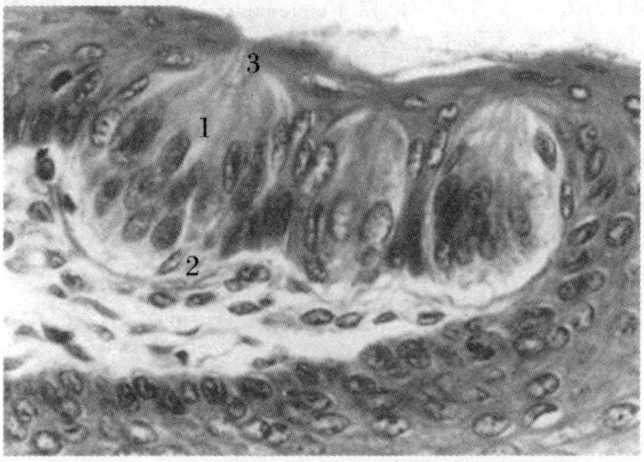

图 7-5　味蕾光镜图

1．味细胞；　2．基细胞；　3．味孔

(三) 牙

牙(tooth)分三部分,暴露在口腔内的为**牙冠**,埋在牙槽骨内的为**牙根**,两者交界部为**牙颈**。牙中央有**牙髓腔**(内含牙髓),开口于牙根底部的为**牙根孔**。牙的组织结构是由三种坚硬钙化的组织——**牙本质**、**釉质**、**牙骨质**和牙髓软组织构成。而包在牙根外周的牙周膜、牙槽骨骨膜及牙龈则统称牙周组织(图 7-6)。

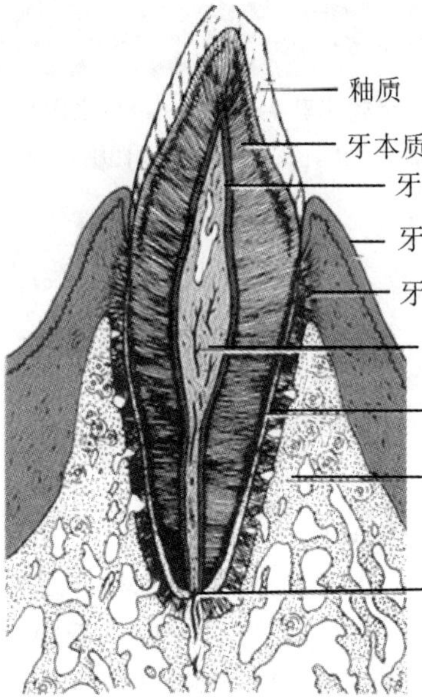

图 7-6 牙齿结构模式图

1. 牙釉质(enamel)

包在牙冠部的牙本质表面,主要成分为羟基磷灰石结晶,是人体最坚硬的结构。釉质由釉柱和极少量的釉柱间质构成。釉柱呈棱柱状,从与牙本质交界处向牙冠表面呈放射状紧密排列,贯穿釉质全层;间质是釉柱之间钙化的粘连物质。

2. 牙本质(dentin)

包绕着牙髓腔,构成牙的主体。硬度比牙釉质低而比牙骨质高。牙本质由牙本质小管(dentinal tudule)与间质构成。牙本质小管从牙髓腔面向周围放射状排列,贯穿整个牙本质,愈向周边愈细,且有分支吻合。牙本质的内表面有一层成**牙质细胞**(odontoblas)胞体位于牙本质的牙髓腔面,突起伸入牙本质小管,称**牙本质纤维**(dentinal fiber)。牙本质小管之间为间质,由胶原原纤维与钙化的基质组成。牙本质对冷、痛、触觉刺激较敏感,成牙质细胞周围有感觉神经末梢包绕,其突起可能有感受作用,并将信息传递给牙髓内的神经末梢。

3. 牙骨质(cementum)

包在牙根部的牙本质外面,结构与骨组织相似,由细胞与钙化的细胞外基质构成,不形成骨单位。

4. 牙髓(dental pulp)

位于牙髓腔,由疏松结缔组织构成,内含自牙根孔进入的血管、淋巴管和神经纤维,故牙髓感受敏锐,在发炎时易引起剧烈疼痛。

5．牙周膜(peridental membrane)

牙周膜为分布于牙根与牙槽骨之间的致密结缔组织，内含较粗的胶原纤维束，起牢固连接的作用。老年人的牙周膜常常萎缩，引起牙松动或脱落。

6．牙龈(gingiva)

牙龈是包绕牙颈部的口腔黏膜，由复层扁平上皮及固有层组成。起保护牙齿、牙槽骨和牙周膜的作用。随着年龄增长，牙龈常会出现萎缩致牙颈外露。

(四) 咽

咽是消化管和呼吸道的交叉部位，分为口咽、鼻咽和喉咽，其结构如下：

1．黏膜

黏膜由上皮和固有层组成，无黏膜肌层。口咽处为未角化的复层扁平上皮，鼻咽与喉咽主要为假复层纤毛柱状上皮，内含杯状细胞。固有层的结缔组织内有黏液腺或混合腺，并含丰富的淋巴组织，在鼻咽后壁处集中形成咽扁桃体，深部有一层弹性纤维。

2．肌层

肌层为内纵行及外斜行或环行的骨骼肌，其间可有黏液腺。

3．外膜

纤维膜。

三、食管

食管是将食物从口腔运输到胃的管道，腔面有纵行皱襞，食物通过时皱襞消失。食管壁的结构也由黏膜、黏膜下层、肌层和外膜四层组成(图 7-7、图 7-8)。

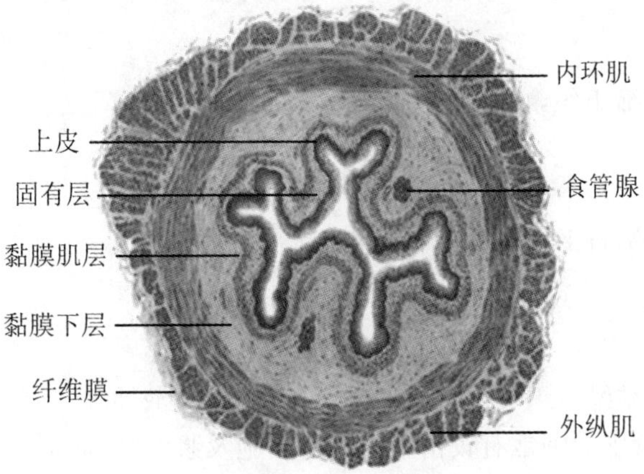

图 7-7　食管模式图

(一) 黏膜

1．上皮

为未角化的复层扁平上皮(图 7-8)，对粗糙食物可耐摩擦，有保护作用。食管下端的复层扁平上皮在胃贲门处突然转变为单层柱状上皮，是食管癌的易发部位。

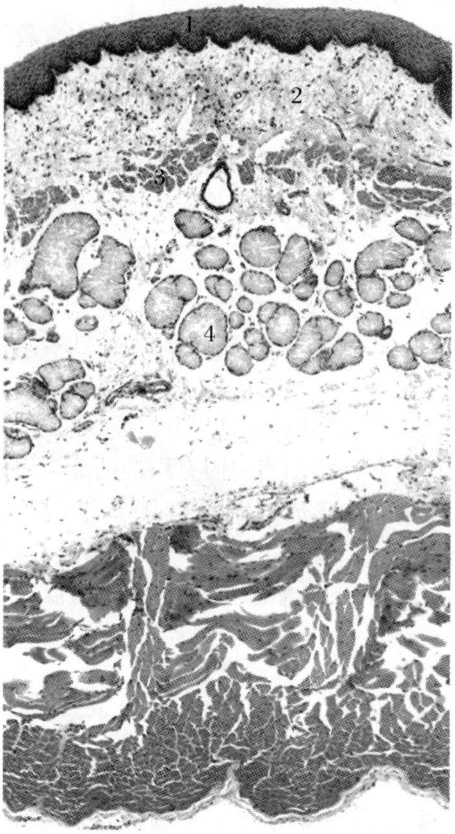

图 7-8 食管光镜图 HE 染色(皖医图)

1. 上皮； 2. 固有层； 3. 黏膜肌层； 4. 食管腺腺泡

2. 固有层

固有层为细密结缔组织，内有食管腺导管通过。靠近贲门处有食管贲门腺，为黏液性腺，分泌黏液。

3. 黏膜肌层

黏膜肌层为一层纵行平滑肌。

(二) 黏膜下层

黏膜下层为疏松结缔组织，内含食管腺(图 7-8)，为黏液性腺，其分泌物经导管排入食管腔，起润滑作用。食管腺周围常有较密集的淋巴细胞及浆细胞，甚至淋巴小结。

(三) 肌层

肌层由内环行、外纵行两层肌纤维构成。食管上 1/3 段为骨骼肌，下 1/3 段为平滑肌，中 1/3 段则两者兼有。

(四) 外膜

外膜为纤维膜，与周围组织分界不清。

四、胃

胃(stomach)是囊状器官,可贮存食物,初步消化蛋白质,并吸收部分水、无机盐和醇类物质。

(一) 黏膜

黏膜面有若干纵行皱襞,充盈时皱襞几乎消失。黏膜表面有许多浅沟,将黏膜分成许多胃小区(gastric area)。黏膜表面上皮下陷形成胃小凹(gastric pit)(图 7-9～图 7-11)。每个胃小凹底部是 3～5 条胃腺的共同开口处。

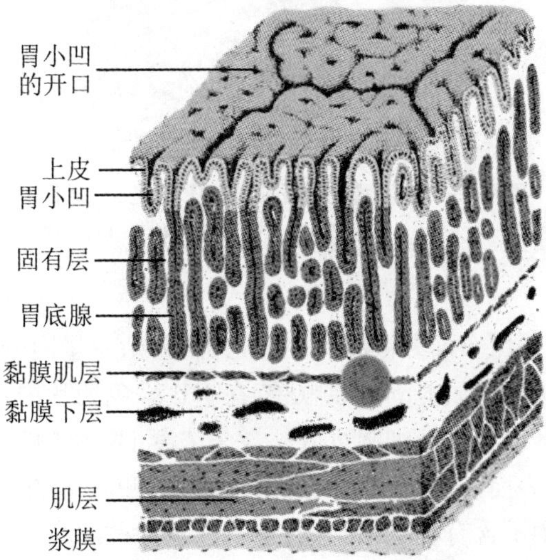

图 7-9　胃底与胃体立体结构模式图

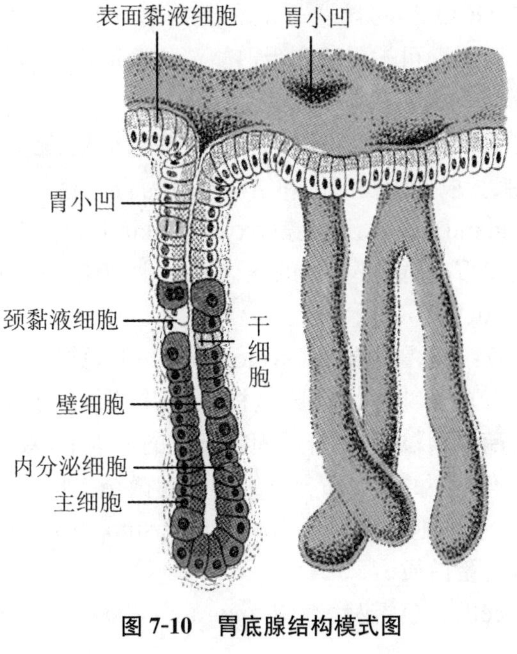

图 7-10　胃底腺结构模式图

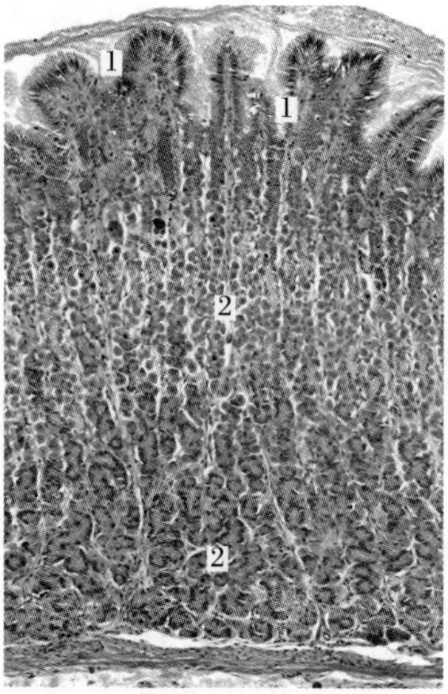

图 7-11 胃黏膜光镜图低倍 HE 染色(皖医图)

1. 胃小凹； 2. 胃底腺

1. 上皮

上皮呈单层柱状，主要由表面黏液细胞组成，其间夹杂少量内分泌细胞。表面黏液细胞的核椭圆形，位于基部；顶部胞质充满黏原颗粒，在 HE 染色切片中被溶解消失而着色浅淡；相邻细胞间有紧密连接。表面黏液细胞可分泌含高浓度 HCO_3^- 的不溶性黏液，覆盖在上皮表面，起重要保护作用。表面黏液细胞不断脱落，由胃小凹底部的干细胞增殖补充，3～5 天更新一次。正常胃上皮中不含有杯状细胞，如果出现了这种细胞，病理学称此现象为胃的肠上皮化生，可能是胃癌的前期表现。

黏液-碳酸氢盐屏障：胃上皮表面覆盖的黏液层，厚 0.25～0.5 mm，主要由不溶性的黏液凝胶构成，内含大量的 HCO_3^-，可防止胃酸和蛋白酶对黏膜自身消化及阻止离子通透。如该屏障的机制遭到破坏，胃壁可被胃酸和蛋白酶消化而形成胃溃疡。

2. 固有层

结缔组织内除较多的成纤维细胞、淋巴细胞及一些浆细胞、肥大细胞、嗜酸性粒细胞外，还有大量紧密排列的胃腺。根据所在部位和结构可分为胃底腺、贲门腺和幽门腺。

(1) **胃底腺**(fundic gland)：又称**泌酸腺**(oxyntic gland)，分布于胃底和胃体部，为分支管状腺，是胃黏膜中数量最多、功能最重要的腺体。由主细胞、壁细胞、颈黏液细胞、干细胞和内分泌细胞组成(图 7-10、图 7-12)。

① **主细胞**(chief cell)：又称**胃酶细胞**(zymogenic cell)，数量最多，越接近贲门部的胃底腺主细胞越多，多分布于腺的下半部。细胞呈柱状，核圆形，位于基部；基部胞质呈强嗜碱性，顶部胞质内充满粗大**酶原颗粒**，但在普通固定染色的标本上，颗粒多溶失，使该部位成泡沫状。电镜下，主细胞具有典型的蛋白质分泌细胞的超微结构特点，核周有大量粗面内质网和发达的高尔基复合体。主细胞分泌胃蛋白酶原(pepsinogen)，经盐酸激活后可转变成有活性的胃蛋白酶，初步分解蛋白质。

② **壁细胞**(parietal cell)：又称**泌酸细胞**(oxyntic cell)，多分布于腺的上半部(图 7-10、

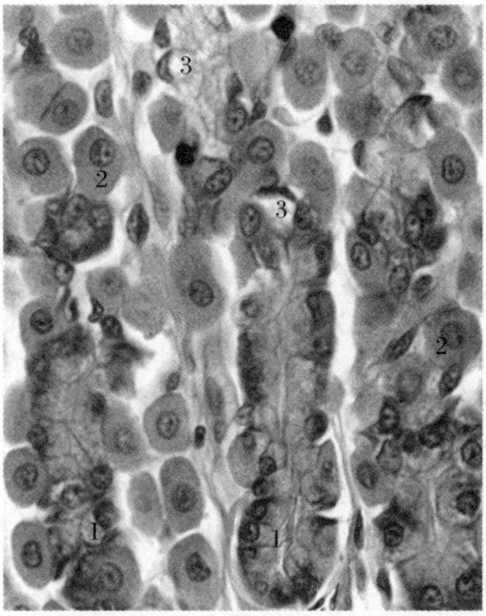

图 7-12　胃底腺光镜图高倍 HE 染色(皖医图)

1. 主细胞；　2. 壁细胞；　3. 颈黏液细胞

图 7-12),越接近幽门部的胃底腺壁细胞越多。细胞体积大,多呈圆锥形;核圆居中,偶见双核;胞质强嗜酸性。电镜下,壁细胞游离面的胞膜向胞质内陷,形成迂曲分支的小管,称**细胞内分泌小管**(intracellular secretory canaliculus),其管壁的质膜向管腔内突出形成许多微绒毛,增加了表面积。分泌小管周围有许多表面光滑的管、泡,称**微管泡**(tubulovesicule),其膜结构与分泌小管相同。此外,壁细胞胞质内还有极丰富的线粒体。

壁细胞的细胞内分泌小管和微管泡的结构可随细胞功能状态不同而改变(图 7-13)。在分泌期,分泌小管微绒毛增多、增长,微管泡数量减少;在静止期,分泌小管微绒毛短而稀疏,微管泡却极发达。故这两种结构可互相转化,微管泡实际上是分泌小管膜的储备形式。

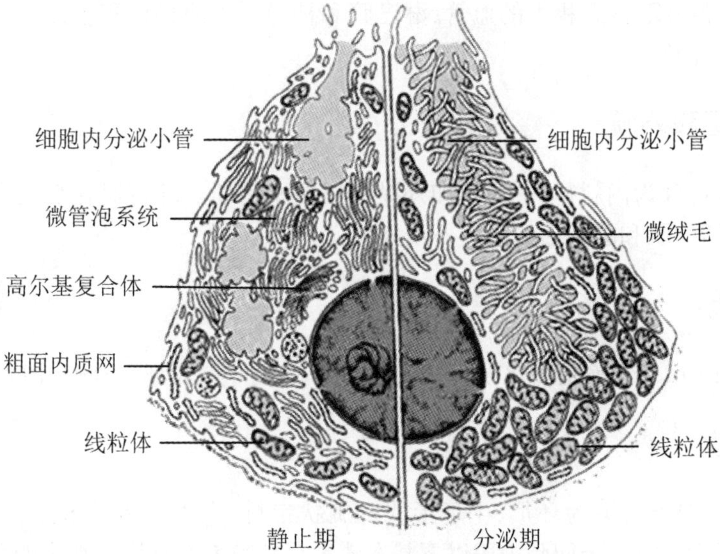

图 7-13　壁细胞超微结构模式图

壁细胞的主要功能是合成和分泌盐酸。分泌小管膜上有大量质子泵(及 H^+-K^+-ATP 酶)和 Cl^- 通道,能分别把壁细胞内形成的 H^+ 和从血液中摄取的 Cl^- 输入小管,二者结合成盐酸后进入腺腔。盐酸能激活胃蛋白酶原变为胃蛋白酶,对食物蛋白质进行初步分解;盐酸还有杀菌作用。人的壁细胞还分泌一种糖蛋白——内因子(intrinsicfactor),它在胃腔内与食物中的维生素 B_{12} 结合成复合物,使维生素 B_{12} 在肠道内不被酶分解,并能促进回肠对维生素 B_{12} 的吸收,供红细胞生成所需。如内因子缺乏,维生素 B_{12} 吸收障碍,可出现恶性贫血。

③ **颈黏液细胞**(mucous neck cell):位于胃底腺顶部(图 7-10),数量较少。胞体呈楔形夹在其他细胞之间,核扁平,位于基底,顶部胞质充满黏原颗粒,HE 染色浅。其分泌物为可溶性的酸性黏液,对黏膜有保护作用。

④ **干细胞**(stem cell):存在于从胃底腺顶部至胃小凹(图 7-10)深部一带,于普通制备的标本中不易辨认,可分化为表面黏液细胞,或其他胃底腺细胞。

⑤ **内分泌细胞**:主要为 ECL 细胞和 D 细胞。ECL 细胞分泌的组胺主要作用于邻近的壁细胞,强烈促进其泌酸功能。D 细胞分泌的生长抑素既可直接抑制壁细胞的功能,又可通过抑制 ECL 细胞而间接的作用于壁细胞。

(2) **贲门腺**(cardiac gland):位于近贲门部宽 1～3 cm 的区域,为黏液性腺,可分泌黏液和溶菌酶。

(3) **幽门腺**(pyloric gland):分布于幽门部宽 4～5 cm 的区域;幽门腺为黏液性腺,可有少量壁细胞。幽门腺中还有很多 G 细胞,产生胃泌素,可刺激壁细胞分泌盐酸,还能促进胃肠黏膜细胞增殖,使黏膜增厚。

三种腺体的分泌物混合,统称胃液。成人每日分泌量为 1.5～2.5 L,pH 为 0.9～1.5,除含有盐酸、胃蛋白酶、黏蛋白外,还有大量水、NaC1、KC1 等。

3. 黏膜肌层

由内环行、外纵行两层平滑肌组成。

(二) 黏膜下层

为疏松结缔组织,内含粗大的血管、淋巴管和神经。胃溃疡侵犯至此层时,可使血管破裂,出现大出血症状。

(三) 肌层和外膜

肌层较厚,可分为内斜行、中环行和外纵行三层平滑肌。环行肌在贲门和幽门部增厚,分别形成贲门括约肌和幽门括约肌。外膜为浆膜。

五、小肠

小肠(small intestine)是消化吸收的主要部位,分为十二指肠、空肠和回肠三段。

(一) 黏膜

小肠腔面的皱襞可分为环形、半环形或螺旋状走行,在十二指肠末段和空肠头段最发达,向下逐渐减少、变矮,至回肠中段以下基本消失。黏膜表面有许多细小的**肠绒毛**,是由上皮和固有层向肠腔突起而成(图 7-14～图 7-17),形状不一,以十二指肠和空肠头段最发达。

绒毛于十二指肠呈宽大的叶状，于空肠如长指状，于回肠则为短的锥形。环行皱襞和肠绒毛使小肠内表面积扩大20～30倍。绒毛根部的上皮和下方固有层中的肠腺上皮相连续，小肠腺(small intestinal gland)又称利伯屈恩隐窝(crypts of Lieberkuhn)，呈单管状，直接开口于肠腔。

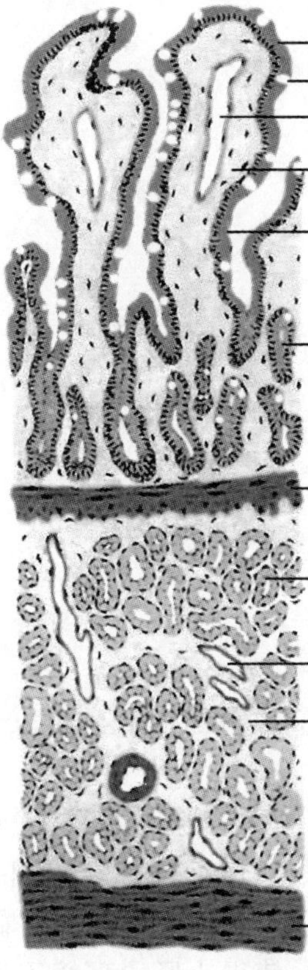

图7-14　十二指肠模式图

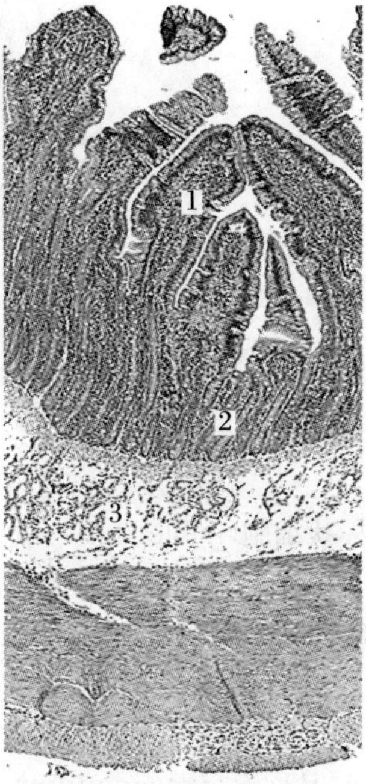

图7-15　十二指肠光镜图 HE 染色(皖医图)

1. 肠绒毛；　2. 小肠腺；　3. 十二指肠腺

1. 上皮

为单层柱状，绒毛部上皮由吸收细胞、杯状细胞和少量内分泌细胞组成；小肠腺上皮除上述三种细胞外，还有帕内特细胞(Paneth cell)和干细胞。

(1) **吸收细胞**(absorptive cell)：呈高柱状，数量最多，核椭圆形，位于基部。光镜下在细胞游离面有明显的纹状缘(图7-17)，电镜下，纹状缘由大量密集而规则排列的微绒毛构成。每个吸收细胞有2000～3000根微绒毛，可使细胞游离面面积扩大约20倍。微绒毛表面有一层吸收细胞产生的糖蛋白形成的细胞衣，其中含有双糖酶、肽酶、胰蛋白酶、胰淀粉酶等，可消化糖类和蛋白质，利于吸收，故细胞衣是消化吸收的重要部位。胞质内有丰富的滑面内质网和高尔基复合体，可将细胞吸收的脂类物质结合形成乳糜颗粒，然后在细胞侧面释出。相邻细胞侧面顶部有完善的紧密连接，可阻止肠腔内物质由细胞间隙进入组织，保证选择性吸收的进行。除消化吸收作用外，吸收细胞也参与分泌性免疫球蛋白A(sIgA)的释放过程；十二指肠和空肠上段的吸收细胞还向肠腔分泌肠激酶(enterokinase)，可以激活胰腺分泌的胰蛋白酶原，使之转变为具有活性的胰蛋白酶。

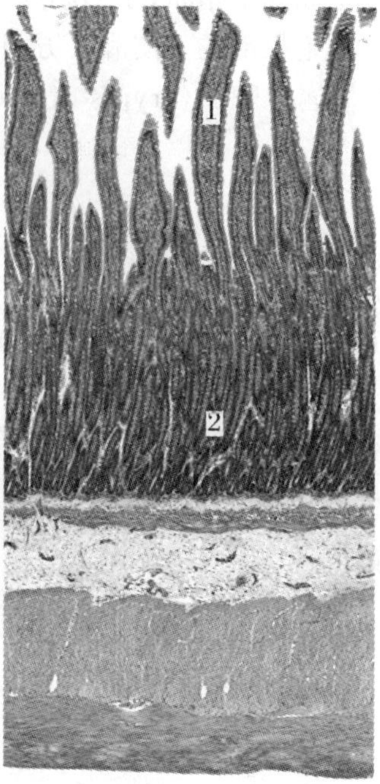

图 7-16　空肠光镜图 HE 染色(皖医图)

1. 肠绒毛；　2. 小肠腺

(2) **杯状细胞**(goblet cell)：散在分布于吸收细胞之间，其数量从十二指肠至回肠末端逐渐增多。其分泌的黏液可润滑和保护上皮。

(3) **帕内特细胞**(Paneth cell)：是小肠腺的特征性细胞，分布于小肠腺底部，常三五成群。细胞呈锥形，核卵圆形位于基部，顶部胞质含有粗大嗜酸性颗粒(图 7-18)。电镜下，细胞基部有较多粗面内质网，核上方高尔基复合体发达。细胞的分泌颗粒内含有防御素((defensin，又称隐窝素(cryptdin))和溶菌酶，可杀灭肠道微生物，使得小肠内环境不适宜细菌生存，因此帕内特细胞是一种具有免疫功能的细胞。

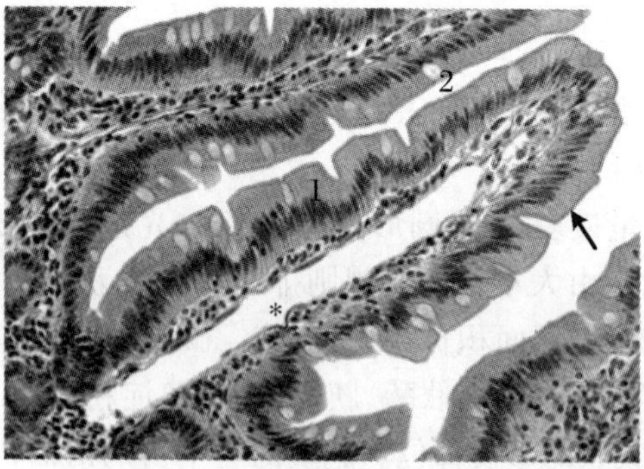

图 7-17　小肠绒毛光镜图(李和图)

1. 吸收细胞；　2. 杯状细胞；

→纹状缘；　* 中央乳糜管

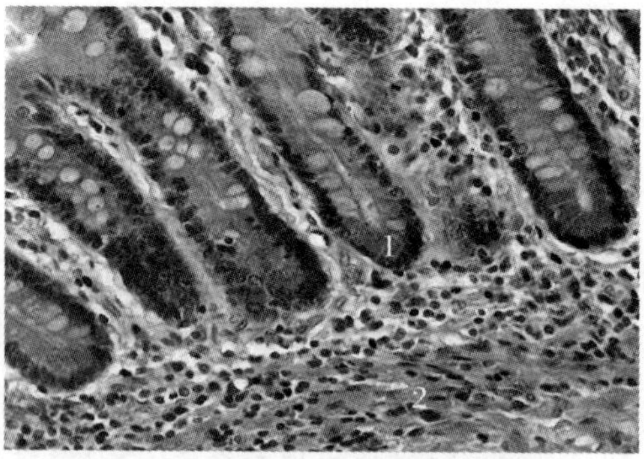

图 7-18　小肠腺光镜图(皖医图)

1. 帕内特细胞；　2. 黏膜肌层

(4) **内分泌细胞**：种类很多(表 7-1)，其中Ⅰ细胞产生胆囊收缩素-促胰酶素(CCK-PZ)，兼有促进胰腺腺泡分泌胰酶和促进胆囊收缩、胆汁排出的作用；S 细胞产生促胰液素，可刺激胰导管上皮细胞分泌水和碳酸氢盐，导致胰液分泌量剧增。

表 7-1　主要的胃肠内分泌细胞

细胞	分布部位		分泌物	主要作用
	胃	肠		
D	大部	小肠、结肠	生长抑制	抑制其他内分泌细胞和壁细胞
EC	大部	小肠、结肠	5-羟色胺	促进胃肠运动、扩张血管
		P 物质	促进胃肠运动、胃液分泌	
ECL	胃底腺		组胺	促进胃酸分泌
G	幽门腺	十二指肠	胃泌素	促进胃酸分泌、黏膜细胞增殖
I		十二指肠、空肠	缩胆囊素-促胰酶素	促进胰液分泌、胆囊收缩
K		十二指肠、空肠	抑胃肽	促进胰岛素分泌
Mo		十二指肠、空肠	胃动素	参与控制胃肠的收缩节律
N		回肠	神经降压素	抑制胃酸分泌和胃运动
PP	大部	小肠、结肠	胰多肽	抑制胰液分泌、松弛胆囊
S		十二指肠、空肠	促胰液素	促进胰岛管分泌水和 HCO_3^-

（5）干细胞：位于小肠腺下半部，胞体较小，呈柱状。细胞不断增殖、分化、向上迁移，补充在绒毛顶端脱落的吸收细胞和杯状细胞；也可分化为帕内特细胞和内分泌细胞。绒毛上皮的更新周期为 3～6 天。

2. 固有层

固有层为疏松结缔组织，含有丰富的淋巴细胞、浆细胞、巨噬细胞、嗜酸性粒细胞和肥大细胞等。绒毛中轴的结缔组织内，有 1～2 条纵行毛细淋巴管，称**中央乳糜管**（central lacteal）（图 7-14），其以盲端起始于绒毛顶部，向下穿过黏膜肌进入黏膜下层形成淋巴管丛，其管壁仅为一层内皮，内皮细胞间隙宽，无基膜，通透性大，乳糜微粒易进入其内转运。中央乳糜管周围有丰富的有孔毛细血管网，可将肠上皮吸收的葡萄糖、氨基酸等吸收入血。绒毛内还有散在平滑肌纤维，其收缩促进绒毛运动。固有层内还含有大量淋巴组织，在十二指肠多为弥散淋巴组织，空肠多为**孤立淋巴小结**，在回肠多为**集合淋巴小结**，可穿过黏膜肌层抵达黏膜下层。

3. 黏膜肌层

黏膜肌层由内环行和外纵行两层平滑肌组成。

（二）黏膜下层

黏膜下层为较致密结缔组织，含较多血管、淋巴管和神经。十二指肠的黏膜下层内有十二指肠腺（duodenal gland）（图 7-14、图 7-15），为复管泡状，其导管穿过黏膜肌开口于小肠腺底部。十二指肠腺为黏液腺，可分泌黏稠的碱性黏液，保护十二指肠黏膜免受胃酸侵蚀。

（三）肌层和外膜

肌层由内环行和外纵行两层平滑肌组成。

(四) 外膜

除部分十二指肠后壁为纤维膜外,其余均为浆膜。

六、大肠

大肠由盲肠、阑尾、结肠、直肠和肛管组成,主要功能是吸收水分、维生素和电解质,将食物残渣形成粪便排出。

(一) 盲肠、结肠与直肠

这三部分大肠的组织学结构基本相同。

1. 黏膜

表面光滑,无绒毛;在结肠带之间的横沟处有半月形皱襞,在直肠下段有三个横行的皱襞(直肠横襞)。上皮为单层柱状,由吸收细胞和杯状细胞组成,杯状细胞数量多,分泌黏液(图 7-19、图 7-20),有润滑作用,利于粪便排出。固有层内有大量的大肠腺,呈单管状,较粗、直,含吸收细胞、大量杯状细胞、少量干细胞和内分泌细胞,无帕内特细胞。固有层内还可见孤立淋巴小结。黏膜肌层:为内环行、外纵行两层平滑肌。

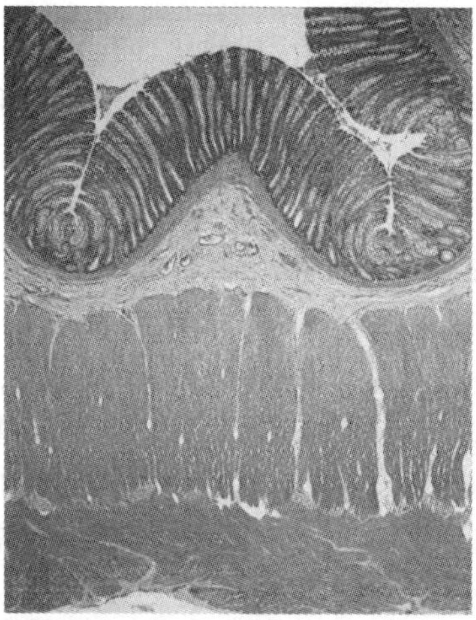

图 7-19 大肠光镜图 HE 染色(皖医图)

图 7-20 大肠腺光镜图 HE 染色(皖医图)

2. 黏膜下层

疏松结缔组织内有较大的血管、淋巴管、神经及成群脂肪细胞。

3. 肌层

由内环行和外纵行两层平滑肌组成。外纵行肌局部增厚形成三条**结肠带**。

4. 外膜

除升、降结肠后壁为纤维膜外,其余部分为浆膜。外膜结缔组织中常有脂肪细胞聚集构成的肠脂垂。

(二) 阑尾

阑尾的管腔小而不规则,大肠腺短而少,无绒毛。固有层内有极丰富的淋巴组织,大量淋巴小结可连续成层，并突入黏膜下层，致使黏膜肌层不完整。肌层很薄，外覆浆膜（图 7-21）。阑尾是免疫器官，青年时期淋巴组织发达，至老年逐渐退化。

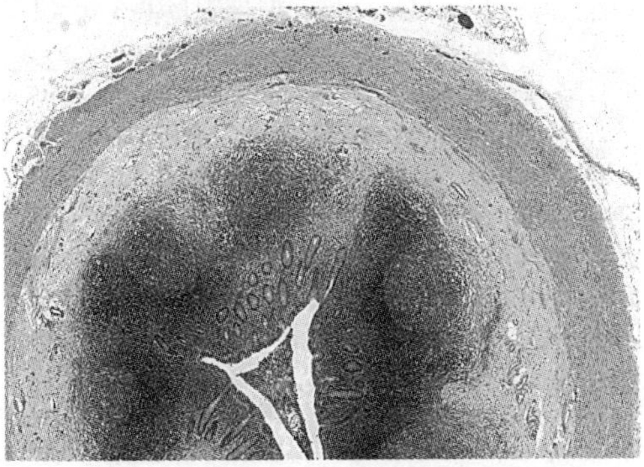

图 7-21　阑尾光镜图 HE 染色（皖医图）

七、消化管的淋巴组织

消化管与体外环境直接相通，各种细菌、病毒、寄生虫（卵）等病原微生物易于进入。它们大多被胃酸、消化酶以及帕内特细胞分泌的防御素和溶菌酶所破坏，其余或以原形排出体外，或受到消化管淋巴组织的免疫抵御。消化管淋巴组织主要包括黏膜淋巴小结（尤以咽、回肠和阑尾处发达），固有层中弥散分布的淋巴细胞、浆细胞、巨噬细胞和树突状细胞等。消化管淋巴组织能接受消化管内病原微生物的抗原刺激，主要通过产生和向消化管腔分泌免疫球蛋白作为应答。

八、胃肠的内分泌细胞

在胃、小肠和大肠的上皮及腺体中散布着四十余种内分泌细胞，尤以胃幽门部和十二指肠上段为多（表 7-1）。由于胃肠道黏膜面积巨大，这些细胞的总量超过所有内分泌腺腺细胞的总和。因此，在某种意义上，胃肠是体内最大、最复杂的内分泌器官，所分泌的激素主要协调胃肠道自身的消化吸收功能，也参与调节其他器官的生理活动。

胃肠的内分泌细胞大多单个夹于其他上皮细胞之间，呈不规则的锥形；基底部附于基膜，并可有基底侧突与邻近细胞相接触；胞质中含一些粗面内质网和高尔基复合体，底部有大量分泌颗粒，分泌颗粒的大小、形状与电子密度依细胞种类而异（图 7-22）。根据细胞游离面是否达到腔面，内分泌细胞可分为两种类型：① 开放型：细胞游离面有微绒毛伸达管腔，对管腔内食物和 pH 等化学信息有较强感受性，从而引起其内分泌活动的变化。② 封闭型：细胞游离面被相邻细胞覆盖而未伸达管腔面，主要受胃肠运动的机械刺激或其他激素的

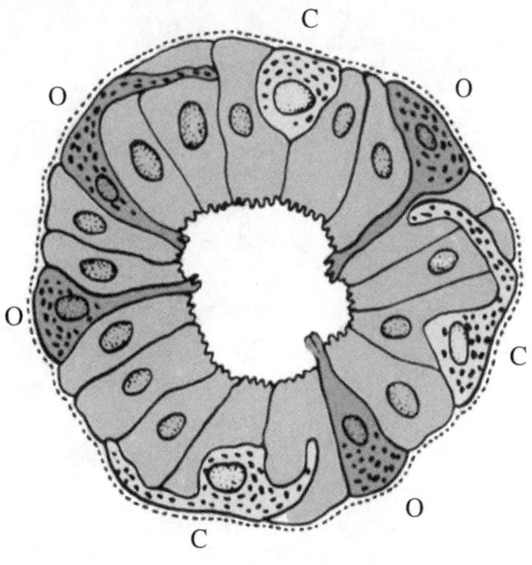

图 7-22　内分泌细胞示意图

示开放性（O）与封闭性（C）内分泌细胞

调节而改变其内分泌状态。分泌颗粒含肽和(或)胺类激素,多在细胞基底释出,经血循环运送并作用于靶细胞;少数激素直接作用于邻近细胞,以旁分泌方式调节靶细胞的生理功能。在HE染色切片上,内分泌细胞不易辨认,目前主要用免疫组织学和电子显微镜观察显示这些。

第二节 消 化 腺

消化腺(digestive gland)包括大消化腺和小消化腺。大消化腺为三对大唾液腺、胰腺和肝脏;小消化腺为分布于消化管壁内的许多消化腺(如口腔内的小唾液腺、食管腺、胃腺和肠腺等)。大消化腺是实质性器官,外包以结缔组织被膜,被膜的结缔组织深入腺内,将腺分割为若干叶和(或)小叶,血管、淋巴管和神经也随同进入腺内。腺分实质和间质两部分。由腺细胞组成的分泌部及导管为实质;被膜和小叶与小叶之间结缔组织为间质。分泌物经导管排入消化管,对食物行使化学消化作用。此外,有的腺还有内分泌功能。

一、大唾液腺

大唾液腺有腮腺、下颌下腺、舌下腺各一对,分泌的唾液经导管排入口腔。

(一) 大唾液腺的一般结构

大唾液腺为复管泡状腺,表面被覆薄层结缔组织被膜,被膜伸入结缔组织,将腺实质分为许多小叶,每个小叶均由腺泡和导管组成(图7-23)。

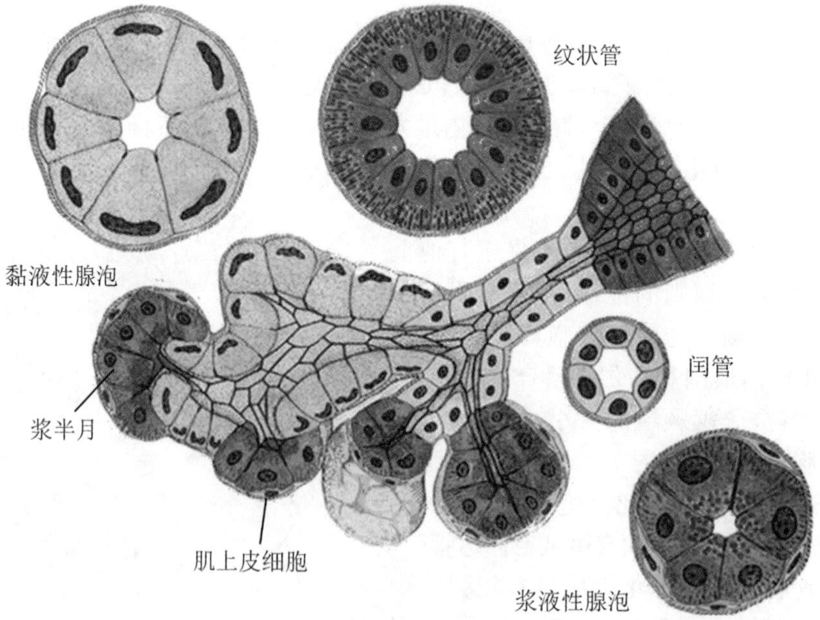

图7-23 唾液腺模式图

1. 腺泡(acinus)

腺泡是腺的分泌部,呈泡状或管泡状,多由锥体形腺细胞围成。腺细胞与基膜之间以及部分导管上皮与基膜之间有扁平多突起的肌上皮细胞,其收缩有助于腺泡分泌物排出。根据结构和分泌物质不同,腺泡可分为三种类型。

(1) **浆液性腺泡**(serous acinus):由浆液性腺细胞组成。腺细胞的核圆形,近细胞基底部,基底部胞质嗜碱性较强,电镜下胞质内有大量的粗面内质网和核糖体。顶部胞质内有较多嗜酸性分泌颗粒,称酶原颗粒。浆液性腺泡分泌物较稀薄,含唾液淀粉酶。

(2) **黏液性腺泡**(mucous acinus):由黏液性细胞组成,腺细胞的核扁圆形,位于细胞基底部。电镜下可见顶部胞质内有粗大的黏原颗粒,该颗粒在 HE 染色中被溶解而使胞质着色浅淡。黏液性泡的分泌物较黏稠,主要为黏液(糖蛋白)。

(3) **混合性腺泡**(mixed acinus):由浆液性腺细胞和黏液性细胞共同组成,常见为主要由黏液性腺细胞组成,少量浆液性腺细胞位于腺泡的底部或腺泡末端,在切片中排列成半月形,故称浆半月(serous demilune)。浆半月的分泌物可经黏液性细胞间的小管排入腺泡腔内。

2. 导管

导管是反复分支的上皮性管道,起始端与腺泡相连,末端开口于口腔。唾液腺导管可分为以下几段。

(1) **闰管**(intercalated duct):是导管的起始段,直接与腺泡相连,管径细,管壁为单层立方或扁平上皮。

(2) **纹状管**(striated duct):又称分泌管(secretory duct),与闰管相延续,管径较粗,管壁为单层高柱状上皮,核圆,近细胞顶部,胞质嗜酸性。细胞基部有基底纵纹,电镜下为质膜内褶和纵行排列的线粒体,这种结构使细胞基部表面积增大,有利于细胞与组织液间进行水和电解质的转运。在肾上腺分泌的醛固酮的调节下,纹状管上皮能主动吸收分泌物中的 Na^+,将 K^+ 排入管腔,并可重吸收或排出水,故可调节唾液中电解质含量和唾液量。

(3) **小叶间导管和总导管**:纹状管汇合形成小叶间导管,走行于小叶间结缔组织内。初为单层柱状上皮,以后随管径变大,移行为假复层柱状上皮。小叶间导管逐级汇合并增粗,最后形成一条或数条总导管开口于口腔,近开口处导管上皮逐渐变为复层扁平上皮,与口腔黏膜上皮相延续。

(二) 三种大唾液腺的结构特点

1. 腮腺(parotid gland)

腮腺为人体最大的唾液腺,位于耳前下方,口腔颊部有其导管的开口。为纯浆液性腺(图 7-24),闰管长,纹状管较短。分泌物含唾液淀粉酶。

2. 下颌下腺(submandibular gland)

下颌下腺位于下颌骨下缘内侧,导管开口于舌下。为混合性腺,以浆液性腺泡为主,有少量黏液性和混合性腺泡。闰管短,纹状管发达。分泌物含唾液淀粉酶较少,黏液较多(图 7-25)。

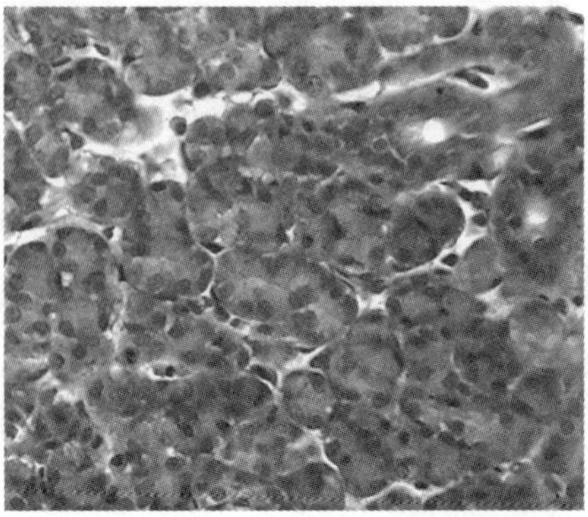

图 7-24 腮腺光镜图 HE 染色(皖医图)

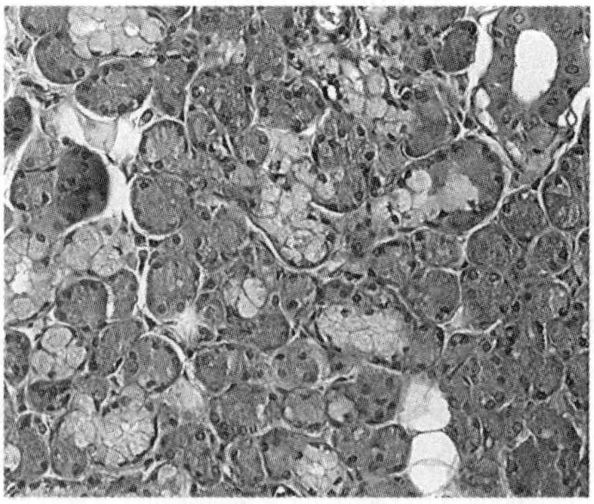

图 7-25 下颌下腺光镜图 HE 染色(皖医图)

3．舌下腺(sublingual gland)

舌下腺是比较小的一对唾液腺，位于腭舌骨肌上方，总导管单独或与下颌下腺总导管会合后舌系带根部两侧。为混合性腺(图 7-26)，以黏液性和混合性腺泡为主，无闰管，纹状管也较短。分泌物以黏液为主。

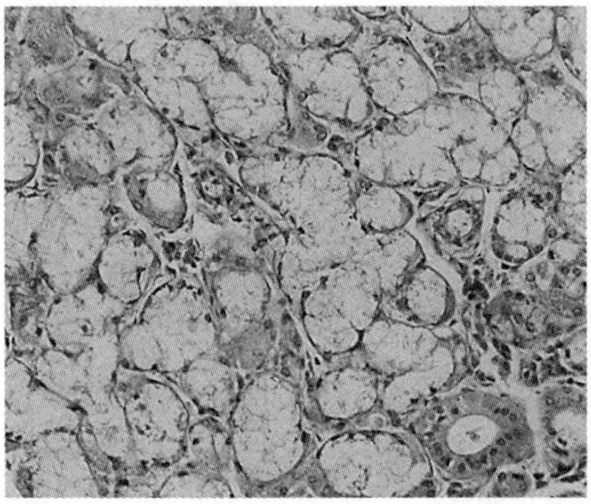

图 7-26 舌下腺光镜图 HE 染色(皖医图)

三种唾液腺的分泌物混合，组成唾液。唾液中的水和黏液起润滑口腔作用，唾液淀粉酶可分解食物中的淀粉为麦芽糖。唾液中某些成分具有一定的防御作用，如溶菌酶和干扰素，能抵抗细菌和病毒的侵入；此外，唾液腺间质内的浆细胞与腺细胞协同分泌 sIgA，具有免疫保护作用。下颌下腺还分泌多种生物活性多肽，对多种组织和细胞的生理活动起重要调节作用。

二、胰腺

胰腺(pancreas)表面被覆薄层结缔组织被膜，结缔组织伸入腺内将实质分隔为许多小叶。腺实质由外分泌部和内分泌部组成(图 7-27)。外分泌部分泌胰液，经导管排入十二指肠，对食物消化起重要作用。内分泌部称胰岛(图 7-28)，可分泌激素，主要参与调节糖代谢。

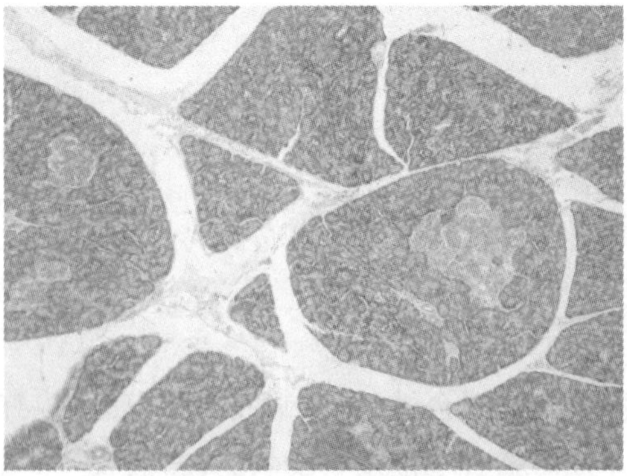

图 7-27 胰腺光镜图低倍 HE 染色(皖医图)

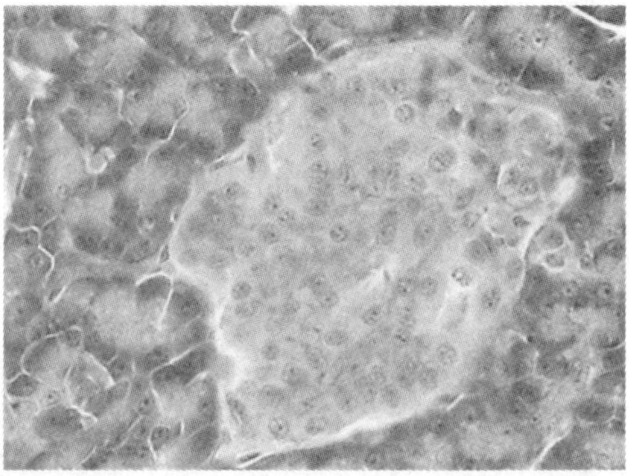

图 7-28 胰腺光镜图高倍 HE 染色(皖医图)

(一) 外分泌部

外分泌部构成腺的大部分，为纯浆液性复管泡状腺。

1. 腺泡

由一层锥体形的腺泡细胞组成。腺泡细胞具有典型浆液性腺细胞的形态特征。胰腺腺泡无肌上皮细胞。在腺泡腔内可见一些较小的扁平或立方形细胞，胞质染色较浅，核圆或卵圆形，称**泡心细胞**(centroacinar cell)。它是延伸入腺泡腔内的闰管起始部上皮细胞(图 7-29、图 7-30)。

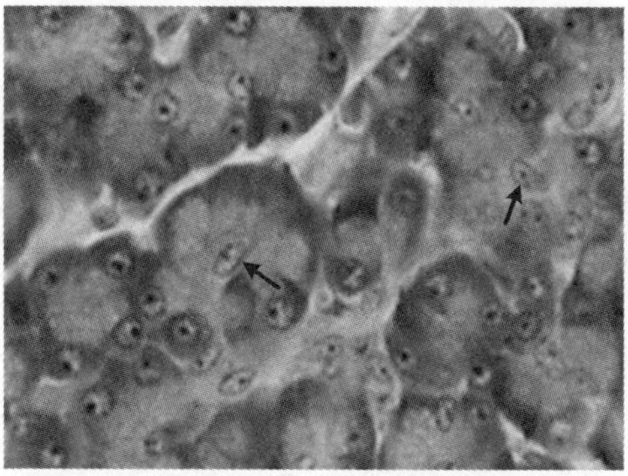

图 7-29　胰腺光镜图 HE 染色(皖医图)
→示泡心细胞

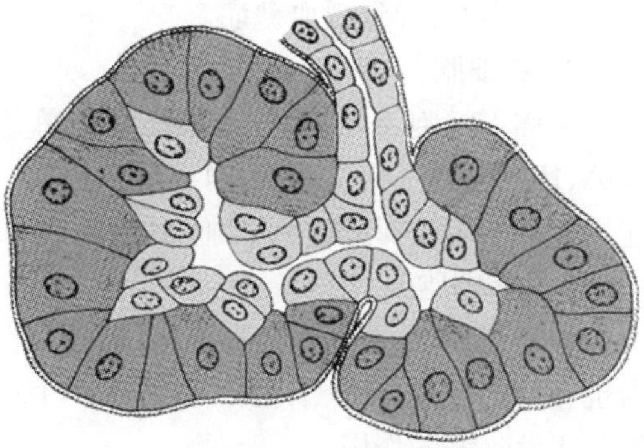

图 7-30　胰腺腺泡模式图

2. 导管

闰管较长，为单层扁平或立方上皮，无纹状管，闰管逐渐汇合形成小叶内导管。小叶内导管在小叶间结缔组织内汇合成小叶间导管，后者再汇合成一条主导管，贯穿胰腺全长，在胰头部与胆总管汇合，开口于十二指肠乳头。从小叶内导管至主导管，管腔逐渐增大，单层立方上皮逐渐变为单层柱状，主导管为单层高柱状上皮，上皮内可见杯状细胞。

成人每天分泌 1000～2000 mL 胰液，胰液为碱性液体，含多种消化酶，如胰脂肪酶、胰蛋白酶原、胰糜蛋白酶原和胰淀粉酶等，参与消化食物中的各种营养成分。腺泡细胞分泌的酶有的以酶原形式排出，如胰蛋白酶原和胰糜蛋白酶原，它们进入小肠后被肠致活酶激活成为有活性的酶。

(二) 内分泌部

胰岛(pancreas islet)，是散在分布于腺泡之间由内分泌细胞组成的球形细胞团(图 7-27、图 7-28)。成人胰腺约 100 万个胰岛，约占胰腺体积的 1.5%，胰尾部较多。胰岛大小不等，小的仅由十几个细胞组成，大的由数百个细胞围成，细胞间有丰富的有孔毛细血管。人胰岛主要有 A、B、D、PP 四种细胞，在 HE 染色中不易区分，可用免疫组织化学法进行鉴别(图 7-31)。

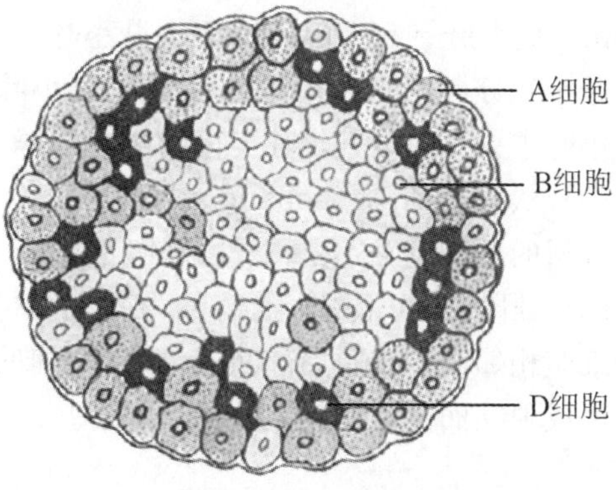

图 7-31　胰岛三种细胞分布模式图

1. A 细胞

又称甲细胞、α 细胞，约占胰岛细胞总数的 20%，细胞体积较大，多分布在胰岛周边部。A 细胞分泌**高血糖素**(glucagon)能促进肝细胞内的糖原分解为葡萄糖，并抑制糖原合成，使血糖升高，满足机体活动的能量需要。

2. B 细胞

又称乙细胞、β 细胞，约占胰岛细胞总数的 70%，主要位于胰岛的中央部。B 细胞分泌**胰岛素**(insulin)，主要促进血液内的葡萄糖合成糖原或转化为脂肪贮存，使血糖降低。

胰岛素和高血糖素的协同作用能保持血糖水平处于动态平衡。若 B 细胞退化，胰岛素分泌不足，可致血糖升高，并从尿中排出，即为糖尿病。胰岛 B 细胞肿瘤或功能亢进，则胰岛素分泌过多，可导致低血糖症。

3. D 细胞

又称丁细胞、δ 细胞，约占胰岛细胞总数的 5%。D 细胞散在分布于 A、B 细胞之间，并与 A、B 细胞紧密相贴，细胞间有缝隙连接。D 细胞分泌**生长抑素**，以旁分泌方式或经缝隙连接直接作用于邻近的 A 细胞、B 细胞或 PP 细胞，抑制这些细胞的分泌活动。

4. PP 细胞

数量很少，主要存在胰岛周边部，还可分布于外分泌部导管上皮内及腺泡细胞间，胞质内也有分泌颗粒。PP 细胞分泌胰多肽(pancreatic polypeptide)，有抑制胃肠运动，胰液分泌及胆囊收缩的作用。

三、肝

肝是人体最大的腺体，具有极复杂多样的生物化学功能，被称为机体的化工厂。肝产生的胆汁作为消化液参与脂类食物的消化；肝合成多种蛋白质及多类物质，直接分泌入血；肝还参与糖、脂类、激素、药物等的代谢。

肝表面覆以致密结缔组织被膜，除在肝下面各沟窝处以及右叶上面后部为纤维膜外，其余均为浆膜。肝门部的结缔组织随血管和肝管的分支伸入肝实质，将实质分成许多**肝小叶**。肝小叶之间各种管道密集的部位为门管区。

(一) 肝小叶

肝小叶(hepatic lobule)为肝的基本结构单位，呈多面棱柱体(图 7-32)，长约 2 mm，宽约 1 mm，成人肝有 50 万～100 万个肝小叶。小叶之间以少量结缔组织分隔，有的动物(如猪)的肝小叶分界明显(图 7-33)，而人的肝小叶间结缔组织很少，致肝小叶分界不清(图 7-34)。肝小叶中央有一沿其长轴走行的**中央静脉**。肝细胞以中央静脉为中心，单行排列成凹凸不平的板状，称为**肝板**(hepatic plate)。相邻肝板分支吻合，形成迷路样结构。在肝小叶周边的肝板的肝细胞较小，嗜酸性较强，称界板。在切片中，肝板的断面呈索状，称肝索(hepatic cord)。肝板之间不规则的腔隙为肝血窦(图 7-35、图 7-36)，血窦经肝板上的孔互相通连。肝细胞相邻面的质膜局部凹陷，形成微细的胆小管。这样，肝板、肝血窦和胆小管在肝小叶内形成独立而又密切相关的复杂网络。

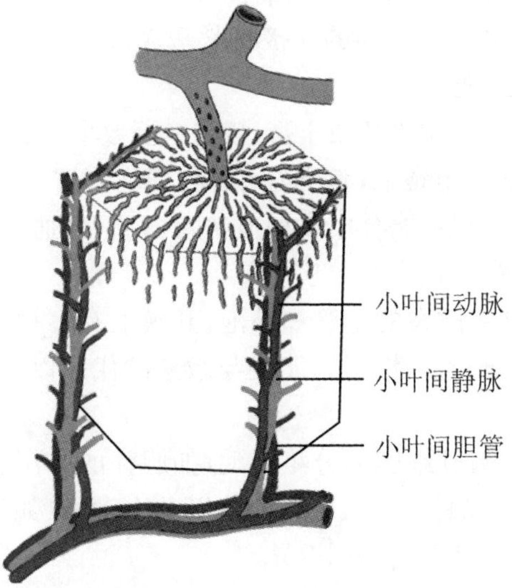

图 7-32　肝小叶立体模式图

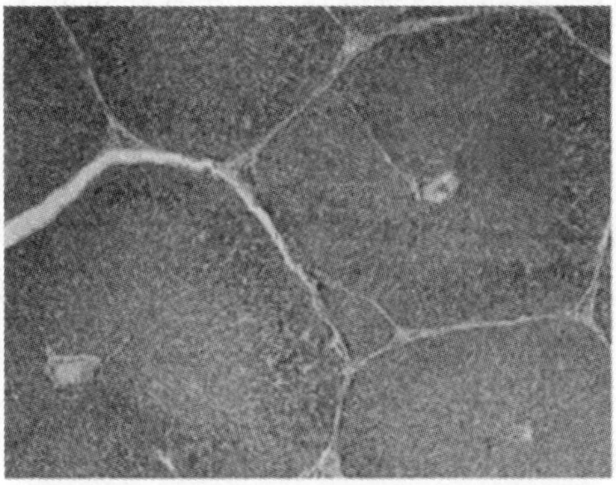

图 7-33　猪肝脏光镜图 HE 染色(皖医图)

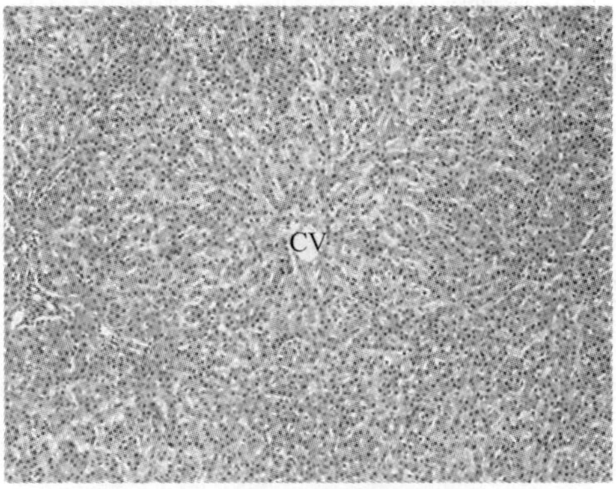

图 7-34　人肝脏光镜图

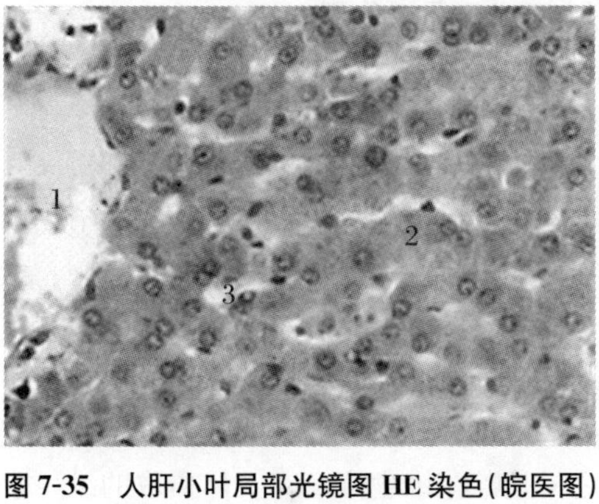

图 7-35　人肝小叶局部光镜图 HE 染色(皖医图)

1．中央静脉；　2．肝索；　3．肝血窦

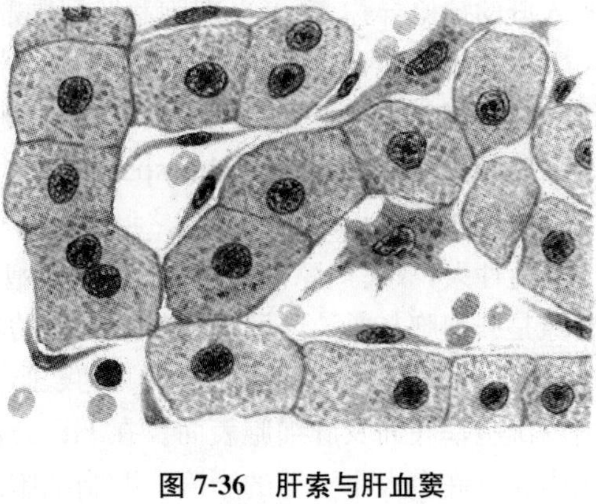

图 7-36　肝索与肝血窦

1．肝细胞(hepatocyte)

肝细胞占肝内细胞总数的 80%。呈多面体形，直径 15～30 μm。肝细胞有三种不同的功能面，即血窦面、肝细胞连接面和胆小管面（图 7-37），血窦面和胆小管面有发达的微绒毛，使细胞表面积增大。相邻肝细胞之间的连接有紧密连接、桥粒和缝隙连接等结构。有的肝细胞之间还有贯通的细胞间通道。

肝细胞核大而圆，居中央，常染色质丰富，核仁一至数个，双核细胞较多。肝细胞胞质嗜酸性，其中散在嗜碱性团块。电镜下，胞质内有各种细胞器。

（1）**粗面内质网**：成群分布，能合成多种血浆蛋白质，如血浆中的白蛋白，纤维蛋白原、凝血酶原、脂蛋白和补体等。

（2）**滑面内质网**：为许多散在的小管和小泡，其膜上有多种酶系分布，具有合成、分解、结合、转化等多种功能，可进行胆汁合成，脂类与激素的代谢以及生物转化（如药物、腐败产物等）等。

（3）**高尔基复合体**：参与肝细胞的分泌活动，如胆汁的排泌、蛋白质加工或贮存等。此外，肝细胞还富含线粒体、溶酶体、过氧化物酶体以及内含物（如糖原、脂滴和色素等），它们的含量因机体的生理或病理状况的不同而异。

2. 肝血窦(hepatic sinusoid)

位于肝板之间，腔大而不规则，窦壁由内皮细胞围成，窦腔内有定居的肝巨噬细胞。含各种肠道吸收物的门静脉血液和含氧的肝动脉血液，通过在门管区的小叶间动脉和小叶间静脉注入肝血窦，由于在血窦内血流缓慢，血浆得以与肝细胞进行充分的物质交换，然后汇入中央静脉。

肝血窦内皮细胞的特点是，内皮细胞有许多大小不等窗孔，直径 0.1～2 μm，窗孔常聚集形成筛样结构，孔上无隔膜封闭。内皮细胞外无基膜，仅见散在的网状纤维。内皮细胞间常有 0.1～0.5 μm 宽的间隙。因此肝血窦有较大的通透性，血浆中除乳糜微粒外，其他大分子物质均可自由通过。

肝巨噬细胞（hepatic macrophage）又称库普弗细胞（Kupffer cell），是定居在肝内的巨噬细胞（图 7-36、图 7-37）。细胞形态不规则，表面有许多皱褶和微绒毛，并伸出许多板状或丝状伪足附着在内皮细胞上，或穿过内皮细胞窗孔和细胞间隙伸入窦周隙内。胞质内溶酶体多，并常见吞噬体和残余体。肝巨噬细胞来自血液单核细胞，作为肝内卫士，在消除门静脉入肝的抗原异物、衰老血细胞和监视肿瘤细胞等方面发挥重要作用。

肝血窦内还有较多大颗粒淋巴细胞，即 NK 细胞，附着在内皮细胞或肝巨噬细胞上。此细胞在抵御病毒感染、防止肝内肿瘤及其他肿瘤的肝转移方面有重要作用。

3. 窦周隙(perisinusoidal space)

是肝血窦内皮细胞与肝板之间宽约 0.4 μm 的狭小间隙（图 7-36、图 7-37）。由于血窦内皮通透性大，故窦周隙内充满血浆，肝细胞血窦面的微绒毛伸入窦周隙，浸于血浆之中。窦周隙是肝细胞与血液之间进行物质交换的场所。

窦周隙内还有一种形态不规则的贮脂细胞（fat-storing cell）（图 7-37），它们有突起附于内皮细胞基底面及肝细胞表面。在 HE 染色切片中不易辨认，电镜下，其典型结构特征是胞质内含有许多大小不等的脂滴。贮脂细胞的功能之一是贮存维生素 A。人体摄取的维生素 A 的 70%～85%贮存在贮脂细胞内，在机体需要时释放入血。贮脂细胞另一功能是产生细胞外基质，如形成窦周隙内的网状纤维。在一些慢性肝病中，贮脂细胞异常增殖，肝内纤维异常增多，可致肝硬化。

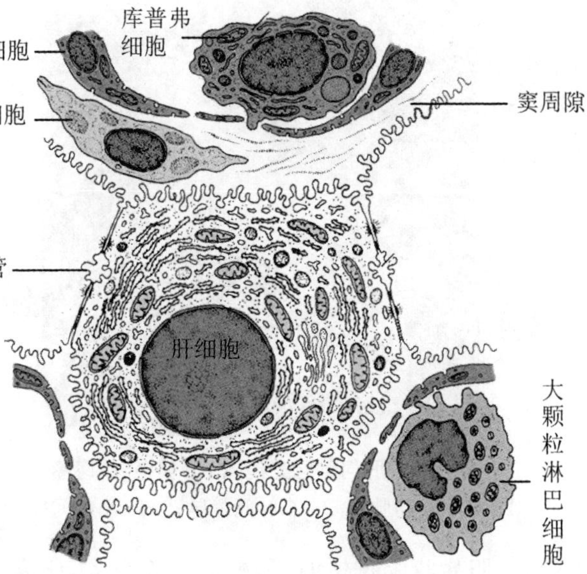

图 7-37 肝小叶内细胞关系模式图

4. 胆小管(bile canaliculus)

胆小管是相邻两个肝细胞之间局部胞膜凹陷形成的微细管道,用银染法或 ATP 酶组化染色法可清楚显示,它们在肝板内连接成网。电镜下,胆小管腔面有肝细胞形成的微绒毛突入腔内。胆小管周围的肝细胞膜形成紧密连接、桥粒等连接复合体,封闭胆小管周围的细胞间隙。正常情况下,肝细胞分泌的胆汁排入胆小管,胆汁不会从胆小管溢出至窦周隙,当肝细胞发生变性、坏死或胆道堵塞内压增大时,胆小管的正常结构被破坏,胆汁则溢入窦周隙,进而进入血窦,出现**黄疸**。

胆小管内的胆汁从肝小叶的中央流向周边。胆小管于肝小叶边缘处汇集成若干短小的管道,称**赫令管**(Hering canal)。赫令管较细,上皮由立方细胞组成,细胞着色浅,胞质内的细胞器较少。赫令管在门管区汇入**小叶间胆管**。

(二) 肝门管区

相邻肝小叶之间呈三角形或椭圆形的结缔组织小区,称**门管区**(portal area),每个肝小叶的周围一般有 3～4 个门管区。门管区内有小叶间静脉、小叶间动脉和小叶间胆管(图 7-38)。

小叶间静脉是门静脉的分支,管腔较大而不规则,壁薄;小叶间动脉是肝动脉的分支,管径小,管壁相对较厚;小叶间胆管管壁由单层立方上皮构成。小叶间胆管向肝门方向汇集,最后形成左、右肝管出肝。

四、胆囊和胆管

(一) 胆囊

胆囊(gallbladder)分底、体、颈三部分,颈部连胆囊管。胆囊壁由**黏膜**、**肌层**和**外膜**组

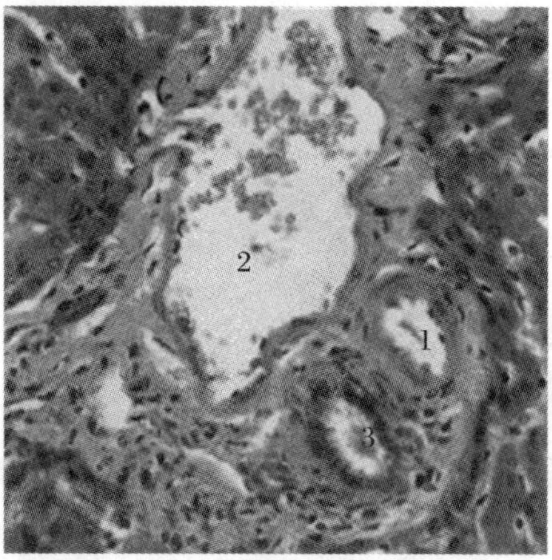

图 7-38 肝门管区光镜图 HE 染色(皖医图)
1. 小叶间动脉； 2. 小叶间静脉； 3. 小叶间胆管

成。黏膜有发达的皱襞。胆囊收缩排空时，皱襞高大而分支，胆囊充盈时，皱襞减少变矮。上皮为单层柱状。固有层为薄层结缔组织。**肌层**是平滑肌，厚薄不一，胆囊底部较厚，颈部次之，体部最薄。**外膜**较厚，大部分为浆膜。

胆囊的功能是贮存和浓缩胆汁。肝细胞产生的胆汁经肝管排出，先在胆囊内贮存，胆囊的容量为 40～70 mL。胆囊上皮细胞能主动吸收胆汁中的水和无机盐，使胆汁浓缩。胆囊的收缩排空受激素的调节，进食后尤其在高脂肪食物后，在小肠内分泌细胞分泌的胆囊收缩素-促胰酶素作用下，胆囊持续收缩，胆总管括约肌松弛，将胆汁排入肠腔。

(二) 胆管

由肝细胞分泌的胆汁经左右肝管、肝总管和胆囊管进入胆囊贮存，胆囊中贮存的浓缩胆汁经胆囊管和胆总管排入十二指肠。

肝外胆管管壁分为**黏膜**、**肌层**和**外膜**三层。上皮为单层柱状，有杯状细胞，固有层内有黏液腺。肌层为斜行、纵行平滑肌束，较分散。胆管外膜为疏松结缔组织。

（王建君　伍雪芳）

第三节　消化和吸收

一、消化

消化(digestion)是指食物在消化道内被分解为可吸收的小分子物质的过程。消化方式有两种，一种是**机械性消化**(mechanical digestion)，即通过消化道的运动将食物磨碎，使之与消化液充分混合，并将食物不断向消化道远端推进的过程。另一种是**化学性消化**(chemical digestion)，即通过消化液中消化酶的作用，将食物中的大分子物质分解为可吸收的小分子物质的过程。两种消化方式同时进行，相互配合。

(一) 消化道平滑肌的生理特性

在消化道中,除口腔、咽、食管上端和肛门外括约肌的肌肉为骨骼肌外,其余部分由平滑肌组成。消化道平滑肌细胞之间通过紧密连接进行同步性活动。消化道平滑肌具有肌肉组织的共同特性,如兴奋性、传导性和收缩性,同时又具有其自身的特性。

1. 一般生理特性

(1) 自动节律性:在适宜环境中,离体消化道平滑肌在无外来刺激情况下能够自动节律性收缩,但节律缓慢,不如心肌规则。

(2) 富有伸展性:消化道平滑肌具有较大的伸展性。胃的伸展性尤其明显,进食后,大量食物暂时储存于胃内而不发生明显的压力改变,因而具有重要意义。

(3) 兴奋性较低,舒缩迟缓:消化道平滑肌兴奋性比骨骼肌低;收缩的潜伏期、收缩期和舒张期时间比骨骼肌长得多。

(4) 具有紧张性:消化道平滑肌经常保持一种微弱的持续收缩状态,即紧张性。这使消化道内维持一定的基础压力,有利于胃肠保持一定的形状和位置。消化道各种不同形式的运动都是在紧张性基础上进行的。

(5) 对某些理化刺激的敏感性:平滑肌对电刺激不敏感,但对温度变化、化学和机械或牵张刺激很敏感。如微量的乙酰胆碱可引起强烈收缩,微量的肾上腺素使其舒张。

2. 电生理特性

消化道平滑肌的生物电活动主要有三种,即静息电位,慢波和动作电位(图 7-39)。

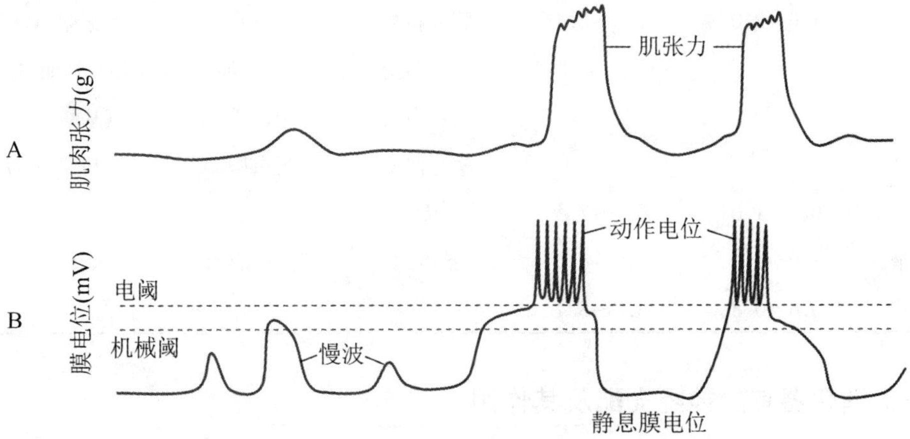

图 7-39 消化道平滑肌的电活动与收缩之间的关系

A. 消化道平滑肌细胞内记录的慢波电位和动作电位;

B. 同步记录的肌肉收缩曲线,显示慢波不能引起肌肉收缩

(1) 静息电位:消化道平滑肌的静息电位不稳定,波动较大,其测定值为 $-60 \sim -50$ mV。静息电位主要由 K^+ 的平衡电位形成。此外,生电性钠泵活动以及少量的 Na^+、Ca^{2+}、Cl^- 也参与静息电位的形成。

(2) 慢波电位:消化道平滑肌细胞在静息电位基础上,自发产生去极化和复极化,形成缓慢的节律性电位波动,称为**慢波**(slow wave)或**基本电节律**(basic electrical rhythm, BER)。慢波可决定消化道平滑肌的收缩节律。慢波的波幅为 5～15 mV,持续数秒至十几秒，频率随不同的部位而异，胃为 3 次/min，十二指肠为 11～12 次/min，回肠末端为 8～9 次/min。慢波起源于环形肌和纵行肌交界处间质中的 Cajal 细胞，以电紧张形式扩布至两肌层。

(3) 动作电位：在慢波基础上，消化道平滑肌受到刺激后，慢波可进一步去极化，当达到阈电位时，即可爆发动作电位。动作电位的升支主要是钙离子内流，降支主要是 K^+ 外流。

消化道平滑肌的慢波、动作电位和肌肉收缩三者之间是紧密联系的。在慢波基础上产生动作电位，动作电位引起平滑肌收缩，动作电位频率较高时引起平滑肌收缩也较强（图 7-39）。慢波是平滑肌收缩的起步电位，决定平滑肌的收缩频率、传播速度和蠕动方向。

(二) 消化腺的分泌功能

消化液由唾液腺、胰腺和肝脏等外分泌腺分泌，主要由水、无机物和有机物（各种消化酶、黏液等）组成。成人每日由消化腺分泌的消化液总量达 6～8 L（表 7-2）。消化液的主要功能有：① 分解食物中的营养物质。② 为各种消化酶提供适宜的 pH 环境。③ 稀释食物，使消化道内容物的渗透压与血浆渗透压接近，有利于吸收。④ 消化液中的黏液、抗体和大量液体，保护消化道黏膜，防止物理和化学性损伤。

表 7-2 各种消化液的分泌量、pH 及主要消化酶

消化液	分泌量(L/d)	pH	主要消化酶	酶的底物	酶的水解产物
唾液	1.0～1.5	6.6～7.1	唾液淀粉酶	淀粉	麦芽糖
胃液	1.5～2.5	0.9～1.5	胃蛋白酶	蛋白质	胨、多肽
胰液	1.0～2.0	7.8～8.4	胰淀粉酶	淀粉	麦芽糖、寡糖
			胰脂肪酶	三酰甘油	脂肪酸、甘油、甘油酯
			胰蛋白酶	蛋白质	氨基酸、寡肽
			糜蛋白酶	蛋白质	氨基酸、寡肽
胆汁	0.8～1.0	6.8～7.4	无		
小肠液	1.0～3.0	7.6～8.0	肠激酶	胰蛋白酶原	胰蛋白酶
大肠液	0.6～0.8	8.3～8.4			

(三) 消化器官的神经支配及其作用

消化系统的功能与其他系统的活动一样，是在神经和体液的调节下进行的，各器官之间相互密切配合，达到消化食物、吸收营养物质的目的。消化系统的功能可根据人体不同的情况发生适应性改变，例如，在消化间期，消化道运动减弱，消化液分泌减少；而在消化期，消化道运动增强，消化液分泌增加，这些活动都是在神经和体液因素的共同调节下实现的。

神经系统对消化功能的调节比较复杂。支配胃肠的神经主要包括内在神经系统和外来神经系统两大部分。两者相互协调，共同调节胃肠功能（图 7-40）。

(四) 胃肠激素

胃肠激素主要是由胃肠黏膜的内分泌细胞分泌的激素，在化学结构上属于肽类，故又称

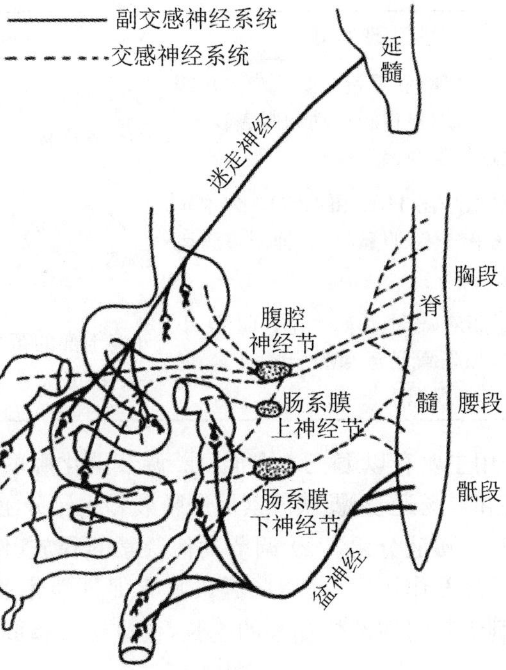

图 7-40　胃肠的神经支配

胃肠肽。现已发现，胃肠黏膜内分布着 40 余种内分泌细胞，可分泌多种胃肠激素（表 7-3）。胃肠黏膜所含的内分泌细胞的数量超过体内所有内分泌腺细胞的总和，因此，胃肠道不仅是体内的消化器官，也是体内最大最复杂的内分泌器官。其中对消化器官功能影响较大的胃肠激素主要有促胃液素（gastrin）、胆囊收缩素（cholecystokininin，CCK）和促胰液素（secretin）等（表 7-4）。

表 7-3　主要胃肠内分泌细胞的名称、分布和分泌产物

分布部位	细胞名称	分泌激素
胰岛	A 细胞	胰高血糖素
	B 细胞	胰岛素
胰岛、胃、小肠、结肠	D 细胞	生长抑素
胃窦、十二指肠	G 细胞	胃泌素
小肠上部	I 细胞	胆囊收缩素
	K 细胞	抑胃肽
	S 细胞	胰泌素
小肠	Mo 细胞	胃动素
回肠	N 细胞	神经降压素
胰腺、胃、小肠、大肠	PP 细胞	胰多肽

表 7-4 三种胃肠激素的主要作用及引起释放的因素

激素名称	主要生理作用	引起释放的主要因素
促胃液素	促进胃液(以胃酸和胃蛋白酶原为主)、胰液、胆汁分泌、加强胃肠运动和胆囊收缩,促进消化道黏膜生长	迷走神经兴奋、胃幽门和小肠上部蛋白质的分解产物
促胰液素	促进胰液(以分泌 H_2O 和 HCO_3^- 为主)、胆汁、小肠液分泌,胆囊收缩,抑制胃肠运动和胃液分泌	小肠上部的盐酸、蛋白质分解产物、脂酸钠
缩胆囊素	促进胃液、胰液(以消化酶为主)、胆汁、小肠液分泌,加强胃肠运动和胆囊收缩,促进胰腺外分泌组织生长	小肠上部的蛋白质分解产物、脂酸钠、盐酸、脂肪

胃肠激素的共同作用主要有以下三个方面:① 调节消化腺的分泌和消化道的运动,如促胃液素促进胃酸分泌和胃肠运动;促胰液素促进胰液和胆汁分泌并抑制胃肠运动;胆囊收缩素促进胆囊收缩和胆汁、胰液分泌。② 调节其他激素的释放,例如抑胃肽有很强的刺激胰岛素分泌的作用。③ 营养作用,一些胃肠激素具有促进消化道组织的代谢和生长的作用。例如,促胃液素能刺激胃泌酸部位黏膜的生长,促进十二指肠黏膜的 DNA、RNA 和蛋白质的合成。

研究证明,大多数的胃肠肽也存在于中枢神经系统中,如促胃液素、胆囊收缩素、胃动素、生长抑素和 P 物质等,这种双重分布于胃肠道和中枢神经系统中的肽类物质统称为脑-肠肽。脑-肠肽概念的提出,揭示了神经系统和消化系统之间存在着密切的内在联系。

二、吸收

(一) 吸收部位及机制

食物的消化产物、水、无机盐和维生素等通过消化道黏膜上皮细胞进入血液和淋巴的过程,称为吸收。

消化道不同部位的吸收能力相差较大。口腔和食管基本没有吸收功能。胃的吸收能力也很小,仅吸收少量的水、乙醇及某些药物,如阿司匹林等。小肠是吸收的主要部位,一般认为糖类、蛋白质和脂肪的消化产物大部分是在十二指肠和空肠吸收的,回肠有其独特的功能,主动吸收胆盐和维生素 B_{12}。大肠主要吸收水和无机盐(图 7-41)。

小肠作为吸收的主要部位,具有以下的有利条件:① 食物在小肠内已消化为可吸收的小分子。② 小肠吸收面积大(图 7-42),小肠黏膜形成许多环行皱襞,皱襞上有许多绒毛,绒毛的上皮细胞上有许多微绒毛,使小肠黏膜的表面积达到 200～250 m^2。③ 小肠绒毛内富含毛细血管及毛细淋巴管,消化期小肠绒毛的节律性伸缩与摆动,可促进绒毛内血液和淋巴回流,有利于吸收。④ 食物在小肠内停留的时间较长(3～8 h),使营养物质有足够时间被吸收。

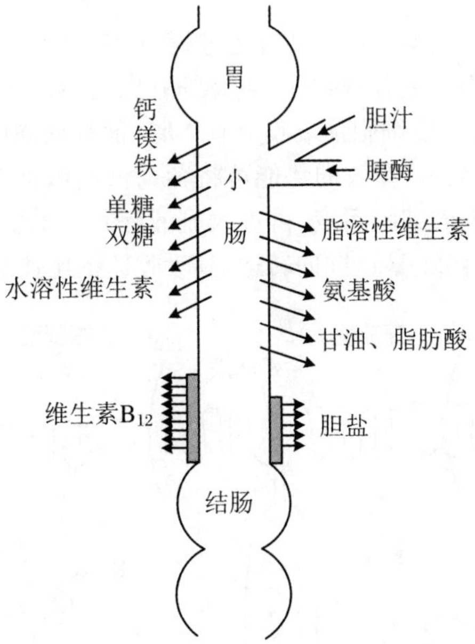

图 7-41　各种营养物质在小肠的吸收部位

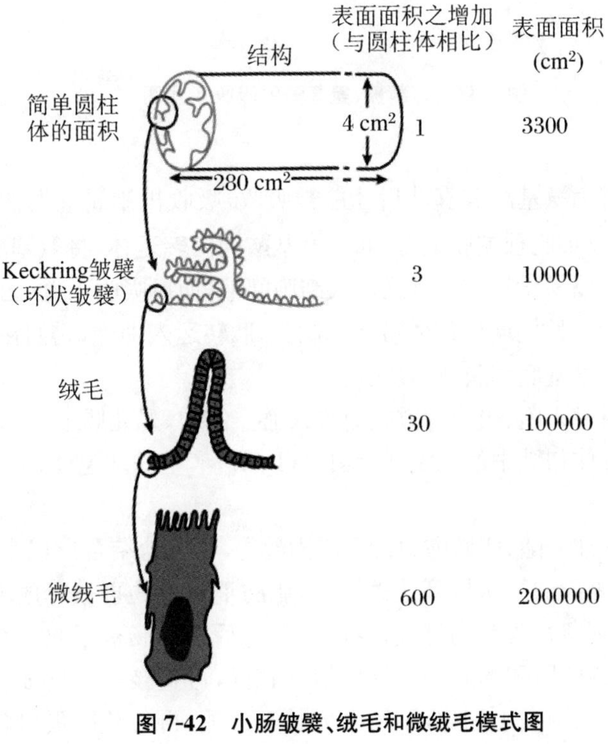

图 7-42　小肠皱襞、绒毛和微绒毛模式图

(二) 小肠内主要营养物质的吸收

1．糖的吸收

食物中的糖类一般须被分解为单糖后才能被小肠吸收。肠道中的单糖主要是葡萄糖、半乳糖和果糖。

葡萄糖和半乳糖的吸收是继发性主动转运过程,其能量来自钠泵。以葡萄糖吸收为例,小肠黏膜上皮细胞的基底侧膜上有 Na^+ 泵,可将细胞内的 Na^+ 泵入细胞间液,再进入血液,维持细胞内低 Na^+ 浓度;在上皮细胞顶端膜上有 Na^+-葡萄糖同向转运体,可与 Na^+ 和葡萄糖结合,Na^+ 顺浓度差进入细胞,释放的势能可将葡萄糖逆浓度差转运入细胞,之后葡萄糖在基底侧膜通过易化扩散进入细胞间液,再进入血液(图 7-43)。果糖是通过易化扩散进入小肠黏膜上皮细胞的,它不伴随 Na^+ 同向转运,其吸收速率比葡萄糖、半乳糖低。

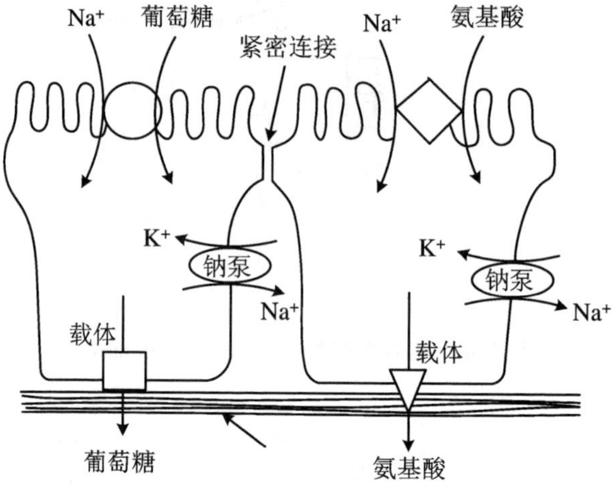

图 7-43 葡萄糖、氨基酸的吸收示意图

2. 蛋白质的吸收

食物蛋白质须分解为氨基酸和寡肽后才能被吸收,吸收机制属继发性主动转运。与葡萄糖吸收类似,小肠上皮细胞顶端膜上有 Na^+-氨基酸同向转运体,将氨基酸转运入细胞,再通过基底侧膜上的载体以易化扩散的方式进入细胞间液,而后吸收入血(图 7-43)。此外,上皮细胞顶端膜上还有 H^+-肽同向转运体可将二肽、三肽转运入细胞,它们在细胞内被水解为氨基酸后以易化扩散通过基底侧膜,吸收入血。

少量蛋白质也可通过入胞、出胞的方式吸收入血。例如,婴儿肠上皮细胞可通过入胞和出胞方式吸收适量的母体初乳中的免疫球蛋白 A(IgA),产生被动免疫。

3. 脂肪的吸收

脂肪的消化产物甘油一酯、脂肪酸、甘油、胆固醇等,与胆盐结合形成水溶性混合微胶粒后,通过小肠黏膜上皮表面的静水层到达微绒毛,脂肪消化产物再被释放出来,以单纯扩散方式进入细胞,而胆盐则留在肠腔内继续发挥作用,最后在回肠被吸收。在肠上皮细胞内,中、短链脂肪酸和含短链脂肪酸的甘油一酯脂溶性较高,可直接经上皮细胞扩散进入血液;而长链脂肪酸及甘油一酯则发生酯化,重新合成甘油三酯,再与载脂蛋白合成乳糜微粒,通过出胞进入细胞间液,扩散入淋巴管(图 7-44)。脂肪的吸收有血液和淋巴两条途径,因动、植物油中含有 15 个以上碳原子的长链脂肪酸较多,所以脂肪的吸收以淋巴途径为主。

4. 水的吸收

水是通过渗透方式吸收进入血液的,即由于肠内营养物质及电解质的吸收,尤其是 NaCl 的主动吸收产生的渗透压梯度是水吸收的主要动力。

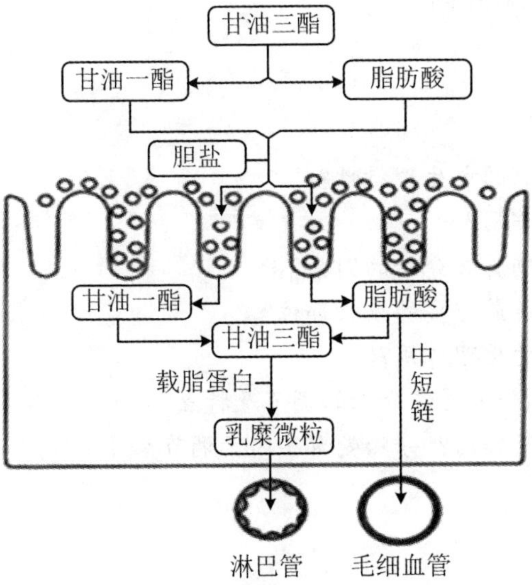

图 7-44 脂肪吸收示意图

5. 无机盐的吸收

盐类只有在溶解状态下才能被吸收。一般单价碱性盐类，如钠、钾、铵盐的吸收很快；多价碱性盐吸收很慢；与钙结合形成沉淀的盐则不能被吸收。

(1) 钠和负离子的吸收：钠的吸收是主动转运过程，因肠上皮细胞基底侧膜 Na^+ 泵的活动造成细胞内 Na^+ 浓度降低，肠腔内 Na^+ 依靠顶端膜上的转运体顺浓度差进入细胞内，再通过基底侧膜 Na^+ 泵的活动被转运到细胞间液，进而入血吸收。

由于 Na^+ 的吸收，造成肠腔内带负电位，肠上皮细胞内为正电位，于是 Cl^- 顺电位差进入细胞。通过 Na^+-H^+ 逆向交换进入肠腔内的 H^+ 可与 HCO_3^- 结合成 H_2CO_3，后者解离出的 CO_2 通过肠上皮细胞吸收入血，即 HCO_3^- 以 CO_2 的形式被吸收。

(2) 铁的吸收：人每日吸收铁约 1 mg，仅为每日膳食中含铁量的 5%～10%。孕妇、儿童及失血等情况下，铁的吸收量增加。食物中的铁主要是三价铁（Fe^{3+}），不易被吸收，须还原为亚铁（Fe^{2+}）后，才能被吸收。维生素 C 可使 Fe^{3+} 还原为 Fe^{2+} 而促进铁的吸收。不溶性铁在酸性环境中易于溶解，故胃酸可促进铁的吸收，胃酸缺乏时易发生缺铁性贫血。

铁主要在小肠上段被吸收。Fe^{2+} 与肠上皮细胞顶端膜的转铁蛋白结合后被转运入细胞。细胞内的 Fe^{2+}，部分通过基底侧膜被主动转运出细胞进入血液；余下大部分 Fe^{2+} 被氧化为 Fe^{3+} 后，与脱铁铁蛋白结合形成铁蛋白储存。

(3) 钙的吸收：人每日吸收钙约 100 mg，吸收部位在小肠上段。钙只有在离子状态下才能被吸收。影响钙吸收的主要因素有：维生素 D 促进小肠对钙的吸收；胃酸可促进钙溶解，有助于钙吸收；草酸、植酸等可与 Ca^{2+} 形成不溶性复合物而抑制 Ca^{2+} 的吸收。

Ca^{2+} 的吸收是主动转运过程，进入肠上皮细胞的 Ca^{2+} 可通过基底侧膜上的 Ca^{2+} 泵及 Na^+-Ca^{2+} 交换体转运到细胞间液，进而入血吸收。

6. 维生素的吸收

大多数维生素在小肠上段被吸收，但维生素 B_{12} 在回肠被吸收。大多数水溶性维生素，包括维生素 B_1、B_2、B_6、PP、C 以及生物素和叶酸，是通过依赖 Na^+ 的同向转运体被吸收的。维生素 B_{12} 须与内因子结合成复合物后，再到回肠被主动吸收。脂溶性维生素 A、D、E、K 的吸收与脂肪消化产物的吸收相同。

（孙　丽）

复习思考题

1. 简述消化道平滑肌的电生理特性？
2. 简述胃酸的主要作用？
3. 简述胃肠腔内抑制胃液分泌的因素？
4. 简述小肠为什么是最重要的吸收部位？
5. 试述胃液各成分的生理作用？
6. 试述头期、胃期和肠期胃液分泌的调节及特点？
7. 试述胰液的成分及作用？分泌受哪些因素调节？

模块八　泌尿系统

学习目标

掌握：肾的功能解剖结构；肾单位和球旁复合体的概念及其功能；肾小球滤过膜的结构和功能特点及其影响因素；肾小管和集合管的物质转运功能；几种重要物质的重吸收或/和分泌；尿生成的调节；抗利尿激素的分泌部位、生理作用及其释放调节；肾素-血管紧张素-醛固酮系统的作用。

熟悉：输尿管的结构及其功能特点；肾脏的血液供应及肾血流量的调节；肾髓质渗透梯度的形成机制；尿液的浓缩与稀释机制；血浆清除率的概念、测定清除率的生理意义；尿的排放、排尿反射及排尿异常。

了解：泌尿系统的组成与功能；肾的血液循环途径及其特点。

泌尿系统(uninary system)由肾、输尿管、膀胱和尿道组成，主要功能为产生并排出尿液，参与调节机体的水、盐代谢和电解质平衡。此外，肾还可以分泌多种生物活性物质，如肾素、前列腺素和促红细胞生成素等。

第一节　肾

一、肾的一般结构

肾(kidney)呈蚕豆形，表面包有一层致密结缔组织被膜，其实质由皮质和髓质构成。在冠状切面上，皮质位于肾的浅表；髓质位于肾的深部(图 8-1、图 8-2)。髓质由 10～18 个**肾锥体**(renal pyramid)组成，肾锥体的尖端钝圆，突入肾小盏内，称**肾乳头**，其内的乳头管开口于此处。肾锥体的底与皮质相连，从锥体底部呈辐射状伸入皮质的条纹，称**髓放线**(medullary ray)。髓放线之间的皮质称**皮质迷路**(cortical labyrinty)。每条髓放线与其周围的皮质迷路构成一个**肾小叶**。每个肾锥体与其相连的皮质组成一个**肾叶**，肾锥体之间的皮质称**肾柱**。

肾实质由大量肾单位和集合管组成(图 8-3)。肾内的少量结缔组织、血管和神经等构成肾间质。

二、肾单位

肾单位(nephron)是肾的结构和功能单位，由**肾小体**和**肾小管**两部分组成。每个肾约有 100 万个肾单位，与集合管共同行使泌尿功能。

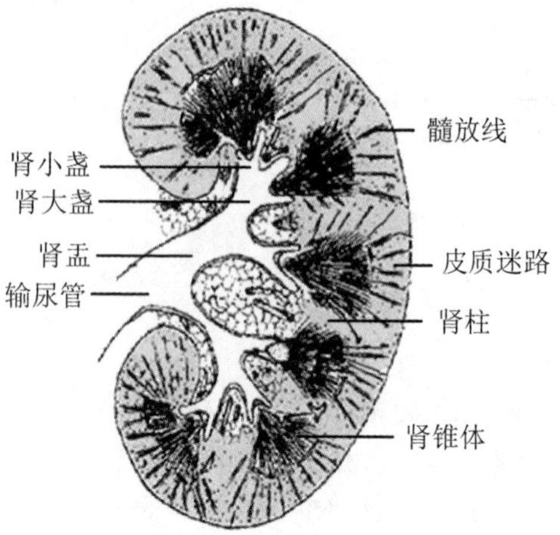

图 8-1 肾冠状剖面模式图

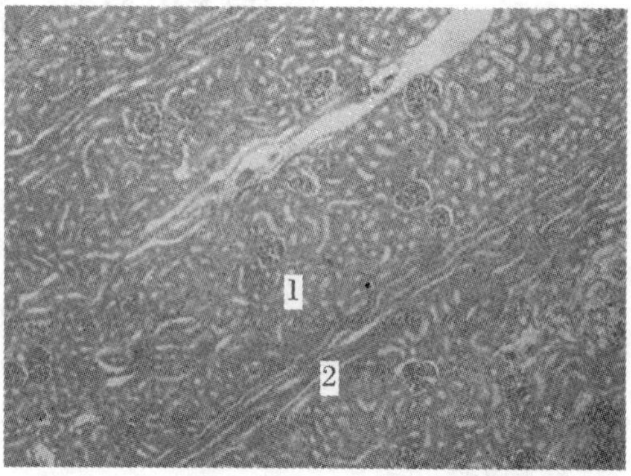

图 8-2 肾皮质光镜图 HE 染色(皖医图)

1. 皮质迷路； 2. 髓放线

肾小体位于皮质迷路和肾柱内，一端与肾小管相连。肾小管依次分为近端小管、细段和远端小管。近端小管和远端小管均分为曲部和直部。近端小管起始部盘曲在肾小体附近，形成近端小管曲部或近曲小管。继而进入髓放线，直行向下形成近端小管直部或近直小管。直部进入髓质后管径骤然变细，形成细段。细段之后管径又增粗，延续为远端小管直部或远直小管。近直小管、细段和远直小管共同组成一个“U”形的袢，称**肾单位袢**(nephron loop)或**髓袢**(medullary loop)。远直小管离开髓放线后，在肾小体附近再度盘曲形成远端小管曲部或远曲小管，其末端与弓形集合管相连(图 8-3)。

- 泌尿小管
  - 肾单位
    - 肾小体
      - 血管球(皮质迷路、肾柱)
      - 肾小囊
    - 肾小管
      - 近端小管
        - 近曲小管(皮质迷路、肾柱)
        - 近直小管
      - 细段
      - 远端小管
        - 远直小管
        - 远曲小管(皮质迷路、肾柱)
      - 近直小管、细段、远直小管：髓袢(髓放线、肾锥体)
  - 集合管
    - 弓形集合管(皮质迷路)
    - 直集合管(髓放线、肾锥体)
    - 乳头管(肾乳头)

图 8-3 肾实质的组成和分布位置

根据肾小体在皮质中的位置不同，可分为两种肾单位：即浅表肾单位和髓旁肾单位(图 8-4)。浅表肾单位分布于皮质的浅层及中部，体积较小、数量多(约占 85%)，髓袢较短。在尿液形成中起重要作用。髓旁肾单位位于皮质深部，体积较大，数量少，髓袢长。对尿液浓缩具有重要意义。

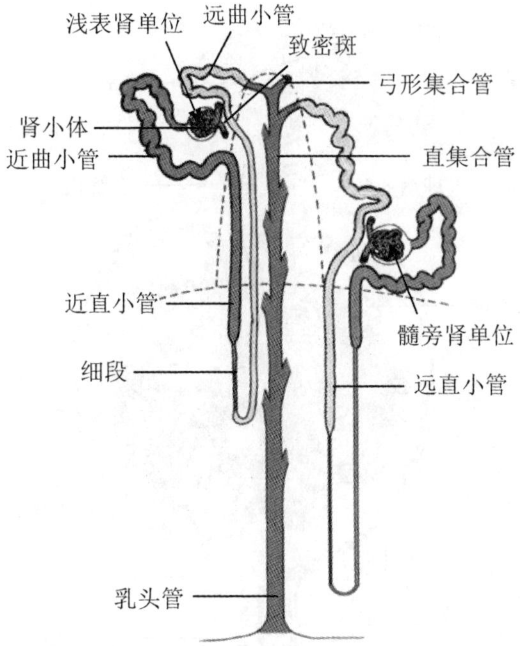

图 8-4　肾单位和集合管模式图

(一) 肾小体

肾小体(renal corpuscle)直径约 200 μm,由**血管球**和**肾小囊**组成。肾小体有两极,有血管进出的一端为**血管极**,与其相对的另一端与近曲小管相连,称尿极(图 8-5、图 8-6)。

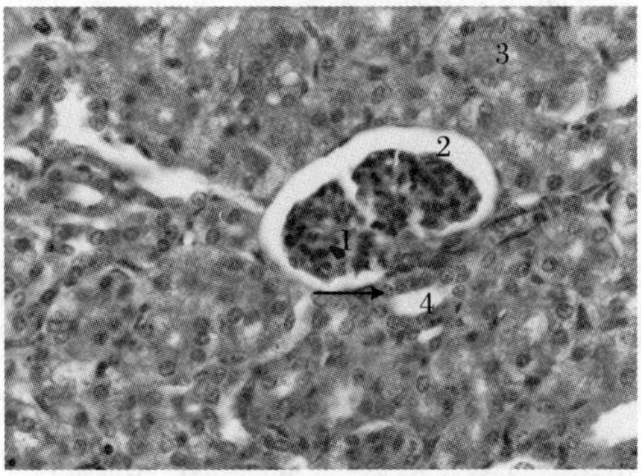

图 8-5　肾皮质光镜图 HE 染色(皖医图)

1. 血管球；2. 肾小囊腔；3. 近曲小管；
4. 远曲小管　→致密斑

1. 血管球(glomerulus)

又称肾小球,是包在肾小囊中的一团盘曲的毛细血管。一条**入球微动脉**经血管极进入肾小囊后,分支形成若干网状毛细血管袢,再汇集成一条**出球微动脉**,从血管极处离开肾小囊。入球微动脉管径较出球微动脉粗,使毛细血管内血压较高。电镜下,毛细血管为有孔型,孔径为 50～100 nm,窗孔处无隔膜,故其通透性较大。毛细血管之间有少量结缔组织构

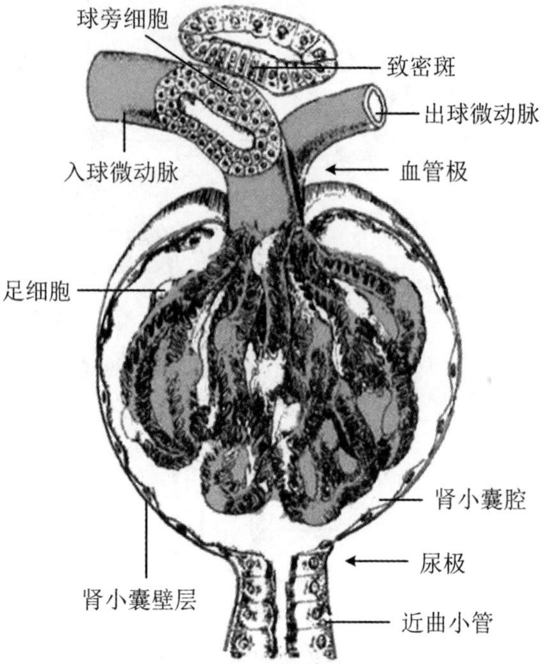

图 8-6　肾小体与球旁复合体立体模式图

成**血管系膜**(mesangium),又称**球内系膜**(intraglomerular mesangium)。球内系膜由球内系膜细胞和系膜基质组成。球内系膜细胞形状不规则,有突起,细胞核小、染色较深,电镜下胞质内有较发达的粗面内质网、高尔基复合体、溶酶体和吞噬体等。细胞突起可以伸入内皮与基膜之间,或经内皮细胞之间伸入毛细血管腔内。目前认为,球内系膜细胞是特化的平滑肌细胞,能合成基膜和系膜基质的成分,吞噬和降解沉积在基膜上的免疫复合物,参与基膜的更新和修复。

2. 肾小囊(renal capsule)

是在胚胎时期肾小管起始端膨大凹陷而成的双层杯状囊,分壁层和脏层,两层之间的腔隙为肾小囊腔,与近曲小管相通。壁层是单层扁平上皮,在血管极处返折为脏层,在尿极处延伸为近曲小管上皮。脏层为一层多突起的细胞,称足细胞(podocyte),体积较大,凸向肾小囊腔,光镜下不易区分。扫描电镜下,从胞体伸出数个粗大的初级突起,初级突起再发出许多指状的次级突起,且相互嵌合成栅栏状,紧紧包绕在毛细血管基膜的外面。次级突起间的狭窄裂隙,宽约 25 nm,称裂孔。裂孔上覆以 4～6 nm 厚的薄膜,称裂孔膜(slit membrane)(图 8-7)。次级突起内含有微丝,收缩时可调节裂孔的宽度,从而调节血管球的滤过率。足细胞还参与基膜的形成和更新,维持血管球形状。

3. 滤过屏障(filtration barrier)

肾小体犹如滤过器,血管球毛细血管内的血液滤入肾小囊腔内形成原尿,须经过毛细血管有孔内皮、基膜和足细胞裂孔膜,这三层结构称为**滤过屏障**,又称**滤过膜**(图 8-7)。滤过膜对血浆成分具有选择性的通透作用。一般情况下,分子量小于 70 KD、直径小于 4 nm 的物质可通过滤过膜,其中带正电荷的物质易于通过,如葡萄糖、尿素、电解质和水等。成人一昼

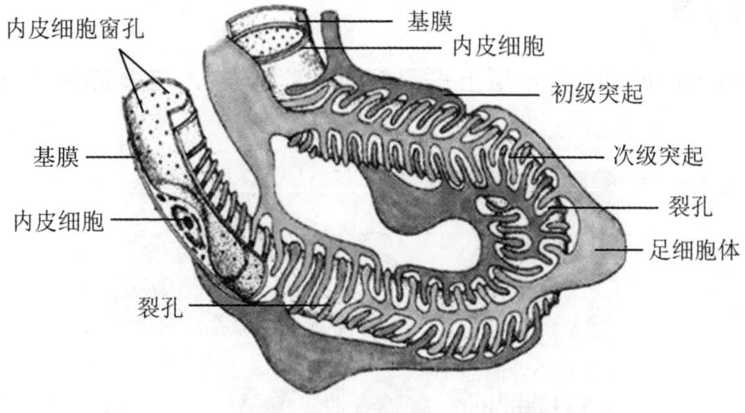

立体示意图

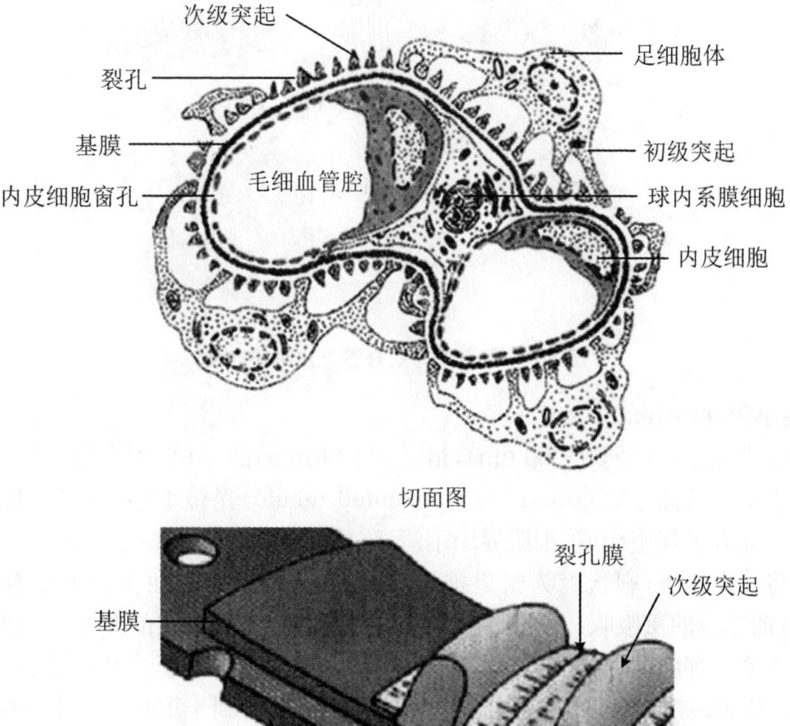

切面图

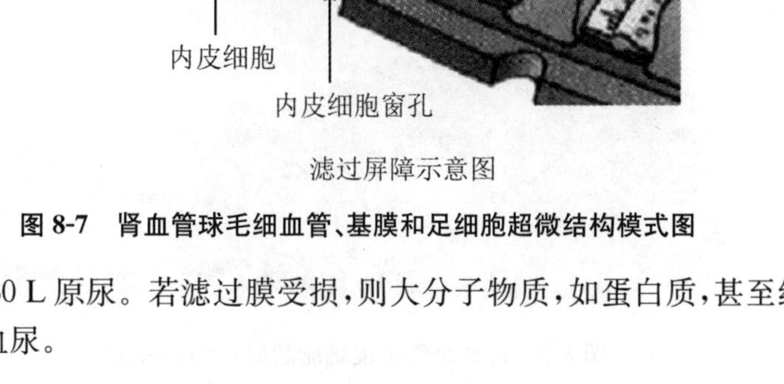

滤过屏障示意图

图 8-7　肾血管球毛细血管、基膜和足细胞超微结构模式图

夜两肾可产生约 180 L 原尿。若滤过膜受损，则大分子物质，如蛋白质，甚至红细胞均可漏出，形成蛋白尿或血尿。

(二) 肾小管

肾小管(renal tubule)由单层上皮围成的小管,具有重吸收原尿成分及排泄的功能(图 8-8)。

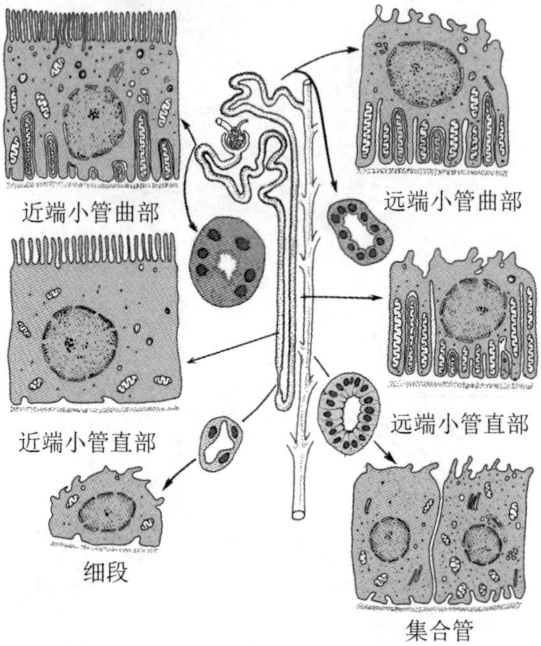

图 8-8 肾小管与集合管上皮细胞结构

1. 近端小管(proximal tubule)

是肾小管中最粗(直径 50～60 μm),最长(约 14 mm)的一段,约占肾小管总长的一半,分为曲部和直部。近曲小管(proximal convoluted tubule)光镜下管腔小,不规则。管壁由单层锥体形或立方形细胞构成,细胞界限不清,胞质嗜酸性,核圆,位于细胞基底部。细胞游离面有刷状缘。电镜下,刷状缘为密集排列的微绒毛,扩大了近曲小管上皮游离面的表面积,有利于近曲小管的重吸收。细胞侧面伸出许多侧突,相邻细胞的侧突互相嵌合,故光镜下细胞界限不清。细胞基底部有发达的质膜内褶,内褶间有许多纵向排列的杆状线粒体(图 8-9)。侧突和质膜内褶扩大了细胞侧面和基底面的面积,有利于重吸收物质的排出。

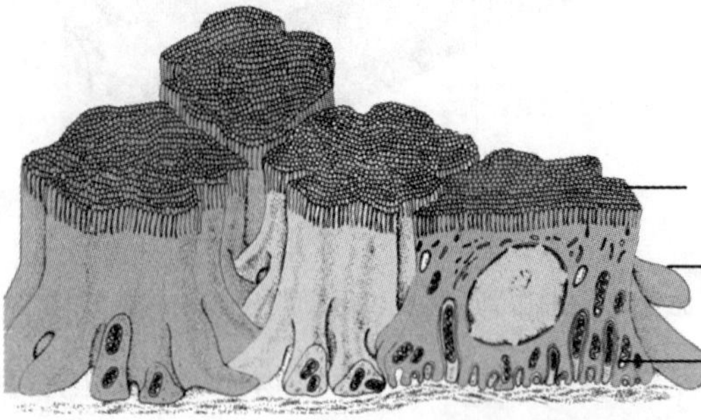

图 8-9 近曲小管上皮细胞超微结构模式图

近直小管其结构与曲部基本相似,但上皮细胞较矮,微绒毛、侧突和质膜内褶等不如曲部发达。

近端小管的主要功能是重吸收。原尿中几乎所有的葡萄糖、氨基酸和蛋白质以及大部分水、离子和尿素等均在此重吸收。此外，近端小管尚有向管腔内分泌 H^+ 、NH_3、肌酐和马尿酸等代谢产物的功能，还能转运和排泄血液中的酚红和青霉素等药物。临床上利用马尿酸或酚红排泄试验来检测近端小管功能。

2．细段(thin segment)

管径细，直径 10～15 μm，管腔大，较规则。管壁由单层扁平上皮构成。细胞质着色较淡，细胞核椭圆形，突向管腔。细段上皮较薄，有利于水和离子通透。

3．远端小管(distal tubule)

分为直部和曲部。管壁由单层立方上皮构成，无刷状缘，胞质着色较近端小管浅，细胞分界较清楚，细胞核位于中央或靠近管腔。

远直小管直径约 30 μm。电镜下，细胞游离面的微绒毛少而短。细胞基底部的质膜内褶发达，有的内褶可伸达细胞顶部。基部质膜上有 Na^+ 、K^+ -ATP 酶，能不断将小管内的 Na^+ 转运入间质，有利于浓缩尿液。

远曲小管(distal convoluted tubule)直径 35～45 μm，基本结构与直部相似，质膜内褶不如直部发达。远曲小管是离子交换的重要部位，具有重吸收水和 Na^+ ，并向管腔内分泌 K^+ ，H^+ 和 NH_3 等作用，这对维持血液的酸碱平衡有重要作用。醛固酮可促进此段重吸收 Na^+ ，排出 K^+ 。抗利尿激素能促进此段重吸收水分，使尿液浓缩，尿量减少。

三、集合管

集合管(collecting duct)全长 20～38 nm，分为弓形集合管、直集合管和乳头管三段。弓形集合管较短，位于皮质迷路内。其一端与远曲小管相连；另一端呈弓形，进入髓放线后与直集合管相连。直集合管经髓质行至肾乳头，改称乳头管，开口于肾小盏。集合管管径由细逐渐增粗，上皮细胞由单层立方逐渐增高为单层柱状。细胞质色淡而明亮，分界清楚，核圆，居中或靠近底部 (图 8-10、图 8-11)。集合管能进一步重吸收水和交换离子，对尿液浓缩和维持体内酸碱平衡起重要作用。集合管在醛固酮和抗利尿激素的调节下，能进一步重吸收水和交换离子，使原尿进一步浓缩。另一方面，集合管还可以受心房钠尿肽的作用，减少对水的重吸收，导致尿量增多。

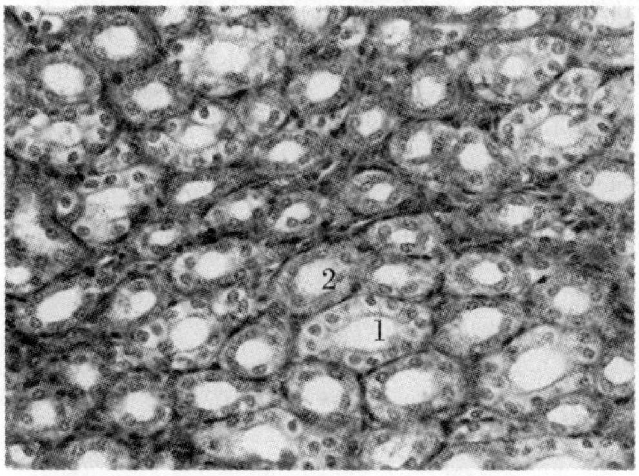

图 8-10　肾髓质光镜图 HE 染色(皖医图)

1. 集合管；　2. 细段

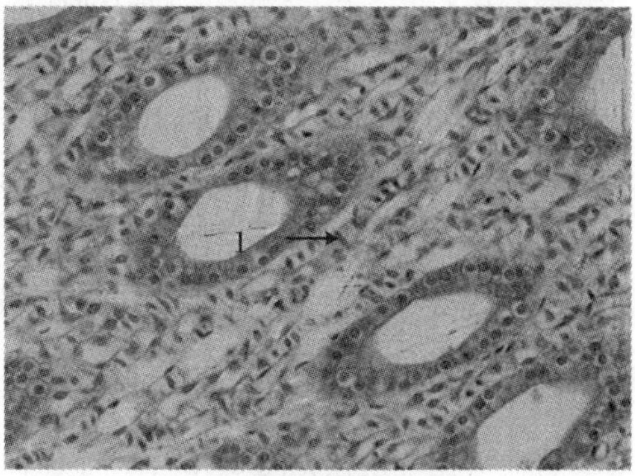

图 8-11　肾髓质光镜图 HE 染色(皖医图)

1. 集合管；　→间质细胞

综上所述，肾小体形成的原尿，经肾小管和集合管后，其中绝大部分的水、营养物质和无机盐被重吸收入血，同时将体内一些代谢产物排入小管内。最后形成浓缩的终尿，经乳头管排入肾小盏，其量为每天1～2 L，仅占原尿的1%左右。

四、球旁复合体

球旁复合体(juxtaglomerular complex)又称**肾小球旁器**(juxtaglomerular apparatus)，由球旁细胞、致密斑和球外系膜细胞组成。三者在肾小体血管极处组成三角区，入球微动脉和出球微动脉构成三角形的两边，致密斑构成三角形的底边，球外系膜细胞居三角形的中心(图8-5、图8-6)。

(一) 球旁细胞

位于近血管极处的入球微动脉管壁平滑肌细胞分化，形成上皮样细胞，称球旁细胞(juxtaglomerular cell)。细胞体积较大，立方形，细胞核圆居中，细胞质弱嗜碱性，内有分泌颗粒，颗粒内含肾素。肾素是一种蛋白水解酶，可转化为血管紧张素，导致血压升高。

(二) 致密斑

远端小管靠近血管极一侧的管壁上皮细胞特化，形成一椭圆形斑，称致密斑(macula densa)。该处细胞变高变窄，排列紧密，细胞核椭圆形，位于近细胞顶部。致密斑是一种离子感受器，能感受远端小管管腔内Na^+浓度的变化，当Na^+浓度降低时，将信息传递给球旁细胞，促进球旁细胞分泌肾素，增强远端小管和集合管重吸收Na^+。

(三) 球外系膜细胞

球外系膜细胞(extraglomerular mesangial cell)又称极垫细胞。细胞形态结构与球内系膜细胞相似，并与球内系膜相延续。球外系膜细胞与球旁细胞、球内系膜细胞之间存在缝隙连接，可能起信息传递作用。

五、肾间质

肾间质(renal interstitium)包括肾内的结缔组织、血管、神经等。间质内有一种特殊的成纤维细胞，称为间质细胞(图8-11)。细胞呈不规则形或星形，其长轴与肾小管或集合管垂直。胞质内除有较多细胞器外，还有较多脂滴。间质细胞可合成间质内的纤维和基质，还产生前列腺素，可舒张血管，促进周围血管内的血液流动，加快重吸收水分的转运，从而促进尿液浓缩。此外肾小管周围的血管内皮细胞能产生红细胞生成素，刺激骨髓红细胞生成。肾病晚期往往伴有贫血。

六、肾血液循环

肾血液循环途径见图8-12。

肾的血液循环与尿液的形成和浓缩密切相关，它有如下特点：① 肾动脉来自腹主动脉，短而粗，血流量大，流速快，约占心输出量的1/4，即每4～5 min人体的血液全部流经肾

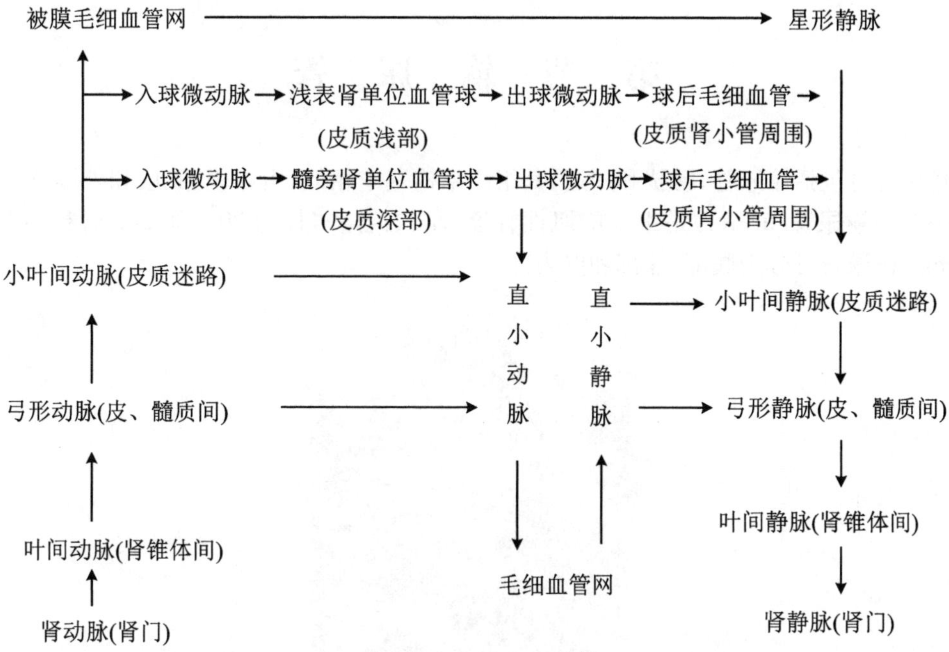

图 8-12　肾血液循环

(图 8-13)。② 90%的血液供应皮质,进入肾小体后被滤过。③ 入球微动脉较出球微动脉粗,因而使血管球内的压力较高,有利于滤过。④ 肾脏两次形成毛细血管网,即血管球和球后毛细血管网。由于血液流经血管球时,大量水分被滤出,因此,分布在肾小管周围的球后毛细血管网内血液的胶体渗透压较高,这有利于肾小管上皮细胞的重吸收和尿液的浓缩。⑤ 髓质内的直小血管与肾髓袢伴行,有利于肾小管和集合管的重吸收和尿液的浓缩。

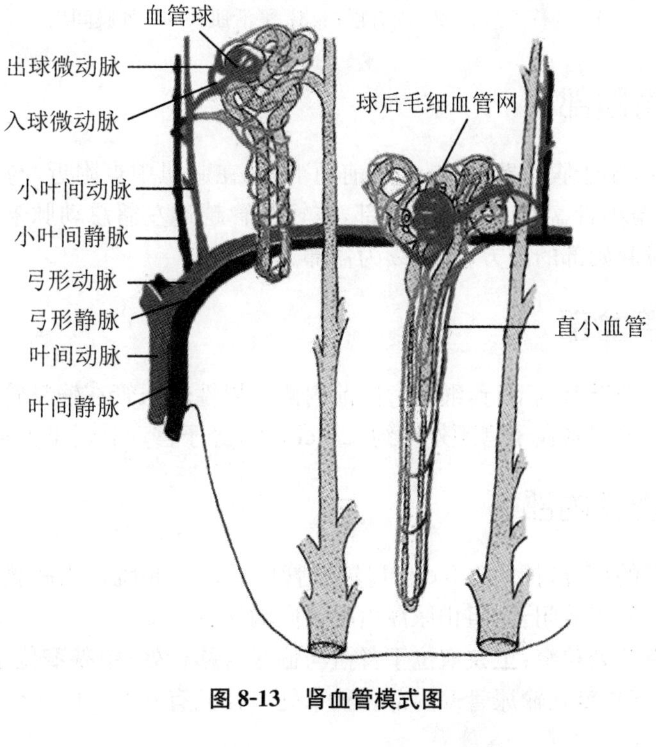

图 8-13　肾血管模式图

第二节 输 尿 管

排尿管道包括输尿管、膀胱和尿道，其组织结构基本相似，由黏膜、肌层和外膜三层组成(图 8-14)。**输尿管**(ureter)是细长的肌性管道，左、右各一，长为 20～30 cm，管径为 0.5～1.0 cm。输尿管可分为腹部、盆部和壁内部。

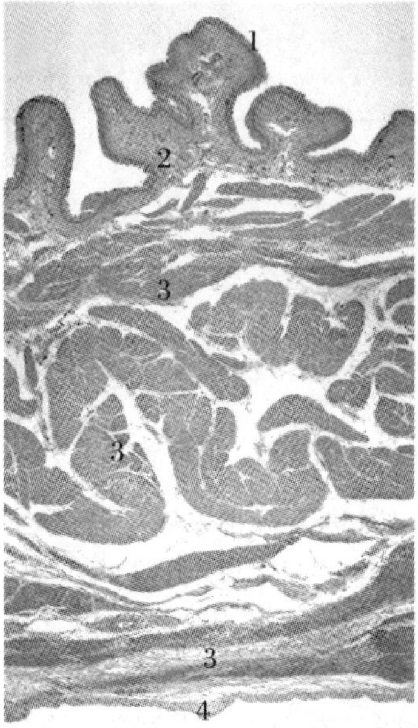

图 8-14 膀胱光镜图 HE 染色(皖医图)

1. 变移上皮； 2. 固有层； 3. 平滑肌； 4. 外膜间皮

一、输尿管腹部

起自肾盂下端，贴于腹后壁，沿腰大肌前面下行，在此肌中点附近，与睾丸血管(女性为卵巢血管)交叉。至小骨盆入口处续为盆部，左输尿管越过左髂总动脉末端的前方，右输尿管经过右髂外动脉起始部的前方，向下续为盆部。

二、输尿管盆部

自小骨盆入口处沿盆壁下行，继而弯向前内侧。男性输尿管在输精管后外方与之交叉，穿入膀胱底。女性输尿管在子宫颈外侧约 2.5 cm 处，经子宫动脉后下方穿入膀胱底。

三、输尿管壁内部

为斜穿膀胱壁的部分，长约 1.5 cm，以输尿管口开口于膀胱。当膀胱充盈时，膀胱内压增高，压迫壁内部，使管腔闭合，阻止尿液由膀胱向输尿管反流。

输尿管全长有 3 处狭窄：**上狭窄**位于肾盂与输尿管移行处；**中狭窄**位于小骨盆上口输尿管跨过髂血管处；**下狭窄**在输尿管壁内部。狭窄处口径只有 0.2～0.3 cm。这些狭窄处是结石易滞留的部位。

（彭彦霄）

第三节　尿液的生成和排放

尿的生成包括三个基本过程：① 血浆在肾小球毛细血管处的滤过，形成超滤液。② 超滤液在流经肾小管和集合管时经选择性重吸收。③ 肾小管和集合管的分泌，最后形成终尿。肾通过尿的生成和排出可以调节细胞外液量及成分，调节渗透压和电解质浓度。肾还是一个内分泌器官，能产生多种生物活性物质，如促红细胞生成素、肾素等。所以，肾并非单纯的排泄器官，而是维持机体内环境相对稳定的最重要器官之一。

一、尿液的生成

（一）肾小球的滤过功能

1. 肾小球滤过的结构—滤过膜

肾小球毛细血管内的血浆经滤过进入肾小囊，其间的结构称滤过膜。由三层结构组成：内层、中间层和外层。正常人两侧肾脏全部滤过膜总面积达 1.5 m^2 左右，且保持相对恒定。不同物质通过滤过膜的能力取决于被滤过物质分子的大小及其所带电荷。一般来说，有效半径小于 2.0 nm 的带正电荷或电中性物质，如水、Na^+、尿素、葡萄糖等，均可自由地通过滤过膜上的微孔。有效半径大于 4.2 nm 的大分子物质，即使是带正电荷，由于机械屏障的作用，也难以通过(图 8-5)。虽然血浆清蛋白的有效半径为 3.6 nm，但由于带负电荷，不能通过电学屏障，故原尿中几乎无蛋白。研究发现，电学屏障的作用不如机械屏障明显，所以 Cl^-、HCO_3^-、SO_4^{2-} 等带负电荷的微小物质也可顺利通过滤过膜。

2. 肾小球滤过的动力——有效滤过压

有效滤过压(effective filtration pressure，EFP) 是肾小球滤过作用的动力，在滤过膜通透性和肾血浆流量不变时，原尿的生成量主要由有效滤过压来决定。有效滤过压是指促进超滤的动力与对抗超滤的阻力之间的差值。促使肾小球滤过的动力是肾小球毛细血管血压和肾小囊内液的胶体渗透压。由于肾小囊内液中的蛋白质含量极低，形成的胶体渗透压可忽略不计；滤过的阻力是血浆胶体渗透压和肾小囊内压(图 8-6)。即：

肾小球有效滤过压 = 肾小球毛细血管血压 -（血浆胶体渗透压 + 肾小囊内压）

正常情况下，入球小动脉端和出球小动脉端的肾小球毛细血管压几乎相等约为 45 mmHg，囊内压较为恒定，始终约为 10 mmHg，入球小动脉端的血浆胶体渗透压为 25 mmHg，故有效滤过压 = 45 - (25 + 10) = 10 mmHg。在血液流向出球小动脉过程中，水分和晶体物质不断被滤出，血浆中蛋白质浓度增加，血浆胶体渗透压不断升高，当胶体渗透压上升到 35 mmHg 时，滤过阻力等于滤过动力，有效滤过压降到零，此时滤过停止，即达到滤过平衡。

(二) 肾小管和集合管的重吸收及其分泌

1. 肾小管和集合管中的物质转运

肾小管和集合管的物质转运功能包括重吸收(reabsorption)和分泌(secretion)。重吸收是指肾小管上皮细胞将物质从小管液中转运至血液;分泌则是肾小管上皮细胞将自身产生的物质或血液中的物质转运至小管液。

(1) 物质转运的特点和部位

正常人两肾每天生成的超滤液达180 L,而终尿仅有1.5 L左右,说明超滤液中99%的水分被重吸收入血,超滤液中其他物质被选择性重吸收或被肾小管上皮细胞主动分泌。如滤过的葡萄糖和氨基酸可全部被重吸收,肌酐、K^+、H^+可被分泌至小管液而排出体外,Na^+、Ca^{2+}、尿素等是不同程度地被重吸收。

肾小管各段和集合管都具有重吸收的功能,但近端小管重吸收的物质种类多,数量大,如小管液中葡萄糖,氨基酸等营养物质几乎全部在近端小管重吸收;80%~90%的HCO_3^-、65%~70%的水和Na^+、K^+、Cl^-等也在近端小管重吸收。余下的水和盐类的绝大部分在髓袢细段、远端小管和集合管重吸收,少量随尿排出。虽然在这些部位重吸收的量较近端小管少,但却与机体内水盐和酸碱平衡的调节密切相关。

(2) 物质转运的方式和途径

物质转运方式有被动转运和主动转运。被动转运包括扩散、渗透和易化扩散,主要是小管液中的物质顺着浓度差、电位差或渗透压差,从管腔内转运至管周组织液并入血的过程。主动转运包括原发性主动转运和继发性主动转运。原发性主动转运有钠泵、质子泵和钙泵等;继发性主动转运有钠-葡萄糖、钠-氨基酸同向转运,Na^+-K^+-$2Cl^-$同向转运,Na^+-H^+、Na^+-K^+逆向转运等。

肾小管和集合管中物质转运的途径有跨细胞途径和细胞旁途径,以前者为主。跨细胞途径转运是小管液中的溶质通过上皮细胞的管腔膜进入细胞内,再通过一定的方式跨过基底膜进入组织间隙。细胞旁途径主要是水分子,Na^+,Cl^-直接通过小管上皮细胞间的紧密连接进入细胞间隙而被重吸收。

2. 几种主要物质的重吸收和分泌

(1) Na^+、Cl^-和水的重吸收

肾每日滤过Na^+总量可达594 g,排泄量仅为5.3 g左右,表明原尿中的Na^+有99%以上被重吸收入血,除髓袢降支细段外,肾小管各段和集合管对Na^+均具有重吸收的能力,主要以主动形式重吸收。

① 近端小管。

近端小管重吸收超滤液中约70%的Na^+、Cl^-和水,其中2/3经跨细胞途径转运,主要发生在近端小管前半段,1/3经细胞旁途径被重吸收,主要发生在近端小管的后半段(图8-15)。

在近端小管前半段,Na^+的重吸收与H^+的分泌和葡萄糖、氨基酸的重吸收转运过程相偶联。由于上皮细胞基底膜上钠泵的作用,上皮细胞内Na^+浓度较低,小管液中的Na^+和细胞内的H+由管腔膜上的Na^+-H^+交换体进行逆向转运,H^+被分泌到小管液,Na^+顺浓度梯度进入上皮细胞。另外小管液中Na^+经管腔膜上的Na^+-葡萄糖和Na^+-氨基酸同向转

运体的作用，Na^+ 与葡萄糖、氨基酸一同转入上皮细胞。进入细胞内的 Na^+ 经基底膜上的钠泵泵出细胞，进入组织间隙。进入细胞内的葡萄糖和氨基酸则以易化扩散的方式通过基底膜出上皮细胞进入血液循环。近端小管前半段，由于 Na^+-H^+ 交换体的作用使 H^+ 进入小管液，而促进 HCO_3^- 被重吸收，Cl^- 不被重吸收，结果导致小管液中 Cl^- 的浓度高于管周组织间液的浓度。

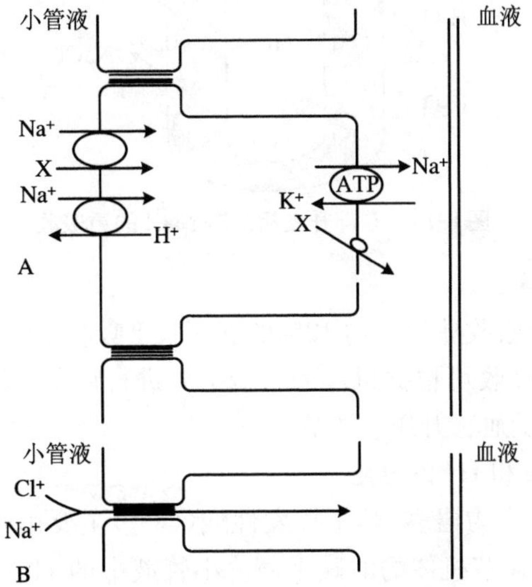

图 8-15 近端小管重吸收 NaCl 的示意图

A. 近端小管的前半段； X 代表葡萄糖、氨基酸、磷酸盐和 Cl^-

在近端小管后半段，有 Na^+-H^+ 逆向交换和 Cl^--HCO_3^- 逆向交换，其转运结果是 Na^+ 和 Cl^- 进入上皮细胞，H^+ 和 HCO_3^- 进入小管液，HCO_3^- 可重新以 CO_2 的形式进入细胞。进入细胞内的 Cl^- 经基底膜上 K^+-Cl^- 同向转运体进入组织间隙，再吸收入血。前已述及，由于近端小管后半段小管液中 Cl^- 浓度比细胞间隙高，Cl^- 顺着浓度梯度经细胞间紧密连接进入组织间隙被重吸收。由于 Cl^- 被动扩散进入间隙，使得小管内正离子相对增多，小管内外出现电位差，这将驱使小管液中 Na^+ 顺电位梯度通过细胞旁途径被重吸收。

近端小管对水的重吸收是通过渗透作用进行的。由于 Na^+、Cl^-、HCO_3^-、葡萄糖和氨基酸被重吸收进入组织间隙，使得细胞间隙渗透压升高，小管液的渗透压降低，水在渗透压差的作用下通过跨上皮细胞途径和细胞旁途径进入细胞间隙而被重吸收。因此，近端小管中物质的重吸收为等渗重吸收，小管液为等渗液。

② 髓袢。

在髓袢，约有 20%的 NaCl 被重吸收，水被重吸收 15%。髓袢降支细端主要对水的通透性较高，故小管液流经髓袢降支细端时，渗透压逐渐升高。髓袢升支细端对水不通透，但对 Na^+ 和 Cl^- 易通透，NaCl 扩散进入组织间隙，故小管液流经髓袢升支细端时，渗透压逐渐下降。

髓袢升支粗端是 NaCl 在髓袢重吸收的主要部位，而且是主动重吸收。在髓袢升支粗端上皮细胞的顶端膜上有 Na^+-K^+-$2Cl^-$ 同向转运体，该转运体可以将小管液中 1 个 Na^+、1 个 K^+ 和 2 个 Cl^- 同向转入上皮细胞内(图 8-16)。进入细胞内的 Na^+ 被钠泵泵入组织间隙，Cl^- 经通道进入组织间隙，K^+ 则顺着浓度梯度经管腔膜返回小管液中，并使小管液带正电荷，这一电位差又促使小管液中 Na^+、K^+ 和 Ca^{2+} 等正离子经细胞旁途径重吸收。髓袢升支粗端对水不通透，故小管液流经升支粗端时，渗透压逐渐降低，管外渗透压升高。

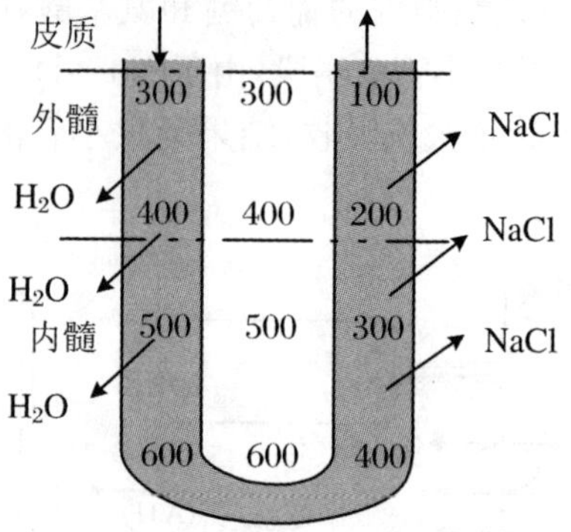

图 8-16　髓袢升支粗端对 NaCl 的重吸收

③ 远端小管和集合管。

远曲小管和集合管重吸收滤液中约 12%的 NaCl，重吸收不等量的水。远曲小管和集合管对 Na^+、Cl^- 和水的重吸收可根据机体的水盐平衡进行调节。Na^+ 的重吸收主要受醛固酮调节，水的重吸收主要受血管升压素调节。

(2) HCO_3^- 的重吸收和 H^+ 的分泌

机体代谢产物以酸性产物居多，其中挥发性酸(CO_2)主要由呼吸道排出。肾脏通过重吸收 HCO_3^- 和分泌 H^+，调节机体的酸碱平衡。小管液中的 HCO_3^- 是以 CO_2 的形式进行重吸收的。在近端小管重吸收 80%以上，其余的多数在远端小管和集合管重吸收，HCO_3^- 的重吸收量占滤过总量的 99%以上。肾小管各段和集合管的上皮细胞都有分泌 H^+ 的功能，但主要部位仍在近端小管。

血液中的 HCO_3^- 是以 $NaHCO_3$ 的形式存在，经滤过到肾小囊内解离为 Na^+ 和 HCO_3^-。近端小管上皮细胞经 Na^+-H^+ 交换使 H^+ 进入小管液，进入小管液中的 H^+ 与 HCO_3^- 结合生成 H_2CO_3，很快水解成水和 CO_2，这一反应由碳酸酐酶催化。CO_2 很快以单纯扩散的形式进入上皮细胞，在细胞内，CO_2 与水又在碳酸酐酶的催化下生成 H_2CO_3，后者很快解离为 H^+ 与 HCO_3^-，H^+ 经管腔膜上的 Na^+-H^+ 交换体转入小管液，再次与 HCO_3^- 结合。细胞内的 HCO_3^- 进入组织间隙被重吸收。图 8-17 可见，肾小管上皮细胞分泌 1 个 H^+ 就可使 1 个 HCO_3^- 和 1 个 Na^+ 重吸收入血，对于体内酸碱平衡的维持具有重要的意义。

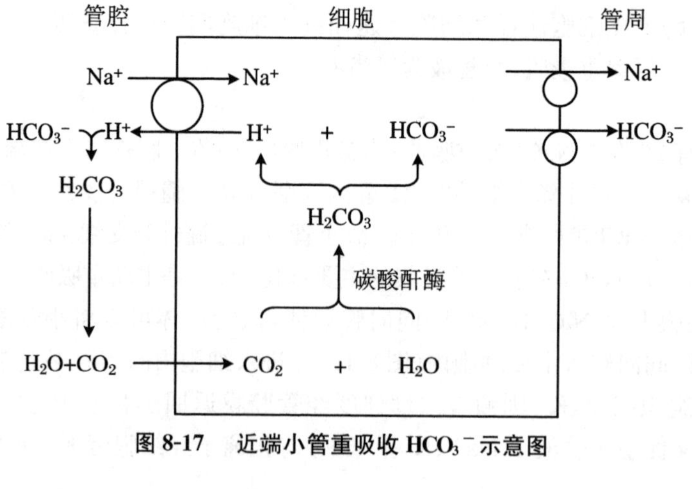

图 8-17　近端小管重吸收 HCO_3^- 示意图

(3) 葡萄糖的重吸收

肾小球滤过液中的葡萄糖浓度和血浆中的相等，但终尿中几乎不含葡萄糖，说明葡萄糖全部被重吸收。葡萄糖的重吸收部位仅限于近端小管（主要在近端小管前半段），其余的各段肾小管无重吸收葡萄糖的能力。

葡萄糖的重吸收是与 Na^+ 相伴发生的，属于继发性主动转运。近端小管上皮细胞管腔膜侧有 Na^+-葡萄糖同向转运体，小管液中 Na^+ 和葡萄糖一起转入上皮细胞内，进入细胞内的葡萄糖由基底膜上的载体转运到组织间隙。

近端小管对葡萄糖的重吸收有一定的限度，当血糖浓度达 180 mg/100 mL 血液时，部分近端小管上皮细胞对葡萄糖的吸收已达极限，葡萄糖就不能被全部重吸收，随尿排出而出现糖尿。尿中开始出现葡萄糖时的最低血糖浓度，称为肾糖阈（renal glucose threshold）。血糖浓度超过肾糖阈后，随着血糖浓度的升高，尿中葡萄糖浓度随之增加。当血糖浓度达 300 mg/100 mL，全部近端小管上皮细胞对葡萄糖的吸收均已达极限，此时葡萄糖的吸收达到最大值，称葡萄糖最大转运率。正常人两肾的葡萄糖吸收剂限量，男性平均为 375 mg/min，女性为 300 mg/min。

二、尿液的浓缩和稀释

尿的浓缩和稀释是以尿和血浆的渗透压相比较而言，如果排出的尿渗透压比血浆的高，称为高渗尿，表明尿液被浓缩；反之，如果排出的尿渗透压比血浆的低，则称为低渗尿，表明尿液被稀释。正常血浆渗透压约为 300 mOsm/L，原尿的渗透压与血浆渗透压基本相同，终尿的渗透压在 50～1200 mOsm/L 之间波动，说明肾对尿液的浓缩和稀释功能很强，这对于维持人体水平衡具有重要作用。

肾小球超滤液在流经肾小管各段时，其渗透压发生变化。在近端小管为等渗重吸收，故近端小管末端小管液渗透压与血浆相等；在髓袢中渗透压的变化仍是相对固定的；但小管液流经远端小管后端和集合管时，渗透压可随体内缺水或水过多等不同情况发生大幅度波动（图 8-18）。

（一）尿液的稀释

尿液的渗透浓度最低可低至 50 mOsm/L，尿液的稀释主要发生在远端小管和集合管。在髓袢升支粗端末端，小管液是低渗的，如果体内水分过多而造成晶体渗透压下降，可抑制抗利尿激素的释放，远曲小管和集合管对水的通透性很低，水不能被重吸收，而 NaCl 继续被重吸收，故小管液的浓度进一步降低，形成低渗尿。如饮用大量清水后，血浆晶体渗透压降低，抗利尿激素释放减少，引起尿量增加，尿液稀释。

（二）尿液的浓缩

尿液的浓缩也发生在远端小管和集合管，是由于小管液中的水被继续重吸收而溶质仍留在小管液中造成的。如在失水、禁水等情况下，血浆晶体渗透压升高，引起尿液减少，尿液浓缩，终尿的渗透浓度可高达 1200 mOsm/L。

水被重吸收是依赖于渗透作用，其动力来自肾髓质部肾小管和集合管内、外渗透浓度梯度，即水的重吸收必须要求小管周围组织液是高渗的。用冰点降低法测定鼠肾组织的渗透

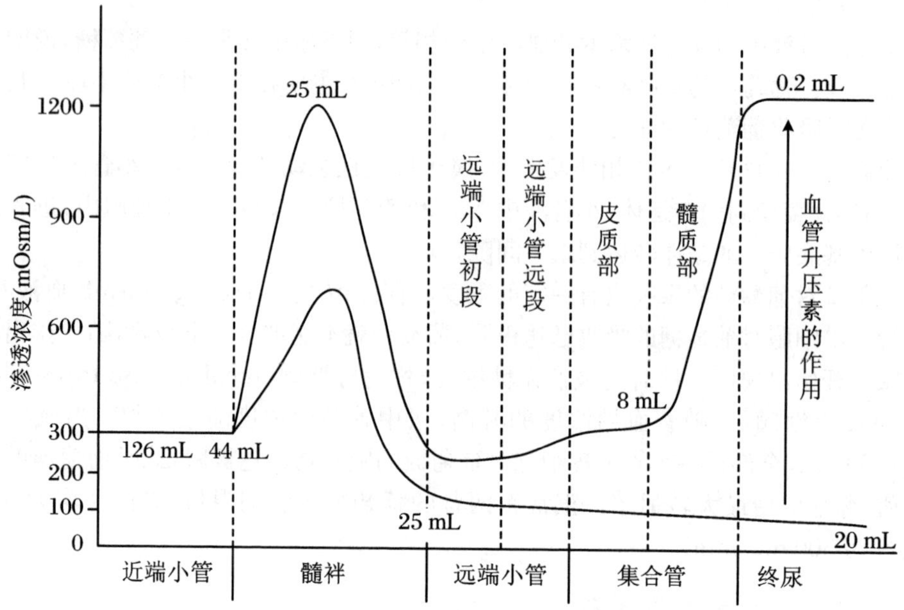

图 8-18 肾小管各段小管液渗透压和流量的变化

图中数字系两肾全部肾小管与集合管各段每分钟的小管液流量

浓度，发现肾皮质部组织液的渗透压与血浆相等，而由髓质外层向乳头部深入，组织液的渗透压逐渐升高，内髓部的渗透压可达血浆的 4 倍（图 8-19）。所以肾髓质的渗透浓度由外向内逐步升高，具有明显的渗透梯度，这也是尿液浓缩的必备条件。

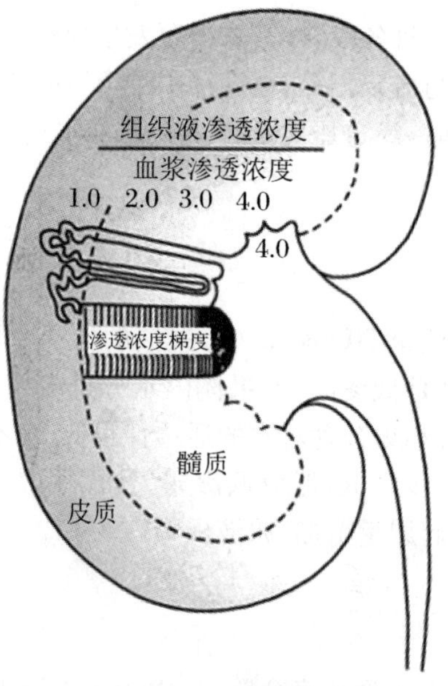

图 8-19 肾髓质渗透梯度示意图

线条越密表示渗透浓度越高

(三)肾髓质渗透梯度的形成和维持

1. 肾髓质渗透梯度的形成

(1) 逆流倍增系统:物理学中逆流的含义是指两个并列的管道中液体流动的方向相反。如图 8-20 所示,甲管中液体向下流,乙管中液体向上流,如果甲、乙两管下端是连通的,而且两管间的 M_1 膜能主动将乙管中 NaCl 泵入甲管,M_1 膜对水又不通透,所以当含有 NaCl 的溶液在甲管自上而下流动时,M_1 膜不断将乙管中 NaCl 泵入甲管,甲管中 NaCl 的浓度自上而下逐渐升高,到甲乙管弯曲部达最大值。当液体折返从乙管自下向上流动时,NaCl 的浓度就越来越低。这样,甲、乙两管从上而下溶液的浓度逐渐增加形成浓度梯度,即产生逆流倍增现象。

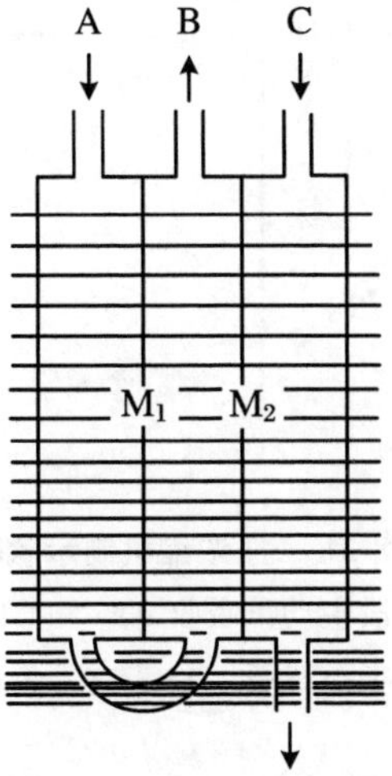

图 8-20 逆流倍增作用模型

甲管内液体向下流,乙管内液体向上流,丙管内液体向下流;M1 膜能将液体中 Na^+ 由乙管泵入甲管,且对水不易通透,M2 膜对水易通透

(2) 外髓部渗透梯度的形成:在外髓部,渗透压梯度的形成是由于髓袢升支粗段对 NaCl 的主动重吸收和对 Cl^- 的继发性主动重吸收所致(图 8-21)。髓袢升支粗段对水不通透,故随着对 NaCl 的主动重吸收,升支粗段内小管液的 NaCl 浓度和渗透压均逐渐降低,而升支粗段管周组织液的渗透压则升高,于是从皮质到近内髓部的组织液形成了一个渗透压增高的梯度。

(3) 内髓部渗透梯度的形成:在内髓部,渗透压梯度的形成与尿素的再循环和 NaCl 的扩散有关。远曲小管及皮质部、外髓部的集合管对尿素不通透,但集合管细胞对水易通透。由于水被重吸收,小管液的尿素浓度将逐渐增高,内髓部的集合管对尿素易通透,尿素顺浓度差进入内髓部组织液,使其渗透压增高;升支细段对尿素的通透性大,内髓部组织液中的尿素顺浓度差扩散入升支细段,经远曲小管及皮质部和外髓部集合管,至内髓集合管时再扩散入组织液,形成尿素的再循环。尿素的再循环有助于内髓高渗透压梯度的形成和加强。NaCl 的扩散发生于内髓部。髓袢降支细端对 Na^+ 不通透,但对水易通透。在内髓部渗透压的作用下,小管液中的水不断进入内髓组织间,使小管液的 NaCl 浓度和渗透压逐渐增高,在髓袢折返部达到最高。在升支细端,管壁对 Na^+ 易通透而对水不通透,NaCl 顺浓度差扩散入组织液,参与内髓部高渗透压梯度的形成。这样在髓袢降支细端和升支细端就形成了逆流倍增系统，使内髓组织液的渗透压由近外髓部至乳头部逐渐增高，形成渗透压梯度。

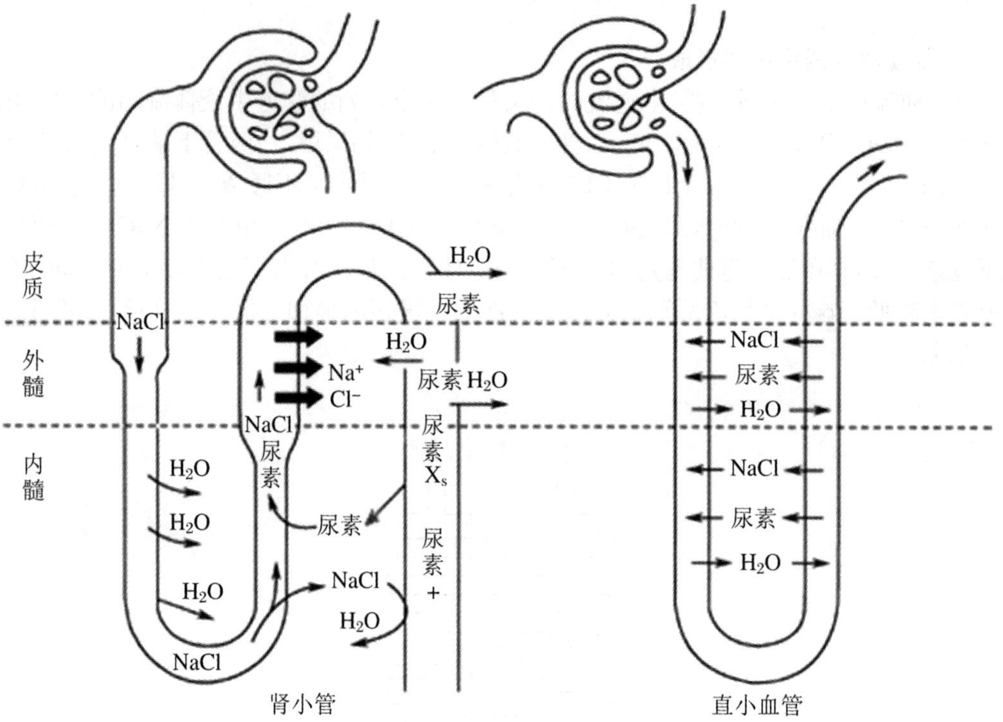

图 8-21 尿浓缩机制示意图

粗箭头表示升支粗段主动重吸收 Na^+ 和 Cl^-。髓袢升支粗段和远曲小管前段对水不通透。Xs 表示未被重吸收的溶质

2．肾髓质渗透梯度的保持

肾髓质高渗透压梯度的保持主要依靠直小血管的逆流交换作用(图 8-21)。直小血管与髓袢平行，当其中的血液沿降支下行时，因其周围组织液的 NaCl 和尿素浓度逐渐增加，这些物质便顺浓度差扩散入直小血管，而直小血管中的水则渗出到组织液中。愈深入内髓层，直小血管血液中的 NaCl 和尿素浓度愈高，至折返部达最高。当血液沿升支回流时，其中的 NaCl 和尿素浓度比同一水平组织液的高，NaCl 和尿素又不断扩散到组织液，水又重新渗入直小血管。这样，NaCl 和尿素就在直小血管的升支和降支间循环，产生逆流交换的作用，使髓质的高渗透压梯度得以保持。

三、血浆清除率

血浆清除率(plasma chearance，C)血浆中某种物质完全清除出去，此血浆毫升数称为该物质的血浆清除率(mL/min)。血浆清除率表示肾在单位时间内从血浆中清除某种物质的能力。因此，血浆清除率对衡量肾的排泄功能有重要意义，可用于测定肾小球滤过率、肾血浆流量和判断肾功能。

(一) 血浆清除率的测定

血浆清除率测定方法：肾对某一物质排泄量的多少除与肾本身功能有关，还与该物质在

血浆中的浓度有关。如该物质在血浆中的浓度甚低，即使肾对它的排泄功能很好，尿中该物质的数量仍然不多。反之，如该物质在血浆中的浓度甚高，即使肾对它的排泄功能较差，尿中该物质的含量也会较多。因此，计算血浆清除率(C)需同时测量三个数值：被测量物质在血浆中的浓度(P)、在尿中的浓度(U)和每分钟的尿量(V)，即 $C=U\times V/P$。如测得尿素的血浆浓度为 30 mg/100 mL，尿中浓度为 2100 mg/100 mL，尿量为 1 mL/min，则尿素的血浆清除率为 2100 mg/100 mL×1 mL/min÷30 mg/100 mL=70(mL/min)。

(二) 血浆清除率测定的意义

1. 测定肾小球滤过率

如果某种物质可自由通过肾小球滤过膜，则该物质在肾小囊超滤液中的浓度与血浆相等，同时，如果该物质在肾小管和集合管中既不被重吸收也不被分泌，则单位时间内该物质在肾小球滤过的量应等于从尿中排出的量，因此该物质的清除率就等于肾小球滤过率。

菊粉即符合这一条件，用静脉注射菊粉并使之在血浆中的浓度恒定为 1 mg/100 mL，测得此时尿中浓度为 125 mg/100 mL，尿量为 1 mL/min，则菊粉的清除率=125 mg/100 mL×1 mL/min ÷1 mg/100 mL=125 mL/min。所以，肾小球的滤过率为 125 mL/min。

2. 测定肾血浆流量

如果血浆在流经肾脏后，肾静脉血中某种物质的浓度接近于零，表明该物质经肾小球滤过和肾小管、集合管转运后，从血浆中全部被清除，因此该物质在尿中排出的量应等于每分钟肾血浆流量与血浆中该物质浓度的乘积。

碘锐特和对氨基马尿酸盐这类物质，可以通过肾小球滤过，肾小管和集合管对其无重吸收但有分泌作用。保持这类物质在动脉血中一定的浓度，如测得在肾静脉中的浓度几乎为零，说明经肾循环后，该物质已被完全清除。因此，其清除率就代表肾血浆流量。如测得碘锐特血浆浓度为 1 mg/100 mL，尿中浓度为 220 mg/100 mL，尿量为 3 mL/min，那么血浆清除=220 mg/100 mL×3 mL/min÷1 mg/100 mL=660 mL/min，也就是单位时间的肾血流量。

3. 肾小球的功能判断

通过对各种物质清除率的测定，可以推测哪些物质可以被肾小球净重吸收，哪些物质能被肾小球净分泌，推断肾小管对不同物质的转运功能。如葡萄糖可以自由通过肾小球滤过，但其清除率几乎为零，说明葡萄糖被肾小管完全重吸收。

四、尿液及其排放

(一) 尿液

正常成年人的一天尿量约在 1.0～2.0 L/d，平均 1.5 L/d。当摄入的水多和出汗很少时，尿量可超过 2.0 L/d；反之，摄入的水少或出汗很多时，尿量可少于 1.0 L/d。如果每天的尿量长期保持在多于 2.5 L，为多尿；每天尿量在 0.1～0.5 L，为少尿；少于 0.1 L，为无尿，多尿、少尿和无尿均为不正常现象。这是因为正常成人每天约产生 35 g 固体代谢产物，最少需 0.5 L 尿量才能将其溶解并排出。少尿或无尿会使代谢产物在体内堆积，导致代谢性酸中毒；多尿会使机体丧失大量水分，使细胞外液量减少，电解质代谢紊乱，这些变化都干扰内环境理化性质的相对稳定。

尿液的成分95%～97%是水，其余是溶解于其中的固体物质。固体物以电解质和非蛋白含氮化合物为主，正常尿液中蛋白质、糖的含量甚微，临床常规方法不能测出。

尿液的酸碱度 pH 5.0～8.0。由于体内代谢产物多偏酸性，通常尿的 pH 介于5.0～7.0。

正常尿液为淡黄色，密度在1.015～1.025 g/cm³，最大变动范围在1.002～1.035 g/cm³。大量饮清水后，尿被稀释，颜色变淡，密度降低；相反，尿液少时，尿被浓缩，颜色变深，密度升高。

（二）排尿

尿的生成是个连续不断的过程。通过滤过、重吸收、分泌等过程形成的尿液经集合管流出，汇入乳头管，再进入肾盂，经输尿管送至膀胱。膀胱内贮存的尿达到一定的量引起排尿反射，尿液经尿道排出体外。

1. 膀胱和尿道的神经支配

膀胱逼尿肌和尿道内括约肌受交感和副交感神经双重支配，主要有三对神经：

(1) 盆神经：起自骶髓2～4侧角，其传出纤维属副交感神经。兴奋时使膀胱逼尿肌收缩，尿道内括约肌松弛，促进排尿。

(2) 腹下神经：起自脊髓胸11～腰2侧角，其传出纤维属交感神经。兴奋时使膀胱逼尿肌松弛，尿道内括约肌收缩，抑制排尿。但在排尿活动中，该神经的作用较弱。

(3) 阴部神经：起骶髓2～4前角，兴奋时使尿道外括约肌收缩。阴部神经属躯体运动神经，所以尿道外括约肌活动受意识控制。

这三对神经中包含有传入纤维。膀胱充盈感觉的传入纤维在盆神经中，传导膀胱痛觉的纤维在腹下神经中，尿道感觉的传入纤维在阴部神经中(图8-22)。

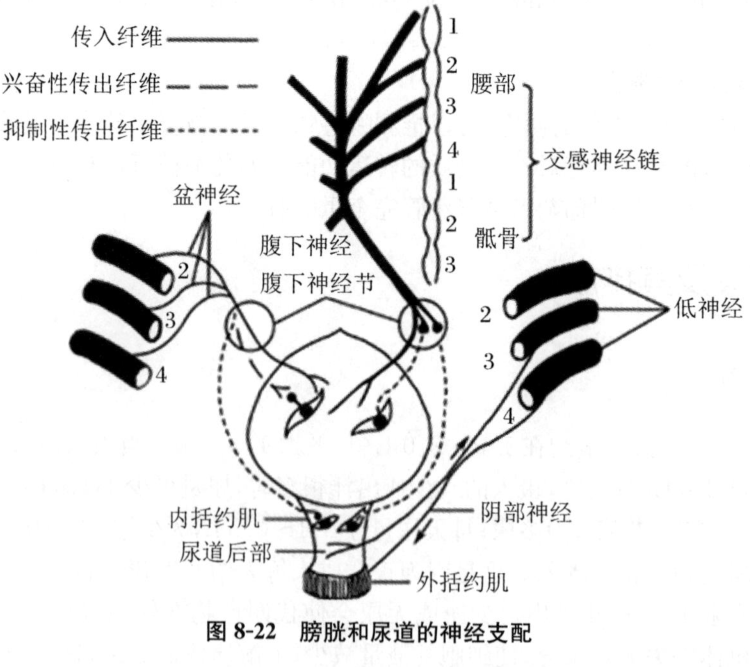

图8-22 膀胱和尿道的神经支配

2. 排尿反射

排尿活动是一种反射活动，其初级中枢在脊髓，但受到大脑高级中枢的控制。当膀胱内尿量达 400～500 mL，其内压超过 7.5～10 cmH_2O 时（图 8-23），膀胱壁上的牵张感受器受到刺激而兴奋，冲动沿盆神经传入骶髓的初级排尿反射中枢，同时，冲动上行达大脑皮质的高级排尿反射中枢，产生尿意。如环境允许排尿，由高级排尿反射中枢发出的冲动加强初级中枢的兴奋，经盆神经传出冲动增多，引起逼尿肌收缩，内括约肌松弛，尿液进入后尿道。后尿道感受器受尿液刺激，冲动沿阴部神经传入脊髓初级排尿中枢，使其活动增强，再经传出神经使逼尿肌加强收缩，外括约肌松弛，于是，尿液被强大的膀胱内压（可高达 150 cmH_2O）驱出。尿液对尿道的刺激可反射性地加强排尿中枢活动，这是一种正反馈，可以促进排尿反射，直至尿液排完为止。排尿后残留在尿道的尿液，在男性可以通过球海绵体肌肉收缩将其排尽，女性依靠尿液的重力而排尽。

时环境不适宜排尿，高级排尿反射中枢发出抑制性冲动，使初级排尿反射中枢活动减弱，腹下神经和阴部神经传出冲动增多，以抑制排尿。故在一定范围内，排尿可受意识控制。但随膀胱进一步充盈，引起排尿的传入信号越来越强烈，尿意也越来越强烈。

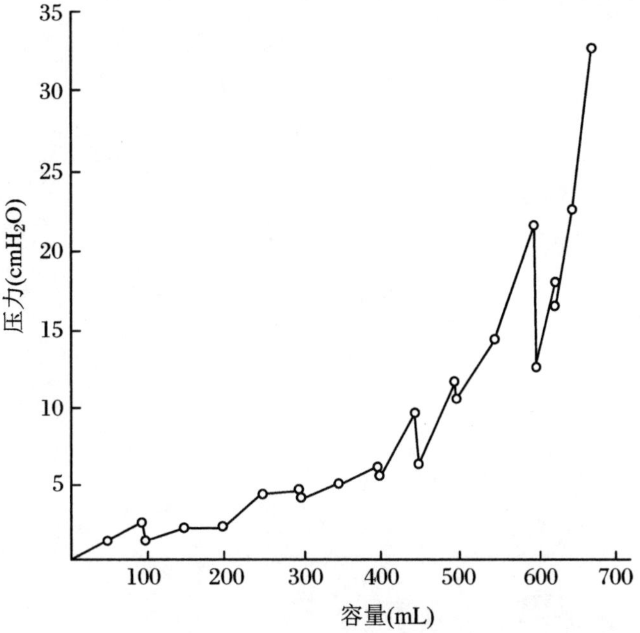

图 8-23　人膀胱充盈过程中膀胱容量与压力的关系

图中压力垂直下降表示容量恒定时膀胱的适应过程

3. 排尿异常

排尿反射弧的任何一个部位受损，或骶髓与高位中枢失去联系，都将导致排尿异常。高级排尿中枢对骶髓初级排尿中枢既有兴奋作用，又有抑制作用，但以抑制作用占优势。小儿因大脑皮质尚未发育完善，对初级排尿反射中枢的控制能力较弱，故排尿次数多，夜间也易发生遗尿。成人后，如发生脊髓横断伤，骶髓排尿活动失去高位中枢的控制，排尿反射弧虽然完好，但不能随意抑制排尿，而出现尿失禁。

如膀胱的传入神经受损，膀胱充盈的传入信号不能到达骶髓，则不能反射性引起张力增加，故膀胱充盈膨胀，膀胱壁张力下降，称无张力膀胱。当膀胱过度充盈时，可发生溢流性滴流，即从尿道滴出数滴尿液，称为溢流性尿失禁。如果支配膀胱的传出神经或骶段脊髓受损，排尿反射不能发生，膀胱变得松弛扩张，大量尿液滞留在膀胱内，导致尿潴留。

（李　敏）

复习思考题

1. 简述尿液生成的过程。
2. 简述肾血液循环两套毛细血管的特点及生理意义。
3. 简述有效滤过压的决定因素。
4. 简述影响肾小球滤过的因素。
5. 简述肾交感神经调节尿液生成的途径。
6. 简述抗利尿激素释放的主要影响因素。
7. 水利尿的实验设计、分析与结论。
8. 给家兔静脉注射20%葡萄糖溶液5 mL后，动物的尿量、尿糖有何变化？为什么？
9. 剧烈运动大量出汗后尿量会出现什么变化？分析其机制。

模块九 感 觉 器 官

学习目标

掌握：感受器的概念及其分类；视器的功能解剖结构及其构成；眼球壁的组成及眼球的内容物；眼副器；前庭蜗器（骨迷路、膜迷路）。

熟悉：皮肤；眼球外肌的组成。

了解：眼副器的组成及其功能。

第一节 感受器和感觉器官

感觉器（sensory organ）是机体感受环境刺激的装置，由感受器及其辅助装置构成。**感受器**（receptor）是机体接受内、外环境各种刺激的结构，并将接受的刺激转变为神经冲动，经感觉神经传至大脑皮质，产生相应感觉。

感受器根据所在部位及其功能，分为下列几类：

一、外感受器

外感受器（exteroceptor）分布于皮肤、黏膜、眼、耳等处，接受痛觉、温度觉、触觉、压觉、光线、声音等刺激。

二、内感受器

内感受器（interoceptor）分布于内脏器官和心血管等处，接受身体内部环境的物理和化学刺激，如压力、化合物浓度、温度、渗透压的变化等。

三、本体感受器

本体感受器（proprioceptor）分布于肌、肌腱、关节、韧带、内耳等，接受机体运动、静止、平衡变化所产生的刺激。

第二节 视 器

视器（visual organ）位于眼眶，由眼球和眼副器构成（图 9-1）。

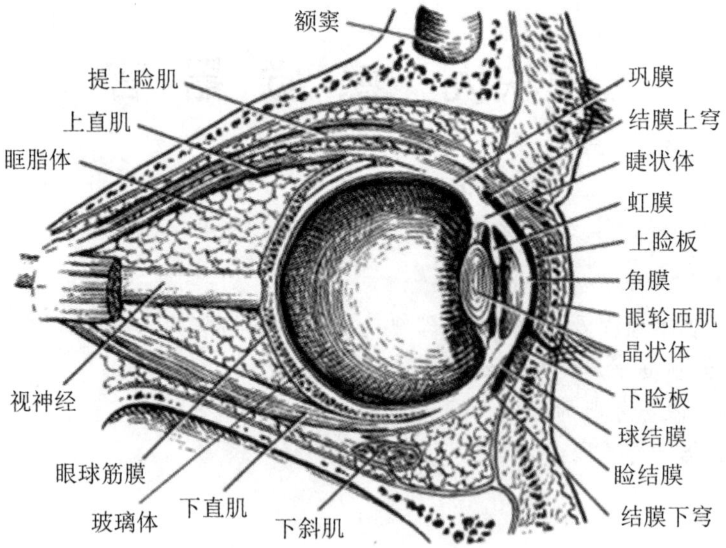

图 9-1 视器(矢状切面)

一、眼球

眼球(eyeball)的构造由眼球壁与眼球内容物共同组成(图 9-2)。

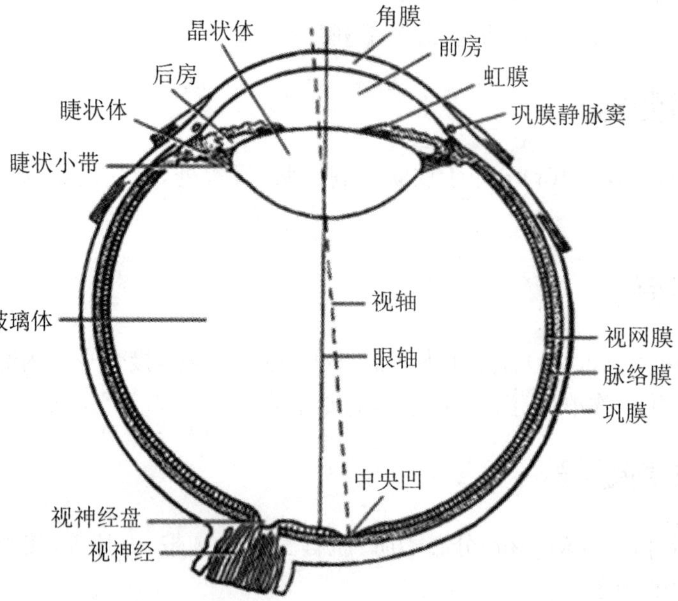

图 9-2 眼球(水平切面)

(一) 眼球壁

眼球壁由**外膜**、**中膜**、**内膜**三层组成。

1．外膜(纤维膜)

由厚而坚韧的结缔组织构成，有保护眼内容物的作用，可分为：

(1) **角膜**(cornea)：占外膜的前 1/6。无色透明，有屈光作用，无血管，有丰富的感觉神经末梢，感觉十分敏锐。

(2) **巩膜**(sclera)：占外膜的后 5/6。乳白色，不透明，厚而坚韧。在巩膜与角膜交界处有一环形的**巩膜静脉窦**(venous sinus of sclera)，是房水流出的通道。

2．中膜(血管膜)

富含血管及色素，又称色素膜或葡萄膜。可分为(图 9-3)：

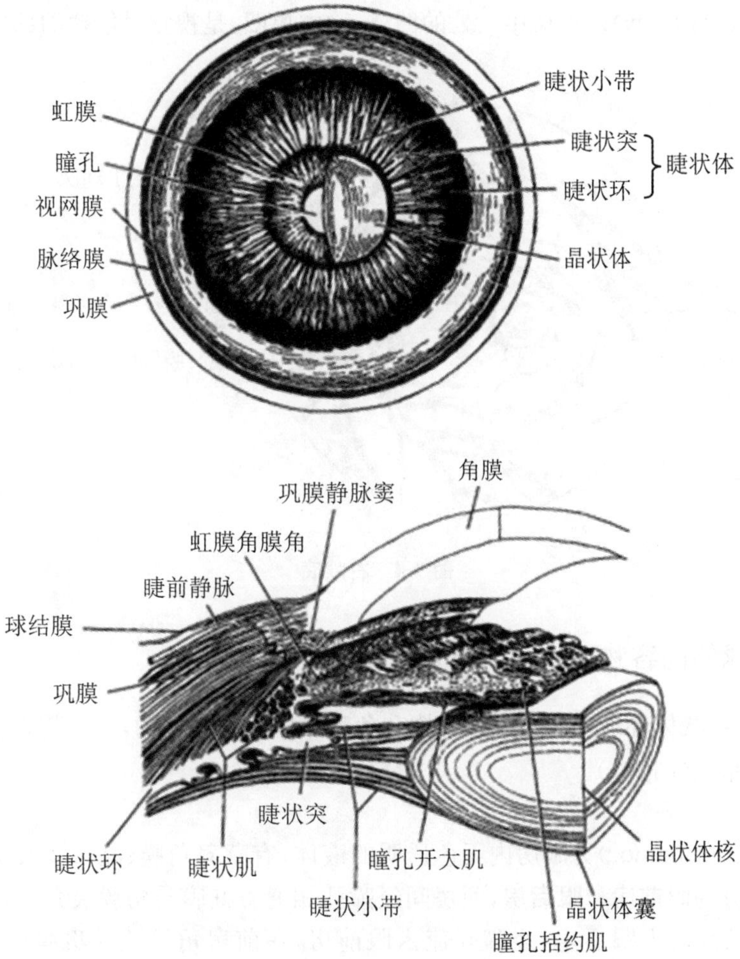

图 9-3 眼球前部的结构

(1) **虹膜**(iris)：为圆盘状薄膜，中央有圆形的**瞳孔**(pupil)。虹膜内有两种不同方向排列的平滑肌，一种近瞳孔周缘，呈环形排列，称**瞳孔括约肌**，此肌收缩，瞳孔缩小，另一种由瞳孔向周围呈放射状排列，称**瞳孔开大肌**，此肌收缩时，瞳孔开大。在弱光下或看远物时瞳孔开大，在强光下或看近物时瞳孔缩小。虹膜的颜色取决于色素的多少，有种族差异，可有黑、棕、蓝、灰色等。黄种人的虹膜多呈棕色。

(2) **睫状体**(ciliary body)：睫状体后部较平坦，称**睫状环**；前份有许多突起，称**睫状突**。

由睫状突发出**睫状小带**，连于晶状体的周缘，起着牵拉晶状体的作用。睫状体内有**睫状肌**，此肌收缩时睫状小带松弛，晶状体凸度变大；反之，当睫状肌舒张时，睫状小带紧张，晶状体凸度变小。

(3) **脉络膜**(choroid)：富含血管及色素，外面与巩膜疏松相贴，内面与视网膜的色素层紧密相连。

3. 内膜(视网膜)

视网膜(retina)衬于中膜的内面，由前向后分为**虹膜部**、**睫状体部**和**视部**。前两部分无感光功能，称为**盲部**。视神经起始处形成圆盘状的隆起，称**视神经盘**(optic disc)(视神经乳头)，此处无感光细胞，不能感光，称**生理性盲点**。视神经盘颞侧约 3.5 mm 处，有一黄色区域，称**黄斑**(macula lutea)。黄斑中央处的凹陷，称**中央凹**，是视觉最敏锐的部位(图 9-4)。

图 9-4 右眼底

(二) 眼球的内容物

包括房水、晶状体和玻璃体。这些结构和角膜一样都是透明的，无血管，具有屈光作用，构成眼的屈光系统(图 9-2)。

1. 房水

房水(aqueous humor)为眼房内无色透明的液体，有营养角膜、晶状体及维持眼内压的作用。眼房可分为**眼前房**和**眼后房**，两房间经瞳孔相通。虹膜与角膜夹角称前房角。房水由睫状体产生后，进入眼后房，经瞳孔流入眼前房，在前房角渗透入巩膜静脉窦，汇入眼静脉。

2. 晶状体

晶状体(lens)位于虹膜和玻璃体之间，双凸透镜状，后面曲度较大，无色透明，没有血管和神经，富有弹性。其外面的被膜称晶状体囊，囊内为晶状体皮质和晶状体核。睫状肌舒缩可调节晶状体的凸度。

3. 玻璃体

玻璃体(vitreous body)为无色透明的胶状物，填充于晶状体和视网膜之间，对视网膜起支撑作用。

二、眼副器

眼副器包括:眼睑、结膜、泪器、眼球外肌、眶脂体和眶筋膜等,起支持、保护和运动眼球功能(图 9-1)。

(一) 眼睑

眼睑(eyelids)(图 9-5)分为上睑与下睑,有保护眼球作用。两睑之间的裂隙称睑裂,其两端分别称内眦与外眦。眼睑的游离缘称睑缘,有 2～3 行睫毛。眼睑皮肤细薄,皮下组织疏松,易出现眼睑水肿。眼睑由浅入深分为 5 层:皮肤、皮下组织、眼轮匝肌、睑板和睑结膜。睑板内有垂直排列的睑板腺,开口于睑缘,分泌油状液体。若睑板腺导管阻塞,形成睑板腺囊肿,称霰粒肿。

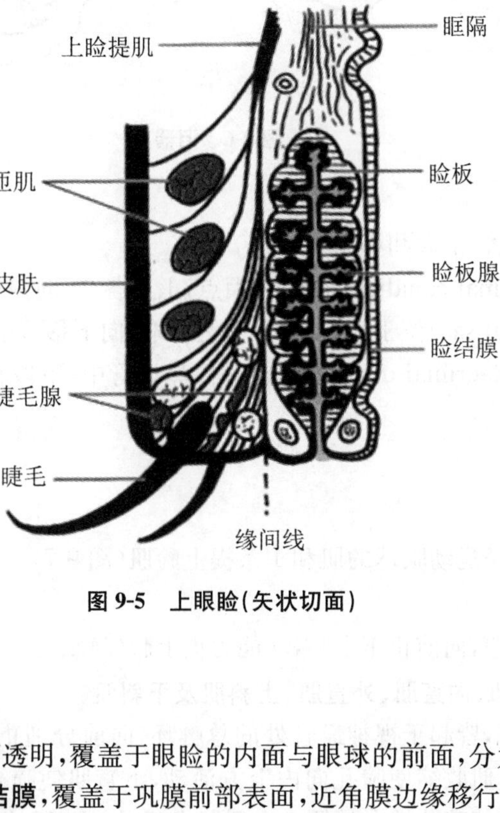

图 9-5　上眼睑(矢状切面)

(二) 结膜

结膜 conjunctiva 薄而透明,覆盖于眼睑的内面与眼球的前面,分为三部:① **睑结膜**,贴于上、下眼睑内面。② **球结膜**,覆盖于巩膜前部表面,近角膜边缘移行为角膜上皮。③ **结膜穹窿**,为睑结膜与球结膜的移行处,分为结膜上穹与结膜下穹。闭眼时,整个结膜围成一个封闭的**结膜囊**。

(三) 泪器

泪器由**泪腺**和**泪道**组成(图 9-6)。

1. 泪腺

泪腺 lacrimal gland 位于泪腺窝内,有 10～20 条排泄管开口于结膜上穹。分泌的泪液借眨眼活动涂抹于眼球表面,有湿润和冲洗结膜囊内异物作用。

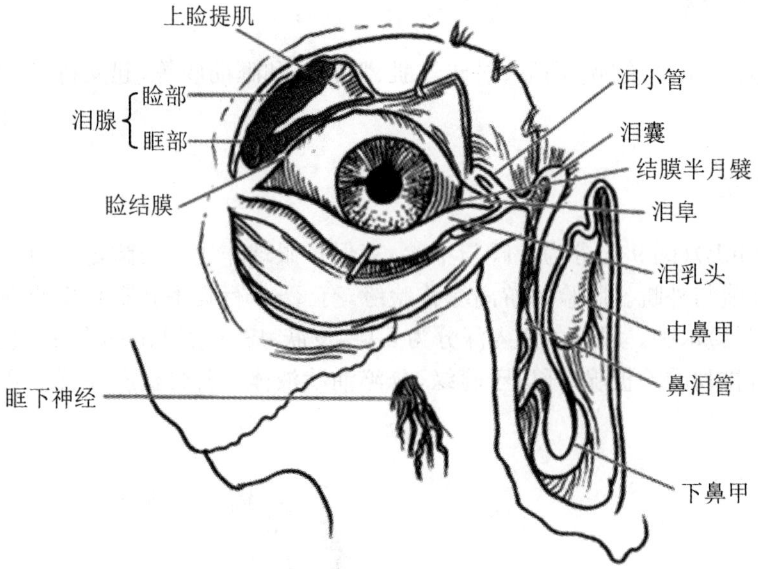

图 9-6 泪器

2. 泪道

包括：泪点、泪小管、泪囊和鼻泪管。

(1) **泪小管**(lacrimal canaliculus)起自泪点，上下各一，向内侧汇合后，通向泪囊。

(2) **泪囊**(lacrimal sac)位于泪囊窝内，上为盲端，向下移行于鼻泪管。

(3) **鼻泪管**(nasolacrimal duct)上段在骨性鼻泪管中，下段在鼻腔外侧壁的黏膜深面，开口于下鼻道。

(四) 眼球外肌

眼球外肌包括 6 条运动眼球的肌和 1 条提上睑肌(图 9-7)。

1. 提上睑肌

起于视神经管上壁，向前止于上睑，功能为提上睑(睁眼)。

2. 上直肌、下直肌、内直肌、外直肌、上斜肌及下斜肌

上、下、内、外直肌，皆起于视神经管处的总腱环，向前分别止于眼球前方巩膜的上、下、内、外 4 个部位。上直肌收缩使瞳孔向内上方活动，下直肌使瞳孔转向内下方，内直肌使眼球转向内侧，外直肌可使瞳孔转向外侧。上斜肌也起自总腱环，行于上、内直肌间，以细腱绕过眶内壁前上方的纤维滑车，再转向后外方，止于眼球后外侧面的巩膜，收缩时，可使瞳孔转向外下方。下斜肌起自眶下壁的前内侧，斜向后外方，止于眼球下面的巩膜，收缩时，可使瞳孔转向外上方。

(五) 眶脂体与眶筋膜

在眼眶内充填着大量脂肪组织，称眶脂体，起支持和保护作用。眼球与眶脂体之间存在有筋膜鞘，包被眼球大部。

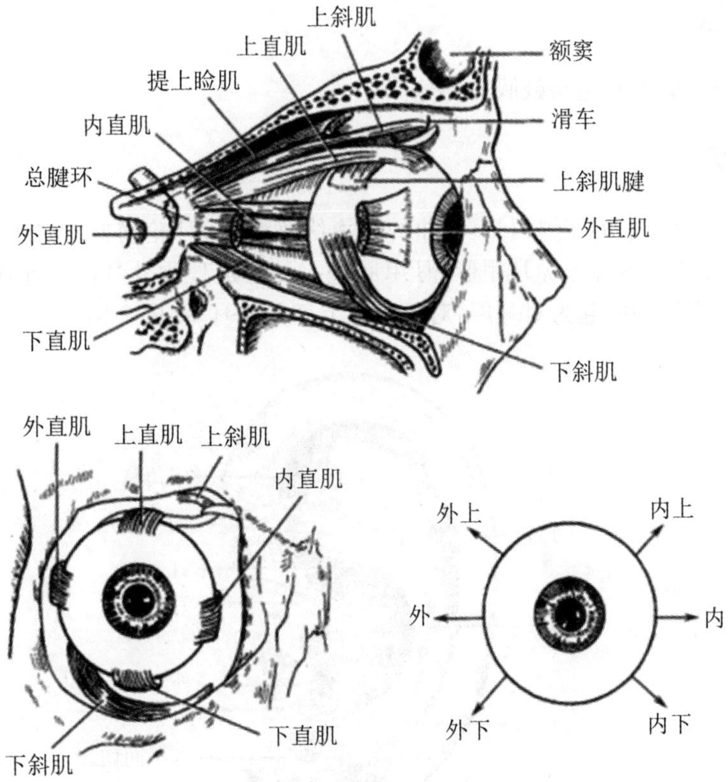

图 9-7　眼球外肌(右眼)

第三节　前 庭 蜗 器

前庭蜗器(vestibulocochlear organ)包括**前庭器**(vestibular organ)与**蜗器**(auditory organ)(图 9-8),又称为耳,分为外耳、中耳和内耳三部分。

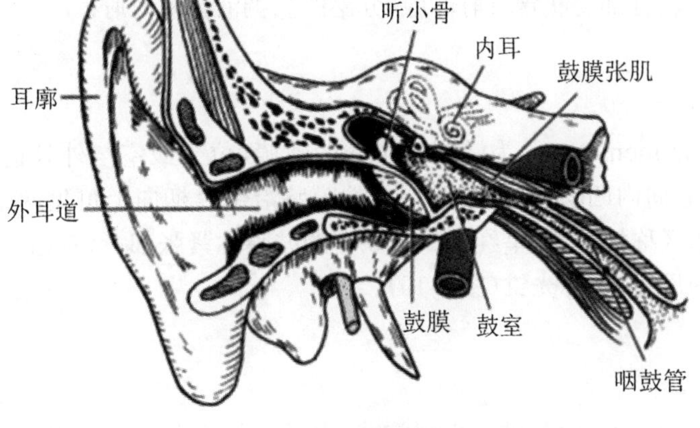

图 9-8　前庭蜗器全貌

一、外耳

外耳包括耳郭、外耳道与鼓膜三部分。

(一) 耳郭

耳郭(auricle)位于头部的两侧,卷曲的游离缘称耳轮,耳轮前方与之平行的弓形隆起,称对耳轮。对耳轮下方部分称耳甲腔,耳甲腔进入外耳道处称外耳门。外耳门前方的突起为耳屏,对耳轮下端的突起为对耳屏,对耳屏以下部分为耳垂(图 9-9)。

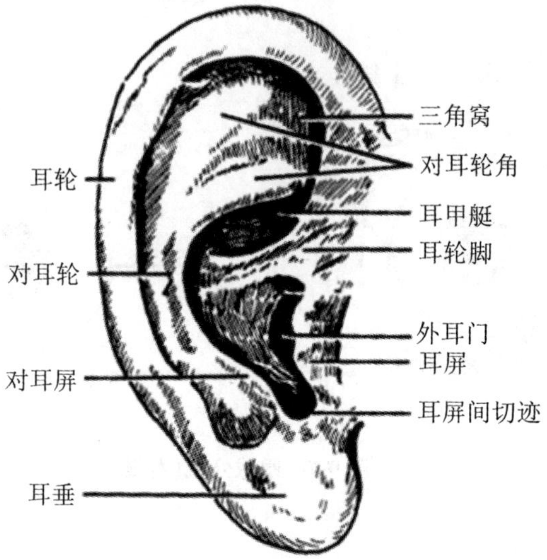

图 9-9 耳郭

(二) 外耳道

外耳道(external acoustic meatus)(图 9-9)起自外耳门,止于鼓膜。成人外耳道长约 2.0～2.5 cm。外耳道全程弯曲,先向前上,继向后,再向前下。外耳道外 1/3 段为**软骨部**,内 2/3 为**骨性部**。软骨部皮肤含有耵聍腺,分泌的黏稠液体称耵聍。

(三) 鼓膜

鼓膜(tympanic membrane)为椭圆形半透明薄膜,位于鼓室与外耳道之间。鼓膜周围附着于颞骨上,中心向内凹陷,称**鼓膜脐**。由鼓膜脐沿锤骨柄向上可见两个皱襞,两襞之间鼓膜的上 1/4 三角区称**松弛部**,呈红色。下 3/4 的鼓膜称**紧张部**,呈灰白色。从鼓膜脐向前下方有一三角形的反光区,称**光锥**(图 9-10)。

二、中耳

中耳(middle ear)为一含气的不规则腔隙,大部分位于颞骨岩部内,向外以鼓膜与外耳道相隔,向内与内耳相邻,向前经咽鼓管通鼻咽部。分为**鼓室**、**咽鼓管**、**乳突窦**和**乳突小房**。

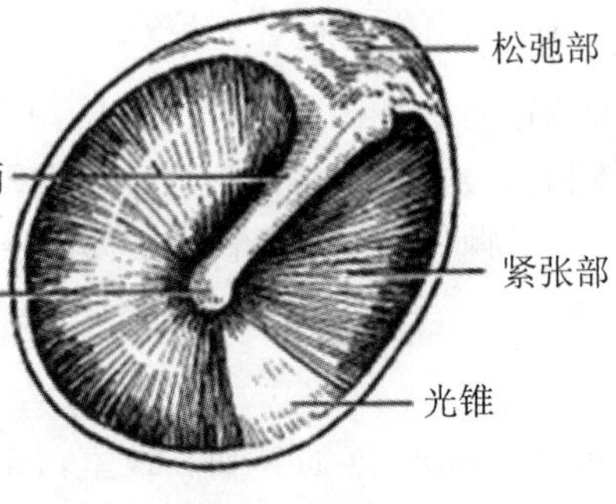

图 9-10　鼓膜外侧面(右耳)

(一) 鼓室

1. 鼓室壁

鼓室(tympanic cavity)(图 9-11)是颞骨岩部内含气的不规则小腔,有 6 个壁,内有听小骨。

上壁为**鼓室盖**,是一薄骨板。

下壁为**颈静脉壁**,是一薄层骨板与颈静脉窝相隔。

前壁为**颈动脉壁**,即颈动脉管的后壁。此壁的上方为咽鼓管的开口。

外侧壁为**鼓膜壁**,大部分为鼓膜。

内侧壁为**迷路壁**,中部隆凸称**岬**,岬的后上方有一卵圆形的孔,称**前庭窗**,被镫骨底部封闭。岬的后下方有一圆形的孔,称**蜗窗**,被第二鼓膜封闭。

后壁为**乳突壁**,上部有乳突窦的入口,由乳突窦向后连于乳突小房。

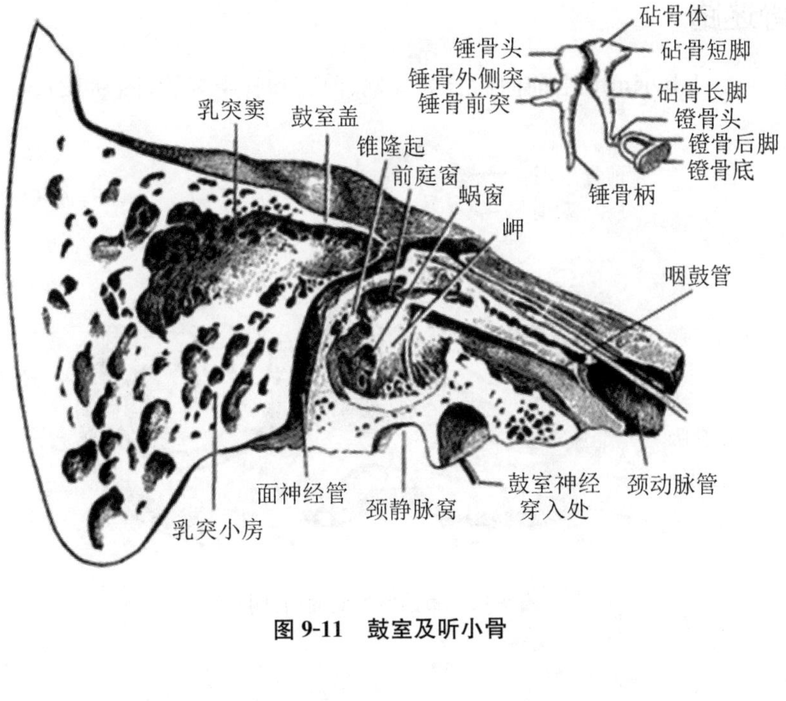

图 9-11　鼓室及听小骨

2. 听小骨

即锤骨、砧骨及镫骨，三块相连成关节链。

(1) **锤骨**(malleus)：分为锤骨头和锤骨柄。柄细长，末端附着于彭膜脐。

(2) **砧骨**(incus)：分体和长、短二脚，体部与锤骨头相关节，长脚与镫骨头相关节。

(3) **镫骨**(stapes)：分头、二脚和底部。镫骨底借韧带连于前庭窗的边缘。

(二) 咽鼓管

咽鼓管(pharyngotympanic tube)连通鼻咽和鼓室，长 3.5～4.0 cm，分为**骨部**和**软骨部**。骨部为咽鼓管的后外 1/3 段，开口于鼓室前壁；软骨部为前内 2/3 段，以**咽鼓管咽口**开口于鼻咽部。咽鼓管咽口平时处于关闭状态，当吞咽或哈欠时开放，使空气进入鼓室，以保持鼓膜两侧压力的均衡。小儿的咽鼓管较成人的短、宽、平，故咽部感染易沿咽鼓管侵入鼓室。

(三) 乳突窦与乳突小房

乳突窦(mastoid antrum)为鼓室与乳突小房之间的小腔，**乳突小房**(mastoid cells)为颞骨乳突内的许多含气小腔，向前与乳突窦相通。

第四节 内 耳

内耳(internal ear)位于颞骨岩部骨质内，居鼓室与内耳道底之间。分为**骨迷路**和**膜迷路**两部，两者之间充满外淋巴，膜迷路内含内淋巴，内、外淋巴互不相通。

一、骨迷路

骨迷路(bony labyrinth)由前向后分为耳蜗、前庭和骨半规管(图 9-12)。

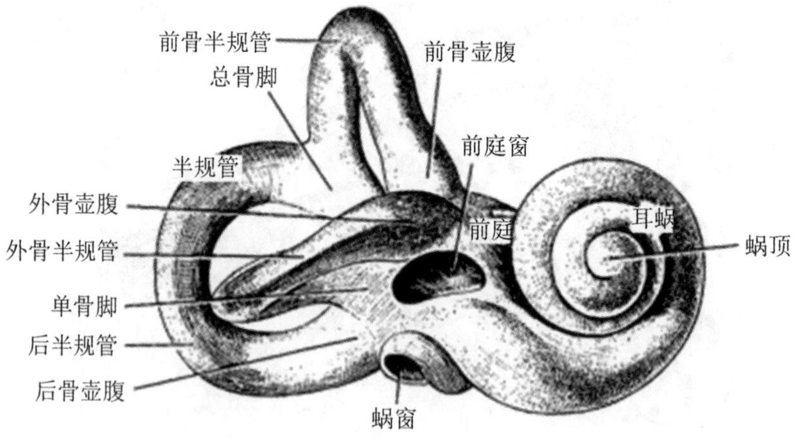

图 9-12 骨迷路外侧面(右侧)

(一) 前庭

前庭(vestibule)为一略呈椭圆形的空腔,内藏膜迷路的椭圆囊和球囊。后部有5个小孔与3个骨半规管相通,前部有一大孔连通耳蜗。外侧壁即鼓室的内侧壁,有前庭窗和蜗窗。内侧壁即内耳道底,有前庭蜗神经通过。

(二) 骨半规管

骨半规管(bony semicircular canals)为3个互相垂直的"C"形小管,分别称前、外、后骨半规管。**外骨半规管**呈水平位;**后骨半规管**与岩部长轴平行;**前骨半规管**与岩部长轴垂直。每个半规管具有两脚,一为单骨脚;另一为壶腹骨脚,膨大的部分称骨壶腹。前、后骨半规管的单脚合成一总骨脚,故3个半规管共有5个孔开口于前庭。

(三) 耳蜗

耳蜗(cochlea)(图9-13)形似蜗牛壳,蜗底向内耳道,蜗顶朝向前外方。骨性的**蜗螺旋管**环绕蜗轴旋转两圈半。由蜗轴发出**骨螺旋板**突入蜗螺旋管内,但此板并未达蜗螺旋管的外侧壁,空余处由膜迷路的蜗管填补。蜗螺旋管内形成3条管道,即蜗管、上方的**前庭阶**和下方的**鼓阶**,二阶于蜗顶处借蜗孔相通,前庭通向前庭阶,鼓阶终于蜗窗的第2鼓膜。

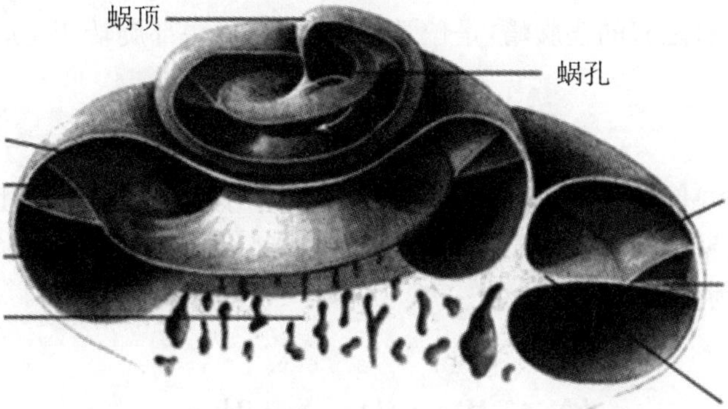

图9-13　耳蜗(已切开)

二、膜迷路

膜迷路(membranous labyrinth)是骨迷路内膜性管道和囊,与骨迷路相似。自前向后可分为**蜗管**、**球囊**、**椭圆囊**和**膜半规管**(图9-14)。

(一) 椭圆囊和球囊

位于前庭内,椭圆囊(utricle)在后上方,球囊(saccule)在前下方,两囊间以椭圆球囊管相连,由此管发出内淋巴管,穿至颞骨岩部的后面,扩大为内淋巴囊。椭圆囊后壁有5个开口,连于膜半规管,囊底有**椭圆囊斑**。球囊较椭圆囊小,下端以连合管连于蜗管,球囊的前壁有**球囊斑**,椭圆囊斑和球囊斑为位觉感受器,感受头部静止位置和直线变速运动的刺激。

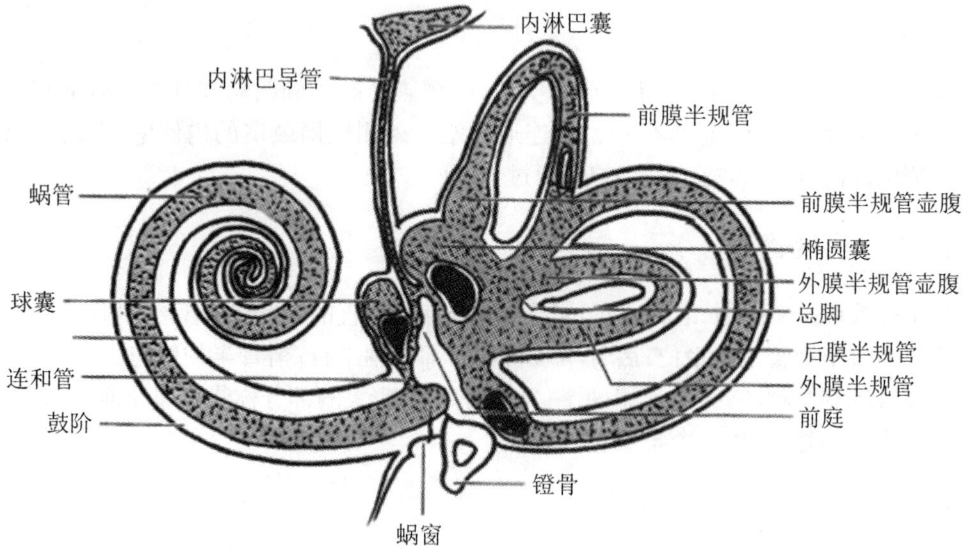

图 9-14 膜迷路模式图

(二) 膜半规管

膜半规管(semicircular ducts)在骨半规管内,形状与其相似。骨壶腹内膜半规管相应的膨大称**膜壶腹**,壁上有隆起的**壶腹嵴**,是位觉感受器,接受头部旋转变速运动的刺激。

(三) 蜗管

蜗管(cochlea duct)位于耳蜗内,切面呈三角形,有 3 个壁(图 9-13)。上壁为前庭壁,分隔前庭阶与蜗管,外侧壁为蜗管外侧壁。下壁由骨螺旋板和蜗管鼓壁组成,与鼓阶相隔,上有**螺旋器**(Corti 器),为听觉感受器。

第五节 皮 肤

皮肤覆盖在身体表面,柔软而有弹性,各处厚薄不等,手掌和足底的皮肤最厚,身体背侧和伸侧的皮肤较腹侧和屈侧的皮肤厚。皮肤由表皮和真皮构成,其深面主要为疏松结缔组织构成的皮下组织,即浅筋膜,含丰富的血管、淋巴管、浅淋巴结等。

一、表皮

表皮(epidermis)为复层鳞状上皮,无血管分布。在表皮的基底层细胞之间有色素细胞。色素细胞的多少是决定肤色的主要因素。

二、真皮

真皮(dermis)位于表皮深面,主要由胶原纤维和弹性纤维交织构成,并含有从表皮陷入的毛囊和腺体，以及从深层来的血管、淋巴管、神经。

三、皮褶和分裂线

皮褶是位于关节屈侧或伸侧皮肤的褶线，褶处的皮肤较薄，其真皮借结缔组织固着于深层结构。分裂线或 Lange 线是由胶原纤维束所形成的皮肤纹理，在真皮内按一定的张力方向平行排列。

皮肤的功能：① 防止体内液体的丧失。② 防止体外物质（如病原微生物、化学物质等）侵入机体，是机体免疫系统的第一道防线。③ 排泄废物并调节体温。④ 感受刺激，皮肤内含有多种感受器，可接受痛、温、触、压觉等刺激。

（倪进忠）

模块十　神 经 系 统

学习目标

掌握：神经系统的组成与功能；周围神经系统的分布；周围神经内的纤维成分（脊神经、脑神经、内脏神经）；内脏感觉神经；交感神经和副交感神经的功能解剖结构特点；脊髓的位置、外形、内部结构、纤维联系和功能；脑干的位置、外形、内部结构、纤维联系和功能；小脑的位置、外形、纤维联系和功能；感觉（上行）传导通路和运动（下行）传导通路。

熟悉：神经系统的常用术语；神经系统的区分；31 对脊神经的解剖分布；12 对脑神经的解剖分布；端脑位置、外形、纤维联系和功能。

了解：神经系统的活动方式；内脏运动神经与躯体运动神经的功能解剖差异；脑和脊髓的被膜、血管及脑脊液循环。

第一节　神经系统的组成与功能

神经系统（nervous system）是对人体各器官系统起主导作用的调节系统。人体各器官系统在神经系统的协调控制下，完成相应的生理功能。

一、神经系统的区分

神经系统可分为**中枢神经系统**（central nervous system）和**周围神经系统**（peripheral nervous system）两个部分，但在结构和功能上二者是一整体（图 10-1）。

中枢神经系统包括位于颅腔内的脑和位于椎管内的脊髓。周围神经系统根据连接中枢神经系统的部位不同可分为**脑神经**（cranial nerves）和**脊神经**（spinal nerves）。根据其所分布的对象不同可分为**躯体神经**（somatic nerves）和**内脏神经**（visceral nerves）。躯体神经分布于体表、骨、关节和骨骼肌；内脏神经分布到内脏、心血管、平滑肌和腺体。另外，根据其功能不同分为**感觉神经**（sensory nerves）和**运动神经**（motor nerves）。感觉神经将神经冲动由感受器传向中枢，又称**传入神经**；运动神经将神经冲动由中枢传向周围的效应器，又称**传出神经**。

二、神经系统的活动方式

神经系统的基本活动方式是**反射**（reflex），是机体对内、外环境的各种刺激所作出的反应。反射的结构基础为**反射弧**（reflex arc），由感受器、传入神经、中枢、传出神经和效应器构成。反射弧中的任一部分发生障碍，反射即会消失。

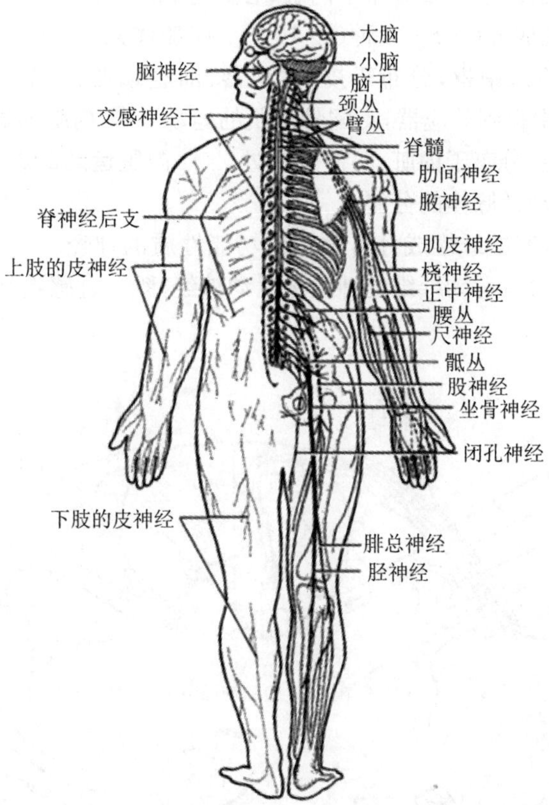

图 10-1 神经系统模式图

三、神经系统的常用术语

在中枢神经系统内，神经元的胞体及其树突的集聚部位，在新鲜标本中色泽灰暗称**灰质**(gray matter)。分布于大脑和小脑表面的灰质称**皮质**(cortex)。形态和功能相似的神经元胞体聚集成团或柱称**神经核**(nucleus)。神经纤维在中枢聚集的部位，大多具有髓鞘，在新鲜标本上呈白色称**白质**(white matter)。分布在大脑和小脑皮质深面的白质称**髓质**(medulla)。白质中起止、行程和功能基本相同的神经纤维集合成束，称**纤维束**(fasciulus)。在中枢神经系统的某些部位，神经纤维交织成网，神经元胞体散布其中的结构称**网状结构**(reticular formation)。

在周围神经系统内，神经元胞体聚集形成结节状膨大，称**神经节**(ganglion)。神经纤维在周围部聚集为粗细不等的条索状或细丝状结构称**神经**(nerve)。

第二节 周围神经系统

周围神经系统是指脑和脊髓以外分布于全身的神经结构和神经组织。根据其与中枢神经系统连接的部位、分布区域等不同，通常把周围神经系统分为三部分：与脊髓相连的脊神经，主要分布于躯干和四肢；与脑相连的脑神经，主要分布于头颈部；以及随脑神经、脊神经出入于脑和脊髓的内脏神经，主要分布于内脏、心血管和腺体。

周围神经内的纤维成分可分为4种(图10-2)：① **躯体感觉纤维**。将外感受器和本体感受器转化的神经冲动传入中枢，分布于皮肤、视器、前庭蜗器、关节和骨骼肌及肌腱等处。② **躯体运动纤维**。从中枢到效应器，支配骨骼肌的运动。③ **内脏感觉纤维**。将内感受器转化的神经冲动传入中枢，分布于内脏、心血管等处。④ **内脏运动纤维**。到达心和内脏等处，支配心肌、平滑肌的运动及腺体的分泌。

周围神经依据其含有的纤维成分可为不同功能性质的神经。一般，将只含有感觉纤维的神经称**感觉神经**，只含有运动纤维的神经称**运动神经**，既含有感觉纤维又含有运动纤维的神经称**混合神经**。

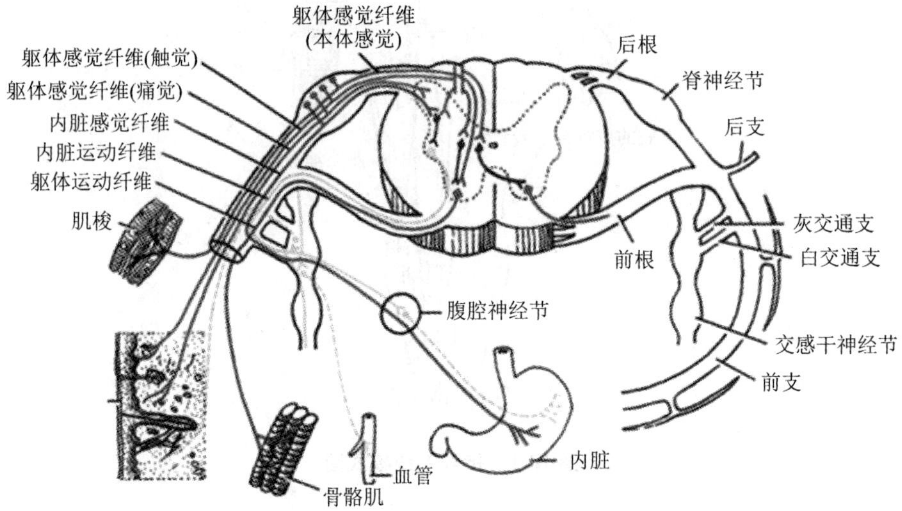

图10-2　脊神经的组成、分支和分布示意图

一、脊神经

脊神经 spinal nerves 共31对。其中**颈神经**8对，**胸神经**12对，**腰神经**5对，**骶神经**5对，**尾神经**1对。每对脊神经通过**前根**和**后根**连于一个脊髓节段，前根含有躯体运动和内脏运动纤维，属运动性；后根含有躯体感觉和内脏感觉纤维，属感觉性。前根和后根在椎间孔处合为一条脊神经干，因此脊神经为既含感觉纤维又含运动纤维的混合神经。脊神经后根在椎间孔附近有一椭圆形膨大，称**脊神经节**(spinal ganglion)，主要由假单极神经元的胞体聚集而成。脊神经干很短，出椎间孔后立即分为脊膜支、交通支、后支和前支。**脊膜支**经椎间孔返回椎管内，分布于脊髓被膜、血管壁、韧带、骨膜和椎间盘等处。**交通支**为连于脊神经与交感神经干之间的细支。后支较细小，混合性，向后分布于项部、背部、腰骶部的皮肤及相应部位的深层肌。前支粗大，混合性，分布于躯干前外侧部与四肢的皮肤和肌肉。在人类胸神经前支仍保持着明显的节段性走行和分布的特点，其余的前支则先交织成神经丛，再由丛发出分支分布于一定区域。前支形成的丛有**颈丛**、**臂丛**、**腰丛**和**骶丛**。

(一) 颈丛

1. 颈丛的组成和位置

颈丛由1～4颈神经前支组成，位于胸锁乳突肌上部深面。

2. 颈丛的分支

发出浅支和深支。颈丛浅支为皮支，由胸锁乳突肌后缘中点附近穿出深筋膜。其穿出部位是颈部浅层结构浸润麻醉的阻滞点。颈丛皮支(图10-3)主要有枕小神经、耳大神经、颈横神经和锁骨上神经。

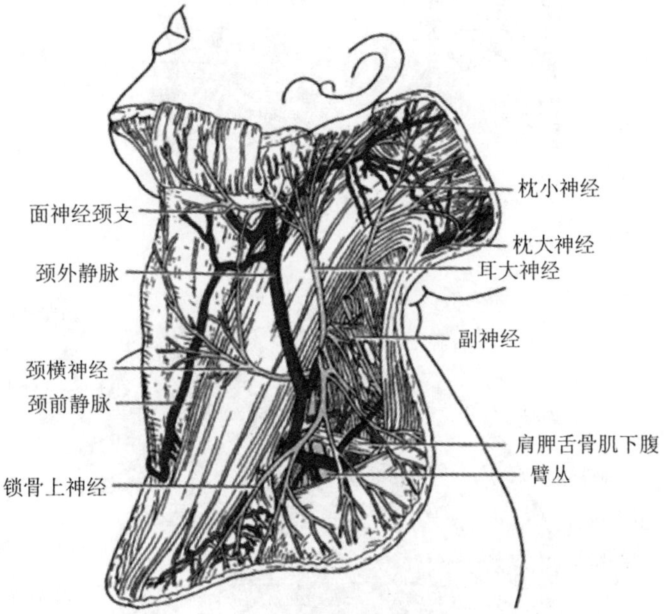

图10-3 颈丛皮支

颈丛深支为肌支，主要支配颈部深层肌、肩胛提肌、舌骨下肌群和膈，其中最重要的肌支是膈神经。**膈神经**(phrenic nerve)(图10-4)自前斜角肌上端的外侧浅出后沿该肌前面下降至肌的内侧，在锁骨下动、静脉之间经胸廓上口进入胸腔，经由肺根前方，在纵隔胸膜与心包之间下行至膈。膈神经的运动纤维支配膈肌的运动，感觉纤维分布于胸膜、心包和膈下面的部分腹膜，右膈神经的感觉纤维一般还可分布于肝、胆囊和肝外胆道的浆膜。膈神经受到损伤后，可引起同侧半膈肌瘫痪，表现为腹式呼吸减弱或消失，严重时可有窒息感。膈神经受刺激时还可发生呃逆。

(二) 臂丛

1. 臂丛的组成和位置

臂丛(图10-5)由第5～8颈神经的前支和第1胸神经前支的大部分组成。该神经丛穿经斜角肌间隙，经锁骨后方进入腋窝。5条神经前支经过一系列分支、交织和组合后形成内侧束、外侧束和后束；这3个神经束从内侧、外侧和后方包围腋动脉。

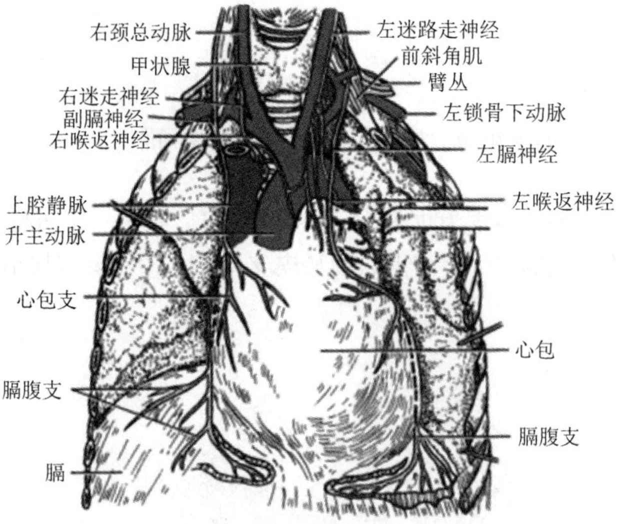

图 10-4 膈神经

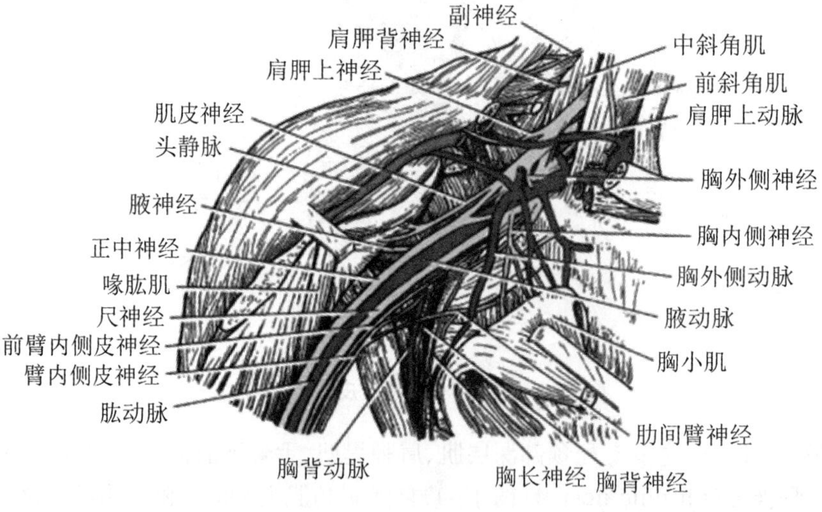

图 10-5 臂丛及其分支

2. 臂丛的主要分支

(1) **胸长神经**(long thoracic nerve)(图 10-6):起自 C_5～C_7神经根,沿前锯肌表面下行,分布于前锯肌和乳房外侧份。此神经损伤可致前锯肌瘫痪,出现**"翼状肩"**体征。

(2) **肌皮神经**(musculocutaneous nerve)(图 10-6、图 10-7):自外侧束发出后,向外侧斜穿喙肱肌,经肱二头肌与肱肌之间下行,发出肌支支配上述三块肌后,在肘关节稍上方穿出深筋膜,延续为**前臂外侧皮神经**,分布于前臂外侧的皮肤。

(3) **正中神经**(median nerve)(图 10-6、图 10-7):以内、外侧根分别起自内侧束和外侧束,两根夹持着腋动脉向下以锐角合为正中神经主干。在臂部,沿肱二头肌内侧沟下行,并由肱动脉外侧斜跨动脉前方至其内侧下降至肘窝,再向下穿旋前圆肌,在前臂正中下行于指浅屈肌和指深屈肌之间达腕部,经桡侧腕屈肌腱与掌长肌腱之间进入腕管,在掌腱膜深面到达手掌。

正中神经在臂部一般无分支，在前臂发出许多肌支，支配除肱桡肌、尺侧腕屈肌和指深屈肌尺侧半以外的前臂前群肌。在手掌先发出返支进入鱼际，支配除拇收肌以外的鱼际肌，再发出数条指掌侧总神经，每条指掌侧总神经又分为两支指掌侧固有神经，沿手指的相对缘至指尖，皮支分布于桡侧半手掌、桡侧3个半手指掌面以及其中节和远节的指背皮肤，肌支支配第1、2蚓状肌。

正中神经损伤后，主要表现为前臂不能旋前，屈肘、屈腕和屈指能力减弱，拇指不能对掌，鱼际肌萎缩，手掌平坦，称为**"猿掌"**（图10-8(a)、(b)），同时桡侧3个半手指掌面皮肤及桡侧半手掌出现感觉障碍。

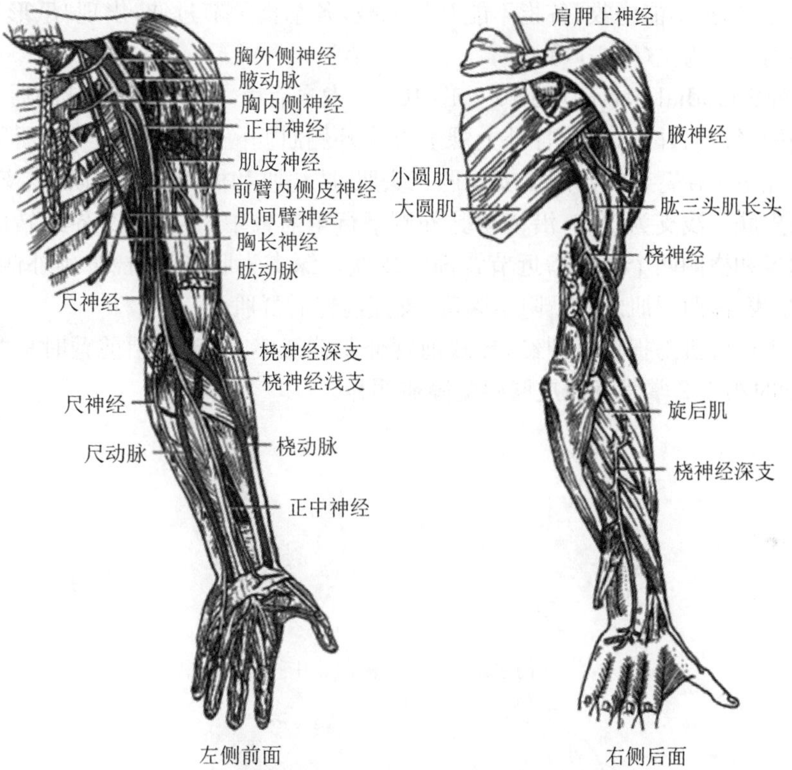

图10-6　上肢的神经

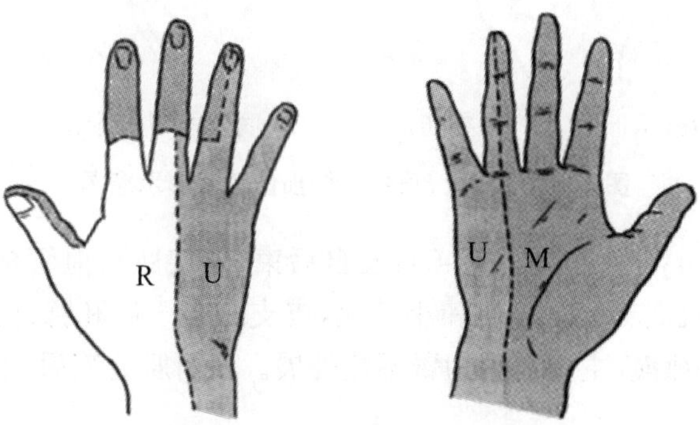

图10-7　手部皮肤的神经分布

R. 桡神经；　U. 尺神经；　M. 正中神经

(4) **尺神经**(ulnar nerve)(图 10-6、图 10-7):发自内侧束,在肱二头肌内侧沟于肱动脉内侧下行至臂中部,穿内侧肌间隔至臂后区下行,经肱骨内上髁后面的尺神经沟再向前穿尺侧腕屈肌起端至前臂前内侧,行于尺侧腕屈肌与指深屈肌之间,沿尺动脉内侧下降至腕部。尺神经在桡腕关节上方约 5 cm 处发出手背支后,主干在豌豆骨桡侧,屈肌支持带浅面分为浅支和深支,在掌腱膜的深面进入手掌。

尺神经在臂部未发分支。在前臂发肌支支配尺侧腕屈肌和指深屈肌的尺侧半。手背支分布于手背尺侧半和小指、环指及中指尺侧半背面的皮肤。浅支为皮支,分布于小鱼际、小指和环指尺侧半掌面的皮肤。深支为肌支,支配小鱼际肌、拇收肌、骨间肌和第 3、4 蚓状肌。

尺神经损伤后,主要表现为屈腕能力减弱,环指和小指远节指关节不能屈曲,小鱼际肌和骨间肌萎缩,拇指不能内收,各指不能互相靠拢,各掌指关节过伸,出现**"爪形手"**。感觉障碍区域以手内侧缘为主(图 10-8(c))。

(5) **桡神经**(radial nerve)(图 10-6、图 10-7):发自后束,先位于腋动脉的后方,而后伴肱深动脉沿桡神经沟向外下,在肱骨外上髁上方穿外侧肌间隔,至肱桡肌与肱肌间分为浅、深两支。桡神经主干在臂部发出肌支支配肱三头肌、肱桡肌和桡侧腕长伸肌,皮支分布于臂和前臂背面的皮肤。浅支为皮支,沿桡动脉外侧下行至前臂中、下 1/3 交界处转向背侧,分布于手背桡侧半和桡侧两个半手指近节背面的皮肤。深支为肌支,在桡骨颈外侧穿旋后肌到前臂后面,在浅、深两层肌之间下降至腕部,支配前臂后群肌。

在肱骨中段骨折易损伤桡神经,导致前臂伸肌群瘫痪,表现为抬前臂时呈**"垂腕"**状(图 10-8(d)),同时第 1、2 掌骨背面皮肤感觉障碍明显。

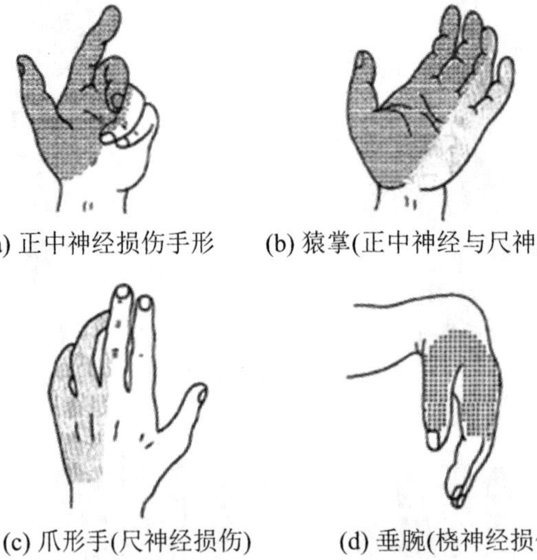

(a) 正中神经损伤手形　(b) 猿掌(正中神经与尺神经损伤)

(c) 爪形手(尺神经损伤)　(d) 垂腕(桡神经损伤)

图 10-8　桡、尺、正中神经损伤的手形示意图

(6) **腋神经**(axillary nerve)(图 10-6):发自后束,伴旋肱后血管穿四边孔后,绕肱骨外科颈至三角肌深面。肌支支配三角肌和小圆肌,皮支分布于肩和臂外侧上部的皮肤。腋神经损伤后,导致三角肌瘫痪,主要表现为臂不能外展。三角肌萎缩后,肩部失去圆隆的外形,呈**"方形肩"**。

此外,臂丛还有胸背神经、胸内侧神经、胸外侧神经、肩胛背神经、肩胛上神经、肩胛下神经、臂内侧皮神经、前臂内侧皮神经等。

(三) 胸神经前支

胸神经前支共 12 对,除第 1 胸神经的大部分参加臂丛,第 12 胸神经的小部分参加腰丛外,其余皆不形成丛。第 1～11 对胸神经前支位于相应的肋间隙中,称**肋间神经**。第 12 对胸神经前支位于第 12 肋下方,称**肋下神经**。

肋间神经(图 10-9)在肋间内、外肌之间沿肋沟前行,在腋前线附近离开肋沟行于肋间隙中间。肋间神经和肋下神经在胸、腹壁侧面发出外侧皮支。上 6 对肋间神经到达胸骨侧缘处穿至皮下为前皮支;下 5 对肋间神经和肋下神经斜向前下,行于腹内斜肌和腹横肌之间,并进入腹直肌鞘,至腹白线附近穿至皮下成为前皮支。胸神经前支的皮支分布于胸膜、腹膜和胸、腹壁的皮肤,肌支支配肋间肌和腹肌前外侧群。

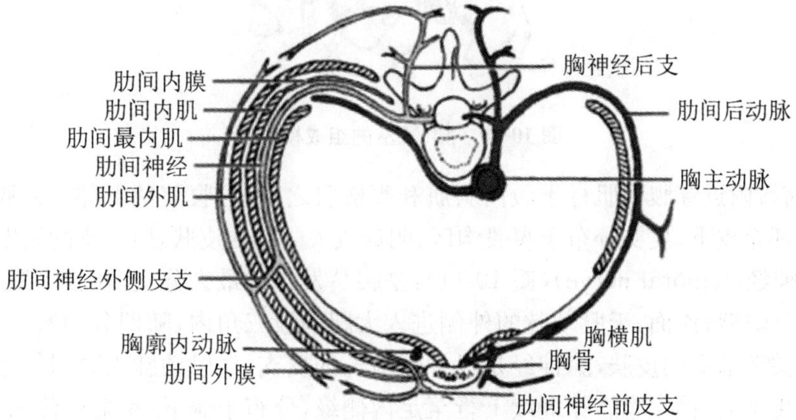

图 10-9　肋间神经及肋间后动脉

胸神经前支在胸、腹壁皮肤的分布有明显的节段性特点:T_2 分布于胸骨角平面,T_4 分布于乳头平面,T_6 分布于剑突平面,T_8 分布于肋弓下缘平面,T_{10} 分布于脐平面,T_{12} 分布于脐至耻骨联合连线的中点平面。临床上以上述分布规律检查感觉障碍的节段,常用于脊髓疾病的定位诊断。

(四) 腰丛

1. 腰丛的组成和位置

腰丛由第 12 胸神经前支的一部分、第 1～3 腰神经前支和第 4 腰神经前支的一部分组成,位于腰大肌深面(图 10-10)。

2. 腰丛的分支

腰丛除发出肌支支配髂腰肌和腰方肌外,还发出分支分布于腹股沟区、大腿的前部和内侧部。

(1) **髂腹下神经**(iliohypogastric nerve):自腰大肌外侧缘穿出,经腰方肌前面行向外下,在髂嵴后份上方进入腹内斜肌和腹横肌之间,在髂前上棘内侧穿腹内斜肌至腹外斜肌的深面行向内下,于腹股沟管浅环上方约 3 cm 处穿腹外斜肌腱膜至皮下。皮支分布于臀外侧区、腹股沟区和下腹部皮肤,肌支支配腹壁肌。

(2) **髂腹股沟神经**(ilioinguinal nerve):在髂腹下神经下方穿出腰大肌外侧缘与之平

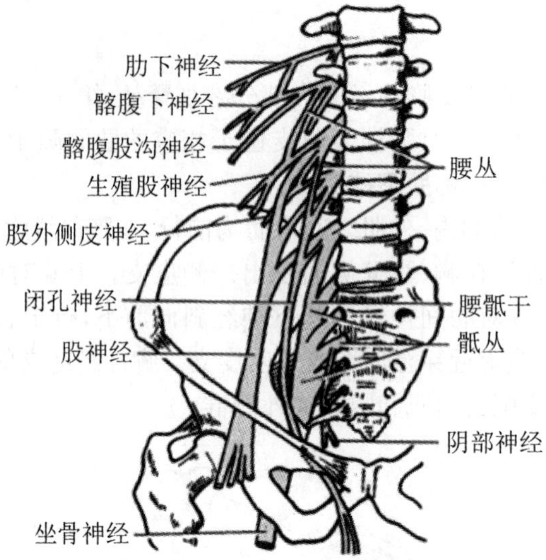

图 10-10 腰、骶丛的组成模式图

行，在髂嵴前端附近穿腹横肌行于腹内斜肌和腹横肌之间，至腹前壁下部进入腹股沟管，穿腹股沟管浅环至皮下，皮支分布于腹股沟区、阴囊或大阴唇的皮肤，肌支支配腹壁肌。

(3) **股神经**(femoral nerve)(图 10-11)：是腰丛发出的最大分支，在腰大肌与髂肌之间下行，经腹股沟韧带深面，于股动脉的外侧进入大腿的股三角内，随即分为数支。皮支分布于大腿和膝关节前面的皮肤，隐神经是股神经最长的皮支，伴股动脉入收肌管下行，在膝关节内侧浅出皮下后，伴大隐静脉继续下行至足内侧缘，分布于髌下、小腿内侧面和足内侧缘的皮肤。肌支支配耻骨肌、股四头肌和缝匠肌。

股神经损伤后主要表现为大腿前面和小腿内侧面皮肤感觉障碍，屈髋无力，不能伸膝，膝跳反射消失等。

(4) **闭孔神经**(obturator nerve)：自腰大肌内侧缘穿出，沿小骨盆侧壁前行，经闭膜管至大腿内侧区。皮支主要分布于大腿内侧的皮肤，肌支支配闭孔外肌和大腿肌内侧群。

此外，尚有生殖股神经、股外侧皮神经等。

(五) 骶丛

1. 骶丛的组成和位置

骶丛由腰骶干以及全部的骶神经和尾神经的前支组成。腰骶干由第 4 腰神经前支的一部分和第 5 腰神经前支汇合而成。骶丛位于骶骨和梨状肌的前面(图 10-10)。

2. 骶丛的主要分支

坐骨神经(sciatic nerve)为全身最粗大，行程最长的神经，自梨状肌下孔出盆腔至臀大肌深面，经股骨大转子与坐骨结节之间至大腿后面，在股二头肌长头的深面下降，一般在腘窝上方分为胫神经和腓总神经两大终支。坐骨神经在股后发肌支支配大腿肌后群(图 10-11)。

(1) **胫神经**(tibial nerve)：为坐骨神经主干的延续，在腘窝内与腘血管伴行。在小腿后区经比目鱼肌深面伴胫后血管下降，继而在内踝后方入足底，分为足底内侧神经和足底外侧

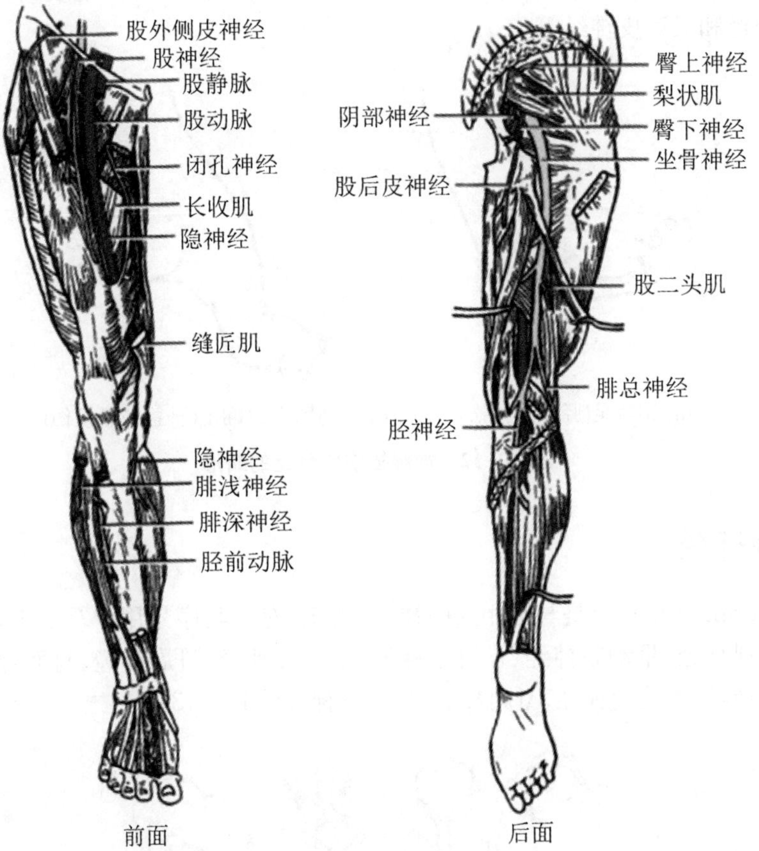

图 10-11　下肢的神经

神经，分布于足底肌和足底皮肤。胫神经在腘窝和小腿后区，发出肌支支配小腿肌后群，皮支主要为腓肠内侧皮神经，与小隐静脉伴行，在小腿下部与来自腓总神经的腓肠外侧皮神经吻合成腓肠神经，分布于小腿后面和外侧面以及足外侧缘的皮肤。

胫神经损伤后主要表现为足不能跖屈，内翻力减弱，足呈背屈和外翻位，称**“钩状足”**(图10-12(a))，同时可出现足底皮肤感觉障碍。

(2) **腓总神经**(common peroneal nerve)：自坐骨神经分出后，沿股二头肌内侧缘向外下走行，绕腓骨颈向前穿腓骨长肌，分为腓浅神经和腓深神经两个终支。在腘窝还发出腓肠外侧皮神经分布于小腿外侧面皮肤，并与胫神经发出的腓肠内侧皮神经吻合。

① **腓浅神经**(superficial peroneal nerve)：行于腓骨长、短肌之间，至小腿中、下 1/3 交界处浅出至皮下。肌支支配小腿肌外侧群，皮支分布于小腿外侧、足背和第 2～5 趾背的皮肤。

② **腓深神经**(deep peroneal nerve)：伴随胫前血管先在胫骨前肌和趾长伸肌之间，继而在胫骨前肌和踇长伸肌之间下行至足背。肌支支配小腿肌前群和足背肌，皮支分布于第1～2 趾背相对缘的皮肤。

腓总神经在腓骨颈处位置最为表浅，易受损伤，损伤后主要表现为足不能背屈，趾不能伸，足下垂且内翻，称**“马蹄”内翻足**(图 10-12(b))，同时小腿前、外侧面及足背皮肤感觉障碍。

骶丛除直接发出短小肌支支配梨状肌、闭孔内肌和股方肌等外，还发出臀上神经、臀下神经、阴部神经和股后皮神经等。

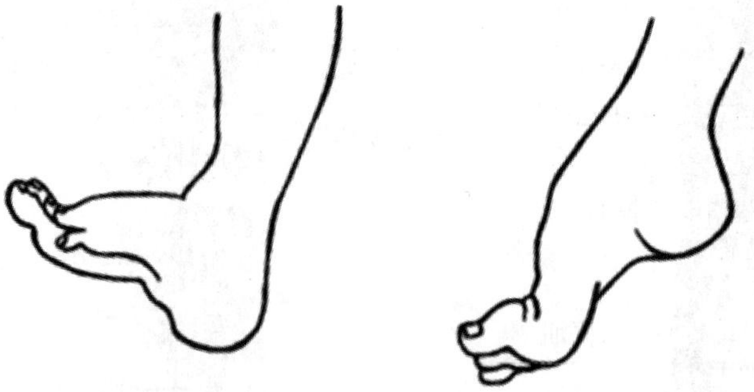

(a) 钩状足(胫神经损伤)　　(b) “马蹄”内翻足(腓总神经损伤)

图 10-12　神经损伤所致足的畸形

二、脑神经

脑神经(cranial nerve)是与脑相连的神经，共 12 对。其序号用罗马数字表示，顺序为：Ⅰ嗅神经、Ⅱ视神经、Ⅲ动眼神经、Ⅳ滑车神经、Ⅴ三叉神经、Ⅵ展神经、Ⅶ面神经、Ⅷ前庭蜗神经、Ⅸ舌咽神经、Ⅹ迷走神经、Ⅺ副神经、Ⅻ舌下神经(图 10-13)。

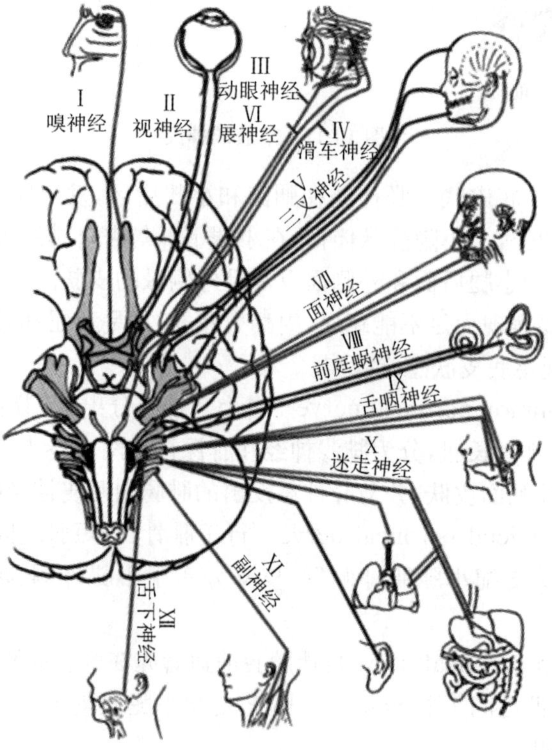

图 10-13　脑神经概况

脑神经中含有躯体运动纤维、躯体感觉纤维、内脏运动纤维和内脏感觉纤维。根据每对脑神经所含的神经纤维成分不同，可将脑神经分为三类：感觉性脑神经（Ⅰ、Ⅱ、Ⅷ）、运动性脑神经（Ⅲ、Ⅳ、Ⅵ、Ⅺ、Ⅻ）和混合性脑神经（Ⅴ、Ⅶ、Ⅸ、Ⅹ）。另外，脑神经中的内脏运动纤维为副交感性质，存在于第Ⅲ、Ⅶ、Ⅸ、Ⅹ对脑神经中。

（一）嗅神经

嗅神经（olfactory nerve）（图 10-14）含内脏感觉纤维，由鼻腔嗅区黏膜内嗅细胞的中枢突集聚成 15～20 条嗅丝，即嗅神经，向上穿筛孔入颅前窝，终于嗅球，传导嗅觉。

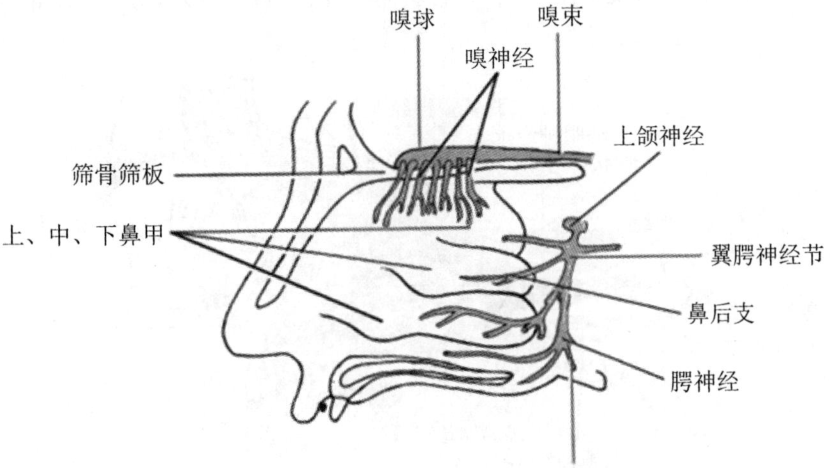

图 10-14　嗅神经

（二）视神经

视神经（optic nerve）（图 10-15）含躯体感觉纤维，由视网膜节细胞的轴突在视网膜后部汇集形成视神经盘，然后穿巩膜形成视神经。视神经向后内行经视神经管入颅中窝，形成视交叉，再延续为视束，止于外侧膝状体，传导视觉。

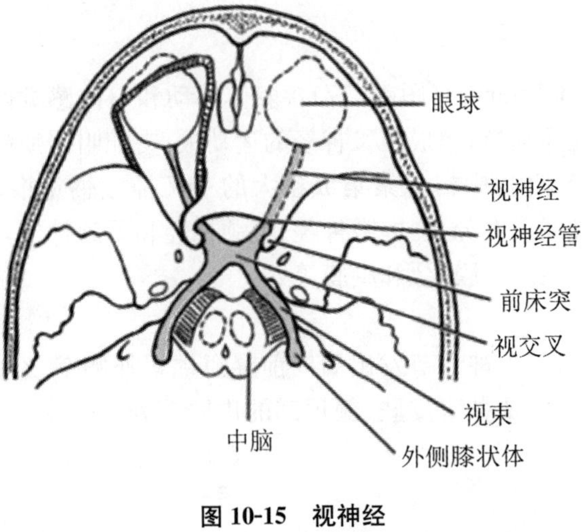

图 10-15　视神经

（三）动眼神经

动眼神经（oculomotor nerve）（图 10-16）含躯体运动和内脏运动（副交感）两种纤维。躯体运动纤维起自中脑的动眼神经核，内脏运动纤维起自中脑的动眼神经副核。两种纤维组成动眼神经，自中脑脚间窝出脑，穿海绵窦外侧壁，再向前经眶上裂入眶。躯体运动纤维支配上直肌、上睑提肌、下直肌、内直肌和下斜肌，内脏运动纤维在睫状神经节换元后，节后纤维进入眼球支配瞳孔括约肌和睫状肌，参与瞳孔对光反射和晶状体调节反射。

动眼神经损伤后，可出现上睑下垂、瞳孔斜向下外方、瞳孔散大、对光反射消失等症状。

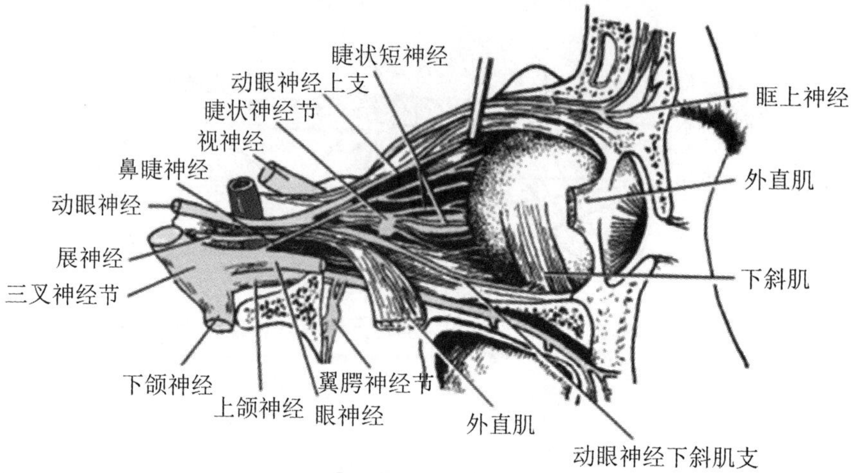

图 10-16　眶内的神经（右外侧面）

（四）滑车神经

滑车神经（trochlear nerve）含躯体运动纤维，起自中脑的滑车神经核，由中脑背侧的下丘下方出脑，绕大脑脚外侧前行，穿海绵窦外侧壁向前经眶上裂入眶，支配上斜肌。

（五）三叉神经

三叉神经（trigeminal nerve）（图 10-17）含躯体运动和躯体感觉两种纤维。躯体运动纤维起自脑桥的三叉神经运动核，组成三叉神经的运动根，支配咀嚼肌等。躯体感觉纤维的神经元胞体位于三叉神经节内，中枢突聚集成粗大的三叉神经感觉根，止于三叉神经感觉诸核。周围突组成三叉神经三大分支，即眼神经、上颌神经和下颌神经，分布于头面部皮肤、眼及眶内、鼻腔、鼻旁窦口腔的黏膜、牙和脑膜等处。

1. 眼神经

含躯体感觉纤维，自三叉神经节发出后向前穿海绵窦外侧壁，经眶上裂入眶，分支分布于眼球、泪器、结膜、鼻黏膜及鼻背皮肤、额顶部的皮肤等处。分支主要有泪腺神经、额神经和鼻睫神经等。

2. 上颌神经

含躯体感觉纤维，自三叉神经节发出后向前穿海绵窦外侧壁，经圆孔出颅进入翼腭窝，

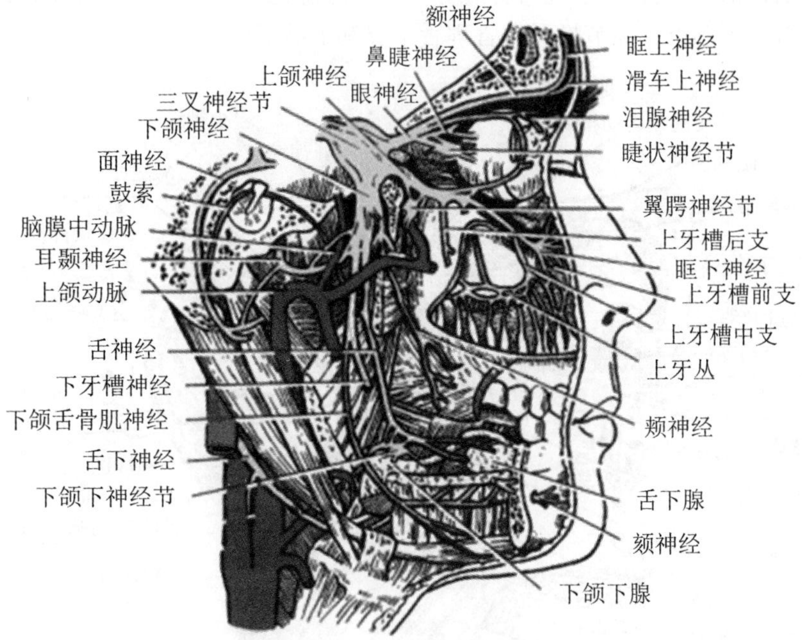

图 10-17　三叉神经

继而经眶下裂入眶，延续为眶下神经。分支分布于眼裂、口裂之间的皮肤，鼻腔黏膜、上颌窦、上颌牙及牙龈等。主要分支有眶下神经、上牙槽神经、翼腭神经和颧神经等。

3. 下颌神经

下颌神经为混合神经，含躯体感觉纤维和内脏感觉纤维，经卵圆孔出颅至颞下窝。运动纤维支配咀嚼肌，感觉纤维分布于颞部、耳前、口裂以下的皮肤、口腔底及舌前 2/3 的黏膜、下颌牙及牙龈。主要分支有咀嚼肌神经、耳颞神经、颊神经、舌神经和下牙槽神经等。

(六) 展神经

展神经(abducent nerve)含躯体运动纤维，起自脑桥的展神经核，由延髓脑桥沟中线两侧出脑，向前穿入海绵窦，经眶上裂入眶，支配外直肌。

(七) 面神经

面神经(facial nerve)(图 10-18、图 10-19)含躯体运动、内脏运动和内脏感觉 3 种纤维成分。躯体运动纤维起自面神经核，主要支配面部表情肌和颈阔肌。内脏运动纤维起自上泌涎核，在相应的副交感神经节换元后，节后纤维分布于泪腺、下颌下腺、舌下腺和鼻、腭部黏膜腺。内脏感觉纤维的神经元胞体位于膝神经节内，中枢突止于孤束核，周围突分布于舌前 2/3 黏膜的味蕾。面神经连于延髓脑桥沟外侧部，经内耳门入内耳道，穿内耳道底入面神经管，经茎乳孔出颅，向前进入腮腺，分支从腮腺前缘穿出至面部。面神经的分支按其发出部位分为两部分。

1. 面神经管内的分支

(1) **鼓索**：含内脏运动及内脏感觉纤维。在面神经出茎乳孔前发出，向前上进入鼓室，从鼓室穿出后向前加入舌神经，随舌神经分布。内脏感觉纤维分布于舌前 2/3 黏膜的味蕾；内脏运动纤维在下颌下神经节换元后管理舌下腺和下颌下腺的分泌。

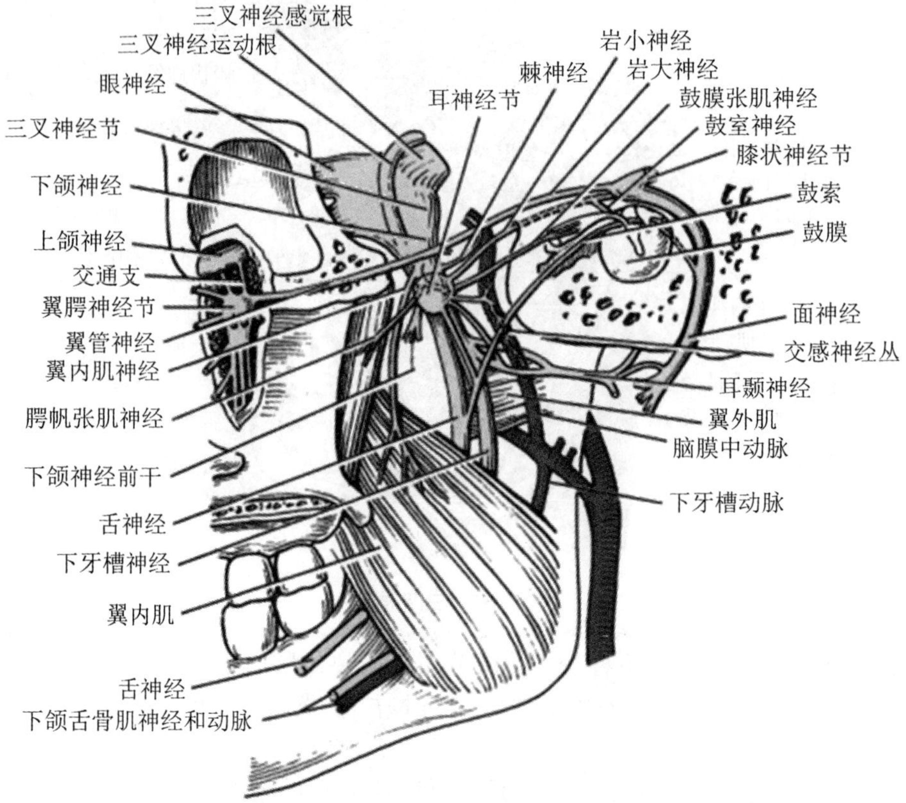

图 10-18　鼓索、翼腭神经节与耳神经节

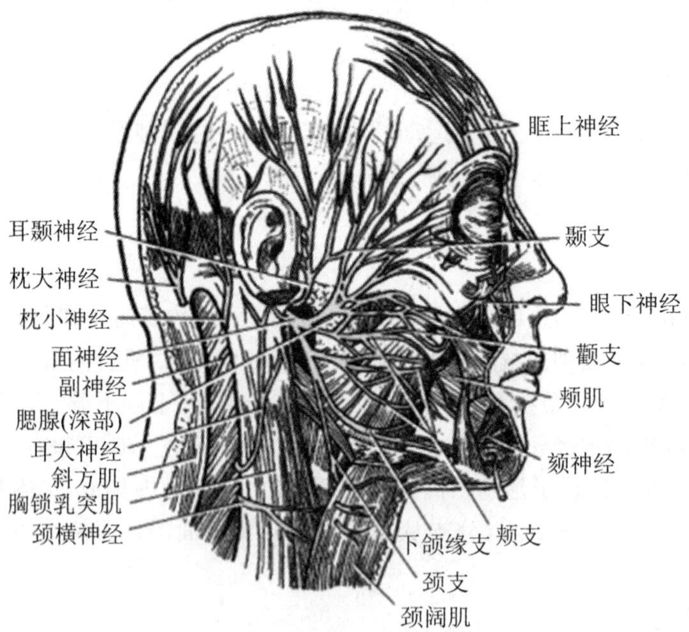

图 10-19　面神经在面部的分支

(2) **岩大神经**:含内脏运动纤维,自膝神经节处发出,至翼腭神经节换元后分布于泪腺和鼻、腭黏膜腺。

2. 面神经管外的分支

面神经出茎乳孔后,主干进入腮腺,分支交织形成腮腺丛,继而自腮腺前缘呈放射状发出颞支、颧支、颊支、下颌缘支和颈支,支配面部表情肌及颈阔肌。

面神经的分支有管内和管外之分,损伤部位不同,临床症状也有所不同。面神经管外损伤,主要表现为伤侧面瘫,即额纹消失,不能闭眼,角膜反射消失,鼻唇沟变平坦,口角偏向健侧,不能鼓腮。面神经管内损伤时除有上述表现外,还可有泪腺、下颌下腺及舌下腺分泌障碍,舌前 2/3 味觉障碍和听觉过敏等症状。

(八) 前庭蜗神经

前庭蜗神经(vestibulocochlear nerve)又称位听神经,含躯体感觉纤维,由前庭神经和蜗神经组成(图 10-20)。

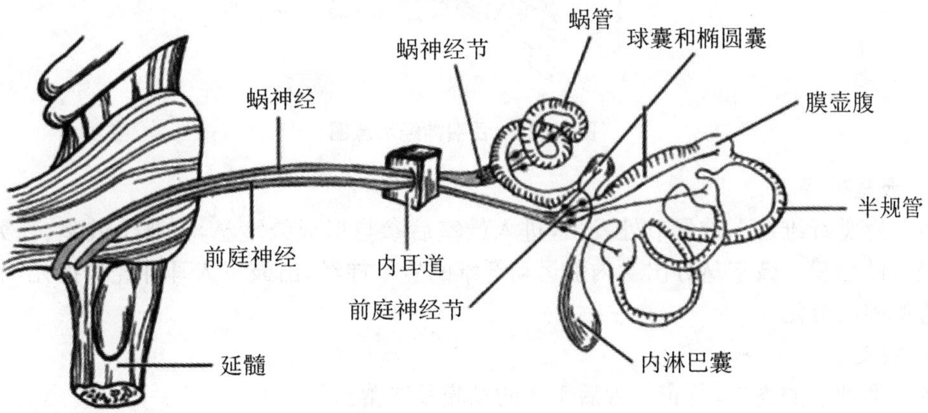

图 10-20 前庭蜗神经示意图

1. 前庭神经

其双极神经元胞体位于内耳道底的前庭神经节内。中枢突聚集成前庭神经,经内耳门入颅,止于前庭神经核和小脑;周围突分布于内耳球囊斑、椭圆囊斑和壶腹嵴,传导平衡觉。

2. 蜗神经

其双极神经元胞体位于内耳蜗轴内的蜗神经节内。中枢突聚集成蜗神经,经内耳门入颅,止于蜗神经核;周围突分布于内耳螺旋器(Corti 器),传导听觉。

(九) 舌咽神经

舌咽神经(glossopharyngeal nerve)(图 10-21)含躯体运动、内脏运动和内脏感觉 3 种纤维成分。躯体运动纤维,起自疑核支配茎突咽肌。内脏运动纤维,起自下泌涎核,在耳神经节换元,节后纤维管理腮腺的分泌。内脏感觉纤维的神经元胞体在下神经节内,中枢突止于孤束核,周围突分布于咽、咽鼓管、鼓室、舌后 1/3 的黏膜以及颈动脉窦和颈动脉小球。

1. 颈动脉窦支

含内脏感觉纤维,分布于颈动脉窦和颈动脉小球,分别传导血压和血液内二氧化碳浓度的变化，可反射性调节血压和呼吸。

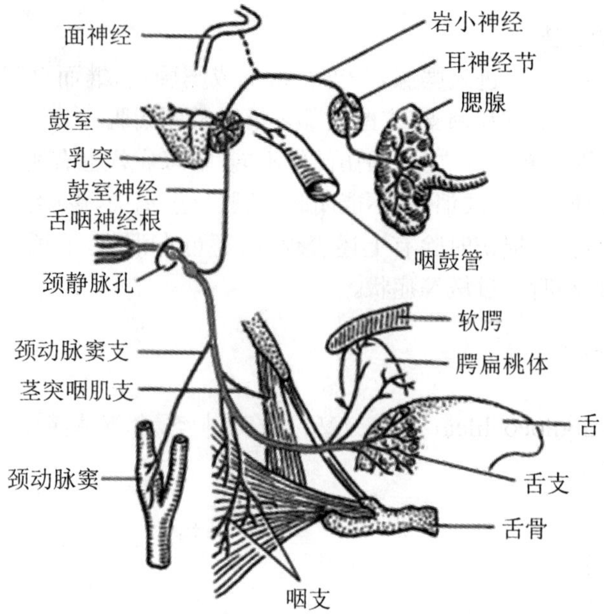

图 10-21 舌咽神经示意图

2. 鼓室神经

内脏感觉纤维自下神经节处发出，进入鼓室后参与形成鼓室丛，分布于鼓室、乳突小房和咽鼓管的黏膜。鼓室丛分出含内脏运动纤维的岩小神经，出鼓室入耳神经节换元，节后纤维管理腮腺的分泌。

3. 舌支

为舌咽神经的终支，分布于舌后 1/3 的黏膜及味蕾。

4. 咽支

与迷走神经和交感神经咽支共同形成咽丛，分布于咽部的黏膜。

(十) 迷走神经

迷走神经(vagus nerve)(图 10-22)含有躯体运动、内脏运动、躯体感觉和内脏感觉 4 种纤维成分。躯体运动纤维起自疑核，支配咽喉肌。内脏运动纤维起自迷走神经背核，至颈部、胸部和腹部脏器内或附近的副交感神经节换元，节后纤维支配相应的平滑肌、心肌和腺体的活动。内脏感觉纤维的神经元胞体位于下神经节内，中枢突止于孤束核，周围突分布于颈部、胸部和腹部的器官。躯体感觉纤维的神经元胞体位于上神经节内，中枢突止于三叉神经脊束核，周围突分布于硬脑膜、耳郭和外耳道的皮肤。

迷走神经是走行最长、分布范围最广的脑神经。迷走神经连于延髓，穿颈静脉孔出颅，于颈动脉鞘内下行，经胸廓上口入胸腔。在胸部，左、右迷走神经在行程上有所不同。左迷走神经通过左肺根后方至食管前面，分支构成左肺丛和食管前丛，在食管下段向下延续为**迷走神经前干**。右迷走神经通过右肺根后方达食管后面，分支构成右肺丛和食管后丛，在食管下段向下延续成**迷走神经后干**。迷走神经前、后干与食管一起穿膈的食管裂孔进入腹腔，分布于胃、肝、胰、脾、肾以及结肠左曲以上的消化管。

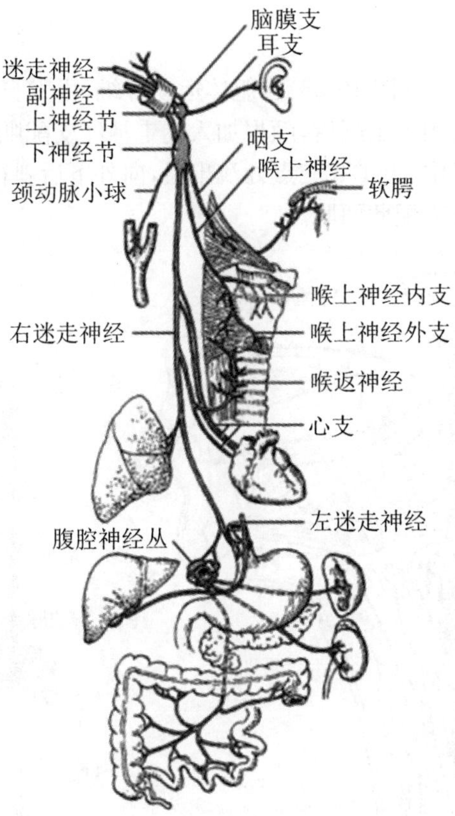

图 10-22 迷走神经示意图

1. 喉上神经

喉上神经是迷走神经在颈部的分支。沿颈内动脉内侧下行，平舌骨大角处分为内、外两支。内支穿甲状舌骨膜入喉，分布于声门裂以上的喉黏膜；外支伴甲状腺上动脉下行，支配环甲肌。喉上神经损伤后，导致声音嘶哑。

2. 喉返神经

喉返神经是迷走神经在胸部的分支。两侧喉返神经走行也有所不同，右喉返神经从前向后绕过右锁骨下动脉返至颈部。左喉返神经向下勾绕主动脉弓返至颈部，左、右喉返神经沿气管食管间沟上行，经环甲关节后方入喉，分布于声门裂以下的喉黏膜，并支配除环甲肌以外的所有喉肌。喉返神经损伤后，喉肌瘫痪，声音嘶哑，甚至呼吸困难。

3. 胃前支和胃后支

胃前支和胃后支是迷走神经在腹部的分支。沿胃小弯分别分布于胃前壁和胃后壁，终支以“鸦爪”形分布于幽门部及十二指肠上部。

4. 肝支

肝支是迷走神经在腹部的分支。参与形成肝丛，随肝固有动脉分布于肝、胆囊和胆道。

5. 腹腔支

腹腔支是迷走神经在腹部的分支。加入腹腔丛，随腹腔干、肠系膜上动脉和肾动脉等的分支布于胰、脾、肾以及结肠左曲以上的消化管。

(十一) 副神经

副神经(accessory nerve)(图 10-23)含躯体运动纤维,由发自疑核的颅根和副神经核的脊髓根组成,经颈静脉孔出颅。出颅后,颅根加入迷走神经支配咽喉肌。脊髓根斜穿入胸锁乳突肌,在胸锁乳突肌后缘中、上 1/3 交点处浅出后,向外下后斜行,自斜方肌前缘中、下 1/3 交点处穿入该肌深面,分支支配此两肌。

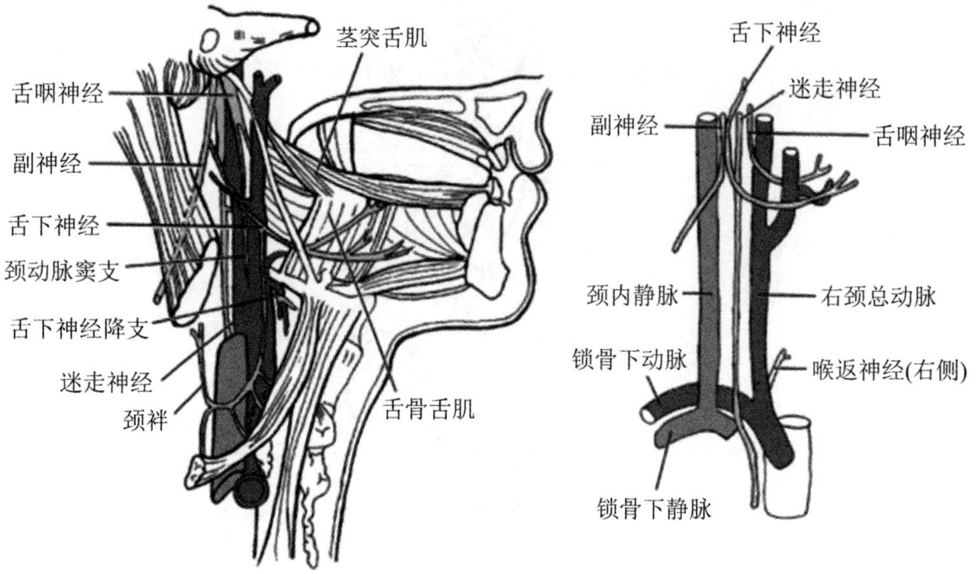

图 10-23 舌咽神经、迷走神经、副神经和舌下神经

(十二) 舌下神经

舌下神经(hypoglossal nerve)(图 10-23)含躯体运动纤维,起自延髓的舌下神经核,自延髓前外侧沟出脑,经舌下神经管出颅,分支支配舌肌。一侧舌下神经损伤后,伸舌时舌尖偏向患侧。

三、内脏神经

内脏神经(visceral nerve)主要分布于内脏、心血管和腺体,与躯体神经相类似,内脏神经亦含有运动和感觉两种纤维成分。内脏运动神经调节平滑肌、心肌的运动和腺体的分泌,一般不受人的意志控制,又称自主神经;又由于其主要控制和调节动、植物共有的物质代谢活动,故也可称植物神经。内脏感觉神经分布于内脏和心血管等处的内感受器。

(一) 内脏运动神经

内脏运动神经(图 10-24)与躯体运动神经都受大脑皮质及皮质下各级中枢的控制和调节,然而两者在形态结构和机能上有如下的差别:① 支配的器官不同:躯体运动神经支配骨骼肌,内脏运动神经支配平滑肌、心肌和腺体。② 神经元数目不同:躯体运动神经自低级中枢至所支配的骨骼肌只有一个神经元。而内脏运动神经自低级中枢发出后，需要在周围部的内脏运动神经节内交换神经元，再由节内的神经元发出纤维到达效应器。因此内脏运动神经从低级中枢到达所支配的效应器需经过两个神经元。第 1 个神经元称**节前神经元**，其胞体位于脑干或脊髓，其轴突称**节前纤维**。第 2 个神经元称**节后神经元**，其胞体位于周围部的内脏运动神经节内，其轴突称**节后纤维**；③ 纤维成分不同：躯体运动神经只有一种纤维成分，内脏运动神经有交感和副交感两种纤维成分，多数内脏器官同时受该两种纤维共同支配。④ 纤维粗细不同：躯体运动神经一般由较粗的有髓纤维组成，而内脏运动神经则是薄髓（节前纤维）和无髓（节后纤维）的细纤维。⑤ 分布形式不同：躯体运动神经以神经干的形式分布到效应器，而内脏运动神经节后纤维常攀附脏器或血管形成神经丛，再由丛发出分支到效应器。⑥ 受意识控制不同：躯体运动神经一般都受意志支配，而内脏运动神经则在一定程度上不受意志的直接控制。

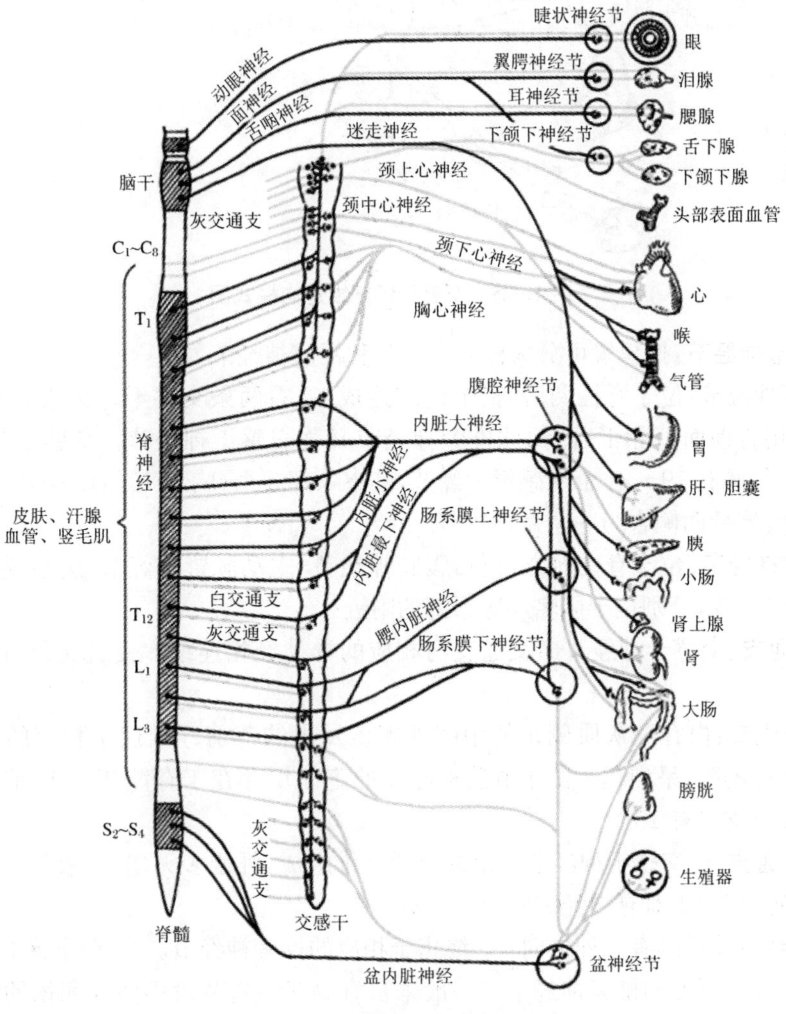

图 10-24　内脏运动神经概况示意图

1. 交感神经

交感神经（sympathetic nerve）（图 10-24、图 10-25）的低级中枢位于脊髓 $T_1 \sim L_3$ 节段灰质侧角的中间外侧核。交感神经的节前纤维起自此核。交感神经的周围部包括交感神经节和自节发出的分支以及交感神经丛等。

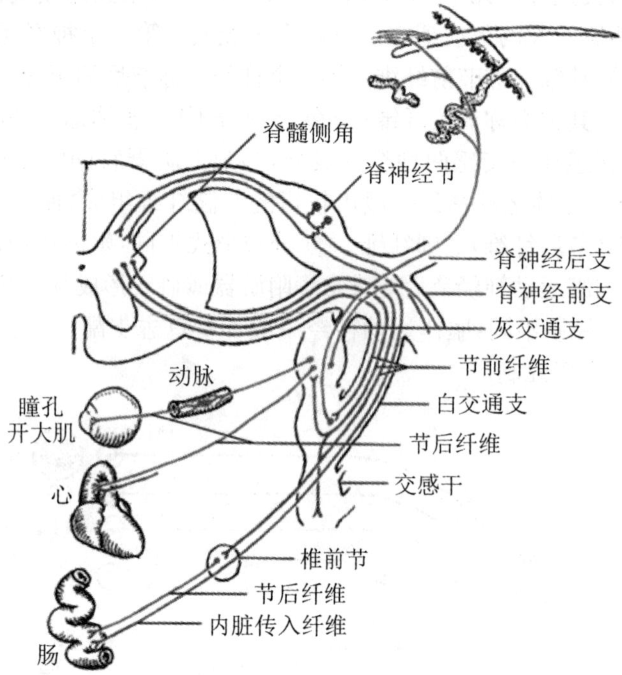

图 10-25 交感神经纤维走向模式图

(1) **交感神经节**:按位置可分为椎旁神经节和椎前神经节。

① **椎旁神经节**:位于脊柱两旁,借节间支连成左、右两条交感干。交感干上端达颅底,下端两干在尾骨前面互相汇合,因此椎旁神经节又称交感干神经节。交感干分颈、胸、腰、骶、尾5部。每侧有19～24个交感干神经节,其中颈部3个,胸部10～12个,腰部3～5个,骶部2～3个,尾部两侧合为一个奇神经节。

② **椎前神经节**:位于脊柱前方,包括腹腔神经节、主动脉肾神经节、肠系膜上神经节和肠系膜下神经节等,分别位于同名动脉根部的附近。

(2) **交通支**:交感干神经节借交通支与相应的脊神经相连结。交通支分白交通支和灰交通支两种。

① **白交通支**:由脊髓灰质侧角的中间外侧核发出的节前纤维连于相应的交感干神经节,因纤维具有髓鞘,呈白色。由于节前神经元的胞体仅存在于脊髓 T_1～L_3 节段的灰质侧角内,故白交通支只有15对。

② **灰交通支**:由交感干神经节发出的节后纤维组成,纤维多无髓鞘,故颜色灰暗。灰交通支连于交感干与31对脊神经之间,共31对。

交感神经节前纤维有3种去向:① 终止于相应的椎旁神经节。② 在交感干内上升或下降,终止于上方或下方的椎旁神经节。一般来自脊髓 T_1～T_6 节段中间外侧核的节前纤维在交感干内上升,脊髓 T_7～T_{10} 节段中间外侧核的节前纤维在交感干内上升或下降,脊髓 T_{11}～L_3 在交感干内下降。③ 穿过椎旁节,止于椎前节。

交感神经节后纤维也有3种去向:① 经灰交通支返回脊神经,随脊神经分布至躯干和四肢的血管、汗腺和竖毛肌等。② 攀附在动脉壁上形成神经丛,最后随动脉分布到脏器。

③ 由交感神经节直接发支到所支配的器官。

2. 副交感神经

副交感神经(parasympathetic nerve)的低级中枢位于脑干的内脏运动核和脊髓 $S_2 \sim S_4$ 节段灰质的骶副交感核,副交感神经节前纤维起自这些核。周围部的副交感神经节有器官旁节和器官内节。其中位于颅部的器官旁节有睫状神经节、下颌下神经节、翼腭神经节和耳神经节。

(1) **颅部副交感神经**:其节前纤维走在第Ⅲ、Ⅶ、Ⅸ、Ⅹ对脑神经内,已在脑神经中叙述。

(2) **骶部副交感神经**:节前纤维起自脊髓 $S_2 \sim S_4$ 节段灰质的骶副交感核,随骶神经出骶前孔,然后离开骶神经组成盆内脏神经加入盆丛,随盆丛分支至所支配脏器附近或脏器壁内的副交感神经节交换神经元。节后纤维支配结肠左曲以下的消化管、盆腔脏器等处。

3. 交感神经和副交感神经的主要区别

交感神经和副交感神经都是内脏运动神经,虽常共同支配同一个脏器,但在形态结构和功能上各有特点:

(1) **低级中枢的部位不同**:交感神经的低级中枢位于脊髓胸、腰部灰质侧角的中间外侧核;副交感神经的低级中枢则位于脑干和脊髓 $S_2 \sim S_4$ 节段的骶副交感核。

(2) **神经节的位置不同**:交感神经节位于脊柱两旁(椎旁神经节)和脊柱前方(椎前神经节);副交感神经节位于所支配的器官附近(器官旁节)或器官内(器官内节)。因此副交感神经的节后纤维比交感神经的节后纤维短,而其节前纤维则较长。

(3) **节前神经元与节后神经元的比例不同**:一个交感神经节前神经元的轴突可与多个节后神经元形成突触,而一个副交感神经的节前神经元的轴突与较少的节后神经元形成突触。因此交感神经的作用范围较广泛,而副交感神经的作用范围较局限。

(4) **分布范围不同**:一般认为交感神经在周围的分布范围较广,除至胸、腹腔脏器外,尚遍及头颈器官以及全身血管、腺体和竖毛肌等;副交感神经在周围的分布不如交感神经广泛,一般认为大部分血管、汗腺、竖毛肌及肾上腺髓质无副交感神经支配。

(5) **对同一器官所起的作用不同**:交感与副交感神经对同一器官的作用,既是互相拮抗又是互相统一的。例如机体运动加强时,交感神经活动加强,而副交神经活动则减弱,于是出现心跳加快、血压升高、支气管扩张、瞳孔开大、消化活动受到抑制等现象。上述现象表明代谢加强,能量消耗加快,以适应环境的剧烈变化。而当机体处于安静或睡眠状态时,副交感神经的活动转而加强,而交感神经受到抑制,从而出现心跳减慢、血压下降、支气管收缩、瞳孔缩小、消化活动增强等现象。这有利于体力的恢复和能量的储存。

二、内脏感觉神经

内脏感觉纤维的数目较少,痛阈较高,内脏感觉的传入途径较分散,即一个脏器的感觉纤维可经几个节段的脊神经进入中枢,而一条脊神经又可包含几个脏器的感觉纤维。因此内脏痛往往是弥散的,且定位不准确。

当某些内脏器官发生病变时,常在体表一定区域产生疼痛或感觉过敏,这种现象称牵涉性痛。例如,心绞痛时,常在胸前区及左臂内侧皮肤感到疼痛等。

(龚　鑫)

第三节 中枢神经系统

一、脊髓

(一) 脊髓的位置

脊髓(spinal cord)位于椎管内,外包3层被膜,上端在枕骨大孔处与延髓相连,下端在成人平第1腰椎下缘,新生儿约平第3腰椎体水平。

(二) 脊髓的外形

脊髓全长 42～45 cm,呈圆柱状,前后稍扁,全长有两个膨大(图 10-26)。**颈膨大**(cervical enlargement)自颈髓第 4 节段到胸髓第 1 节段;**腰骶膨大**(lumbosacral enlargement)自腰髓第 2 节段至骶髓第 3 节段。脊髓的末端变细,称**脊髓圆锥**(conus medullaris),再向下以终丝止于尾骨的背面。

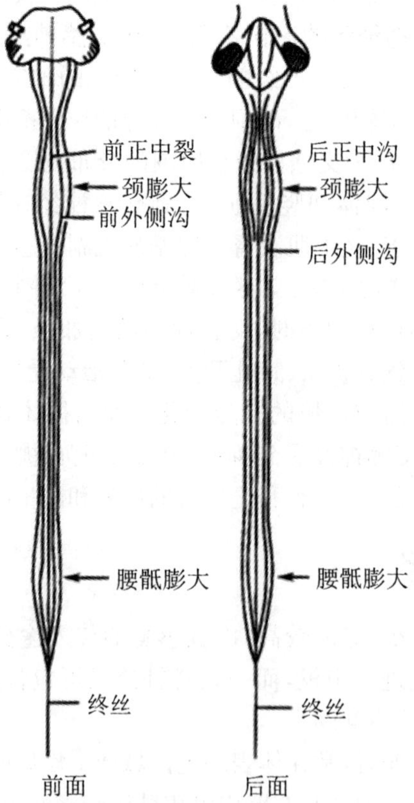

图 10-26 脊髓外形简图

脊髓表面有 6 条平行的纵沟,前面正中较深的是**前正中裂**,后面正中较浅的是**后正中**

沟。此外还有两对外侧沟，即**前外侧沟**和**后外侧沟**。脊神经前根由前外侧沟穿出，后根由后外侧沟进入脊髓(图 10-27)。

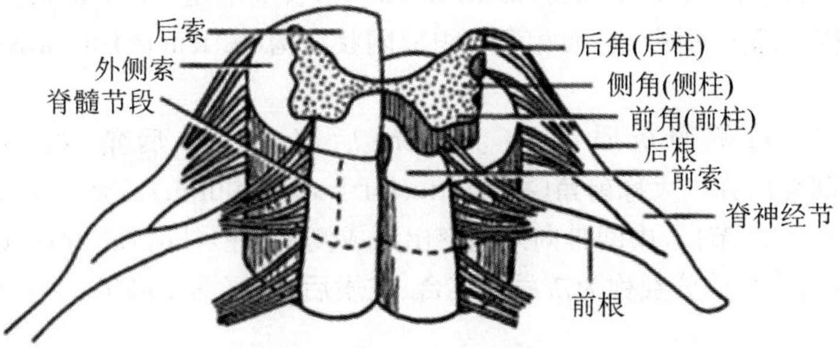

图 10-27 脊髓与脊神经的关系

脊神经有 31 对，和每一对脊神经相连的一段脊髓称为一个脊髓节段，因此脊髓有 31 个节段：即**颈髓**(C)8 节、**胸髓**(T)12 节、**腰髓**(L)5 节、**骶髓**(S)5 节和**尾髓**(C_O)1 节。

胚胎发育早期，脊髓与椎管的长度相等，脊神经水平向外侧穿过相应的椎间孔。从胚胎第 4 个月起，脊髓的生长速度比脊柱慢，出生时脊髓下端已达第 3 腰椎水平，至成人时则平第 1 腰椎。因而腰、骶及尾部的神经根在穿经相应的椎间孔之前，在椎管内向下行走一段较长的距离，它们围绕终丝形成**马尾**(cauda equina)(图 10-28)。临床上进行腰椎穿刺时常选择第 3、4 腰椎棘突间隙进针，以免损伤脊髓。

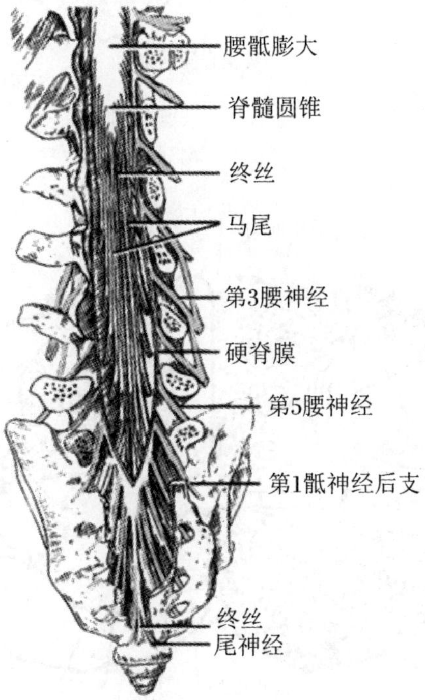

图 10-28 椎管下段示马尾

(三) 脊髓的内部结构

在脊髓横切面上，正中有**中央管**(central canal)，管周围是"H"形的灰质，白质位于灰质的周围。在灰质中部的两侧与白质相互交织成**网状结构**(reticular formation)。

1. 灰质

在横切面上，每侧的灰质(gray matter)后部突出称**后角(柱)**(posterior horn(column))，前部突出并扩大称**前角(柱)**(anterior horn(column))，介于前、后角之间的部分称**中间带**。在 $T_1 \sim L_3$ 节段，中间带向外侧突出形成**侧脚(柱)**(lateral horn(column))。中央管前、后方的中间带灰质分别称为**灰质前连合**、**灰质后连合**(图 10-29)。

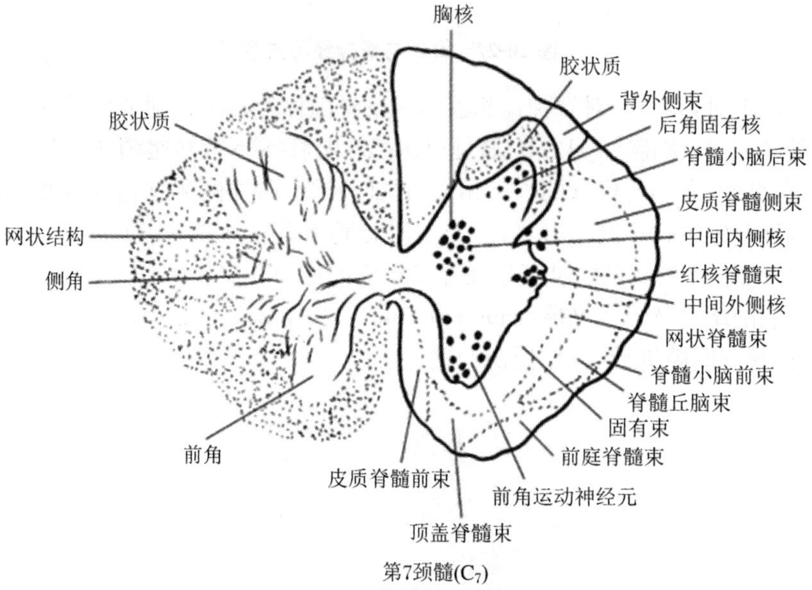

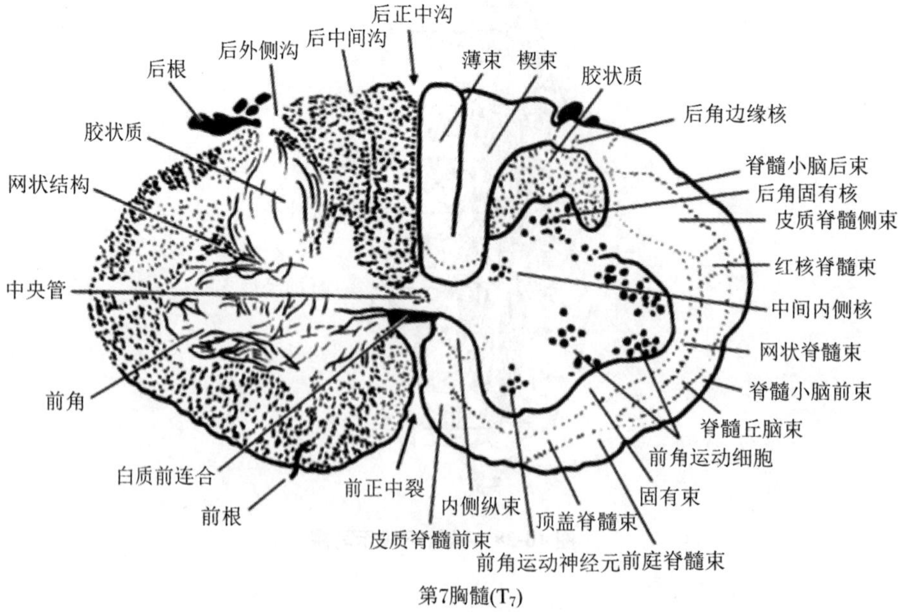

图 10-29 成人脊髓横断面

（1）**后角**：主要由中间神经元组成，接受脊神经后根传入纤维并发出纤维走在中枢内。后角内神经元形成的核群包括：**后角边缘核**、**胶状质**、**后角固有核**、**胸核**（也称**背核**）等。

（2）**前角**：主要由运动神经元组成，前角运动细胞按其大小和所支配的骨骼肌的不同部位而分为：① α 运动神经元，支配梭外肌，引起肌肉的收缩。② γ 运动神经元，支配梭内肌，调节肌纤维的张力。前角运动细胞按位置可分内、外两群。内侧群支配颈部、躯干的固有肌，见于脊髓全长；外侧群支配四肢肌，主要见于颈膨大和腰骶膨大。

（3）**中间带**：位于前、后角之间，内有**中间外侧核**和**中间内侧核**。中间外侧核仅存在于脊髓 T_1～L_2（或 L_3）节段的侧角，是交感神经的低级中枢。在 S_2～S_4 节段相当于中间外侧核的部位，有**骶副交感核**，是副交感神经的低级中枢。

2. 白质

每侧脊髓白质（white matter）借表面沟、裂分为 3 个索。后正中沟和后外侧沟之间为**后索**（posterior funiculus），前、后外侧沟之间为**外侧索**（lateral funiculus），前正中裂和前外侧沟之间为**前索**（anterior funiculus）。两侧前索在灰质连合前方互相连合的部分称白质前连合。白质中的纤维束可分为长的上、下行纤维束和短的固有束。上行纤维束起自脊神经节细胞或脊髓灰质，将各种感觉信息自脊髓传递至脑。下行纤维束起自不同脑区，止于脊髓。固有束紧贴灰质的边缘，起止均在脊髓，参与脊髓节段内和节段间的反射活动。

（1）上行纤维束

① **薄束**（fasciculus gracilis）和**楔束**（fasciculus cuneatus）（图 10-29）：占据脊髓后索，薄束位于内侧，纤维来自同侧第 5 胸节以下的脊神经后根；楔束位于外侧，来自同侧第 4 胸节以上的脊神经后根。二者功能是传导本体感觉（肌、腱和关节的位置或运动觉）和精细触觉（如辨别两点距离和物体的纹理粗细的感觉）。

② **脊髓小脑前束**（anterior spinocerebellar tract）和**脊髓小脑后束**（posterior spinocerebellar tract）（图 10-29）：位于外侧索周缘，分别经小脑上脚和小脑下脚进入小脑皮质，二者功能是向小脑传导躯干下部和下肢的非意识性本体感觉冲动，通过反射，调节肌张力和协调肌的运动。

③ **脊髓丘脑束**（图 10-29）：分为脊髓丘脑前束（anterior spinothalamic tract）和脊髓丘脑侧束（lateral spinothalamic tract）。位于前索和外侧索的前半部，传导痛温觉和粗触觉。由于后根中传导痛温觉的纤维位于后根背外侧束中，在进入脊髓前多数先上升 1～2 节段，再经白质前连合至对侧白质上行，所以如果左侧脊髓丘脑束损伤，患者在距离损伤平面下 1～2 节段处，出现右侧皮肤痛、温觉障碍。

（2）下行传导束

① **皮质脊髓束**（corticospinal tract）（图 10-29）：为最大的下行束，起自大脑皮质中央前回和其他一些皮质区，下行至延髓经锥体交叉，大部分纤维交叉到对侧，在脊髓小脑后束的内侧下行，贯穿脊髓全长，陆续终止于前角运动细胞，称为皮质脊髓侧束（lateral corticospinal tract）。在锥体交叉处未经交叉的小部分纤维，在同侧前束中下行，位居前正中裂两侧称为皮质脊髓前束（anterior corticospinal tract）一般下行至上胸髓。前束的纤维有的经白质前连合止于对侧灰质前角，也有纤维止于同侧前角。皮质脊髓束的功能是控制骨骼肌的随意运动。

② 其他下行纤维束：脊髓白质内还有红核脊髓束、前庭脊髓束、网状脊髓束、内侧纵束、顶盖脊髓束等下行纤维束，参与肌张力和头颈反射等活动的调节。

(四) 脊髓的功能

脊髓是中枢神经的低级部分，正常情况下，它受脑的控制。因此它具有双重功能，一种是以脊髓为中枢，完成各种简单的反射，如腱反射、屈肌反射、排便和排尿反射等反射机能。另一种是参加以脑为中枢的各种复杂反射的传导，这些复杂反射必须通过上、下行传导束方能完成，这是脊髓的传导功能。

二、脑干

脑(brain，或 encephalon)位于颅腔内，起源于胚胎时期神经管的前部，形态和功能较脊髓更为复杂。脑可分为端脑、间脑、小脑、中脑、脑桥和延髓六个部分。通常把中脑、脑桥和延髓合称为脑干。

(一) 脑干的位置

脑干(brain stem)位于颅后窝，鞍背和斜坡的后上方。从脑的下面伸出，上界以视束与间脑毗邻，向下经枕骨大孔连接脊髓，背面与小脑相连，它们之间的空腔为第四脑室(图 10-30、图 10-31)。

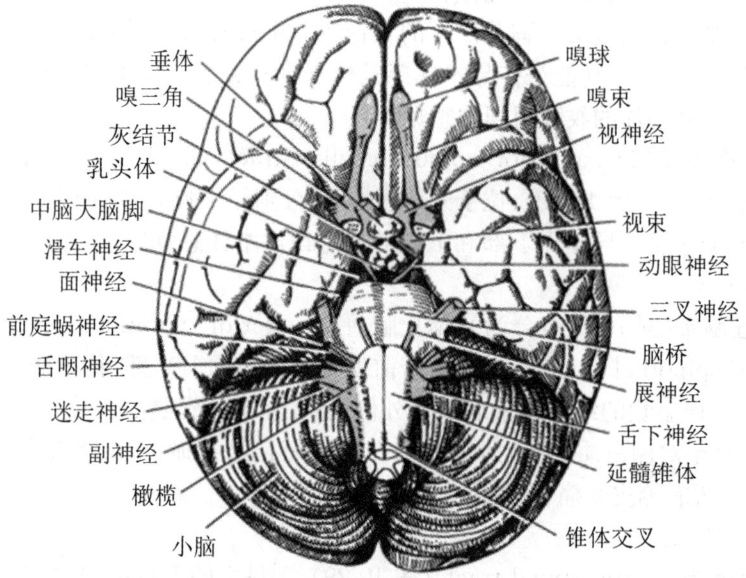

图 10-30 脑底面

(二) 脑干的外形

1. 延髓

延髓(medulla oblongata)(图 10-32、图 10-33)是脑干的最下部，呈倒置的锥体形，上接脑桥，下连脊髓。延髓的腹侧面上界与脑桥间有一横行的浅沟，称为**延桥沟**；背侧面以第四脑室底的髓纹与脑桥为界。

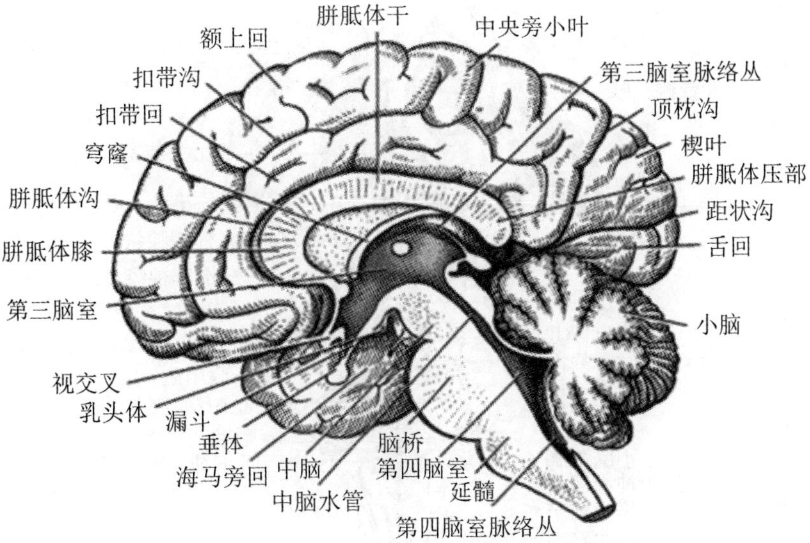

图 10-31　脑正中矢状切面

在延髓的腹侧面，脊髓的前正中裂、前外侧沟均延续至此。前正中裂两侧的隆起为**锥体**，内有皮质脊髓束通过，其中大部分纤维越过中线左、右交叉，在表面形成斜行的纤维束称为**锥体交叉**。在锥体的外侧有一卵圆形隆起称为**橄榄**，锥体与橄榄之间的前外侧沟内，有舌下神经根出脑。在橄榄后方，自上而下依次有舌咽神经、迷走神经和副神经颅根的根丝出入。

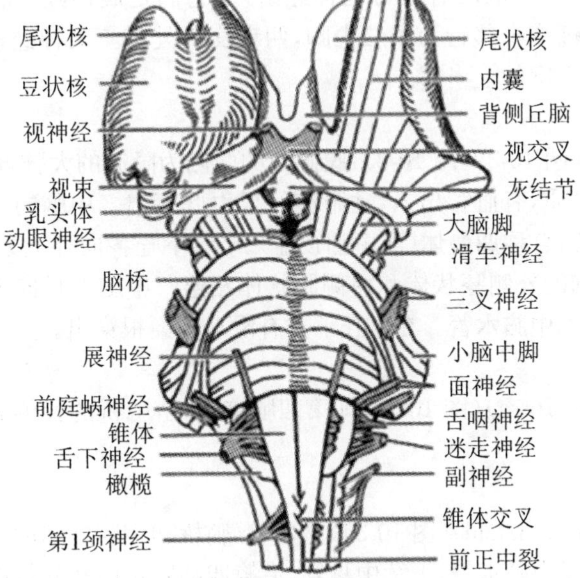

图 10-32　脑干腹侧面

延髓背侧面的上半部由脊髓中央管敞开形成菱形窝的下半部。延髓的下半部形似脊髓，脊髓的薄束和楔束向上延伸，并扩展为膨隆的**薄束结节**和**楔束结节**。楔束结节外上方略

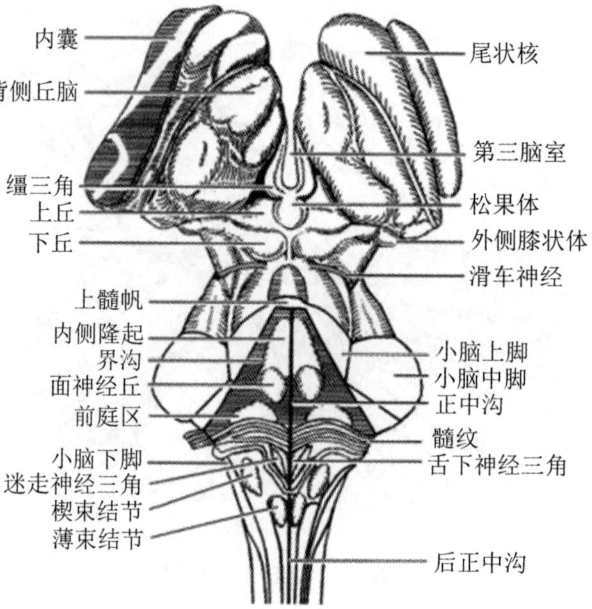

图 10-33 脑干背侧面

隆起的部位称小脑下脚。

2. 脑桥

脑桥(pons)(图 10-32、图 10-33)腹侧面宽阔膨隆称**基底部**。其颅、尾侧以深沟分别和中脑及延髓分界。脑桥基底部正中线上的纵行浅沟称**基底沟**,容纳基底动脉。在脑桥及延髓相邻的延桥沟中,从内向外依次有三对脑神经出入,它们是展神经、面神经和前庭蜗神经。脑桥基底部向两侧逐渐变窄移行为**小脑中脚**,两者交界处有三叉神经根出入脑。脑桥的背面形成第四脑室底菱形窝的上半部。

3. 中脑

中脑(midbrain)(图 10-32、图 10-33)腹侧面的两侧为隆起的大脑脚,两脚之间的凹陷称为**脚间窝**,窝底为后穿质,有血管出入,动眼神经根由此穿出。中脑的背侧面有两对圆形隆起,分别为**上丘**和**下丘**,合称**四叠体**(或中脑顶盖)。上、下丘各向外上方伸出隆起,称上丘臂和下丘臂,分别与间脑的外侧膝状体和内侧膝状体相连。中脑上丘向上与间脑移行处称**顶盖前区**。中脑的室腔称**中脑水管**。在下丘下方有滑车神经根穿出。

4. 菱形窝

菱形窝(rhomboid fossa)(图 10-33)即第四脑室底,由脑桥的背侧面和延髓的上半部背侧面组成。

5. 第四脑室

第四脑室(fourth ventricle)(图 10-34)是延髓、脑桥和小脑之间的室腔,呈锥体形,底即菱形窝。第四脑室上通中脑水管,下续中央管,借第四脑室正中孔和第四脑室外侧孔与蛛网膜下腔相通。

(三) 脑干的内部结构

脑干内部结构也可分为灰质、白质和网状结构三部分。

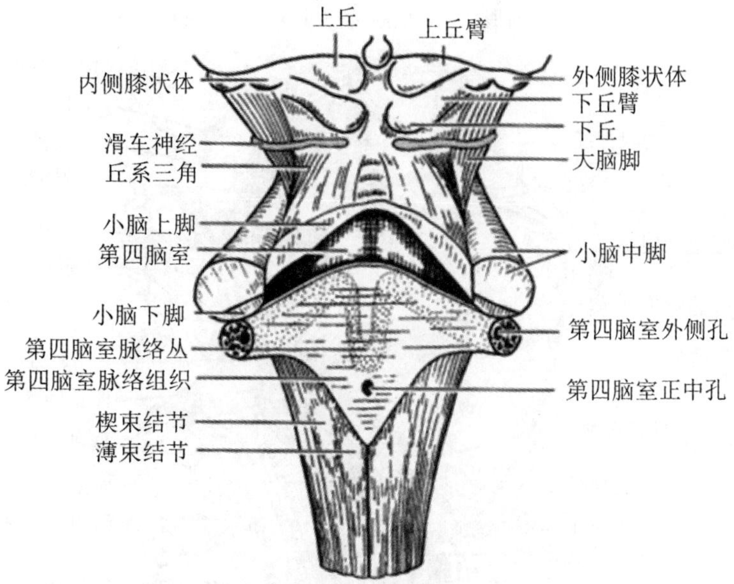

图 10-34 第四脑室顶

1. 脑干的灰质核团

(1) 脑神经核(图 10-35、图 10-36):是第Ⅲ~Ⅻ对脑神经的起止核团,按性质分为躯体运动核、躯体感觉核、内脏运动核和内脏感觉核 4 种,与脑神经的四种纤维成分相对应。

① 躯体运动核:8 对,包括**动眼神经核**、**滑车神经核**、**三叉神经运动核**、**展神经核**、**面神经核**、**疑核**、**副神经核**、**舌下神经核**。这些核团发出的纤维加入相应的脑神经,支配骨骼肌的运动。

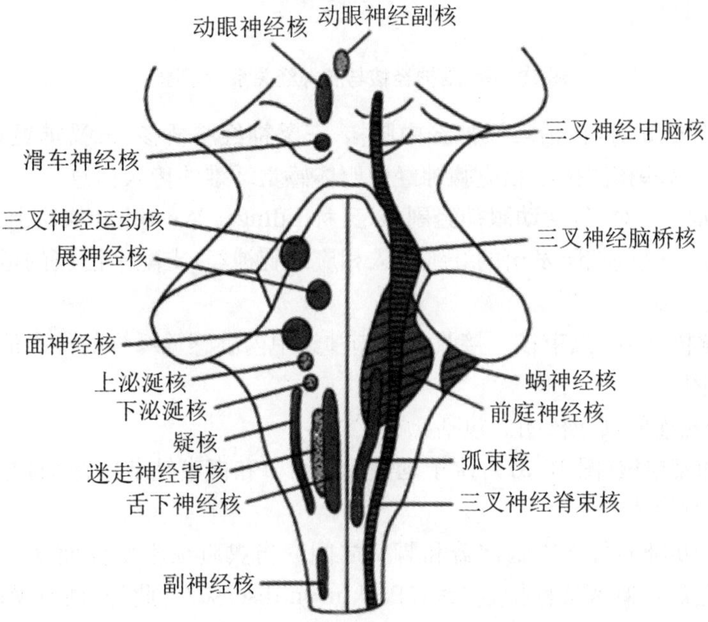

图 10-35 脑神经核在脑干背面的投影

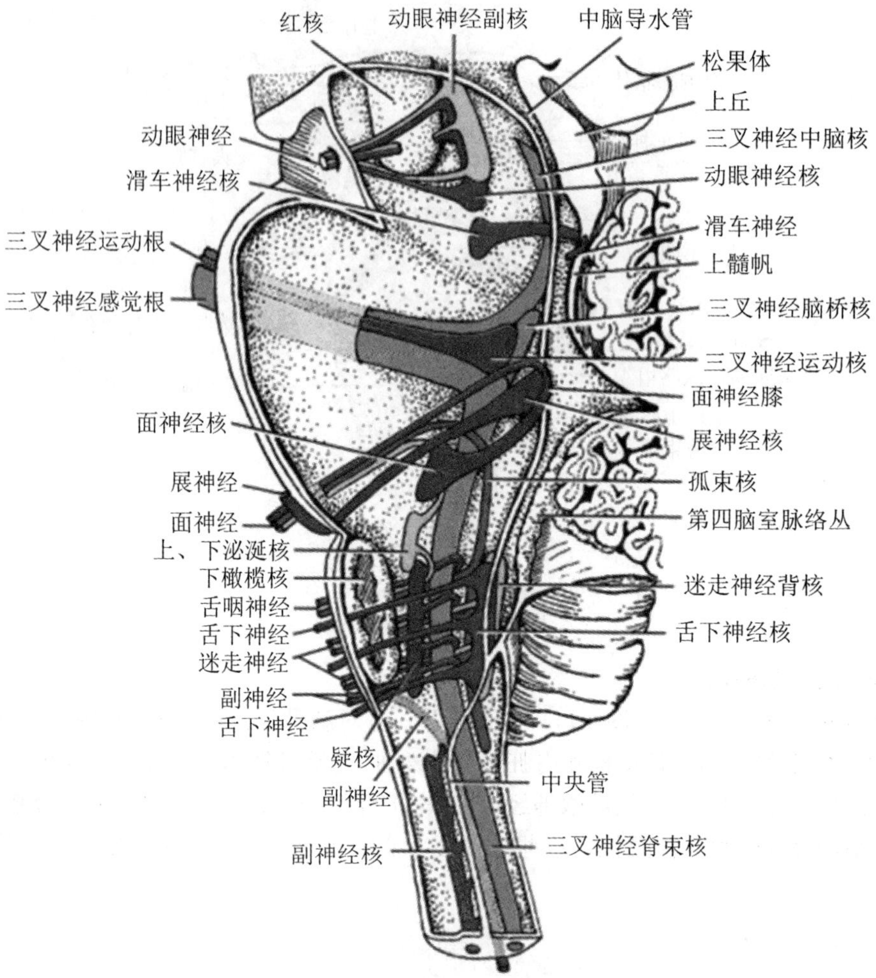

图 10-36　脑神经核与脑神经关系示意图

② 躯体感觉核：5 对，包括**三叉神经中脑核**、**三叉神经脑桥核**、**三叉神经脊束核**、**前庭神经核**、**蜗神经核**。这些核团接收相应脑神经中躯体感觉纤维的传入信息。

③ 内脏运动核：4 对，包括**动眼神经副核**(又称 **Edinger-Westphal 核**)、**上泌涎核**、**下泌涎核**、**迷走神经背核**。这些核团发出的纤维加入相应的脑神经，支配平滑肌的运动和腺体的分泌活动。

④ 内脏感觉核：1 对，**孤束核**。接收相应脑神经中内脏感觉纤维的传入信息。

(2) 其他核团

不与脑神经相连的其他核团。包括：

① **薄束核**和**楔束核**(图 10-37)：位于延髓薄束结节和楔束结节的深面，是传导本体感觉和精细触觉的中继核团。

② **黑质**(图 10-38)：位于中脑被盖和脚底之间。当黑质细胞变性而多巴胺量减少到一定程度时，则引起震颤麻痹又称帕金森病(Parkinson disease)。此外，尚有**顶盖前区**、**下橄榄核**、**脑桥核**、**红核**等。

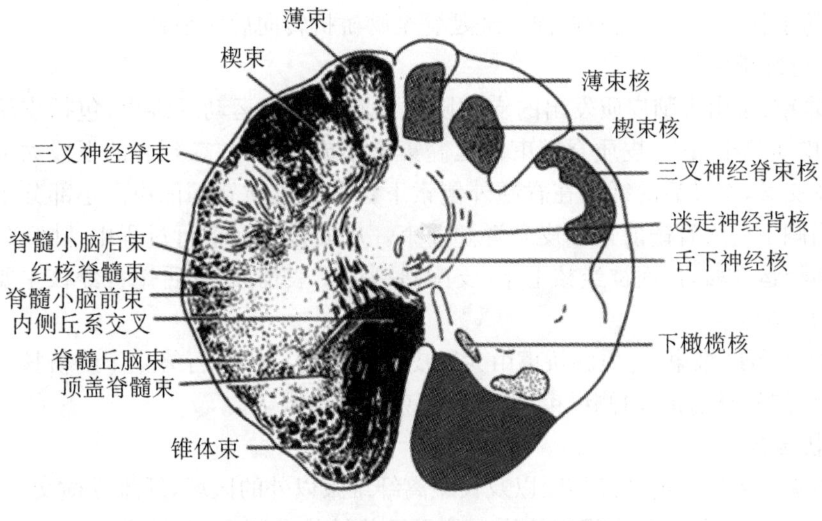

图 10-37　延髓经内侧丘系交叉横切面

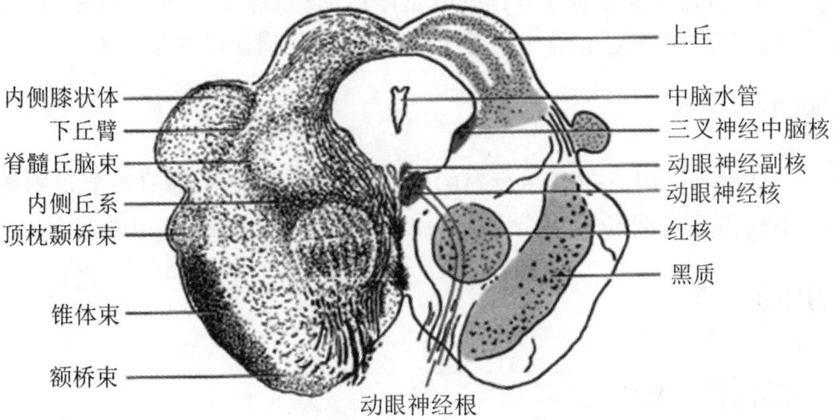

图 10-38　经中脑上丘横切面

2. 脑干的白质纤维束

主要由上、下行纤维束组成。上行纤维大多是由脑神经和脊神经感觉核行至丘脑或后丘脑的纤维束，也有少数纤维进入小脑。下行纤维起自大脑、间脑或脑干等。

(1) 上行纤维束

① **内侧丘系**(图 10-38)：薄束核和楔束核发出的纤维，走向中央管的腹侧，在中线越边形成内侧丘系交叉。交叉后的纤维在中线两侧继续上行成为内侧丘系，向上经脑桥、中脑终于丘脑的腹后外侧核。

② **脊髓丘系**(图 10-38)：脊髓丘脑前、侧束自脊髓上行至脑干后合成一束，统称脊髓丘系或脊髓丘脑束。此束通过延髓外侧浅部、脑桥被盖腹外侧与中脑被盖侧缘，向上终于丘脑的腹后外侧核。

③ **三叉丘系**：由三叉神经脊束核及三叉神经脑桥核发出的纤维越边交叉到对侧上行组成。三叉丘系沿内侧丘系背侧上行，经中脑止于丘脑的腹后内侧核。

④ **外侧丘系**：蜗神经核发出的纤维大部分交叉至对侧，小部分直接在同侧上行组成外

侧丘系。外侧丘系的纤维止于下丘或内侧膝状体。

⑤ 脊髓小脑前、后束:自脊髓向上经延髓至脑桥折转向后入小脑。

(2) 下行纤维束

① **锥体束**:是由大脑皮质发出的支配随意运动的下行运动纤维束,包括皮质脊髓束和皮质核束(皮质脑干束)。皮质脊髓束在延髓集聚形成锥体,并在延髓的下段大部分纤维越边形成锥体交叉,交叉后的纤维在脊髓外侧索下行称为皮质脊髓侧束。小部分未交叉的纤维继续沿同侧下行入脊髓前索称皮质脊髓前束。皮质核束在下行过程中,陆续分出小束支配双侧脑神经运动核,但面神经核下半(支配睑裂以下表情肌)和舌下神经核主要接受对侧皮质核束的支配。

② 其他下行纤维束:皮质脑桥束由大脑皮质发出的纤维下行终止于脑桥核。此外尚有顶盖脊髓束、红核脊髓束、内侧纵束、前庭脊髓束等行经脑干。

3. 网状结构

脑干中除边界明确的神经核团以及长距离纤维束以外的区域,纤维纵横交错,其间散在有大小不等的细胞团,被称为**网状结构**。脑干网状结构核团众多,纤维联系广泛,可产生多种神经递质,如去甲肾上腺素、多巴胺及5-羟色胺等,通过上行网状激动系统,上行激动大脑皮质,维持机体觉醒状态,也可通过下行调节躯体运动和脏器的活动。其中,在脑桥下部和延髓的网状结构中有呼吸和心血管中枢等生命中枢,一旦损伤可危及生命。

(四) 脑干的功能

脑干不仅可以参与构成一些简单反射的反射弧(如角膜反射、瞳孔对光反射等),还可以通过与脊髓、小脑、前脑等部位建立广泛的纤维联系,进而调节躯体和内脏的活动。

三、小脑

(一) 小脑的位置和外形

小脑(cerebellum)位于颅后窝。小脑上面平坦被大脑枕叶遮盖,小脑下面中间凹陷,借3对小脑脚连于脑干背面。

小脑中间部缩窄,称**小脑蚓**,两侧膨隆称**小脑半球**。小脑半球下面前内侧部的膨隆部分称**小脑扁桃体**(图10-39)。它的位置靠近枕骨大孔,当颅内压增高时,小脑扁桃体可嵌入枕骨大孔,形成小脑扁桃疝,又称枕骨大孔疝,可压迫延髓危及生命。

小脑表面有许多平行的浅沟,将其分为许多狭长的叶片。上面前、中1/3交界处有一较深的**原裂**,下面绒球和小结后方的深沟为**后外侧裂**,借助二者小脑可分为绒球小结叶、小脑前叶和小脑后叶。

(二) 小脑的内部结构

小脑表层为薄层灰质,称小脑皮质,深面的白质又称髓质。白质深部藏有灰质核团称为小脑核(图10-40)。小脑核有四对,最大的是齿状核,呈皱缩的口袋状,其内侧有栓状核和球状核,顶核位于第四脑室顶的上方。

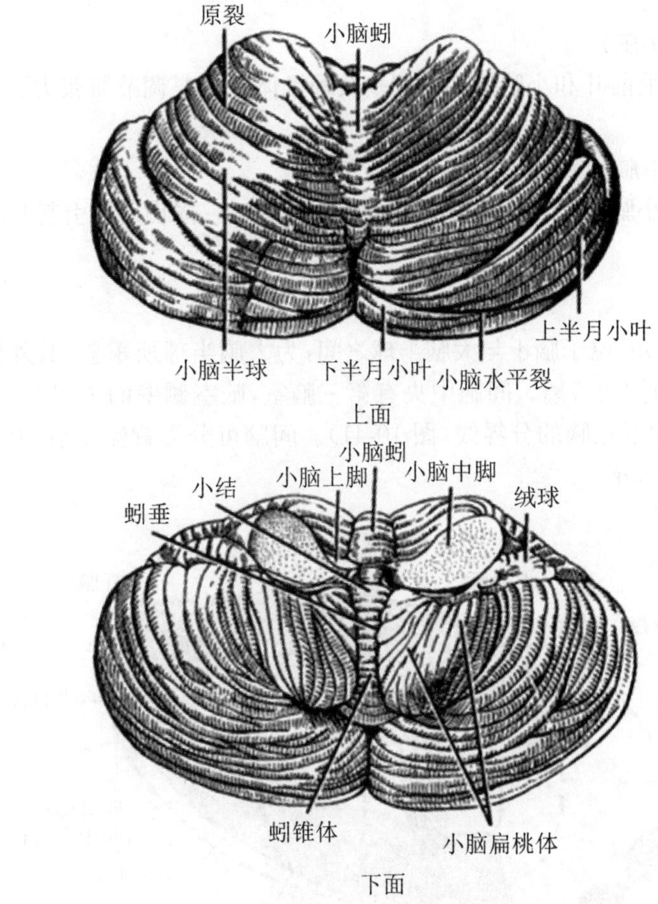

图 10-39　小脑的外形

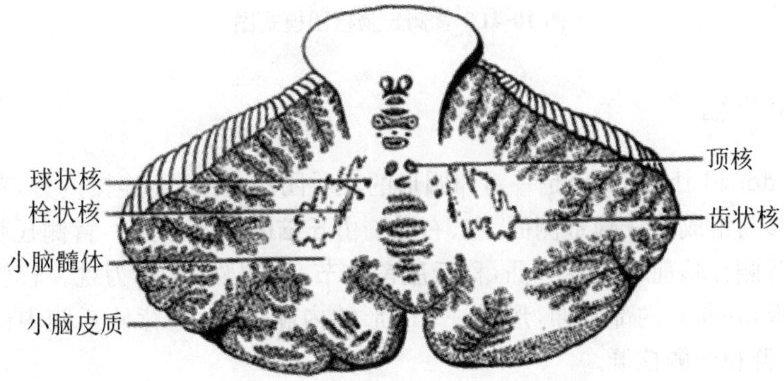

图 10-40　小脑水平切面示小脑核

(三) 小脑的纤维联系和功能

根据小脑的纤维联系和发生进化,可将其分为以下 3 部分:

1. 前庭小脑(古小脑)

前庭小脑即绒球小结叶。主要调节身体的平衡、协调眼球运动。损伤后主要引起平衡失调、站立不稳。

2．脊髓小脑（旧小脑）

脊髓小脑包括小脑前叶和小脑蚓部的蚓垂及蚓锥体。主要调节肌张力。损伤后主要引起肌张力的改变。

3．大脑小脑（新小脑）

大脑小脑主要为小脑后叶。主要参与随意运动的协调。损伤后可引起共济失调。

四、间脑

间脑（diencephalon）位于脑干与大脑半球之间，为大脑半球所覆盖，其外侧部与大脑半球实质愈合，上面和内侧面游离。间脑中央有第三脑室，脑室侧壁的中部有一浅沟，称下丘脑沟，它是背侧丘脑和下丘脑的分界线（图 10-41）。间脑可分为背侧丘脑、上丘脑、下丘脑、后丘脑和底丘脑 5 个部分。

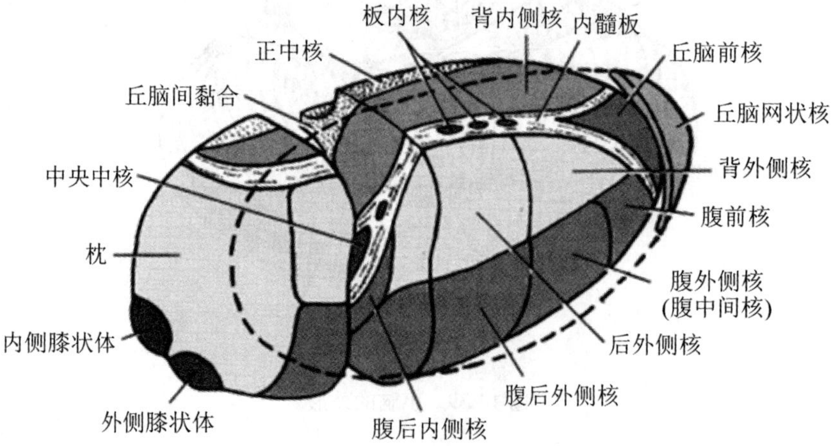

图 10-41　背侧丘脑核团模式图

（一）背侧丘脑

背侧丘脑（dorsal thalamus）是一对卵圆形的灰质团块，外侧面连接内囊，背面和内侧面游离。内侧面参与组成第三脑室侧面，左、右丘脑由**丘脑间黏合**相连。背侧丘脑的背面形成侧脑室的底。背侧丘脑前端狭窄隆凸，称**丘脑前结节**；后端膨大，称为**枕**。背侧丘脑背面包着一薄层白质板，并向其内部延伸，形成一"Y"形的**内髓板**，而将背侧丘脑内部的灰质分隔前核群、内侧核群和外侧核群。

1．前核群

位于内髓板分叉处前上方，是边缘系统中的一个重要中继站，发出纤维联系大脑皮质的内脏活动区，其功能与内脏活动有关。

2．内侧核群

位于内髓板的内侧，其中背内侧核较为重要。此核与丘脑内部其他核团、下丘脑以及大脑额叶皮质有着广泛联系，可能是联合躯体和内脏感觉冲动的整合中枢。

3．外侧核群

位于内髓板外侧，可分为背侧部和腹侧部。腹侧部从前向后又可分为腹前核、腹外侧核和腹后核。腹前核主要接受中脑黑质和苍白球发来的纤维，与大脑额叶皮质也有某些纤维联系。腹外侧核接受小脑上脚交叉后的纤维，发出的纤维止于大脑皮质的中央前回，是传导小脑的神经冲动到大脑皮质的重要中继核。腹后核又分为腹后内侧核和腹后外侧核，它们是躯体感觉传导路中第 3 级神经元胞体的所在处。腹后外侧核接受内侧丘系和脊髓丘脑束，发出的纤维参与组成**丘脑中央辐射**，主要终止于大脑皮质中央后回的中、上部和中央旁小叶后部，传导对侧四肢和躯干的感觉。腹后内侧核接受三叉丘系和孤束核发出的味觉纤维，发出纤维参与组成丘脑中央辐射，终止于中央后回的下部，传导头面部的感觉及味觉。

除上述核群外，在内髓板内有板内核群，在第三脑室侧壁处有中线核群和位于背侧丘脑外侧、邻近内囊的丘脑网状核。

背侧丘脑的主要功能是感觉传导通路的中继站和整合中枢。背侧丘脑受损害时，常见的症状是感觉丧失、过敏、错解，并可伴有剧烈的自发性疼痛，一般认为痛觉在背侧丘脑阶段即可产生，但感知痛觉仍然在大脑皮质。

（二）后丘脑

后丘脑（metathalamus）位于丘脑枕的下外方，为两个小隆起，称**内侧膝状体**和**外侧膝状体**。内侧膝状体是外侧丘系的终止核，发出听辐射止于大脑皮质听觉中枢。外侧膝状体借上丘臂连于上丘，接受视觉纤维，发出视辐射止于大脑皮质视觉中枢。

（三）上丘脑

上丘脑（epithalamus）位于第三脑室顶部周围，包括髓纹、缰三角、缰连合和松果体。松果体在低等动物是光感受器，在哺乳类已成为一个内分泌器官。

（四）底丘脑

底丘脑（subthalamus）位于背侧丘脑的腹侧，是中脑被盖和背侧丘脑的过渡区，其主要核团为底丘脑核，与苍白球有往返纤维联系，属锥体外系的结构。

（五）下丘脑

下丘脑（hypothalamus）位于下丘脑沟的下方，构成第三脑室侧壁下部和下壁。其外形从脑底面看从前向后是视交叉，视交叉向后延续为视束，视交叉后方为灰结节，向下移行为漏斗，漏斗的下端为垂体，灰结节的后方是一对圆形的乳头体。下丘脑的主要核团由前向后依次分为四区：视前区、视上区、结节区、乳头体区（图 10-42）。其中，位于视上区的视上核和室旁核，分泌催产素和血管升压素（抗利尿激素），经视上垂体束和室旁垂体束投射到神经垂体，在此储存并在需要时释放入血液（图 10-43）。

下丘脑是植物性神经的皮质下中枢，其前部为副交感中枢，后部为交感中枢，与脑干网状结构和边缘系统关系密切，它们共同调节内脏活动。因而下丘脑是调节内脏活动及内分泌的高级中枢。机体的体温、摄食、水平衡和内分泌的调节均依靠下丘脑，同时下丘脑也参与情绪反应活动。

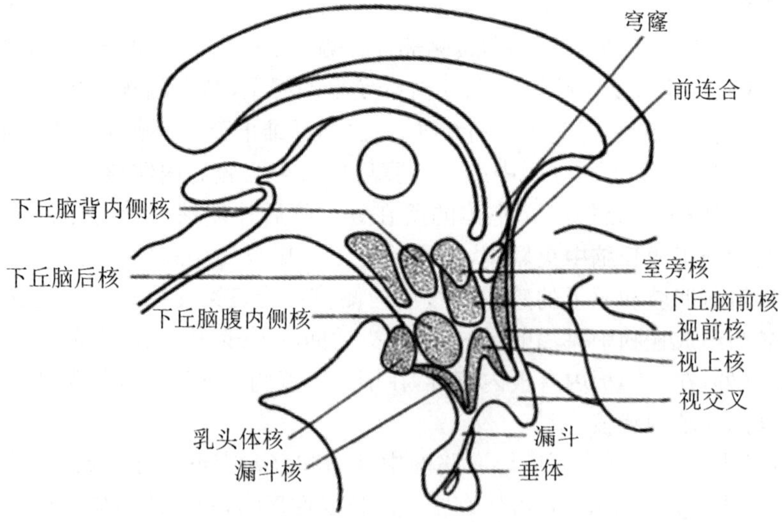

图 10-42　下丘脑的主要核团

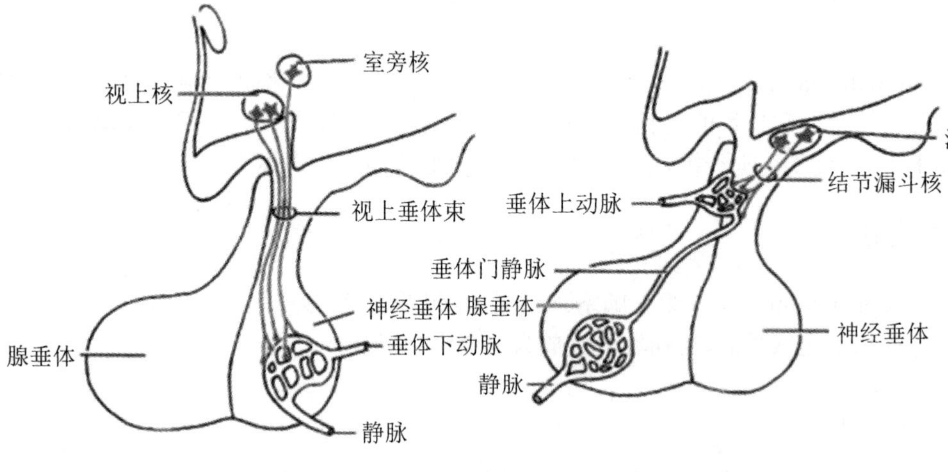

图 10-43　下丘脑与垂体的纤维联系

(六) 第三脑室

第三脑室(third ventricle)是位于背侧丘脑和下丘脑之间呈矢状位的狭窄腔隙(图10-44)。前方借左、右室间孔与两侧大脑半球内的侧脑室相通,后方借中脑水管与第四脑室相通。第三脑室的顶部为第三脑室脉络组织,有纵行的第三脑室脉络丛突入脑室,产生脑脊液。

五、端脑

端脑(telencephalon)由左、右大脑半球借胼胝体连接而成,两半球被大脑纵裂分隔。端脑占据颅腔大部分,位于颅前窝、颅中窝和小脑上方,与小脑之间有大脑横裂。大脑半球表面有一层灰质称**大脑皮质**,深部是**大脑髓质**,髓质内包埋的灰质核团为**基底核**,半球内的空腔为**侧脑室**。

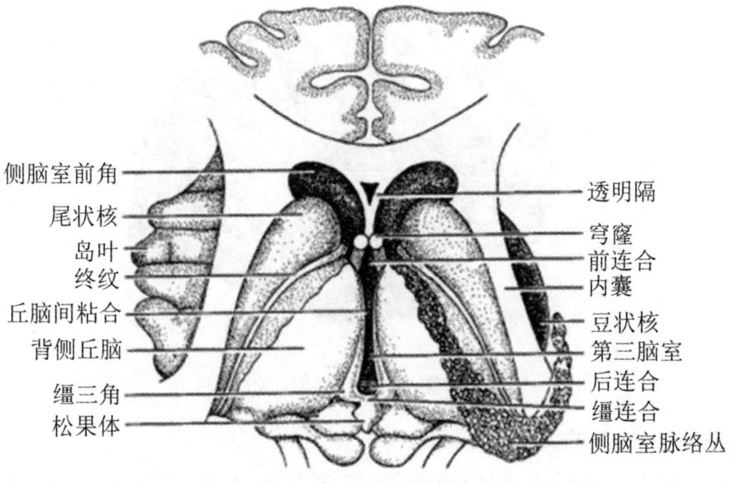

图 10-44　第三脑室

(一) 端脑的外形

大脑半球各部由于发展不平衡，使其表面凹凸不平，发展迅速而突出于表面的称**脑回**，发展迟缓被推挤而凹陷的部分称**脑沟**。每个半球可分为上外侧面、内侧面和下面。整个半球以三条比较深而恒定的沟分为 5 个叶。这三条沟是：**外侧沟**起自半球下面，转向上外侧面，由前下方行向后上方；**中央沟**起自半球上缘中点稍后方，向前下斜行于半球上外侧面，末端接近外侧沟；**顶枕沟**位于半球内侧面的后部，从前下方行向后上方，并绕半球上缘转向上外侧面。中央沟前方、外侧沟上方的部分是**额叶**；中央沟后方和外侧沟上方的部分为**顶叶**外侧沟下方的部分为**颞叶**；顶枕沟以后较小的部分为**枕叶**。在外侧沟的底部还有一个**岛叶**，被额、顶、颞叶所掩盖(图 10-45、图 10-46)。

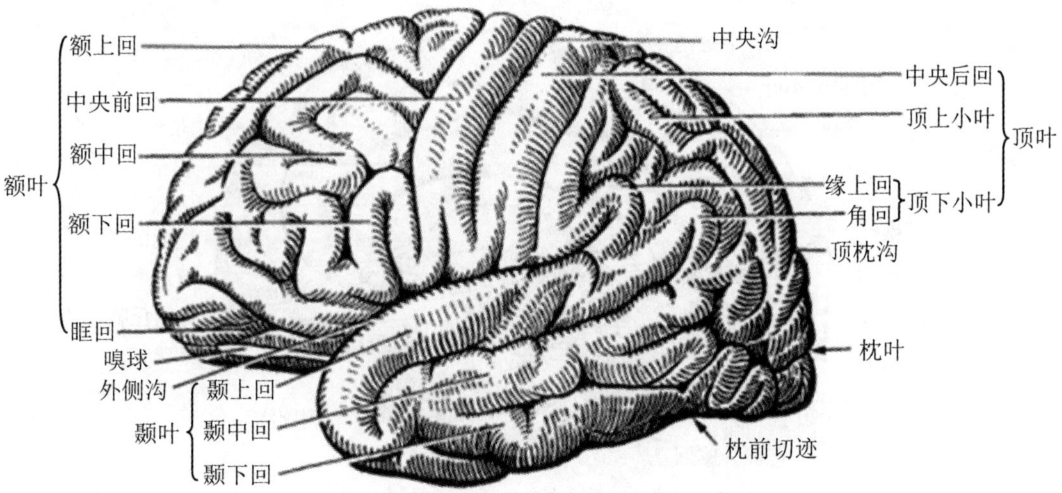

图 10-45　大脑半球上外侧面

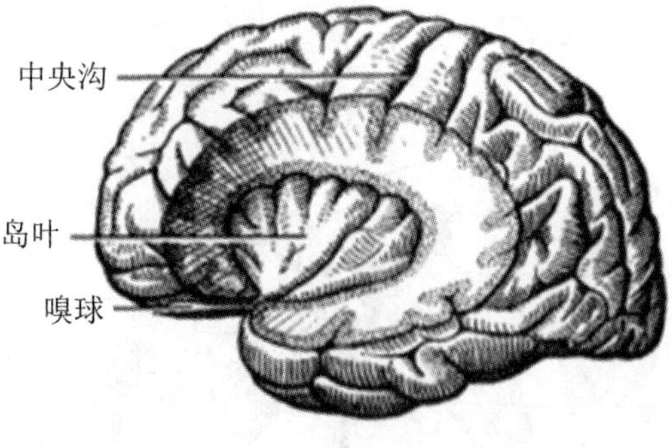

图 10-46 岛叶

1. 大脑半球上外侧面的沟和回

在中央沟前方有与之相平行的**中央前沟**,二者之间为**中央前回**。自中央前沟水平向前有**额上沟**和**额下沟**,此二沟分隔**额上回**、**额中回**、**额下回**(图 10-45)。在中央沟后方有与其平行的**中央后沟**,两沟间为**中央后回**。中央后沟上段后方有一与半球上缘平行的**顶内沟**,此沟以上为**顶上小叶**,以下为**顶下小叶**。顶下小叶又分为包绕外侧沟后端的**缘上回**和围绕颞上沟末端的**角回**。外侧沟下方有与之平行的颞上沟和颞下沟,分隔**颞上回**、**颞中回**和**颞下回**。颞上回转入外侧沟横行的部分为**颞横回**(图 10-45)。

2. 大脑半球内侧面的沟和回

大脑半球上外侧面的额、顶、枕 3 个叶都延展至半球内侧面。内侧面中部是白质组成的**胼胝体**,环行于其背面的为**胼胝体沟**,此沟绕过胼胝体后方,向前移行于**海马沟**。**扣带沟**平行于胼胝体沟的上方,二者之间为**扣带回**。扣带沟在中央沟上端延线的前、后方,分别向上和上后方分出中央旁沟和边缘支。中央旁沟和边缘支之间为**中央旁小叶**,是中央前、后回上端移行于内侧面的部分。**距状沟**从胼胝体后下方开始,呈弓形向后走至枕叶的后端。顶枕沟和距状沟之间为**楔叶**(图 10-47)。

图 10-47 大脑半球内侧面

3．大脑半球下面的沟和回

额叶下面有纵行的**嗅束**，其前端膨大为**嗅球**，与嗅神经相连。嗅束向后扩大为**嗅三角**，此三角与视束之间为前穿质(图 10-48)。颞叶和枕叶下面自外向内有**枕颞沟**和**侧副沟**。侧副沟的内侧为**海马旁回**，其前端弯曲成钩形，称**钩**。海马旁回的上内侧为**海马沟**，在海马沟的上方，有呈锯齿状的窄条皮质，称**齿状回**。此回外侧，有一条呈弓状隆起的皮质，形如海马，故称**海马**，位于侧脑室下角的底壁(图 10-48、图 10-49)。

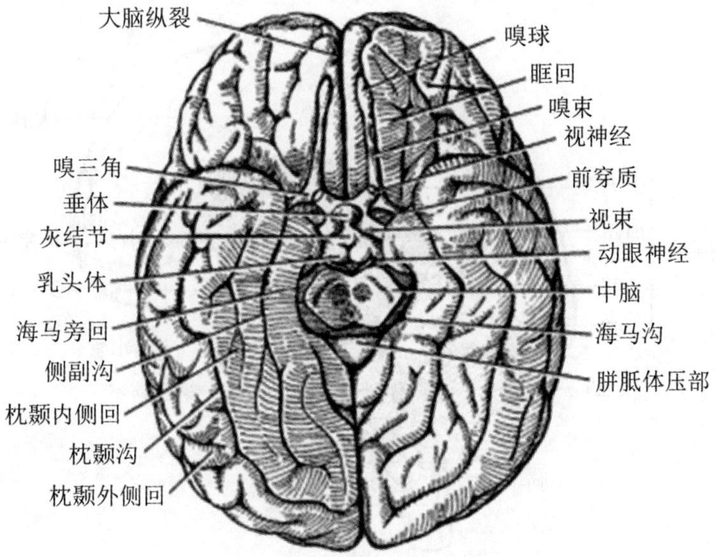

图 10-48 端脑底面

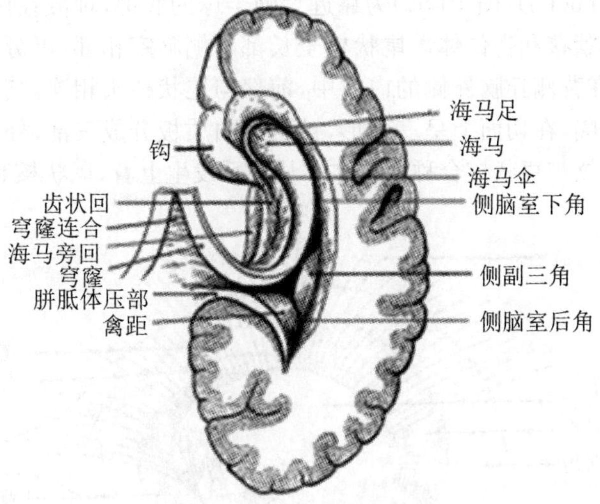

图 10-49 海马和齿状核

(二) 端脑的内部结构

1. 侧脑室

侧脑室(lateral ventricle)(图 10-50)为位于大脑半球内,左右对称的裂隙,内含透明的脑脊液。侧脑室适应半球的分叶而分为四部:**中央部**位于顶叶内,**前角**伸入额叶内,**后角**伸入枕叶,**下角**伸入颞叶前方。侧脑室脉络丛位于中央部和下角,在室间孔处与第三脑室脉络丛相连,产生脑脊液。

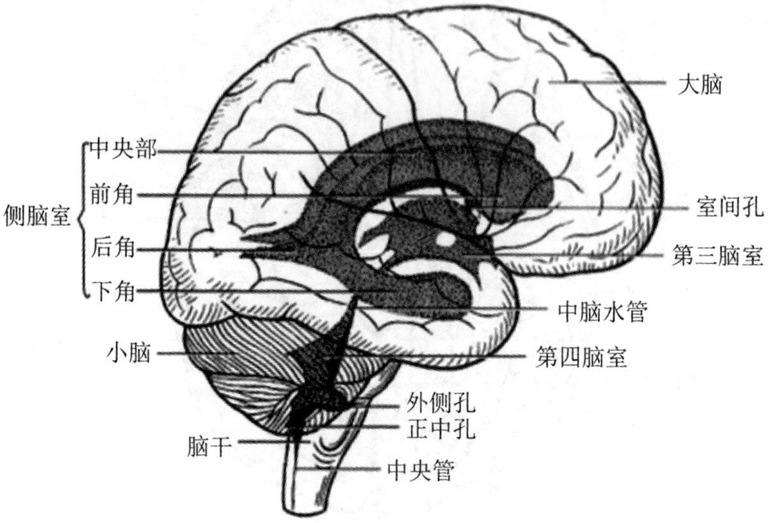

图 10-50 脑室投影图

2. 基底核

基底核(basal nuclei)(图 10-51)为靠近大脑半球的底部,埋藏在白质之中的核团,包括**尾状核**、**豆状核**、**屏状核**和**杏仁体**。尾状核全长都与侧脑室相邻,可分头、体、尾三部。豆状核形似扁豆,包藏在背侧丘脑外侧的白质中,前部与尾状核头相连,其余部分借内囊与尾状核及背侧丘脑相分隔,在切面上呈三角形,被两个白质板分成三部,外侧部最大,称**壳**,内侧部称**苍白球**。尾状核与豆状核合称**纹状体**。从种系发生上看,尾状核和壳是较新的结构,合

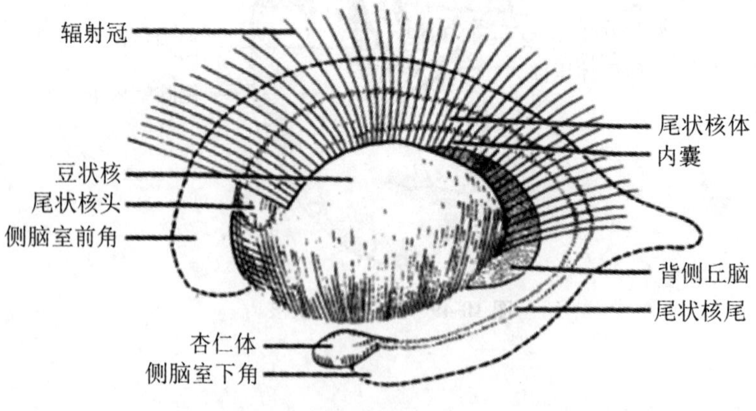

图 10-51 基底核、侧脑室、内囊、背侧丘脑示意图

称新纹状体；苍白球是纹状体中较古老的部分，称为旧纹状体。纹状体是锥体外系的重要组成部分，其功能主要是维持肌肉的紧张度，协调骨骼肌的运动。

3. 大脑髓质

大脑髓质由大量神经纤维组成，纤维可分为联络纤维、连合纤维和投射纤维3类。

(1) **联络纤维**：为联系本侧大脑半球脑回或脑叶之间的纤维束（图10-52）。

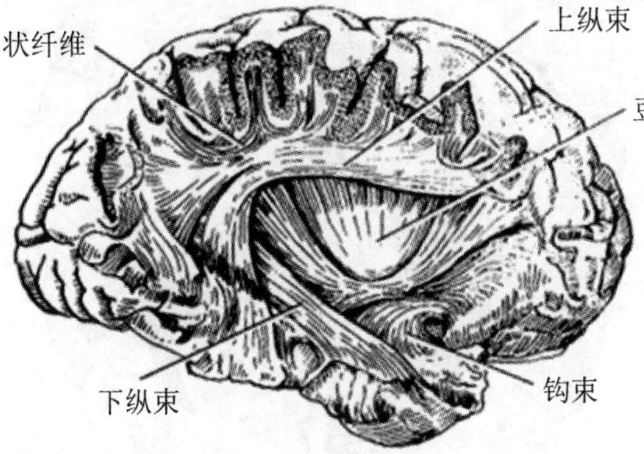

图10-52 大脑半球联络纤维

(2) **连合纤维**：为连接左、右两半球皮质的纤维，包括**胼胝体**、**前连合**和**穹窿连合**（图10-53）。其中，胼胝体是最大的连合纤维束，位于大脑纵裂的底部，连接两半球新皮质的广大区域。

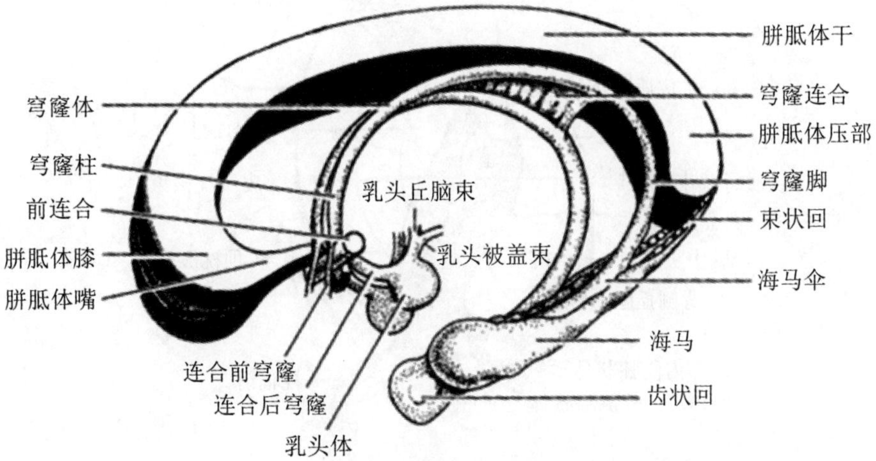

图10-53 大脑半球联合纤维

(3) **投射纤维**：联系大脑皮质和皮质下结构的上、下行纤维称为投射纤维。这些纤维绝大部分经过尾状核、丘脑与豆状核之间，形成一宽厚的髓质层，称**内囊**。内囊在大脑的水平切面上（图10-54），呈向外开放的"V"形。前部位于豆状核与尾状核之间，称**内囊前肢**，主要有丘脑前辐射和额桥束通行；后部位于豆状核与丘脑之间，称**内囊后肢**，主要有丘脑中央辐射和皮质脊髓束通行；前、后脚相交处称**内囊膝**，主要有皮质核束通行。豆状核后部有视辐射通行，豆状核下部有听辐射通行。另外，内囊后肢还有顶、枕、颞桥束等纤维通行（图10-55）。

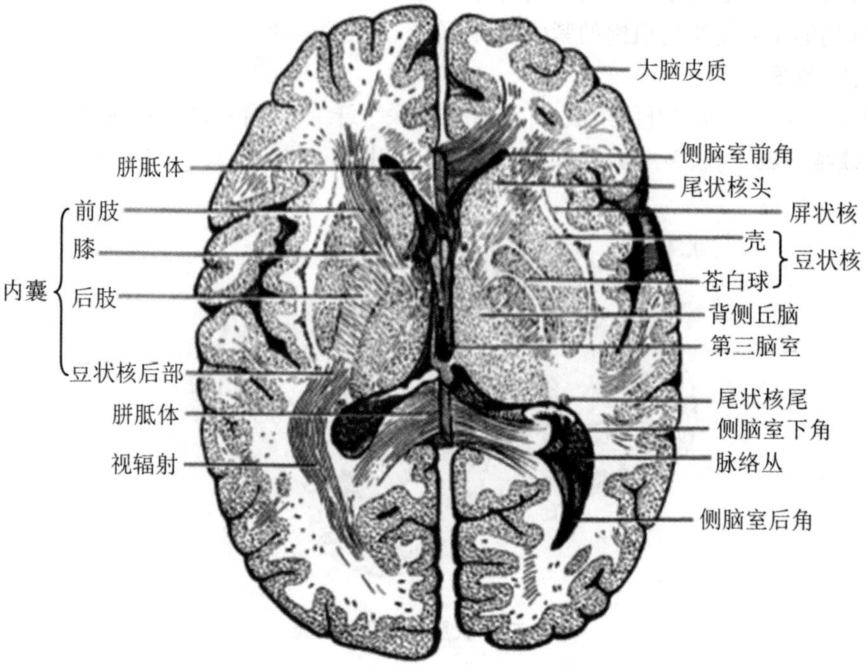

图 10-54　大脑水平切面

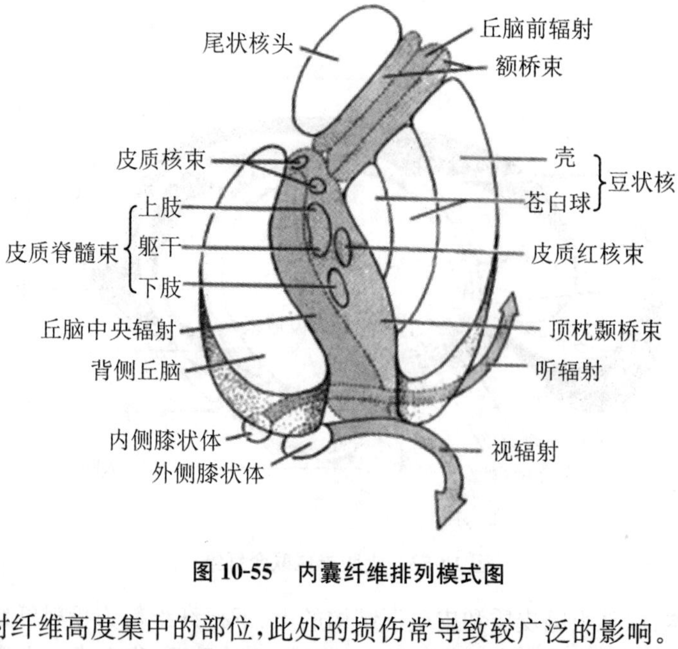

图 10-55　内囊纤维排列模式图

内囊是投射纤维高度集中的部位，此处的损伤常导致较广泛的影响。内囊不同部位的损伤表现也不同。一侧内囊后肢的广泛损伤，可引起对侧偏身感觉缺失（丘脑中央辐射受损）和对侧肢体偏瘫（皮质脊髓束受损），伤及视辐射，双眼对侧半视野缺失（偏盲），即临床所谓的“三偏”综合征。若伤及内囊膝部（皮质核束损伤），则有对侧半舌肌及面下部肌肉瘫痪。

4. 大脑皮质

大脑皮质（cerebral cortex）是脑的最高中枢所在部位，是高级神经活动的物质基础。学者们依据皮质各部细胞和纤维的构筑，将全部皮质分为若干区，现在广为人们所采用的是 Brodmann 52 区的分法(图 10-56)。大脑皮质的功能定位在大脑皮质上，不同的功能往往相对集中在某些特定的部位，是为皮质的功能定位。有些皮质区域只是执行某种功能的核心部分，其他区域也分散有类似功能，各区域间具有更广泛更复杂的联系，它们将各种单项信息进行综合分析，形成复杂的功能。在人类，它们与情绪、意识、记忆、思维、语言等功能有着密切的关系，这些部位称为联络区(包括语言功能区)。大脑皮质主要的功能定位如下：

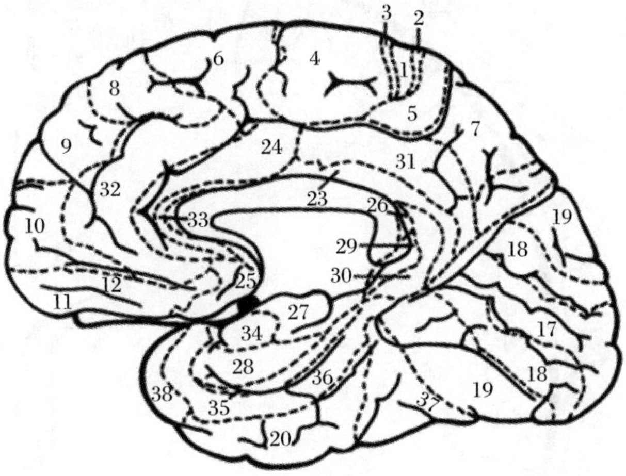

图 10-56 大脑皮质分区

(1) **第Ⅰ躯体运动区**：位于中央前回和中央旁小叶的前部(4 区和 6 区)，身体各部在此区的投影特点：上下倒置，但头面部仍是正的；左右交叉；身体各部代表区的大小与功能的重要性和复杂程度相关，而与自身形态大小无关(图 10-57)。

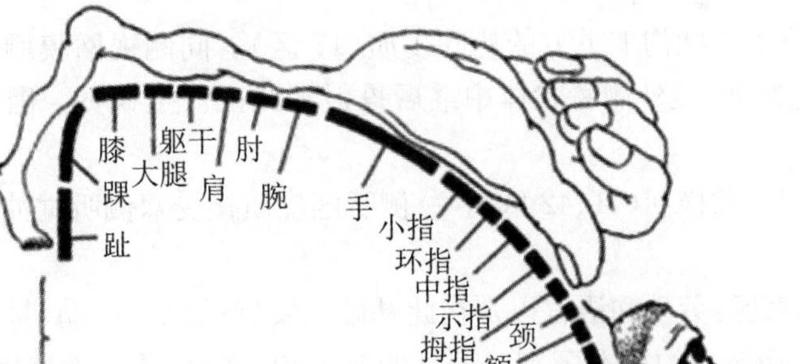

图 10-57 人体各部在第Ⅰ躯体运动区的定位

(2) **第Ⅰ躯体感觉区**:位于中央后回和中央旁小叶后部(3、1、2 区)。该区的投影特点类似于第Ⅰ躯体运动区:上下倒置但头面部正立;左右交叉;身体各部代表区的大小,取决于该部位的感觉敏感程度(图 10-58)。

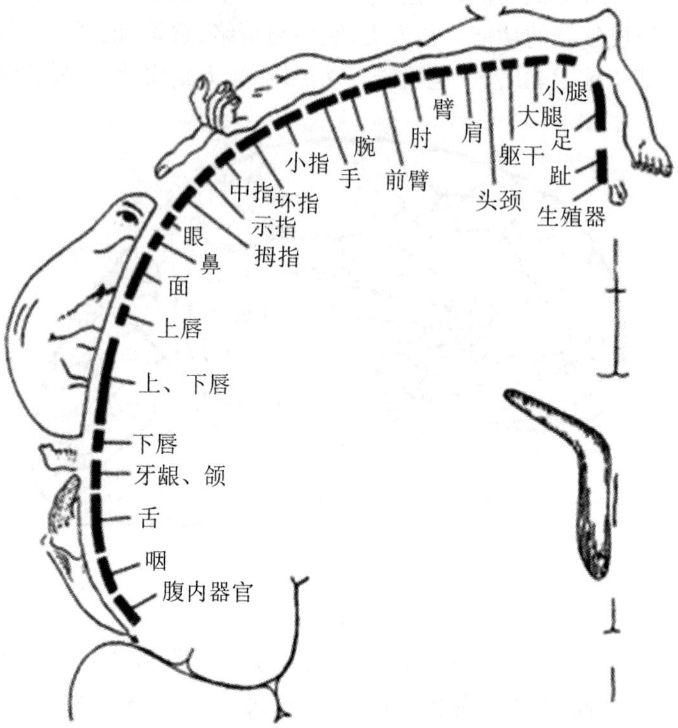

图 10-58 人体各部在第Ⅰ躯体感觉区的定位

(3) **视区**:位于距状沟上下方的枕叶皮质(17 区)。同侧视网膜颞侧半和对侧视网膜鼻侧半传来的视觉冲动,经外侧膝状体中继后投射到此区产生视觉。因此,一侧视区病变,不会导致全盲。

(4) **听区**:位于颞横回(41、42 区)。一侧听区皮质接受双侧听觉冲动,单侧听区的损伤,不致引起全聋。

(5) **语言代表区**:劳动和语言以及在此基础上发展的思维活动,是人类大脑皮质与高等动物大脑皮质在功能上的根本区别。语言的发展和大脑皮质的发展密切相关。所以,在人类大脑皮质上有相应的语言中枢存在,如说话、听讲、阅读和书写等中枢(图 10-59)。

① **运动性语言(说话)中枢**:在额下回后部(44、45 区),又称 Broca 区。如果此中枢受损,与发音、说话有关的肌肉虽未瘫痪,但病人却丧失了说话的能力,临床上称为运动性失语症。

② **听觉性语言(听话)中枢**:在颞上回后部(22 区)。此处受损后,病人可听到别人谈话的声音,但不能理解谈话的意思,故往往答非所问,临床上称为感觉性失语症。

③ **视觉性语言(阅读)中枢**:在角回(39 区)。若此区受损,病人视觉虽无障碍,但不能理解过去已认识的文字含义,不能阅读,临床上称为失读症。

④ **书写中枢**:在额中回的后部(8 区)。若此部受损,病人失去书写的能力,但运动功能仍然保存,临床上称为失写症。

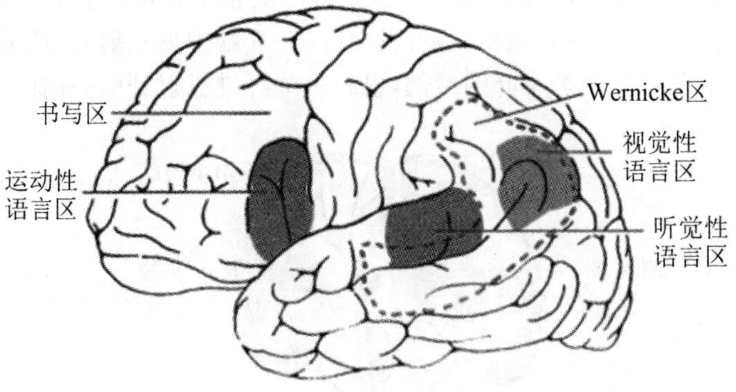

图 10-59　大脑皮质语言中枢

5. 边缘系统

在大脑半球内侧面，扣带回、海马旁回和钩以及被挤到侧脑室下角的海马等相连成环，环绕于脑干边缘，称为**边缘叶**（limbic lobe）。边缘叶再加上与之邻接的皮质（岛叶、颞极和眶回后部等处）和皮质下结构（如杏仁体、下丘脑、丘脑前核群和中脑被盖等）在结构和功能上相互间有密切的联系，从而形成一个统一的功能系统，称为**边缘系统**（limbic system）。边缘系统也称为内脏脑，在进化上是脑的古老部分，与内脏活动、情绪反应、性功能及记忆等有关，在维持个体生存和延续后代等方面甚为重要。

六、主要传导通路

人体感受器接受内、外环境的各种刺激，并将其转变为神经冲动，经传入神经传向中枢，除在皮质下中枢进行整合和做出简单的反应外，许多刺激最后传至大脑皮质产生感觉。大脑皮质将这些感觉信息分析整合后发出指令，沿传出纤维至皮质下各级中枢的运动神经元，再经传出神经到达效应器，引起效应。因此，在神经系统内存在两大类传导通路：**感觉（上行）传导通路**和**运动（下行）传导通路**。

（一）上行（感觉）传导通路

1. 本体感觉传导通路

本体感觉又称深部感觉，包括位置觉、运动觉和振动觉。本体感觉传导路除传导深部感觉外，还传导皮肤的精细触觉（如辨别两点距离、物体的纹理粗细等感觉）。

（1）意识性本体感觉传导通路

① 躯干和四肢的本体感觉传导路由三级神经元组成（图 10-60）。第一级神经元的胞体位于脊神经节内，其周围突组成脊神经的感觉纤维，分布至躯干四肢的肌、腱、关节等处的深部感受器和皮肤的精细触觉感受器；其中枢突组成脊神经后根的内侧部，进入脊髓后索，分为长的升支和短的降支，升、降支在途中都发出侧支直接或通过中间神经元间接与前角运动细胞形成突触，构成脊髓反射。来自第 5 胸节以下的升支走在后索的内侧形成薄束，来自第 4 胸节以上的升支走在后索的外侧形成楔束。两束上行分别终止于延髓的薄束核和楔束核。第 2 级神经元的胞体在薄束核和楔束核内。此两核发出的第 2 级纤维向前绕过中央灰质的腹侧，在中线上左右交叉称为内侧丘系交叉，交叉后的纤维折转上行为内侧丘系，经两

侧下橄榄核之间，脑桥被盖部前缘，中脑红核外侧，向上止于背侧丘脑腹后外侧核。第三级神经元的胞体在背侧丘脑腹后外侧核，后者发出纤维(丘脑中央辐射)经内囊后肢，主要投射到中央后回的中、上部和中央旁小叶的后部，也有一些纤维投射到中央前回。

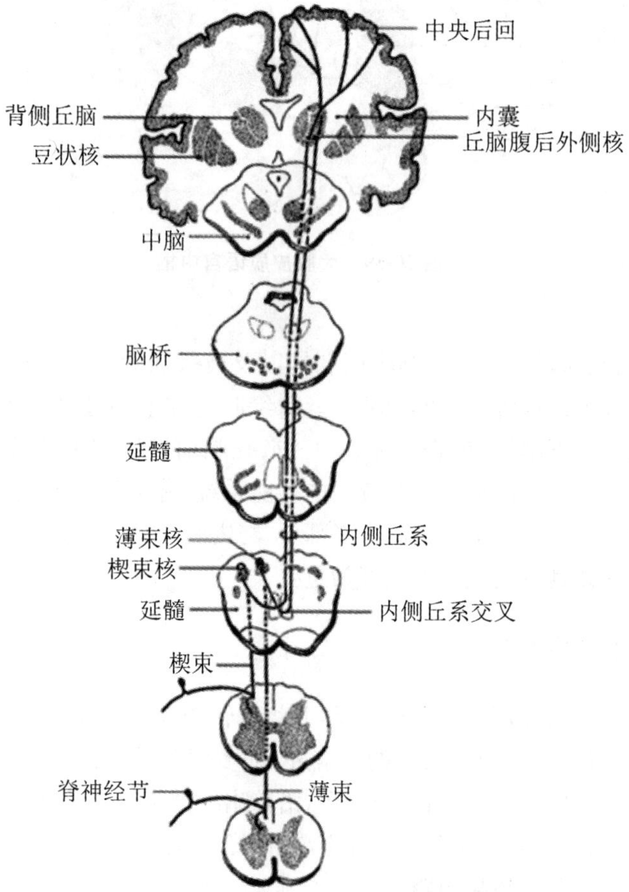

图 10-60　脑干和四肢意识性本体感觉传导通路

深感觉传导路若在脊髓受损，如后索变性时，薄、楔束受损，由于来自肌、腱、关节的运动觉，位置觉冲动不能传至大脑皮质，以致不能确定自体在空间的位置和运动方向，病人闭目站立时，表现倾斜、摇晃并容易跌倒(闭目难立征)。同时还丧失了精细触觉和振动觉。在胸髓第 4 节以上病变侵犯后索内侧部的薄束，产生同侧下半身深部感觉障碍；病变位于外侧部时，可侵犯楔束，产生上半身深部感觉障碍。

② 头面部的本体感觉传导通路传导途径尚不十分清楚。一般认为头面部的本体感觉由三叉神经传导，第 1 级神经元的胞体可能在三叉神经中脑核内。由三叉神经中脑核至丘脑和大脑皮质的途径目前仍不甚明确。

(2) 非意识性本体感觉(反射性本体感觉)传导通路

非意识性本体感觉为传入小脑的本体感觉，由二级神经元组成(图 10-61)。第 1 级神经元胞体位于脊神经节内，它们的中枢突终止于胸核和中间内侧核。自胸核发出的纤维在同侧组成脊髓小脑后束，经小脑下脚入小脑。由中间内侧核发出的纤维，主要经对侧脊髓小脑前束，绕小脑上脚入小脑，两束均终止于旧小脑皮质，通过小脑反射性地调节躯干和四肢肌的张力和协调其运动，以维持身体的平衡和姿势。

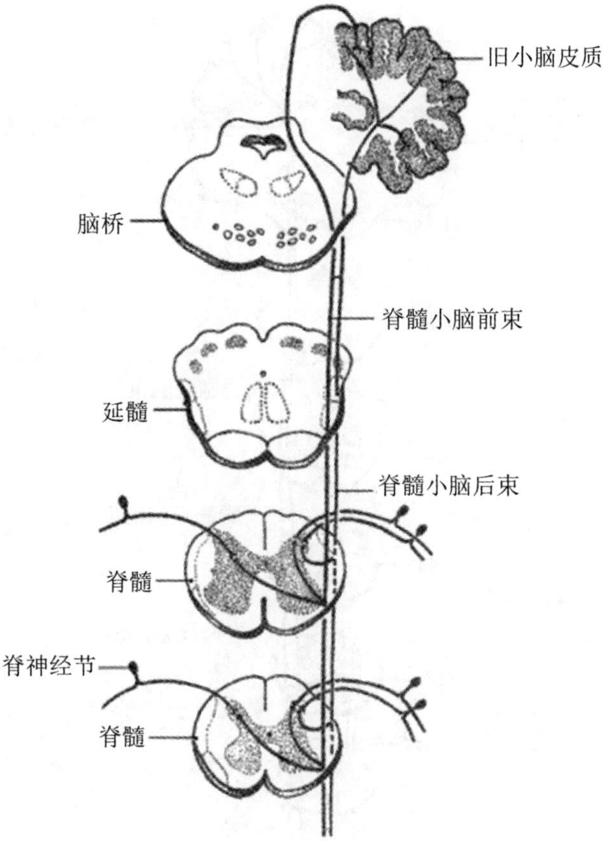

图 10-61　脑干和四肢非意识性本体感觉传导通路

2. 痛、温度和粗触觉传导通路

该通路又称浅感觉传导通路，由 3 级神经元组成。

(1) 躯干、四肢的痛、温度和粗触觉传导通路第 1 级神经元的胞体在脊神经节内，其周围突分布于躯干和四肢皮肤内的感受器，中枢突经后根外侧部入脊髓，在背外侧束上升 1～2 节段，止于脊髓灰质后角。第 2 级神经元在灰质后角，其轴突越白质前连合，至对侧形成脊髓丘脑束上行，束内由浅层向深层依次排列着骶、腰、胸、颈部来的纤维。到延髓，脊髓丘脑束通过下橄榄核的背外侧，在脑桥和中脑行于内侧丘系的外侧，向上终止于背侧丘脑的腹后外侧核。第 3 级神经元为背侧丘脑腹后外侧核，其轴突组成丘脑中央辐射(丘脑皮质束)，经内囊后肢，最后投射至大脑皮质中央后回的中、上部和中央旁小叶的后部(图 10-62)。

(2) 头面部痛、温度、粗触觉传导通路第 1 级神经元的胞体在三叉神经节内，其周围突经三叉神经分布于头面部皮肤及口、鼻腔黏膜的各种感受器，中枢突经三叉神经根入脑桥。其中传递痛、温度觉的纤维入脑后下降为三叉神经脊束，止于其内侧的三叉神经脊束核。传递触觉的纤维终止于三叉神经脑桥核。第 2 级神经元的胞体在三叉神经脊束核和脑桥核内，此两核发出的第 2 级纤维越至对侧上行组成三叉丘系，伴内侧丘系上升，止于背侧丘脑的腹后内侧核。第 3 级神经元的胞体在背侧丘脑腹后内侧核内，自此核发出第 3 级纤维，入丘脑皮质束，经内囊后肢，投射到中央后回的下部(图 10-63)。在此通路中，若三叉丘系或以上的部分受损，患者表现为对侧头面部浅感觉障碍。若伤及三叉神经脊束，则感觉障碍在同侧。

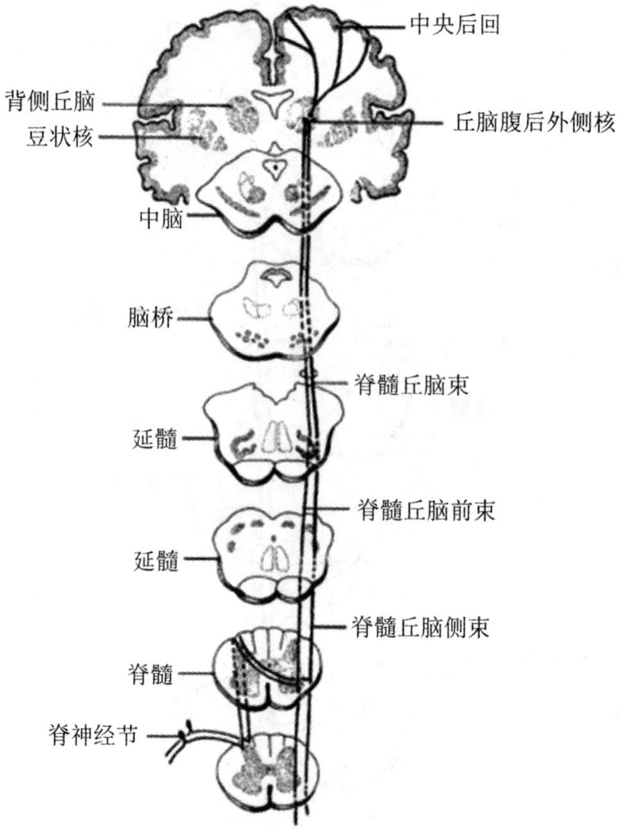

图 10-62　脑干和四肢痛温觉、粗略触觉和压觉传导通路

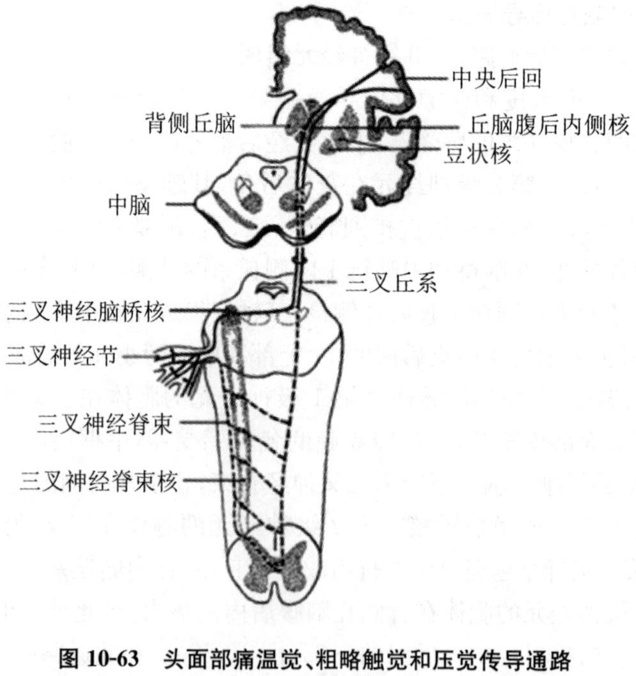

图 10-63　头面部痛温觉、粗略触觉和压觉传导通路

3. 视觉传导通路

视觉传导通路由三级神经元组成(图 10-64)。第1级神经元为视网膜的双级细胞,其周围突与视觉感受器(视锥细胞和视杆细胞)形成突触,中枢突与节细胞形成突触。第2级神经元是节细胞,其轴突在视神经盘处集中,穿眼球壁构成视神经。视神经经视神经管入颅,经视交叉续于视束。在视交叉处,来自两眼鼻侧半视网膜的纤维交叉,颞侧半者不交叉,因此每一视束含有来自两眼同侧半视网膜的纤维。视束绕大脑脚后行,主要终止于外侧膝状体。第3级神经元的胞体在外侧膝状体内,它们发出的轴突组成视辐射,经内囊后肢,终止于距状沟周围的枕叶皮质(视区)。

视束的一部分纤维,经上丘臂终止于顶盖前区和上丘。顶盖前区为对光反射中枢,发出的纤维到两侧的动眼神经副核,该核发出副交感节前纤维经动眼神经到睫状神经节换元,节后纤维支配瞳孔括约肌和睫状肌,完成瞳孔对光反射和晶状体曲度的调节反射。由上丘发出的纤维形成顶盖脊髓束,完成视觉防御反射。

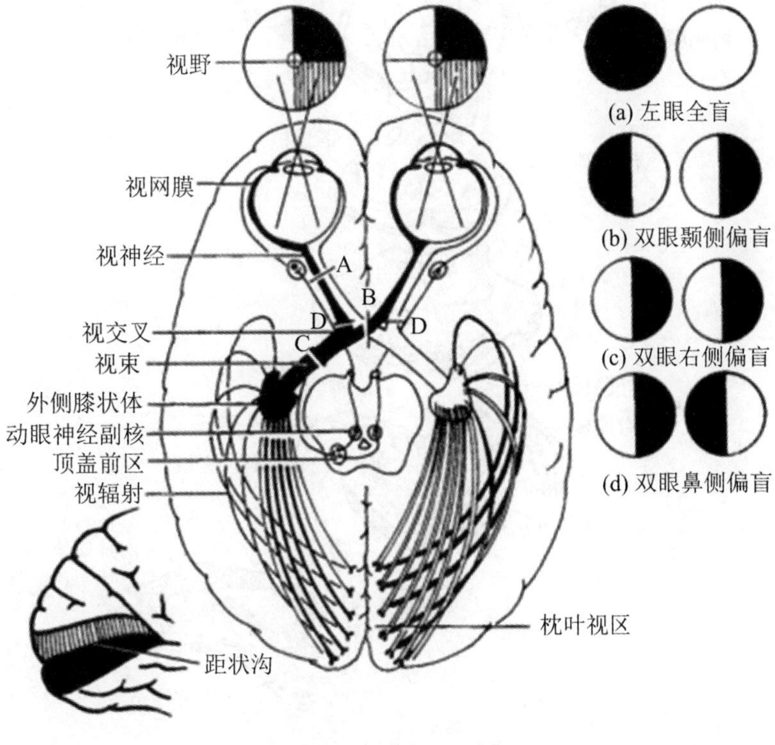

图 10-64 视觉传导通路

在视觉通路上的不同部位发生损伤,产生不同症状。如左侧视神经损伤,引起左眼全盲;视交叉中间部(交叉纤维)损伤(如垂体肿瘤压迫),引起双眼颞侧视野偏盲;视交叉外侧部未交叉的纤维损伤(如颈内动脉瘤压迫),可引起同侧眼鼻侧视野偏盲;一侧视束、视辐射、外侧膝状体或视区皮质损伤,可引起双眼视野对侧同向性偏盲(即患侧眼视野鼻侧偏盲和健侧眼视野颞侧偏盲)。

4. 听觉传导通路

第1级神经元为双极神经元,其胞体位于蜗神经节内。周围突至内耳的螺旋器,中枢突组成前庭蜗神经的蜗根,在延髓脑桥交界处入脑,止于蜗神经核。第2级神经元的胞体在蜗神经核内，此核发出纤维，在脑桥被盖部的前份横越至对侧，组成斜方体。斜方体纤维折向上行，称为外侧丘系。少数不交叉的纤维，进入同侧的外侧丘系。外侧丘系的纤维大部分止于下丘，从下丘再发纤维到内侧膝状体，部分外侧丘系的纤维直接到内侧膝状体。内侧膝状体发出纤维组成听辐射，经内囊后脚投射到大脑皮质的听区（颞横回）。因听觉冲动是双侧传导的，所以一侧外侧丘系及其以上通路受损时，不致产生明显的听觉障碍。只有中耳、内耳、蜗神经或蜗神经核病变时，才能引起患侧的听觉障碍（图 10-65）。

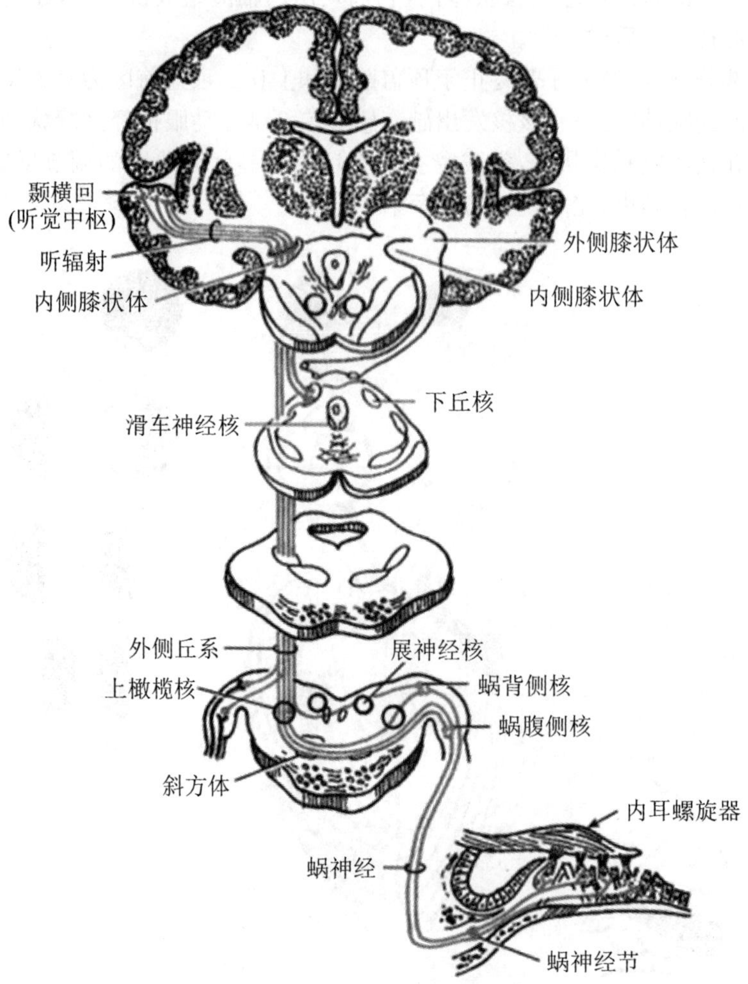

图 10-65 听觉传导通路

（二）下行（运动）传导通路

运动传导通路管理骨骼肌的运动，包括锥体系和锥体外系两部分。

1. 锥体系

主要管理骨骼肌的随意运动，由两级神经元组成，即**上运动神经元**和**下运动神经元**。上运动神经元为锥体细胞，其胞体位于中央前回和中央旁小叶前部以及其他一些皮质区域中，轴突组成下行的锥体束。其中下行至脊髓的纤维称为皮质脊髓束，终止于脊髓前角运动细胞；终止于脑神经运动核的纤维称为皮质核束。下运动神经元为脊髓前角运动细胞和脑神经运动核。脊髓前角运动细胞的轴突组成脊神经的运动纤维，支配躯干和四肢的骨骼肌；脑神经运动核细胞的轴突组成脑神经的运动纤维，支配头面部的骨骼肌。

(1) **皮质脊髓束**(图 10-66)：由位于中央前回中、上部和中央旁小叶前部等处皮质的锥体细胞的轴突集合而成。下行经内囊后肢前部，大脑脚底中 3/5 的外侧部，在脑桥基底部分散成小束，至延髓上部又集合成为锥体。在延髓下段约 75%～90%的纤维交叉，形成锥体交叉。交叉后的纤维下行于脊髓侧索，称皮质脊髓侧束，它纵贯脊髓全长，逐节止于前角运动细胞。在延髓未交叉的纤维下行于脊髓同侧前索中，称皮质脊髓前束，此束只到上胸节，经白质前连合逐节越边，终止于对侧前角运动细胞。皮质脊髓束大部分纤维经中间神经元中继，通过后者联系前角运动细胞，但与肢体远端的精巧运动有关的纤维，则直接与前角运动细胞相联系。皮质脊髓前束和侧束中均有始终不交叉而终于同侧前角运动细胞的纤维，这些纤维通过前角运动细胞支配同侧躯干肌，因此躯干肌受双侧皮质脊髓束管理，故一侧皮质脊髓束受损时，主要引起对侧肢体瘫痪，躯干肌的运动没有明显影响。

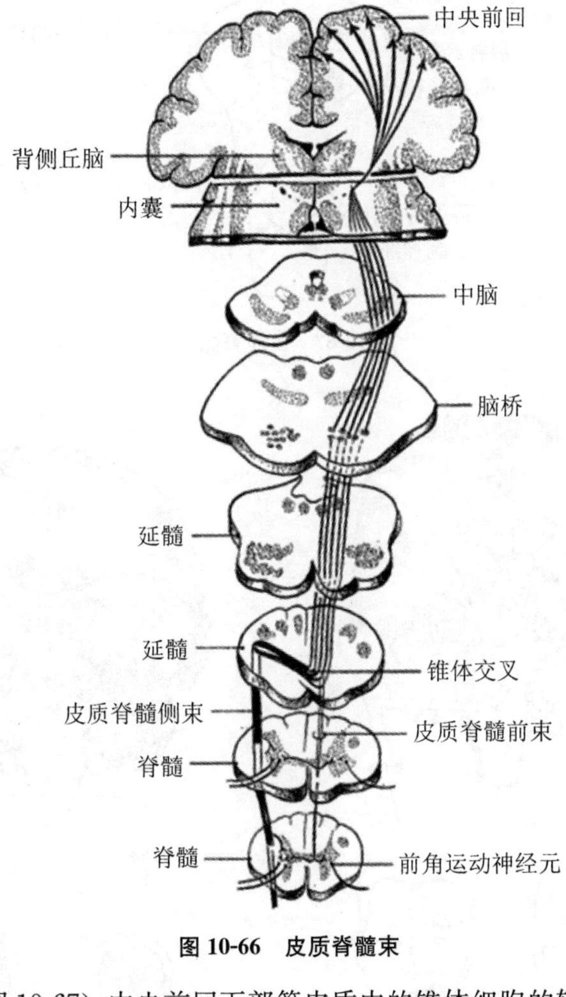

图 10-66　皮质脊髓束

(2) **皮质核束**(图 10-67)：中央前回下部等皮质中的锥体细胞的轴突集合成皮质核束，经内囊膝下行至中脑，走在大脑脚底中 3/5 的内侧部。此后，陆续分出一部分纤维直接或经中继后终止于两侧脑神经运动核(动眼神经核、滑车神经核、三叉神经运动核、展神经核、面神经核支配眼裂以上面上部肌的部分、疑核、副神经核）以及对侧支配下部面肌的面神经核下部和舌下神经核。所以一侧皮质核束损伤时，只出现对侧睑裂以下面肌瘫痪和对侧舌肌瘫痪，表现为对侧鼻唇沟平浅，口角歪向病灶侧，不能鼓颊、露齿等，伸舌时舌尖偏向病灶对侧（图 10-68）。此种瘫痪，因病损发生在脑神经核以上的上运动神经元，所以又叫核上瘫，瘫痪的肌肉不发生萎缩。

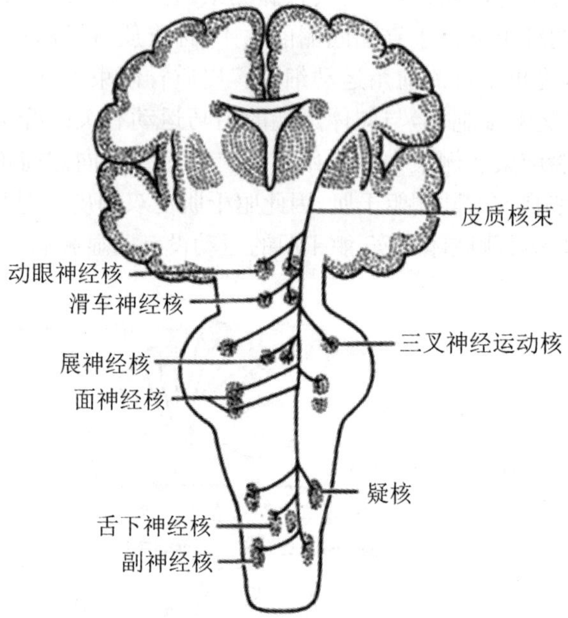

图 10-67　皮质脊髓束

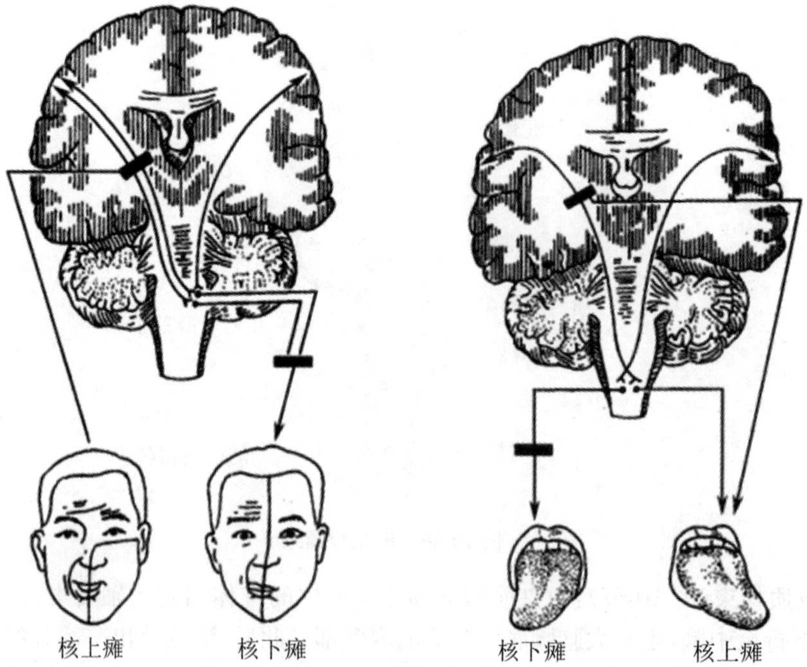

图 10-68　面肌和舌肌瘫痪

上、下运动神经元损伤后的临床表现比较见表10-1。

表10-1　上、下运动神经元损伤后的临床表现比较

症状和体征	上运动神经元	下运动神经元
瘫痪特点	痉挛性(硬瘫)	弛缓性(软瘫)
肌张力	增高	降低
深反射	亢进	消失
浅反射	消失或减弱	消失
肌萎缩	不明显	明显
病理反射	出现	不出现

2. 锥体外系

锥体外系是指锥体系以外控制骨骼肌活动的下行传导通路。主要有以纹状体为中心的新纹状体-苍白球系和皮质-脑桥-小脑系(图10-69、图10-70)。锥体外系主要功能是:① 调节肌张力。② 协调肌肉的活动。③ 维持和调节体态姿势。④ 支配节律性、习惯性和本能性的运动。锥体外系一般不受意识决定,而是在运动过程中自行调节的。在锥体外系维持适宜的肌张力和体态姿势的前提下,锥体系得以进行精细的随意运动。二者互相配合、互相协调、互相依存,共同完成各种复杂的运动。

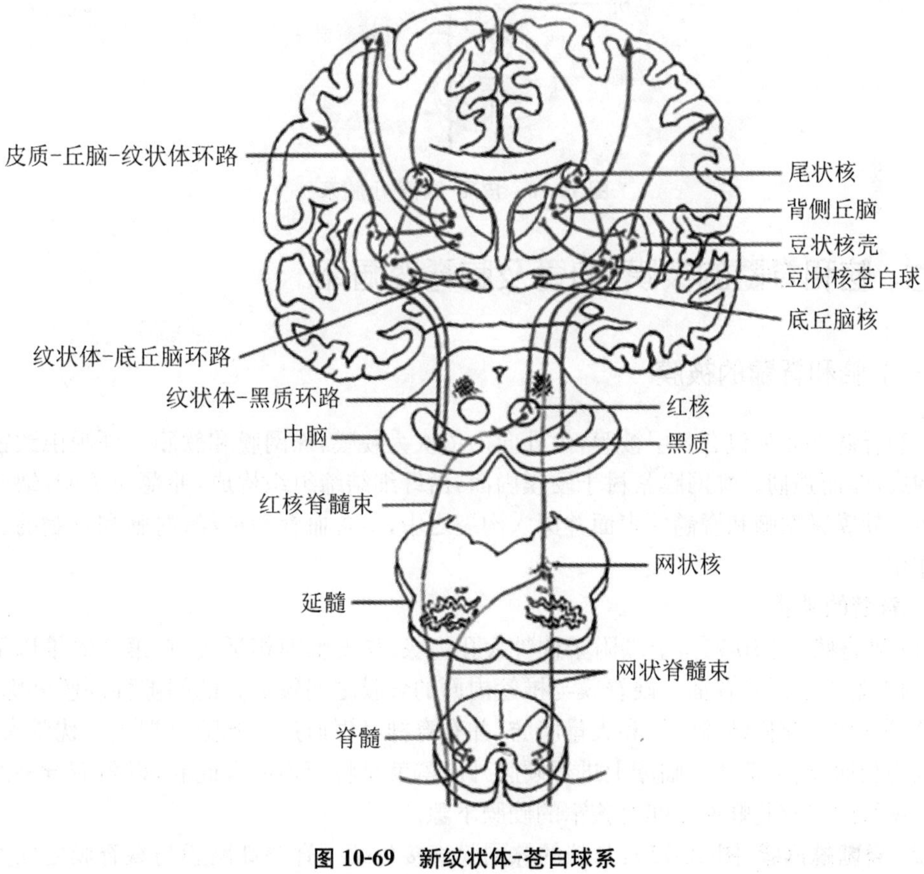

图10-69　新纹状体-苍白球系

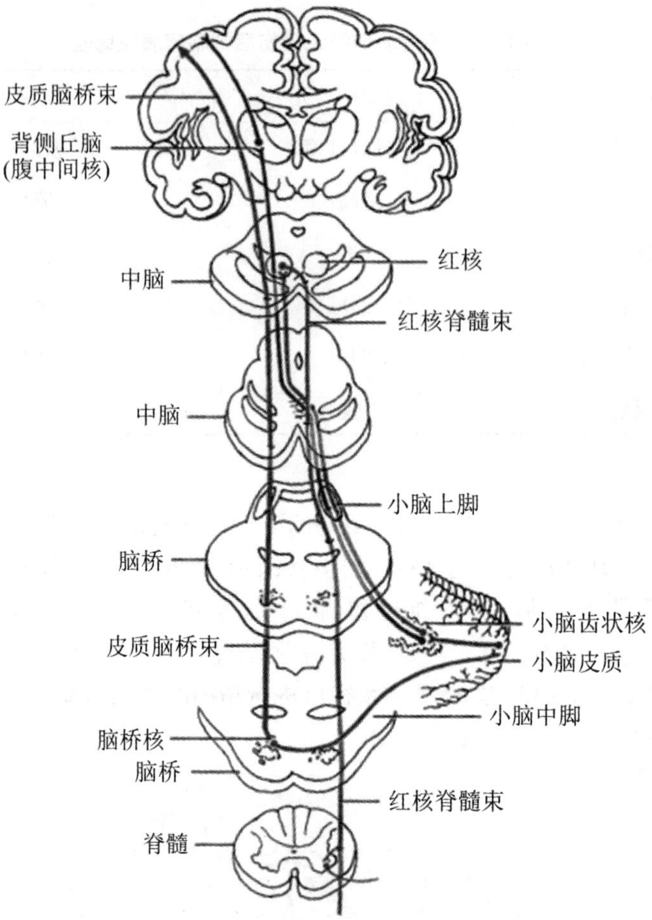

图 10-70 皮质-脑桥-小脑系

七、脑和脊髓的被膜、血管及脑脊液循环

(一) 脑和脊髓的被膜

脑和脊髓外面都包有3层被膜,由外向内依次为硬膜、蛛网膜和软膜。硬膜由致密结缔组织构成,厚而强韧。蛛网膜紧衬于硬膜内面,由纤细结缔组织构成,菲薄而透明,缺乏血管和神经。软膜紧贴脑和脊髓的表面并深入沟裂之中,富含血管和神经,对脑和脊髓的营养起重要作用。

1. 脊髓的被膜

(1) **硬脊膜**(图10-71):上端附于枕骨大孔边缘,与硬脑膜相延续;在第2骶椎以下紧裹终丝,向下附着于尾骨背面。硬脊膜与椎管内面的骨膜之间较宽大的间隙称硬膜外隙,内含静脉丛、淋巴管、疏松结缔组织和大量脂肪,并有脊神经根通过。此隙上端止于枕骨大孔处,不与颅内相通,略呈负压。临床上进行硬膜外麻醉就是将药物注入此腔,以阻滞脊神经根的传导。硬脊膜与脊髓蛛网膜间有狭窄的硬膜下隙。

(2) **脊髓蛛网膜**(图10-71):与脑的蛛网膜直接延续。脊髓蛛网膜与软脊膜之间宽阔的间隙称蛛网膜下隙，与脑的蛛网膜下隙相通，间隙内充满脑脊液。从脊髓下端至第 2 骶椎平面，蛛网膜下隙末端扩大称**终池**，内有马尾和终丝。临床上进行腰椎穿刺，常经第 3、4 或第 4、5 腰椎棘突间穿入此池，以抽取脑脊液或注入药物，不易损伤脊髓。

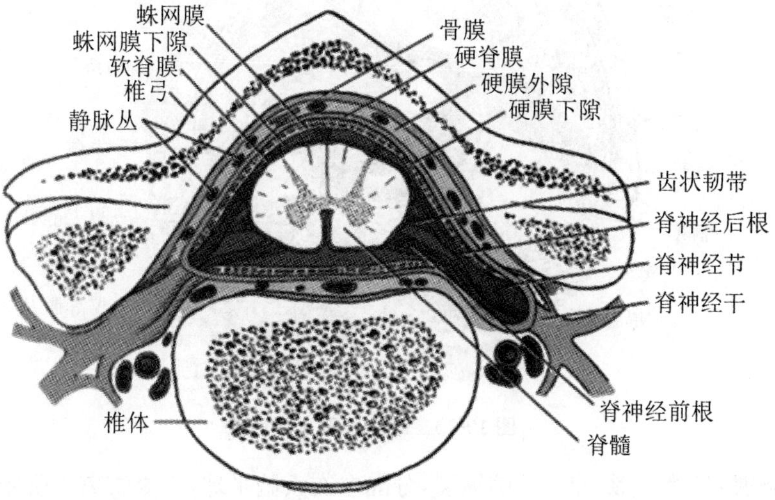

图 10-71 脊髓的被膜

(3) **软脊膜**(图 10-71)：紧贴于脊髓表面，在脊髓两侧脊神经前、后根之间，软脊膜向外突出形成三角形的**齿状韧带**，韧带尖端向外附着于硬脊膜，可作为椎管内手术的一个标志。脊髓借齿状韧带和脊神经根所固定，悬浮于脑脊液中，硬膜外隙又有脂肪充垫，脊髓一般不易受震荡而造成损伤。

2. 脑的被膜

(1) **硬脑膜**(图 10-72、图 10-73)：与硬脊膜不同，为厚而强韧的双层膜，有血管和神经行于两层之间，兼具脑膜和颅骨骨膜的作用。硬脑膜与颅盖骨连接疏松，易于分离，当硬脑膜血管损伤时，可在硬脑膜与颅盖骨之间形成硬膜外血肿。硬脑膜与颅底则结合紧密，故颅底骨折时，易将硬脑膜与蛛网膜同时撕裂，使脑脊液外漏。硬脑膜的外层衬于颅腔内面，其内层折叠成隔幕，深入脑的裂隙中，其中主要有：

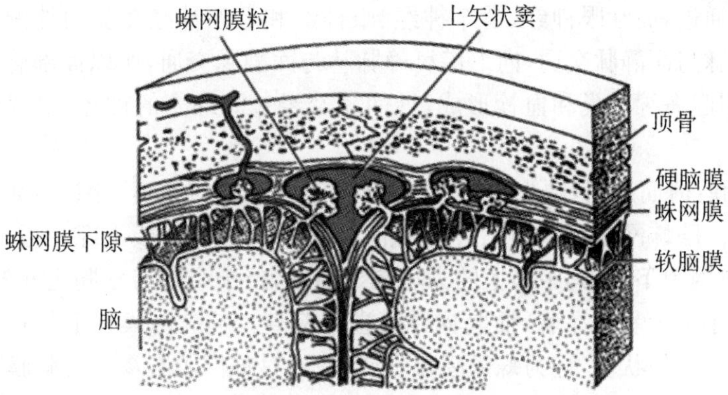

图 10-72 蛛网膜粒和硬脑膜窦

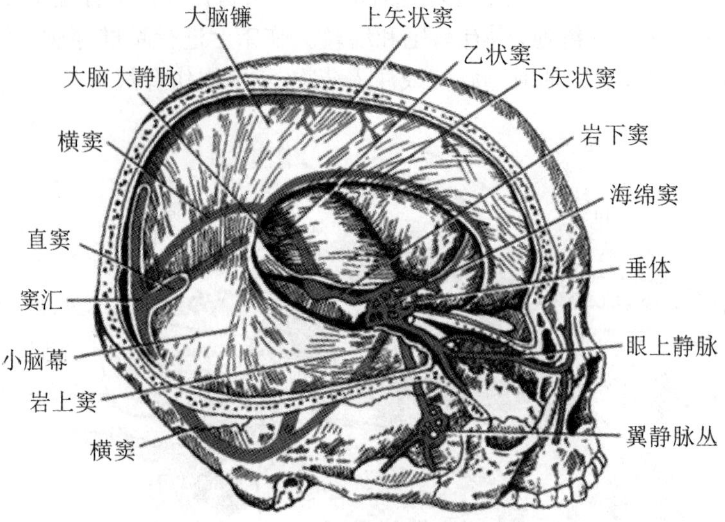

图 10-73 硬脑膜及硬脑膜窦

① **大脑镰**:呈镰刀形,伸入大脑纵裂,分隔左右大脑半球,下缘游离于胼胝体上方。

② **小脑幕**:呈半月形,伸入大脑和小脑之间,后外侧缘附于枕骨和颞骨,前内侧缘游离称幕切迹。当幕上颅内压增高时,小脑幕切迹上方的海马旁回和钩可被推挤入小脑幕切迹,形成小脑幕切迹疝。

硬脑膜在某些部位两层分开,内面衬以内皮细胞,构成**硬脑膜窦**,窦内流通静脉血,脑的静脉、眼和迷路的静脉、硬脑膜和板障的静脉等均注入窦内。主要的硬脑膜窦有(图 10-74):

① **上矢状窦**:在大脑镰上缘内,沿上矢状窦沟向后进入窦汇。

② **下矢状窦**:在大脑镰下缘内,向后汇入直窦。

③ **直窦**:在大脑镰和小脑幕的结合处,接受下矢状窦和大脑大静脉,向后入窦汇。

④ **窦汇**:由上矢状窦和直窦等在枕内隆凸处汇合而成,向两侧延为横窦。

⑤ **横窦**:左右成对,在小脑幕后缘内沿横窦沟向外侧走,续于乙状窦。

⑥ **乙状窦**:行于乙状窦沟内,至颈静脉孔处续于颈内静脉。

⑦ **海绵窦**:位于蝶鞍两侧,因腔隙内有许多结缔组织小梁而得名(图 10-74),窦内有颈内动脉和展神经通过,而动眼神经、滑车神经、眼神经和上颌神经在窦的外侧壁内通过。海绵窦向前借眼静脉与面静脉交通,向下借翼静脉丛与面静脉交通,所以面部感染可经上述交通波及海绵窦,引起海绵窦炎和血栓形成,继而累及经过海绵窦的神经,出现相应的症状和体征。

(2) **脑蛛网膜**:薄而透明,缺少血管,与硬脑膜间有狭窄的硬膜下隙,与软脑膜间有较宽阔的蛛网膜下隙。脑蛛网膜下隙内充满脑脊液,向下与脊髓蛛网膜下隙相通,在脑的某些部位腔隙较大,称**蛛网膜下池**,其中最大的为**小脑延髓池**,位于小脑与延髓之间的背侧,临床上可经枕骨大孔做小脑延髓池穿刺,抽取脑脊液进行检查。脑蛛网膜在上矢状窦两侧形成许多绒毛状突起伸入上矢状窦,称为**蛛网膜粒**,脑脊液通过蛛网膜粒渗入硬脑膜窦。

(3) **软脑膜**:薄而富含血管,紧贴脑的表面。在脑室的一定部位,软脑膜及其表面的血管与室管膜共同构成脉络组织。在某些部位,脉络组织中的血管反复分支成丛,连同表面的软脑膜和室管膜上皮一起突入脑室,形成脉络丛。

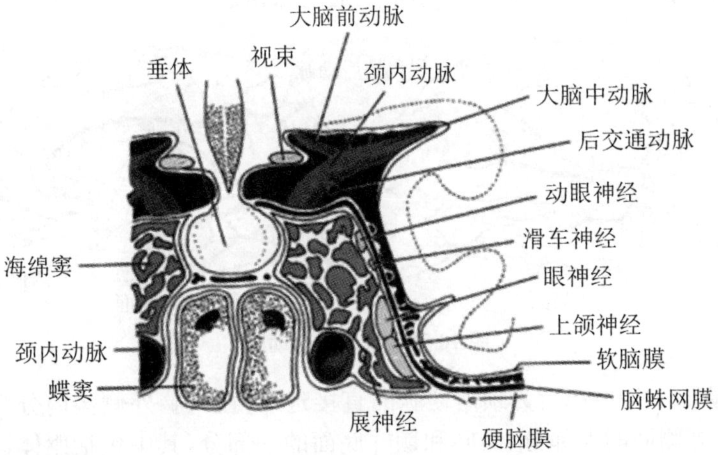

图 10-74 海绵窦

(二) 脑和脊髓的血管

1. 脑的动脉

脑的动脉来源于颈内动脉和椎动脉(图 10-75),左、右椎动脉入颅后合成一条基底动脉,故将脑的动脉分为**颈内动脉系**和**椎-基底动脉系**。以顶枕沟为界,颈内动脉的分支供应大脑半球的前 2/3 和间脑的前部,椎动脉的分支供应脑干、小脑、间脑后部和大脑半球的后 1/3。

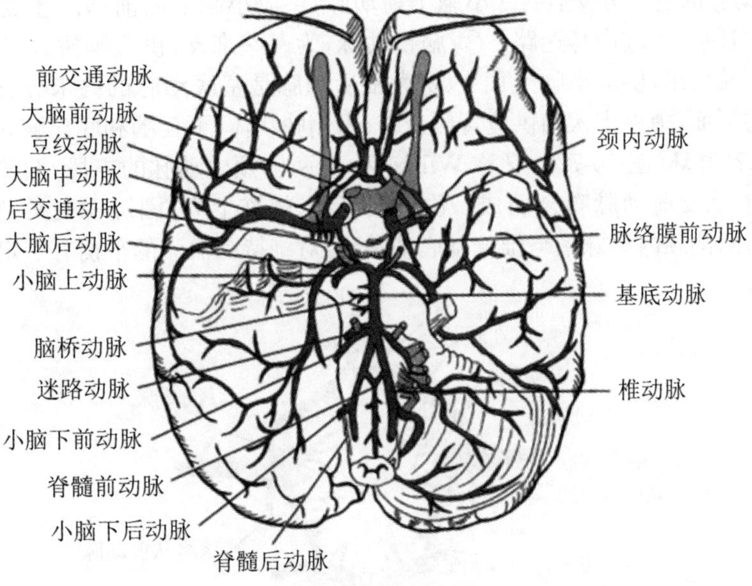

图 10-75 脑的动脉

(1) **颈内动脉**:起自颈总动脉,自颈部上升至颅底,经颈动脉管入颅腔,紧贴海绵窦内侧壁并穿海绵窦行向前上,至前床突内侧出海绵窦达脑底。颈内动脉的主要分支有:

① **眼动脉**:在颈内动脉穿出海绵窦处发出,入眶供应视器(见视器)。

② **大脑前动脉**(图 10-76):发出后行向前内,进入大脑纵裂,沿胼胝体背侧后行。皮质支分布于大脑半球内侧面顶枕沟以前的部分、额叶底面的一部分,和额、顶两叶上外侧面上

部。两侧大脑前动脉在视交叉的前上方借前交通动脉相连。

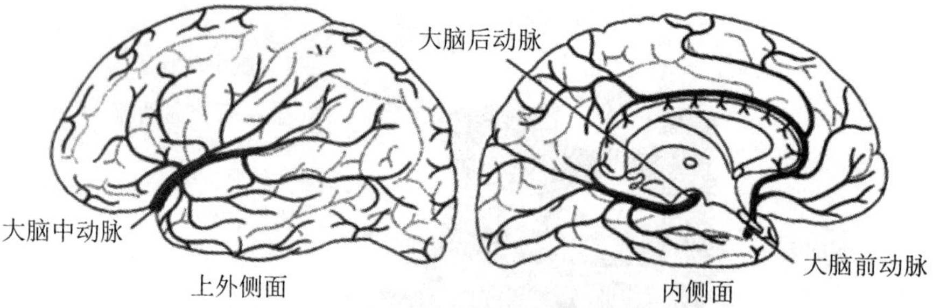

图 10-76 大脑半球动脉

③ **大脑中动脉**(图 10-76):为颈内动脉的直接延续,在大脑外侧沟内分为数支皮质支,营养大脑半球上外侧面的大部分、岛叶和额叶底面的一部分,其中包括躯体运动中枢、躯体感觉中枢和语言中枢,故该动脉一旦发生阻塞,对机体的功能将有严重影响。

④ **脉络膜前动脉**:细长,沿视束下面后行,沿途发支供应视束、部分内囊、大脑脚底中1/3及苍白球等结构。

⑤ **后交通动脉**:在视束下面后行,与大脑后动脉吻合,沟通颈内动脉系与椎-基底动脉系。

(2) **椎动脉**:起自锁骨下动脉,向上穿第6~1颈椎横突孔,经枕骨大孔入颅腔,至脑桥腹侧下缘,左、右椎动脉汇合成一条**基底动脉**。

① 椎动脉的主要分支有:① **脊髓前、后动脉**(见脊髓的血管)。② **小脑下后动脉**,主要分布于小脑下面后部和延髓后外侧部。

② 基底动脉的主要分支有:① **小脑下前动脉**,供应小脑下面前部。② **迷路动脉**,伴前庭蜗神经入内耳道,供应内耳迷路。③ **脑桥动脉**,为一些细支,供应脑桥。④ **小脑上动脉**,由基底动脉末端发出,供应小脑上面。⑤ **大脑后动脉**是基底动脉的终末分支,皮质支供应枕叶和颞叶的下面,中央支入脑供应背侧丘脑、内侧膝状体、下丘脑和底丘脑等。

(3) **大脑动脉环**(图 10-77):又称 **Willis 环**,由两侧颈内动脉的末段,两侧大脑前、后动脉的始段和前、后交通动脉吻合而成。位于脑底部,蝶鞍上方,围绕视交叉、灰结节及乳头体。此环沟通两侧颈内动脉系与椎-基底动脉系,对维持脑血流的平衡有一定的意义。

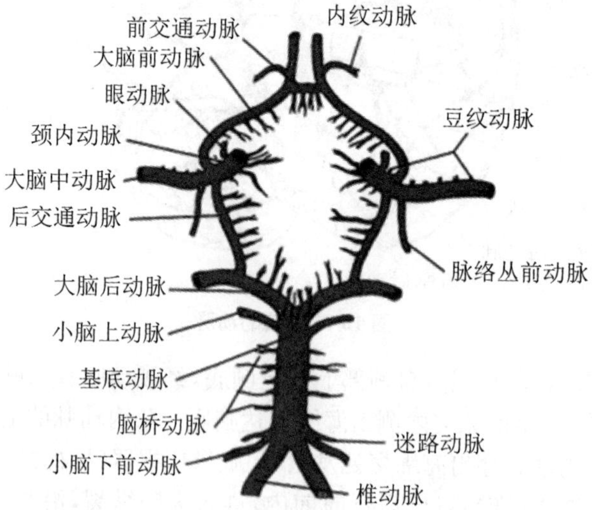

图 10-77 大脑动脉环

2. 脑的静脉

脑的静脉无瓣膜，不与动脉伴行，可分为浅、深两组。浅组(图10-78)收集皮质及皮质下髓质的静脉血，分别注入邻近的硬脑膜窦。深组(图10-79)收集大脑深部的髓质、基底核、间脑、脑室脉络丛等处的静脉血，最后汇成一条大脑大静脉，注入直窦。

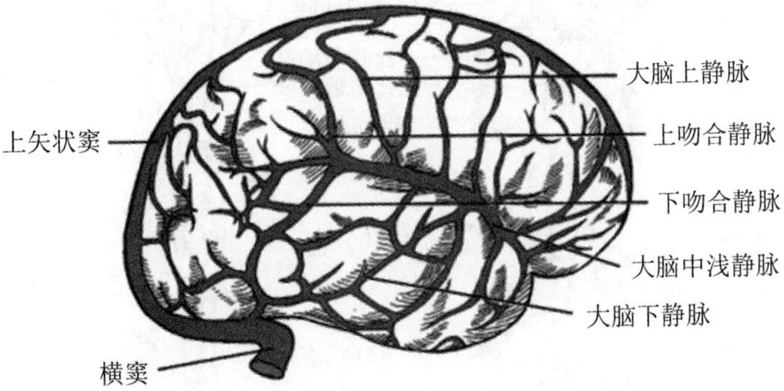

图10-78　脑的静脉

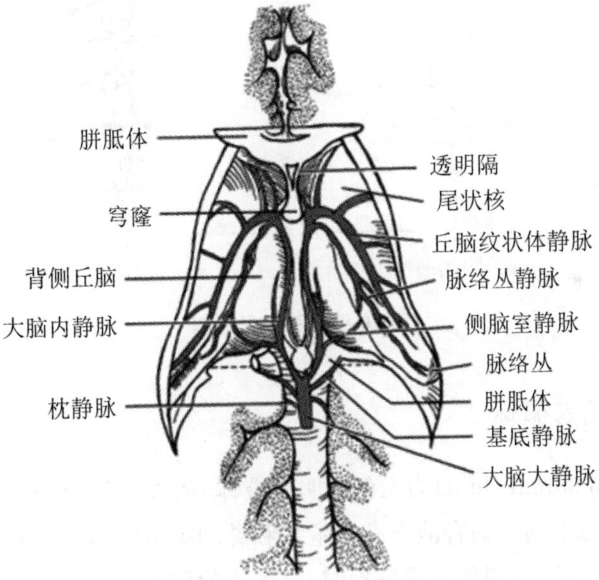

图10-79　脑的静脉(深组)

3. 脊髓的血管

(1) 脊髓的动脉

脊髓的动脉(图10-80)有两个来源，即椎动脉发出的**脊髓前动脉**、**脊髓后动脉**和节段性动脉。

① 脊髓前、后动脉：脊髓前动脉自椎动脉发出后，在枕骨大孔上方，两侧合成一干，沿脊髓前正中裂下行；脊髓后动脉左右各一，于颅内发出，绕延髓向后下，沿脊髓后外侧沟下行。脊髓前、后动脉在下行过程中，不断得到节段性动脉的脊髓支的加强。

② 节段性动脉：主要为颈升动脉、肋间后动脉、腰动脉和骶外侧动脉等的脊髓支。

（2）脊髓的静脉

脊髓前、后静脉行于脊髓的前、后面，注入硬膜外隙内的椎内静脉丛。

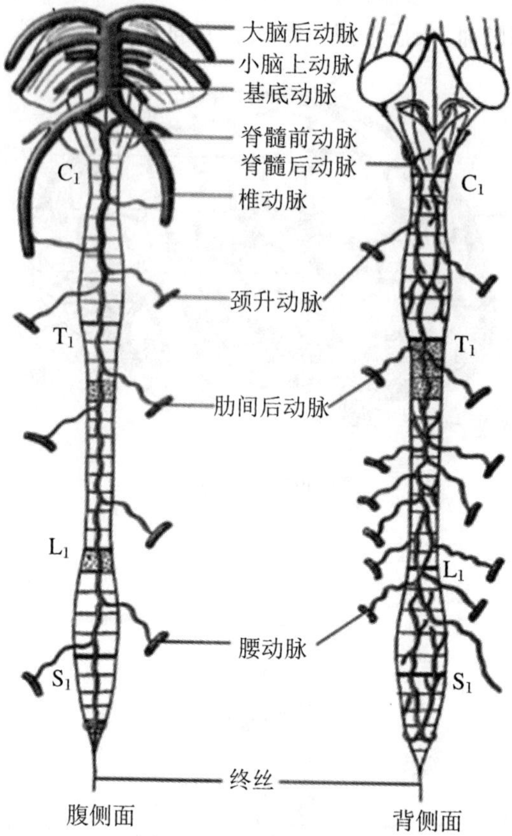

图 10-80 脊髓的动脉

（三）脑脊液及其循环

脑脊液（cerebral spinal fluid）为无色透明的液体，成人总量为 100～160 mL，不断产生不断吸收，保持着动态平衡。脑脊液充满于脑室和蛛网膜下隙，对脑和脊髓有营养和保护作用，可以缓冲外力，使脑和脊髓免受震荡，并与颅内压的调节有关。

脑脊液主要由侧脑室和第三、四脑室的脉络丛产生。侧脑室脉络丛产生的脑脊液经室间孔流入第三脑室，与第三脑室脉络丛产生的脑脊液汇合，经中脑水管至第四脑室，再与第四脑室脉络丛产生的脑脊液汇合，一小部分入脊髓中央管，绝大部分经第四脑室的正中孔和外侧孔流入蛛网膜下隙，再经蛛网膜粒渗入硬脑膜窦（主要是上矢状窦），回流入血液中（图 10-81）。如果脑脊液循环通路发生阻塞，可引起脑积水或颅内压增高。

（四）脑屏障

中枢神经系统内有对物质在毛细血管或脑脊液与脑组织间转运过程进行一定限制的结构，该结构即脑屏障。脑屏障可以防止有害物质进入中枢神经系统，确保中枢神经系统内环境的稳定,起到保护脑和脊髓的作用。主要有血-脑屏障、血-脑脊液屏障和脑脊液-脑屏障。

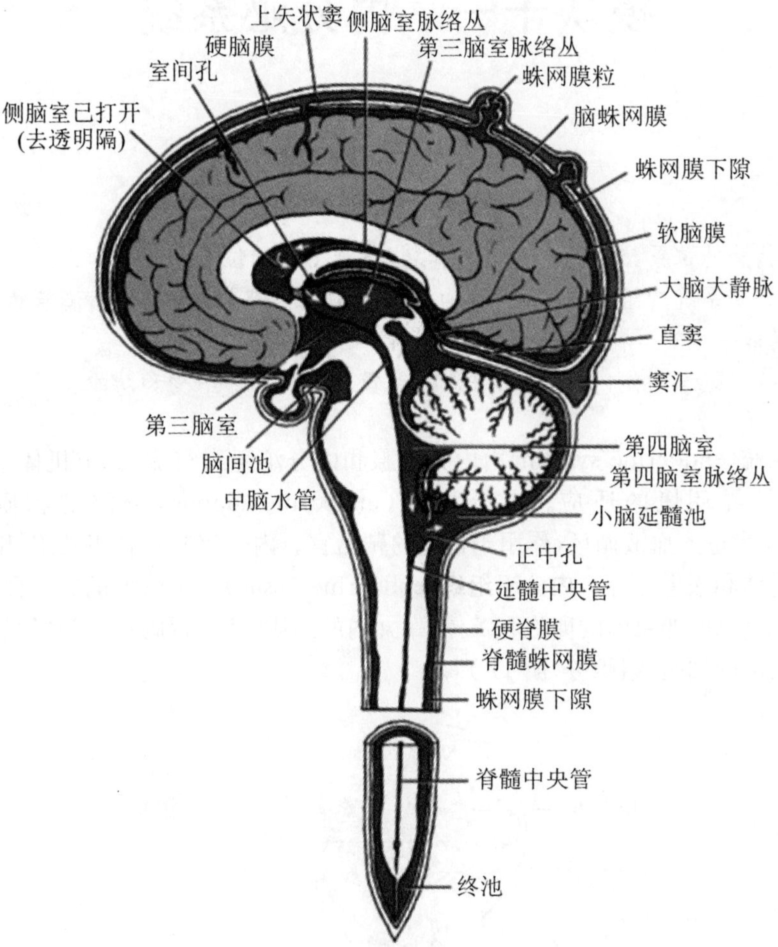

图 10-81　脑脊液循环示意图

（赵　健　黄　锐）

模块十一　内分泌系统

学习目标

掌握：甲状腺的位置、外形、内部结构和功能；肾上腺的位置、外形、内部结构和功能；

熟悉：内分泌系统的组成；甲状旁腺的位置、外形、内部结构和功能；胸腺的位置、外形、内部结构和功能。

了解：内分泌组织的体内分布；松果体的位置、外形、内部结构和功能。

内分泌系统(endocrine system)由内分泌腺和内分泌组织组成，调节机体新陈代谢、生长发育和对外界环境的适应。**内分泌腺**(endocrine glands)分泌的物质称为**激素**(hormone)，激素进入血液循环，作用于特定的靶器官。内分泌腺包括甲状腺、甲状旁腺、胸腺、肾上腺、垂体和松果体等。**内分泌组织**(endocrine tissue)以细胞群的方式存在于其他器官内，如胰内的胰岛，卵巢内的卵泡和黄体，睾丸内的间质细胞，胃肠道和神经系统内的一些具有内分泌功能的细胞、组织等(图 11-1)。

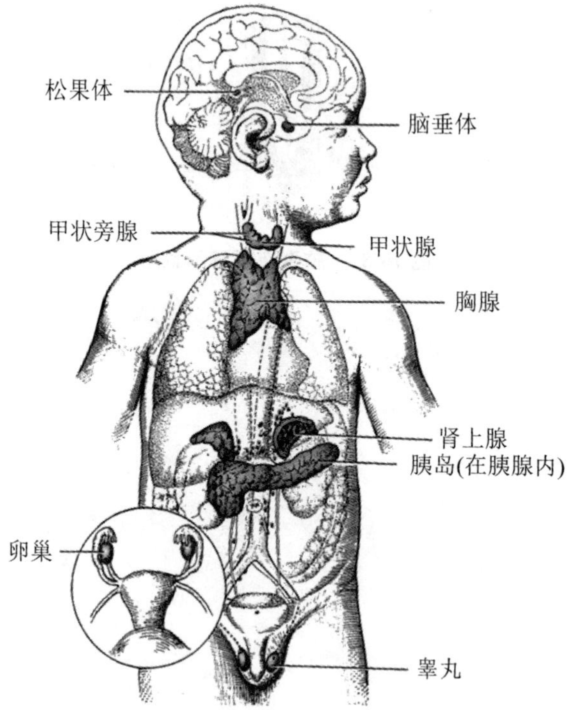

图 11-1　内分泌腺

第一节　甲　状　腺

甲状腺(thyroid gland)(图 11-2)位于颈前部,红褐色,“H” 形,分左、右侧叶和中间的甲状腺峡。侧叶位于喉下部和气管颈部的前外侧,峡部多位于第 2～4 气管软骨环前方。有时自峡部向上伸出一个锥状叶,长者可达舌骨。

甲状腺外面覆有纤维囊,囊外包有颈深筋膜。甲状腺借筋膜连于喉软骨,故吞咽时可随喉上下移动。

甲状腺分泌甲状腺素,调节机体新陈代谢、生长发育,对婴幼儿的骨骼发育和中枢神经系统发育影响显著。

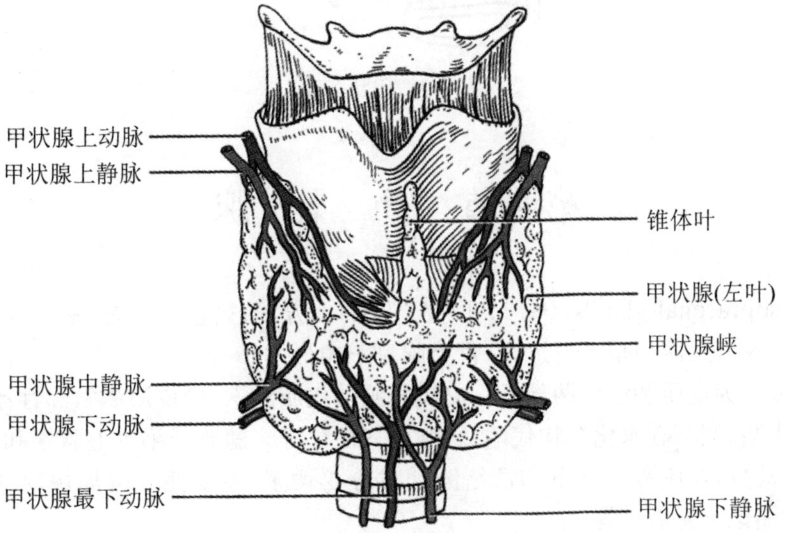

图 11-2　甲状腺

第二节　甲 状 旁 腺

甲状旁腺(parathyroid glands)(图 11-3)位于甲状腺侧叶的后缘,棕黄色,黄豆大小的扁椭圆形,一般有上、下两对。

第三节　胸　　腺

胸腺(thymus)(图 11-1)位于胸腔上纵隔前份,分左、右两叶,呈长条状。胸腺在新生儿和幼儿时期相对较大,青春期最大,至成年后多被结缔组织替代。胸腺属于淋巴器官,兼有内分泌功能。胸腺分泌的胸腺素和胸腺生成素,参与机体的免疫反应。

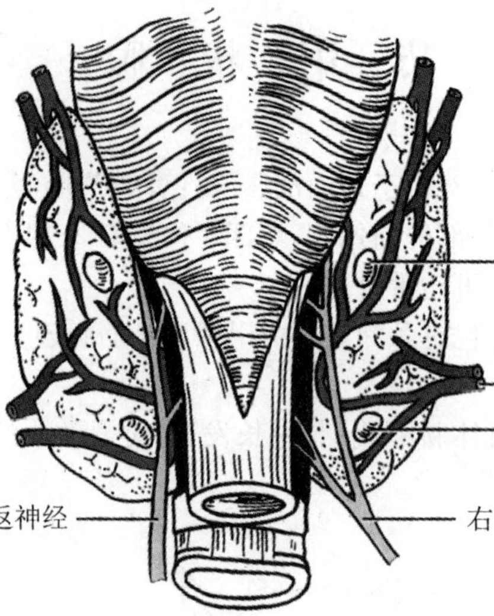

图 11-3 甲状旁腺

第四节 肾 上 腺

肾上腺(suprarenal glands)(图 11-1)位于肾的上方,淡黄色,左、右各一,与肾共同包被于肾筋膜内。左肾上腺似呈半月形,右肾上腺呈三角形。

肾上腺可分为皮质和髓质两部分。皮质分泌盐皮质激素、糖皮质激素和性激素,主要调节体内水盐代谢、调节碳水化合物代谢、影响第二性征等。髓质分泌肾上腺素和去甲肾上腺素,平时分泌甚少,在应激状态下和情绪激动时分泌增多,主要使心跳加快,心肌收缩力加强,小动脉收缩以维持血压等。

第五节 垂 体

垂体(hypophysis)(图 11-4)位于蝶骨体垂体窝内,灰红色,椭圆形,借漏斗与下丘脑相连,是人体最复杂的内分泌腺。可分为腺垂体和神经垂体两部分,**腺垂体**分为远侧部、结节部和中间部,**神经垂体**分为神经部和漏斗。通常将腺垂体的远侧部和结节部合称为垂体前叶,神经垂体的神经部和腺垂体的中间部合称为垂体后叶。

垂体前叶能分泌生长激素、促甲状腺激素、促肾上腺皮质激素、促性腺激素,可促进骨的生长,促进其他内分泌腺的活动。幼年时生长激素分泌不足可导致垂体性侏儒症;分泌过多,在骨骼发育成熟前引起巨人症,在骨骼发育成熟后可引起肢端肥大症。神经垂体无内分泌功能,但下丘脑视上核和室旁核分泌抗利尿激素、催产素可直接输送至此贮存,必要时释放进入血液循环。

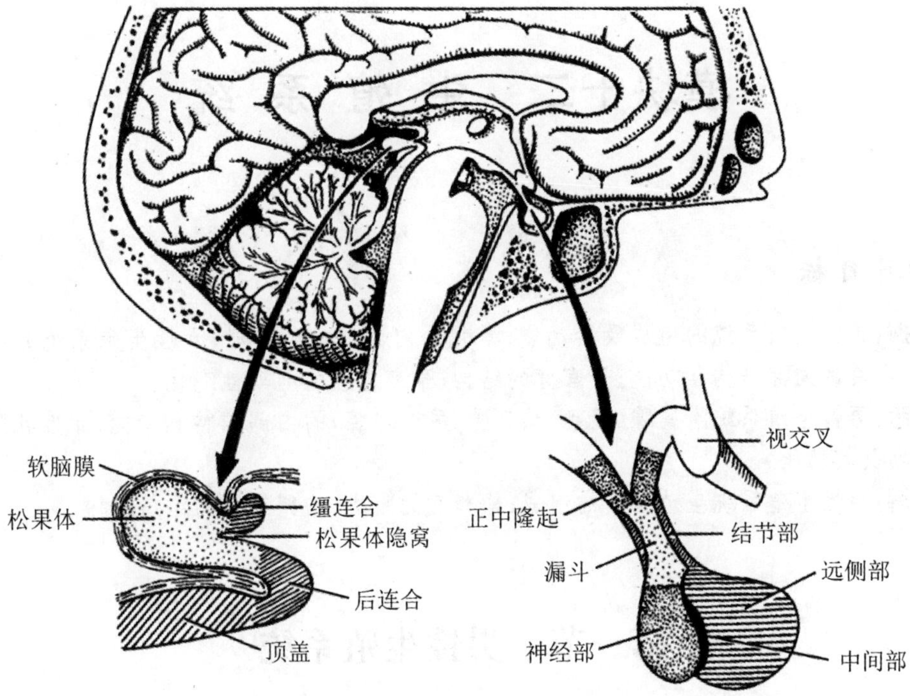

图 11-4　垂体和松果体

第六节　松　果　体

松果体(pineal body)(图 11-4)位于上丘脑后部,灰红色,椭圆形。儿童时期发达,7 岁后逐渐萎缩,成年后常有钙化,可在 X 片上见到钙斑。

松果体合成和分泌褪黑素,有抑制性成熟的作用。

（丁　见）

模块十二　生 殖 系 统

学习目标

掌握：男性生殖系统的组成及其功能；睾丸的内部结构和功能；女性生殖系统的组成及其功能；卵巢的内部结构和功能；子宫壁的结构；子宫内膜的周期性变化。

熟悉：男性生殖系统附属腺（精囊、前列腺、尿道球腺）的内部结构和功能；女性乳腺的结构的分期及其功能。

了解：男性生殖系统生殖管道的组成；输卵管的组成；输卵管壁的组织结构。

第一节　男性生殖系统

男性生殖系统(male reproductive system)包括睾丸、生殖管道、附属腺及外生殖器。睾丸是产生精子和分泌雄性激素的器官。生殖管道具有促进精子成熟，营养、贮存和运输精子的作用。附属腺包括精囊、尿道球腺和前列腺。附属腺与生殖管道的分泌物参与精液的组成。

一、睾丸

睾丸(testis)表面覆以浆膜，即鞘膜脏层，其深面为一层较厚的致密结缔组织构成的**白膜**(tunica albuginea)。白膜在睾丸后缘局部增厚，形成**睾丸纵隔**。纵隔的结缔组织呈放射状伸入实质内，将实质分隔成约 250 个锥体形小叶。小叶的尖端朝向纵隔。每个小叶内含有 1～4 条高度盘曲的**生精小管**(semini-ferous tubule)。生精小管接近纵隔处变为短而直的**直精小管**(tubulus rectus)，然后进入纵隔，相互吻合形成**睾丸网**(rete testis)。生精小管之间为疏松结缔组织，构成睾丸间质(图 12-1、图 12-2)。

(一) 生精小管

成人生精小管直径 150～250 μm，长 30～70 cm。管壁厚 60～80 μm，由生精上皮(spermatogenic epithelium)构成(图 12-3)。生精上皮由支持细胞和 5～8 层生精细胞组成。生精小管基膜明显。基膜外侧有胶原纤维和梭形的肌样细胞(myoid cell)，此细胞收缩有助于精子的排出。

1. 生精细胞(spermatogenic cell)

自生精上皮基底部至腔面，依次有精原细胞、初级精母细胞、次级精母细胞、精子细胞和精子。

精原细胞形成精子的过程称**精子发生**(spermatogenesis),在人类约需(64±4.5)天,经历了精原细胞的增殖、精母细胞的减数分裂和精子形成三个阶段。

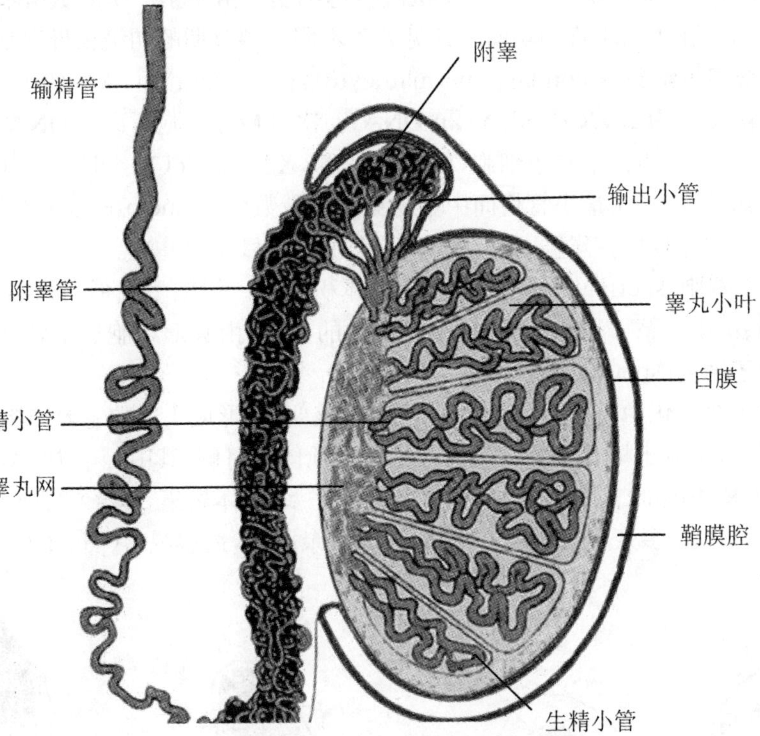

图 12-1　睾丸与附睾模式图

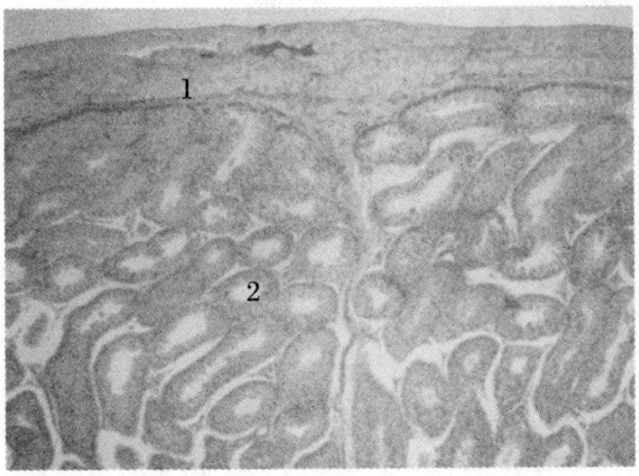

图 12-2　睾丸光镜图 HE 染色(皖医图)

1. 白膜；　2. 生精小管

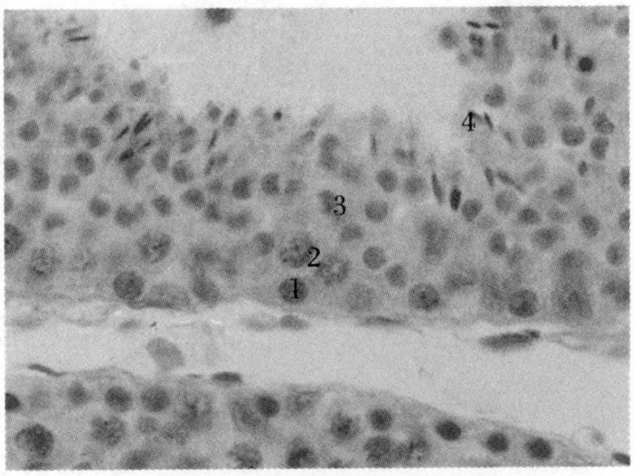

图 12-3　生精小管光镜图 HE 染色(皖医图)

1. 精原细胞；　2. 初级精母细胞；
3. 精子细胞；　4. 精子

(1) **精原细胞**(spermatogonium):紧贴基膜,圆形或卵圆形,直径约 12 μm。精原细胞分为 A、B 两型。A 型精原细胞是生精细胞中的干细胞,从青春期开始,不断分裂增殖,一部分保留下来继续作为干细胞,稳定精原细胞数量和保持活跃的生精能力;另一部分分化为 B 型精原细胞,此细胞核呈圆形,染色质较粗。B 型精原细胞经数次分裂后,分化为初级精母细胞。

(2) **初级精母细胞**(primary spermatocyte):位于精原细胞的近腔面,体积较大呈圆形,直径约 18 μm。胞核大而圆,呈丝球状,核型为 46,XY。初级精母细胞经 DNA 复制后(4n DNA),进行第一次减数分裂,产生两个次级精母细胞。由于第一次减数分裂的前期历时较长(约 22 天),故在生精小管的切面上常见处于不同分裂时期的初级精母细胞。

(3) **次级精母细胞**(secondary spermatocyte):位置靠近腔面,直径约 12 μm。细胞核圆形,染色较深,核型为 23,X 或 23,Y(2n DNA)。次级精母细胞不进行 DNA 复制,迅速进入第二次减数分裂,产生两个精子细胞,核型仍为 23,X 或 23,Y(1n DNA)。由于次级精母细胞存在时间短暂,故在生精小管切面中不易见到。减数分裂(meiosis)又称成熟分裂,仅见于生殖细胞的发育过程中,经过两次减数分裂,染色体数目减少一半。

(4) **精子细胞**(spermatid):位于近腔面,体积较小。细胞呈圆形,直径约 8 μm。核圆,染色质致密、深染。精子细胞不再分裂,经复杂的变态,由圆形细胞逐渐转变为蝌蚪状精子的过程称**精子形成**(spermiogenesis)。

此过程主要变化为:① 核染色质高度浓缩,核变长,形成头部的主要结构。② 高尔基复合体形成顶体,覆盖于核前 2/3。③ 中心体移至顶体的对侧,其中一个中心粒的微管延长形成轴丝,成为精子尾部(或称鞭毛)的主要结构。④ 线粒体聚集,缠绕在轴丝的近核段周围,形成线粒体鞘。⑤ 多余胞质聚集于尾部,形成残余胞质,最后脱落(图 12-4)。

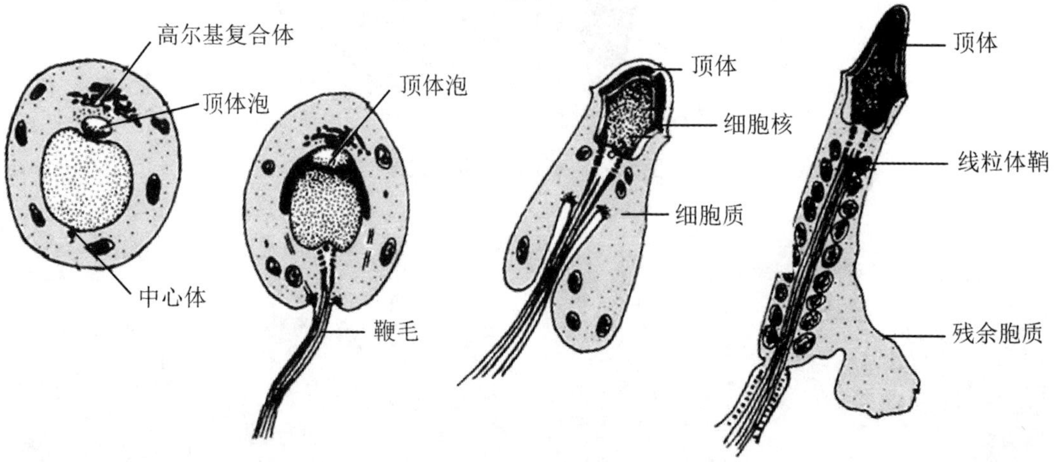

图 12-4 精子形成模式图

(5) **精子**(spermatozoon):人的精子形似蝌蚪,长约 60 μm,分为头、尾两部(图 12-5)。头部嵌入支持细胞的顶部胞质中,尾部游离于生精小管腔内。头部正面观呈卵圆形,侧面观呈梨形。长 4～5 μm。头内有一高度浓缩的细胞核。核的前 2/3 有顶体(acrosome)覆盖。顶体是特殊的溶酶体内含多种水解酶,如顶体素、透明质酸酶、磷酸酯酶等,在受精过程中发挥重要作用。尾部是精子运动装置,分为颈段、中段、主段和末段四部分。构成尾部全长的轴心是轴丝,它由 9+2 排列的微管构成。颈段很短,有中心粒。中段的外侧包有线粒体鞘,是精子的能量供应中心。主段最长,轴丝外包有纤维鞘。末段短,仅有轴丝。

在精子发生过程中,一个精原细胞增殖分化所产生的各级生精细胞,其细胞质并未完全分开,有胞质桥相连,形成同步发育的同源细胞群。胞质桥的存在有利于细胞间信息传递,保证同源生精细胞同步发育。但从生精小管全长来看,精子发生是不同步的。不同区域的生精小管生精细胞组合不同。因此在睾丸组织切片上，可见生精小管不同断面具有不同发育阶段的生精细胞组合。

精子发生和形成须在低于体温 2～3 ℃的环境中进行，故隐睾患者因精子发生障碍而不育。在精子发生和形成过程中，经常形成一些畸形精子，严重者可致不育。

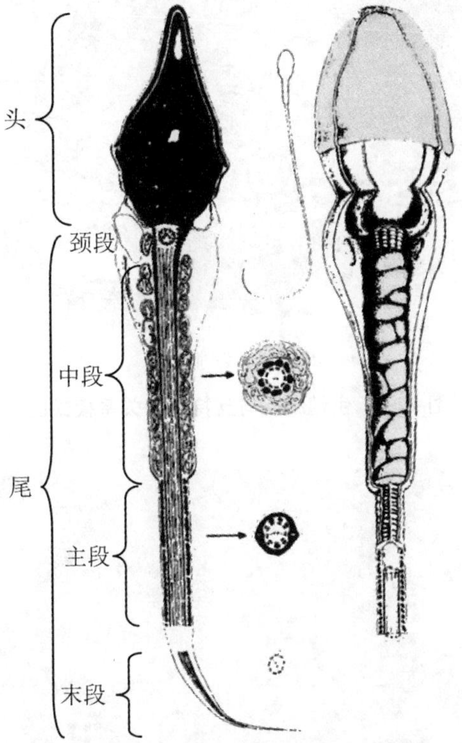

图 12-5　生精细胞与支持细胞关系模式图

中图示尾部横断面；　右图示立体结构

2. 支持细胞(sustentacular cell)

又称 Sertoli 细胞。每个生精小管的横切面上有 8～11 个支持细胞。细胞呈不规则长锥体形，底部附在基膜上，顶端伸达腔面(图 12-6、图 12-7)。细胞侧面和游离面嵌有各级生精细胞，故光镜下细胞轮廓不清。胞核为不规则形或三角形，染色浅，核仁明显。电镜下，胞质内有粗面内质网、发达的高尔基复合体、丰富的滑面内质网、较多的线粒体、溶酶体、糖原颗粒及许多微丝和微管。相邻支持细胞在近基底部的胞膜形成紧密连接。以支持细胞之间的紧密连接为主，加上生精上皮基膜、结缔组织和毛细血管基膜及内皮等结构，构成**血-睾屏障**(blood-testis barrier)。

支持细胞具有多种功能：① 支持、营养生精细胞。② 参与构成血-睾屏障，此屏障可阻止大分子物质进出生精上皮，形成有利于生精细胞发育的微环境，防止精子抗原物质外逸而引起自身免疫反应。③ 吞噬精子形成时脱落的残余胞质。④ 合成并分泌雄激素结合蛋白(androgen binding protein，ABP)和抑制素(inhibin)等。前者可与雄激素结合，提高生精小管内雄激素的含量，促进精子发生；后者可反馈性地抑制垂体分泌 FSH，以维持雄激素结合蛋白分泌量的稳定。⑤ 分泌少量液体进入生精小管管腔，成为睾丸液，有助于精子的运送。

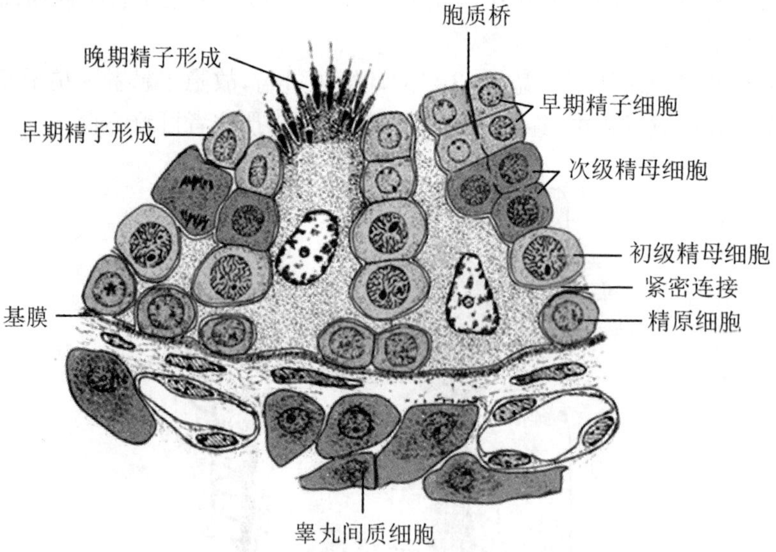

图 12-6　生精细胞与支持细胞关系模式图

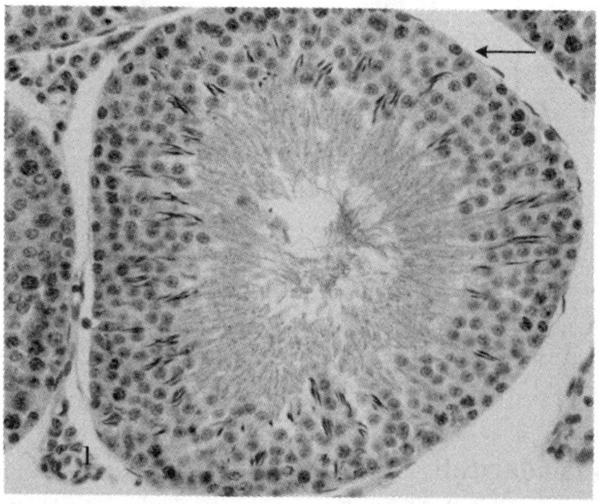

图 12-7　生精小管光镜图特殊染色(皖医图)

1. 睾丸间质细胞；←支持细胞核

(二) 睾丸间质

位于生精小管之间，为富含血管和淋巴管的疏松结缔组织，其中有**睾丸间质细胞**(testicular interstitial cell)，又称 Leydig 细胞。多成群分布，细胞呈圆形或多边形，细胞核圆，细胞质嗜酸性(图 12-2)。具有类固醇激素分泌细胞的超微结构特征。自青春期起，睾丸间质细胞在黄体生成素刺激下分泌雄激素(androgen)，它具有促进精子发生和生殖器官的发育，以及维持第二性征和性功能的作用。

(三) 直精小管和睾丸网

生精小管接近纵隔时，变成短而细的直行管道，称**直精小管**。管壁上皮为单层立方或矮柱状上皮，无生精细胞。直精小管进入纵隔后分支吻合成网状的睾丸网，由单层立方上皮围成，管腔大而不规则。精子经直精小管和睾丸网出睾丸，进入附睾。

二、生殖管道

生殖管道为精子成熟、贮存和运输提供有利的微环境。它包括附睾、输精管和尿道。

（一）附睾

附睾(epididymis)位于睾丸后外侧，分头、体、尾三部分。头部主要由输出小管组成，体和尾由附睾管组成，尾部是贮存精子并使精子获得运动能力的主要部位(图 12-8)。

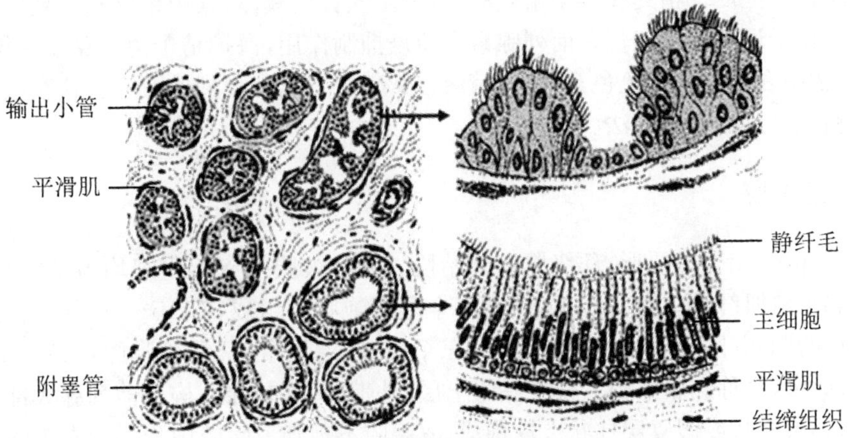

图 12-8　输出小管和附睾管

1．输出小管(efferent duct)

它是由从睾丸网发出的 8～12 根弯曲小管构成，末端与附睾管相连。上皮由无纤毛的低柱状细胞和有纤毛的高柱状细胞相间排列而成，故腔面高低不平。纤毛的摆动可使精子向附睾管移动。上皮基膜外有少量平滑肌环绕。

2．附睾管(epididymal duct)

它是一条长约 4～6 m 高度盘曲的管道，远端与输精管相连。管腔较大，腔面较平坦，腔内充满精子和分泌物。上皮由主细胞和基细胞构成的假复层纤毛柱状上皮，表面有细长的静纤毛，上皮具有分泌和吸收功能。基膜明显，其外侧有少量结缔组织和薄层环行平滑肌。

生精小管产生的精子无运动能力，经直精小管、睾丸网进入附睾，精子在此停留 8～17 天左右。在雄激素及附睾上皮细胞分泌的肉毒碱、甘油磷酸胆碱和唾液酸的作用下，经一系列成熟变化，获得了运动能力，达到功能上的成熟。附睾功能异常，可影响精子成熟，导致不育。血-附睾屏障位于主细胞近腔面的紧密连接，能保护成熟中的精子不受外界干扰，并将精子与免疫系统隔离。

（二）输精管

输精管(ductus deferens)为厚壁腔小的肌性管道。管壁分黏膜、肌层和外膜三层。黏膜表面为较薄的假复层柱状上皮，固有层结缔组织含弹性纤维较多。肌层厚，由内纵、中环、外纵平滑肌纤维组成。射精时肌层强力收缩，将精子快速排出。

三、附属腺

附属腺包括精囊、前列腺和尿道球腺。附属腺和生殖管道的分泌物以及精子共同组成精液(semen)。精液呈乳白色，pH 7.2～7.4。每次射精量2～6 mL，每毫升精液中含0.2亿～2亿个精子。若精液量少于1 mL，或每毫升精液中精子数低于1500万个，常可导致不育。

(一) 精囊

精囊(seminal vesicle)为一对盘曲的囊状器官。黏膜向腔内突出形成高而薄的皱襞，上皮为假复层柱状上皮。精囊在雄激素刺激下，分泌淡黄色液体，其中果糖和前列腺素含量较高。果糖为精子运动提供能量。前列腺素有免疫抑制作用，保护精子免受免疫系统的攻击。另外，分泌物中含少量淡黄色色素，可使精液在紫外光下发出强烈的荧光。这在法医学上被用作鉴定精液痕迹的有效方法。

(二) 前列腺

前列腺(prostate)呈栗形，环绕尿道起始段。腺的被膜及支架组织均为结缔组织，富含弹性纤维和平滑肌纤维。腺实质由30～50个复管泡状腺组成，有15～30条导管分别开口于尿道精阜的两侧(图12-9)。腺实质可分三个带：尿道周带(又称黏膜腺)，最短小，位于尿道黏膜内；内带(又称黏膜下腺)，位于黏膜下层；外带(又称主腺)，构成前列腺大部。腺泡由单层立方、单层柱状或假复层柱状上皮构成，故腺腔不规则。腺腔中分泌物常浓缩形成圆形的嗜酸性环层小体，称前列腺凝固体(prostatic concretion)(图12-10)，它随年龄增长而增多，并可钙化形成结石。自青春期开始，前列腺在雄激素的刺激下分泌活动增强，分泌物为稀薄的乳白色液体，其中富含酸性磷酸酶和纤维蛋白溶酶等，还有柠檬酸和锌等物质。老年人前列腺增生肥大，多发生在黏膜腺和黏膜下腺，压迫尿道，造成排尿困难。慢性前列腺炎时，纤维蛋白溶酶异常，引起精液不液化，影响精子的运动及受精能力。前列腺癌主要发生在腺的外带。

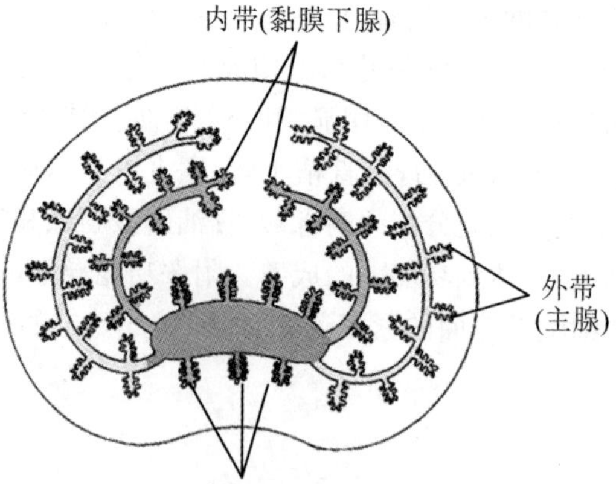

图12-9　前列腺

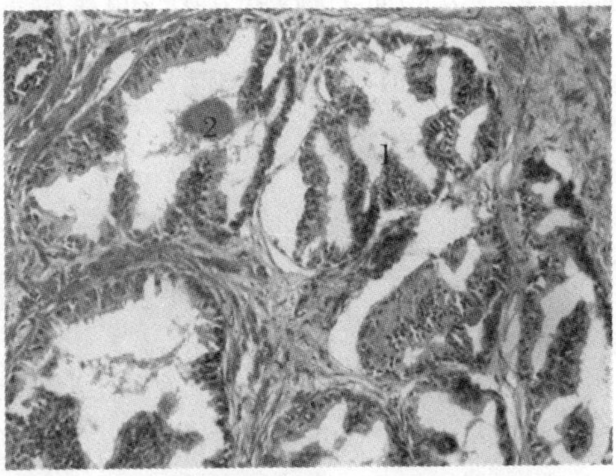

图 12-10　前列腺光镜图 HE 染色(皖医图)

1. 腺泡；　2. 前列腺凝固体

(三) 尿道球腺

尿道球腺(bulbourethral gland)位于尿道两侧,为一对豌豆状的复管泡状腺,上皮为单层立方或单层柱状。腺体分泌黏液,于射精前排出,以润滑尿道。

四、阴茎

阴茎主要由两个阴茎海绵体和一个尿道海绵体构成,尿道行于尿道海绵体内。阴茎外表被覆以活动度较大的皮肤。海绵体主要由小梁和血窦构成,阴茎深动脉的分支螺旋动脉穿行于小梁中,与血窦通连。静脉多位于海绵体周边部白膜下方,白膜为坚韧的致密结缔组织。一般情况下,流入血窦的血液很少,血窦呈裂隙状,海绵体柔软。当大量血液流入血窦时,血窦充血而胀大。白膜下静脉受压,血液回流受阻,海绵体变硬,阴茎勃起。阴茎勃起受肾上腺素能神经、副交感神经等多种因素调控。

(彭彦霄)

第二节　女性生殖系统

女性生殖系统(female reproductive system)包括卵巢、输卵管、子宫、阴道和外生殖器。卵巢是女性生殖腺,可产生卵细胞并分泌女性激素。输卵管是输送生殖细胞及受精的部位。子宫是产生月经及孕育胎儿的器官。此外,乳腺可分泌乳汁,哺育婴儿,故列入本章叙述。

一、卵巢

卵巢(ovary)为一对扁椭圆形器官,表面覆以单层扁平或立方上皮,称**表面上皮**(superficial epithelium)。上皮下为薄层致密结缔组织,称**白膜**。卵巢实质分周围的皮质和中央的髓质两部分,二者之间无明显分界。皮质较厚,主要由不同发育阶段的卵泡、黄体、白体及特殊的结缔组织组成。结缔组织中富含网状纤维及低分化的梭形基质细胞。髓质范围狭小,由疏松结缔组织构成,内含丰富的血管,淋巴管及神经(图 12-11)。近卵巢门处有少量上皮样细胞，称**门细胞**，结构类似睾丸间质细胞，可分泌少量雄激素。

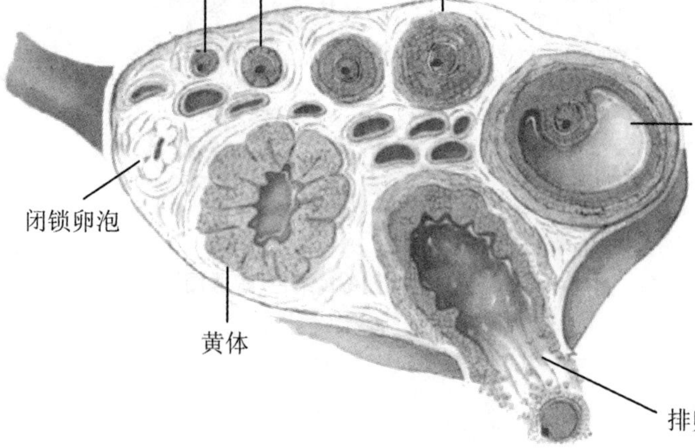

图 12-11 卵巢模式图

(一) 卵泡的发育与成熟

出生时两侧卵巢中有 70 万～200 万个原始卵泡，以后逐渐退化，青春期开始时尚存约 4 万个，至 40～50 岁时仅剩几百个。

卵泡（ovarian follicle）由一个卵母细胞（oocyte）和围绕其周围的多个卵泡细胞（follicular cell）构成。卵泡发育是个连续的生长过程，一个卵泡从发育至成熟约需 85 天。一般将卵泡的发育过程分为四个阶段，即**原始卵泡**、**初级卵泡**、**次级卵泡**和**成熟卵泡**，其中初级卵泡和次级卵泡又称为生长卵泡。

1．原始卵泡（primordial follicle）

是处于静止状态的卵泡，位于皮质浅层，数量多，体积小，由中央的一个初级卵母细胞和周围一层扁平的卵泡细胞构成（图 12-12）。初级卵母细胞（primary oocyte）体积较大，直径 30～40 μm，核大而圆，染色浅，核仁明显，胞质嗜酸性。该细胞在胚胎时期由卵原细胞分化而成，随后进行第一次减数分裂，但长期停滞在分裂前期，直至排卵前才完成第一次减数分裂。

自青春期开始，在脑垂体分泌的促性腺激素作用下，原始卵泡生长发育为初级卵泡。

2．初级卵泡（primary follicle）

此时初级卵母细胞的体积增大，靠近质膜的胞质中出现电子密度高的溶酶体，称皮质颗粒（cortical granule），参与受精过程。卵泡细胞由扁平变为立方或柱状，由单层变为多层。初级卵母细胞与卵泡细胞间出现一层均质状、折光性强、嗜酸性的带状结构，称**透明带**（zona pellucida）。透明带是一种特异性糖蛋白，由初级卵母细胞和卵泡细胞共同分泌而成。电镜下可见初级卵母细胞的微绒毛和卵泡细胞的突起伸入透明带，两者间有缝隙连接（图 12-14）。另外，透明带上有精子受体，对精子与卵细胞之间的相互识别和特异性结合起着重要作用。初级卵泡随着体积的增大，逐渐向皮质深部移动。卵泡周围结缔组织内的基质细胞增殖分化，包绕卵泡，形成**卵泡膜**（follicular theca）（图 12-12）。

3．次级卵泡（secondary follicle）

随着初级卵泡的发育，卵泡细胞间出现一些大小不等的腔隙，并逐渐融合成一个大腔，称**卵泡腔**。腔内充满液体，称**卵泡液**，内含促性腺激素、雌激素和多种生物活性物质，对卵泡的生长和成熟起重要调节作用。随着卵泡液增多，卵泡腔扩大，初级卵母细胞及其部分卵泡细胞被挤到卵泡的一侧，形成一个圆形隆起突向卵泡腔，称为卵丘(cumulus oophorus)。紧靠透明带的一层高柱状卵泡细胞呈放射状排列，称**放射冠**(corona radiata)。卵泡腔周围的卵泡细胞称**颗粒层**(stratum granulosum)，构成卵泡壁，卵泡细胞改称**颗粒细胞**。与此同时，卵泡膜进一步分化为内、外两层。基质细胞分化为多边形或梭形的**膜细胞**(theca cell)，毛细血管丰富；外层含纤维成分较多，并有少量平滑肌(图 12-13)。

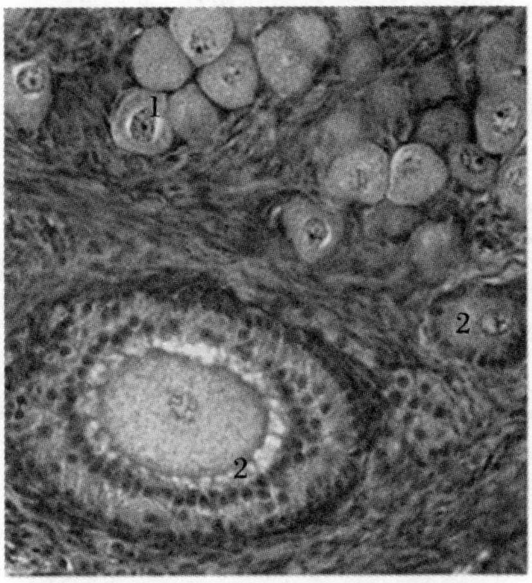

图 12-12　卵巢皮质光镜图 HE 染色(皖医图)

1. 原始卵泡；　2. 初级卵泡

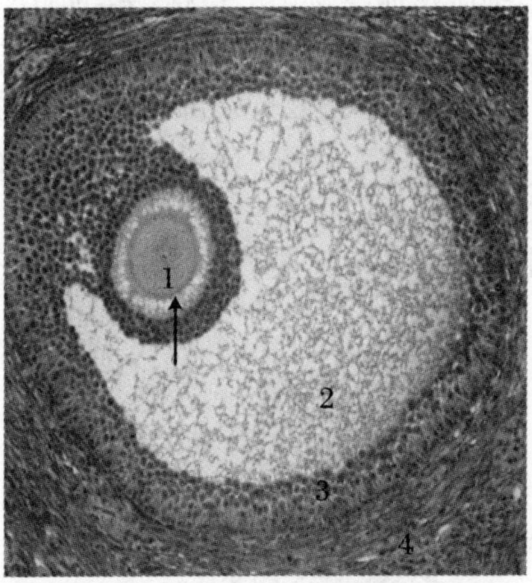

图 12-13　次级卵泡光镜图 HE 染色(皖医图)

1. 初级卵母细胞；　2. 卵泡腔；　3. 颗粒层；　4. 卵泡膜；　↑透明带

4. 成熟卵泡(mature follicle)

在 FSH 作用的基础上，经 LH 的刺激，次级卵泡进一步发育。在一个周期中通常仅一个发育最佳的卵泡能够达到成熟，故称之为优势卵泡。此时，卵泡体积显著增大，直径可达 2 cm，突向卵巢表面(图 12-14)。由于颗粒细胞不再增殖，卵泡壁变薄。卵丘根部的卵泡细胞间出现裂隙；近排卵时，卵丘与卵泡壁分离，漂浮在卵泡液中。在排卵前 36～48 h 内，初级卵母细胞完成第一次减数分裂，形成一个大的**次级卵母细胞**(secondary oocyte)和一个小的**第一极体**(first polar body)。第一极体位于次级卵母细胞和透明带之间的空隙内。次级卵母细胞很快进入第二次减数分裂，并停滞于分裂中期。

次级卵泡与成熟卵泡均具有内分泌功能。在脑垂体分泌的 FSH 和 LH 的调节下，颗粒细胞和膜细胞协同作用，合成分泌雌激素。雌激素少量进入卵泡液，大部分进入血循环，调节子宫内膜等靶器官的活动。

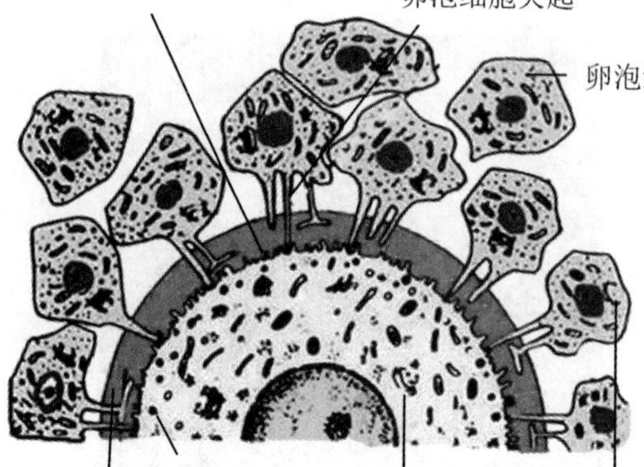

图 12-14 卵母细胞、透明带及卵泡细胞超微结构

(二) 排卵

成熟卵泡破裂，次级卵母细胞从卵巢排出的过程称**排卵**(ovulation)。排卵前，在 LH 的作用下，成熟卵泡的卵泡液剧增，使突出于卵巢表面的卵泡壁、白膜和表面上皮变薄；局部缺血，形成半透明的卵泡小斑。排卵时，小斑处的结缔组织被透明质酸酶和胶原酶分解，再加上卵泡膜外层的平滑肌收缩，卵泡破裂。于是，次级卵母细胞及其周围的透明带、放射冠与卵泡液一起从卵巢排出，进入输卵管(图 12-15)。次级卵母细胞于排卵后 24 h 内若未受精，即退化并被吸收；若受精，则继续完成第二次减数分裂，产生一个单倍体(23，X)的卵细胞(ovum)和一个第二极体。

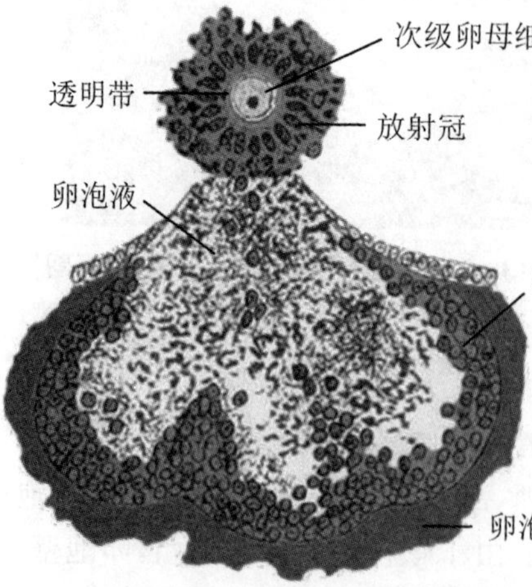

图 12-15 成熟卵泡排卵模式图

生育期妇女，每隔 28 天左右排卵一次，一般一次只排一个卵细胞，偶见排两个或多个者。两侧卵巢交替排卵，排卵一般发生在月经周期的第 14 天左右。

(三) 黄体的形成和退化

成熟卵泡排卵后，残留在卵巢内的卵泡壁连同卵泡膜及血管一起向腔内塌陷。在 LH 的作用下，这些成分逐渐演化成具有内分泌功能的细胞团，新鲜时呈黄色，称**黄体**(corpus luteum)。颗粒细胞增殖分化为**颗粒黄体细胞**(granular lutein cell)，数量多，体积大，染色浅，位于黄体中央，主要分泌孕酮和松弛素。膜细胞转变为**膜黄体细胞**(theca lutein cell)，其数量少，体积小，染色较深，位于黄体周边(图 12-16)，分泌雌激素。

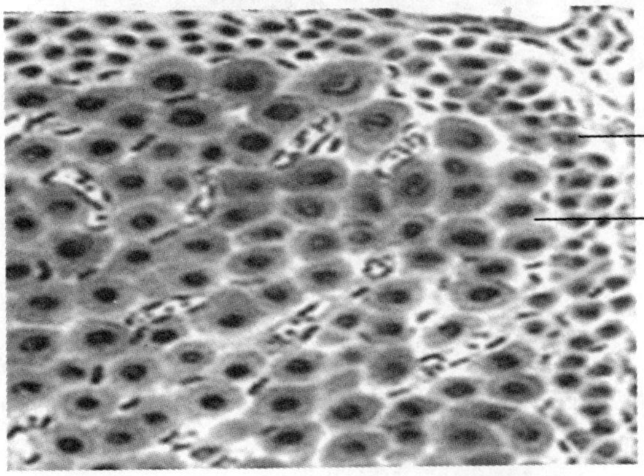

图 12-16　黄体模式图

若排出的卵未受精，黄体仅维持 2 周左右即退化，称**月经黄体**(corpus luteum of menstruation)。黄体退化后被增生的结缔组织取代，成为瘢痕样的**白体**(corpus albicans)。若受精，在胎盘分泌的绒毛膜促性腺激素的作用下，黄体继续发育，直径达 4～5 cm. 称**妊娠黄体**(corpus luteum of pregnancy)。妊娠黄体还可分泌松弛素。妊娠黄体维持 6 个月甚至更长时间，然后退化为白体。白体被吸收直至消失需数月或数年。

(四) 闭锁卵泡与间质腺

从青春期开始，每个月卵巢内都有许多原始卵泡开始生长发育，但通常只有一个卵泡能发育成熟并排卵，其余的均在卵泡发育的不同阶段相继退化，退化的卵泡称**闭锁卵泡**(atretic follicle)。其中的初级卵母细胞自溶消失；死亡的卵泡细胞或颗粒细胞被巨噬细胞和中性粒细胞吞噬；透明带塌陷成为不规则的嗜酸性环状物，存留一段时间后也消失。其膜细胞曾一度增大，形似黄体细胞，并被结缔组织分隔成细胞团索，散在于结缔组织中，称**间质腺**(interstitial gland)，可分泌雌激素。间质腺最后退化，由结缔组织所代替。人类的间质腺不发达，猫及啮齿动物的间质腺较发达。

二、输卵管

输卵管(oviduct)分为子宫部、峡部、壶腹部和漏斗部，管壁由内向外分为黏膜、肌层和浆膜(图 12-17)。黏膜向管腔内突出，形成许多纵行有分支的皱襞，故管腔不规则。黏膜上皮为单层柱状上皮，由分泌细胞和纤毛细胞构成。分泌细胞的分泌物构成输卵管液，可营养卵并辅助卵的运行。纤毛细胞的纤毛向子宫方向摆动，可将卵运送到子宫并阻止细菌进入腹膜腔。输卵管上皮在卵巢激素的作用下呈现周期性变化。在排卵前后，上皮变高，纤毛细胞的纤毛增多，摆动增强，分泌细胞分泌功能旺盛。固有层为薄层结缔组织，含有丰富的毛细血管和散在的平滑肌纤维。肌层由内环、外纵两层平滑肌构成。浆膜由疏松结缔组织和间皮组成。

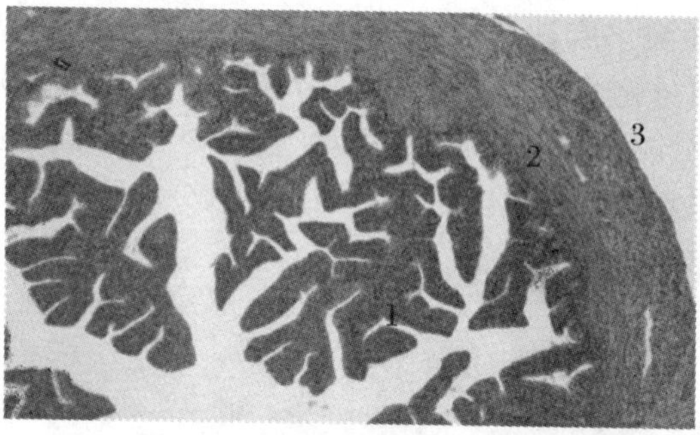

图 12-17 输卵管光镜图 HE 染色(皖医图)

1. 黏膜皱襞； 2. 肌层； 3. 浆膜

三、子宫

子宫(uterus)为厚壁的肌性器官，是胚胎发育的场所。子宫壁由外向内分为外膜、肌层和内膜(又称黏膜)三层(图 12-18)。

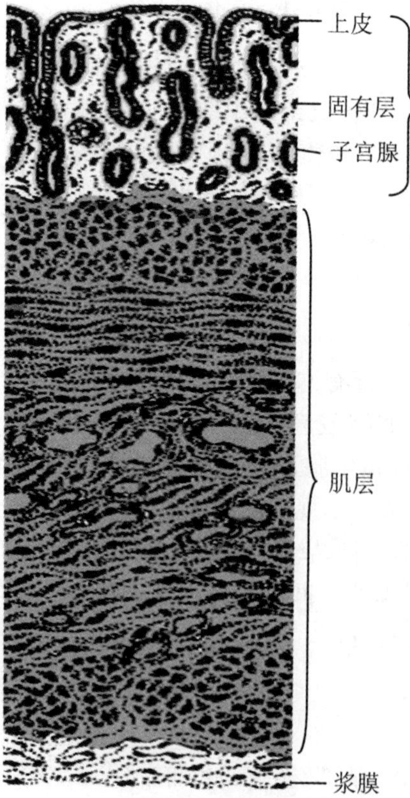

图 12-18 子宫壁仿真图

(一) 子宫壁的结构

1. 外膜(perimetrium)

大部分为浆膜，只有子宫颈为纤维膜。

2. 肌层(myometrium)

很厚，约 1 cm 由成束或成片的平滑肌构成。子宫平滑肌纤维长 30～50 μm。妊娠时，肌纤维增生肥大可长达 500～600 μm，肌层增厚。增生的平滑肌纤维来自未分化的间充质细胞或平滑肌纤维自身的分裂。分娩后，肌纤维恢复原状，部分肌纤维自身分解而被吸收。肌层的收缩有利于经血的排出和胎儿的娩出。

3. 内膜(endometrium)

由单层柱状上皮和固有层组成。上皮由分泌细胞和散在的纤毛细胞构成。固有层为结缔组织，内含大量分化程度较低的梭形或星形的基质细胞、网状纤维、血管和**子宫腺**(uterine gland)。子宫腺为单管状腺，是由上皮向固有层内凹陷形成，近肌层处常有分支。子宫底部和体部的内膜，按其结构和功能特点可分为浅层的**功能层**(functional layer)和深层的**基底层**(basal layer)。功能层较厚，自青春期始在卵巢激素的作用下发生周期性的剥脱、出血，形成**月经**。此层也是孕育胎儿的场所。基底层较薄不参与月经形成，增生修复形成新的功能层。

子宫动脉的分支进入肌层后，向子宫内膜发出许多分支。在基底层分出一短而直的分支，称**基底动脉**，它不受卵巢分泌激素的影响；其主干进入功能层后螺旋走行，称**螺旋动脉**(spiral artery)，它对性激素极为敏感。螺旋动脉的分支形成毛细血管网和血窦，汇合为小静脉，穿过肌层后汇入子宫静脉(图 12-19)。

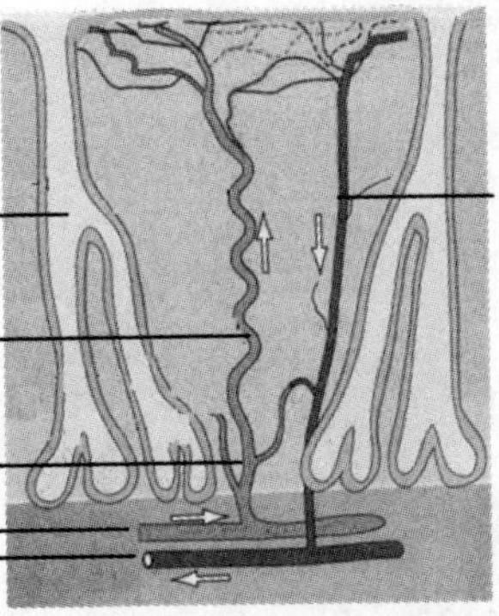

图 12-19　子宫内膜血管与子宫腺模式图

(二) 子宫内膜的周期性变化

自青春期开始，在卵巢分泌的雌激素和孕激素作用下，子宫底部和体部的内膜发生周期性变化，即每 28 天左右发生一次内膜剥脱、出血、修复和增生，称**月经周期**(menstrual cycle)。每个月经周期是从月经来潮的第一天起至下次月经来潮的前一天止，可分为月经期、增生期和分泌期(图 12-20、图 12-21)。

1. 增生期(proliferative phase)

为月经周期的第 5～14 天。此期卵巢内有一批卵泡生长发育，故又称**卵泡期**。在卵泡分泌的雌激素作用下，上皮细胞和基质细胞分裂增生，使内膜逐渐增厚，至增生晚期，内膜可厚达 2～4 mm。子宫腺开始增多、增长并弯曲，腺腔扩大，腺上皮胞质内出现糖原。螺旋动脉也增长、变弯曲。当卵巢内成熟卵泡排卵，子宫内膜进入分泌期。

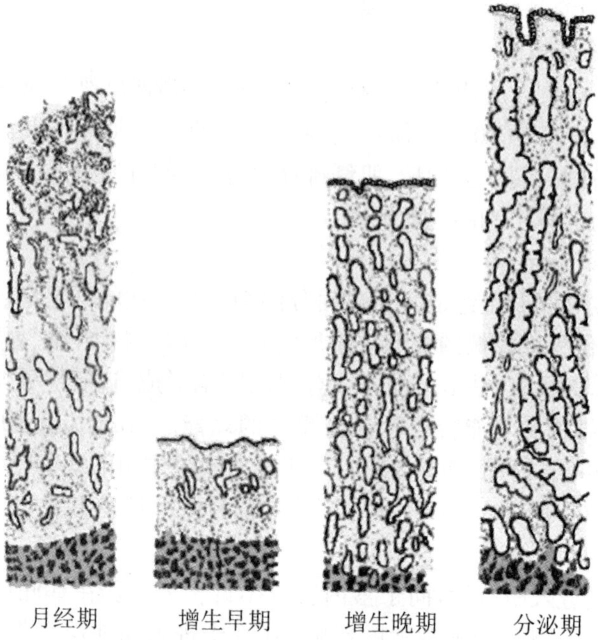

图 12-20　子宫内膜周期性变化示意图

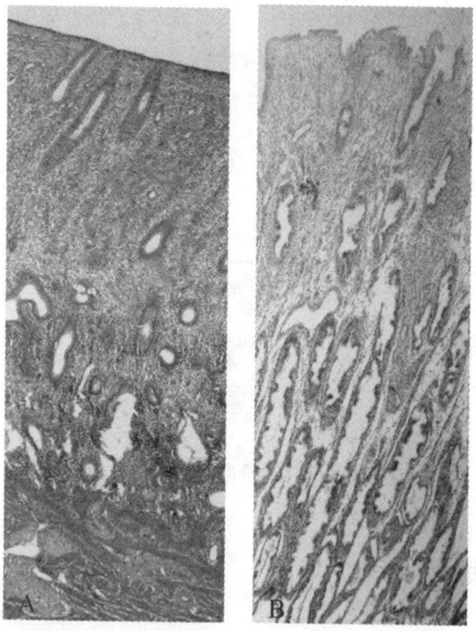

图 12-21　子宫内膜光镜图(皖医图)

A. 增生期；　B. 分泌期

2. 分泌期(secretory phase)

为月经周期的第 15～28 天。此时卵巢内黄体形成，故又称黄体期。在黄体分泌的雌激素和孕激素作用下，子宫内膜继续增厚，可达 5～7 mm；子宫腺极度弯曲，腺腔膨胀，分泌物含有大量糖原。螺旋动脉继续增长，更加弯曲。固有层内组织液增多，而呈现水肿，基质细胞肥大，胞质内充满糖原、脂滴。卵若受精，内膜继续增厚，发育为蜕膜；若未受精，则进入月经期。

3. 月经期(menstrual phase)

为月经周期的第1～4天。此时排出的卵未受精，月经黄体退化，雌激素和孕激素水平急剧下降，导致螺旋动脉持续性收缩，功能层缺血，组织萎缩坏死。继而螺旋动脉短暂扩张，致使功能层的血管破裂，大量血液涌入功能层，内膜表层崩溃。坏死脱落的内膜组织与血液进入子宫腔，经阴道排出，形成月经。在月经期末，基底层残存的子宫腺细胞不断分裂增生，修复内膜上皮，进入增生期。

(三) 子宫颈

子宫颈壁由外向内分为外膜、肌层和黏膜(图 12-22)。子宫颈外膜是纤维膜；肌层由平滑肌和富含弹性纤维的结缔组织组成；黏膜由上皮和固有层构成，形成许多皱襞。上皮为单层柱状上皮，由分泌细胞、纤毛细胞及储备细胞组成。分泌细胞数量较多，可分泌黏液，其功能受卵巢激素的影响。雌激素促使细胞分泌增多，分泌物稀薄，利于精子通过。孕激素使细胞分泌减少，分泌物黏稠，可阻止精子及微生物进入宫腔。纤毛细胞数量少，位于分泌细胞之间，纤毛向阴道方向摆动，协助分泌物排出。储备细胞为干细胞，靠近基膜，散在分布，细胞增生能力强，上皮受损伤时有修复功能。慢性宫颈炎时，上皮可化生为复层扁平上皮，其增生过程中可发生癌变。宫颈阴道部为复层扁平上皮，细胞内糖原丰富。在宫颈外口处，柱状上皮与复层扁平上皮移行，分界清晰，是宫颈癌的好发部位。宫颈对精子的运行和储存起重要作用，若能增加其黏液的黏稠度，即可阻止精子通过，达到避孕的目的。

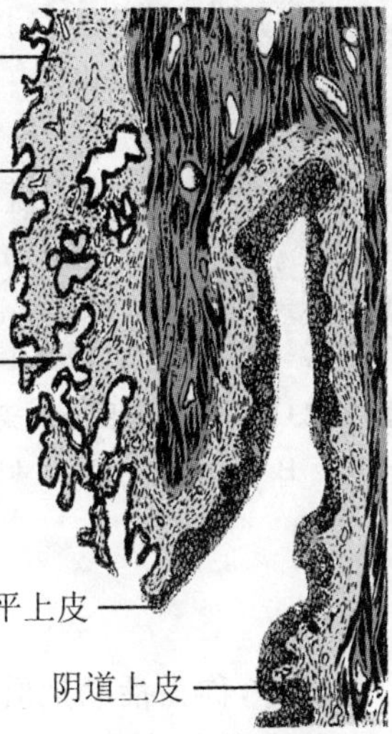

图 12-22 子宫颈与阴道仿真图

四、阴道

阴道(vagina)壁也分黏膜、肌层和外膜三层。黏膜突向阴道腔内，形成许多横行皱襞。黏膜上皮较厚，为未角化的复层扁平上皮。固有层由结缔组织组成，内含丰富的毛细血管和弹性纤维。肌层较薄，由内环外纵两层平滑肌构成，肌束间弹性纤维丰富，使阴道壁易于扩张。阴道外口为环行骨骼肌形成的括约肌。外膜为富含弹性纤维的致密结缔组织。

阴道上皮细胞内含有大量糖原，浅层细胞脱落后，糖原在阴道内的乳酸杆菌作用下转变成乳酸，使阴道保持酸性环境而抑制细菌生长。上皮的脱落和更新及上皮细胞的形态结构受卵巢激素的影响，随月经周期而变化。

五、乳腺

女性乳腺的结构随年龄及生理状况不同而异。青春期开始发育；妊娠期和授乳期，乳腺充分发育，可分泌乳汁，称活动期乳腺；无分泌功能的乳腺称静止期乳腺。

乳腺的实质被结缔组织分隔成 15～25 叶，每叶又分为若干小叶，每个小叶为一个复管泡状腺。腺泡由单层立方或柱状上皮组成，上皮和基膜之间有肌上皮细胞，其收缩有利于腺泡分泌。导管包括小叶内导管、小叶间导管和总导管（又称输乳管），其上皮分别为单层柱状上皮，复层柱状上皮和复层扁平上皮。总导管开口于乳头，与乳头表皮相延续。

（一）静止期乳腺

静止期乳腺指绝经前没有分泌功能的乳腺。该期乳腺特点是腺泡稀少，导管不发达，脂肪组织和结缔组织丰富（图 12-23）。静止期乳腺在月经周期略有变化。月经来潮前，腺泡和导管增生和充血，乳腺可略增大；月经停止后这一现象消失。

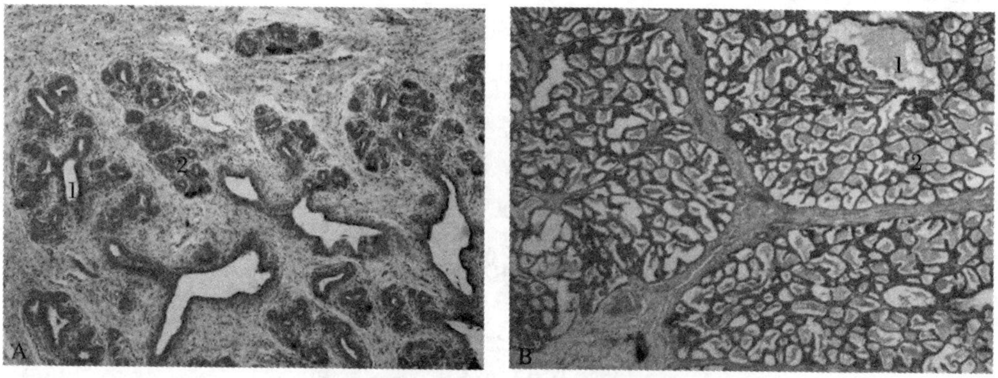

图 12-23 乳腺光镜图 HE 染色（皖医图）

A. 静止期； B. 哺乳期； 1. 小叶内导管； 2. 腺泡

（二）活动期乳腺

妊娠期和授乳期的乳腺分泌乳汁，称为活动期乳腺。妊娠期在雌激素和孕激素的作用下，乳腺的腺泡和导管迅速增生，腺泡增大，结缔组织和脂肪组织相对减少。妊娠后期，在催乳激素的作用下，腺细胞开始分泌，分泌物称初乳，内含脂滴、乳蛋白、乳糖和抗体等。初乳内还常含有吞噬脂滴的巨噬细胞，称初乳小体（图 12-23）。授乳期乳腺与妊娠期乳腺结构相似，但腺体更发达，腺泡腔扩大，腺泡处于不同分泌时期，脂肪组织和结缔组织更少。停止哺乳后，催乳激素水平下降，乳腺停止分泌，腺组织逐渐萎缩，结缔组织和脂肪组织增多，乳腺又恢复静止期的结构。

（彭彦霄）